下肢外骨骼机器人控制技术与应用

杨 勇 黄德青 马 磊 著

机械工业出版社

外骨骼机器人是结合人工智能与机器力量的可穿戴机器人，通过将其“穿戴”于人体完成康复训练、负重行军、灾害救援等复杂繁重的任务。本书重点介绍了下肢外骨骼机器人的控制理论与应用技术，全书共8章。第1章介绍了下肢外骨骼机器人的概念、发展和主要控制方法；第2章介绍了下肢外骨骼机器人的建模；第3章介绍了外骨骼机器人自适应迭代学习控制方法；第4章介绍了外骨骼机器人自适应阻抗控制方法；第5章介绍了液压驱动外骨骼机器人的控制技术；第6章介绍了受非线性约束的外骨骼机器人控制技术；第7章介绍了具有柔性关节的下肢外骨骼控制技术；第8章介绍了外骨骼系统实现与应用的两个案例。

本书可作为自动化类、机器人类、控制类等专业本科和研究生参考书籍，也可作为机器人相关技术研究及开发人员的参考书籍。

图书在版编目（CIP）数据

下肢外骨骼机器人控制技术与应用 / 杨勇，黄德青，马磊著. -- 北京：机械工业出版社，2025. 3. -- ISBN 978-7-111-77534-8

Ⅰ. TP242

中国国家版本馆CIP数据核字第20256WR464号

机械工业出版社（北京市百万庄大街22号　邮政编码100037）

策划编辑：任　鑫　　　　责任编辑：任　鑫　朱　林

责任校对：贾海霞　张　征　　封面设计：马若濛

责任印制：常天培

北京虎彩文化传播有限公司印刷

2025年4月第1版第1次印刷

169mm×239mm · 18.75印张 · 4插页 · 385千字

标准书号：ISBN 978-7-111-77534-8

定价：99.00元

电话服务　　　　　　　　　网络服务

客服电话：010-88361066　　机　工　官　网：www.cmpbook.com

　　　　　010-88379833　　机　工　官　博：weibo.com/cmp1952

　　　　　010-68326294　　金　书　网：www.golden-book.com

封底无防伪标均为盗版　　机工教育服务网：www.cmpedu.com

前言

自19世纪末 Nicholas Yagn 发明了一种用于增强跑步和跳跃能力的下肢弓形穿戴装置以来，经历了一个多世纪的发展，人们对外骨骼技术的研究不断深入，现已成为机器人领域的研究热点。下肢外骨骼机器人作为一种可穿戴的辅助设备，将人工智能和机器力量巧妙结合，完成单靠人类或机器人无法完成的复杂繁重任务，在康复医疗、军事应用、灾害救援等领域具有广泛的应用前景。

外骨骼技术涉及多个学科的交叉耦合，涵盖了人体仿生学、机械结构、材料组成、电子信息、智能控制以及机器人等多个领域。区别于传统工业机器人，下肢外骨骼机械腿与穿戴者肢体具有直接物理接触，是具有实时不确定交互特性的“人在环”紧耦合系统。下肢外骨骼机器人的性能在很大程度上取决于其控制技术的先进性与创新性。本书将从控制理论的基本原理出发，重点介绍下肢外骨骼机器人控制理论与应用技术。

目前，已有大量外骨骼机器人相关控制理论与应用技术的论文发表。本书将近年来在外骨骼研究过程中的理论成果进行了凝练和总结，全书共8章，第1、2章由黄德青、马磊撰写，第3～8章由西华大学杨勇撰写。第1章介绍了下肢外骨骼机器人的概念、发展和主要控制方法；第2章介绍了下肢外骨骼机器人的建模；第3章介绍了外骨骼机器人自适应迭代学习控制方法；第4章介绍了外骨骼机器人自适应阻抗控制方法；第5章介绍了液压驱动外骨骼机器人的控制技术；第6章介绍了受非线性约束的外骨骼机器人控制技术；第7章介绍了具有柔性关节的下肢外骨骼控制技术；第8章介绍了外骨骼系统实现与应用的两个案例。

本书是在总结作者多年科研成果及指导研究生工作的基础上撰写而成的学术专著，在编写过程中西华大学研究生刘显达、陈泓君、周靖炜、金成武、李昀澄、王鑫垚、喻高峰、胡家康、王道珩等为本书的文字与图表校对做了大量工作，在此表示感谢。

本书的研究工作得到了国家自然科学基金（编号：62003278）、四川省自然科学基金（编号：2023NSFSC1431），以及四川省一流本科专业建设点（西华大学自动化专业）的资助。

由于作者水平有限，书中难免存在错误和不妥之处，敬请读者给予批评指正。

作者

2024年1月

目录

前言

第 1 章　绪论 …… 1

1.1　下肢外骨骼机器人概要 …… 1

1.1.1　下肢外骨骼概念 …… 1

1.1.2　下肢外骨骼应用 …… 2

1.2　下肢外骨骼机器人的发展现状 …… 3

1.2.1　国内下肢外骨骼的发展 …… 3

1.2.2　国外下肢外骨骼的发展 …… 7

1.3　下肢外骨骼机器人的控制方法 …… 12

1.3.1　经典 PID 控制 …… 13

1.3.2　灵敏度放大控制 …… 13

1.3.3　自适应控制 …… 14

1.3.4　神经网络控制 …… 15

1.3.5　模糊控制 …… 15

1.3.6　鲁棒控制 …… 16

1.4　本章总结 …… 17

参考文献 …… 17

第 2 章　下肢外骨骼机器人建模 …… 22

2.1　下肢外骨骼机器人运动学建模 …… 22

2.2　下肢外骨骼机器人动力学建模 …… 25

2.2.1　引言 …… 25

2.2.2　单支撑状态模型 …… 25

2.2.3　双支撑状态模型 …… 32

2.3　本章总结 …… 33

参考文献 …… 33

第 3 章　外骨骼机器人自适应迭代学习控制 …… 35

3.1　迭代学习控制 …… 35

3.2　外骨骼神经网络迭代学习位置约束控制 …… 36

3.2.1　引言 …… 36

3.2.2　输出位置约束 …… 38

3.2.3　控制算法设计 …… 39

3.2.4　稳定性分析 …… 40

3.2.5　仿真研究 …… 45

3.2.6　小结 …… 48

3.3　基于扩张状态观测器的外骨骼迭代学习控制 …… 48

3.3.1　引言 …… 48

3.3.2　扩张状态观测器 …… 50

3.3.3　控制算法设计 …… 51

3.3.4　稳定性分析 …… 52

3.3.5　仿真研究 …… 55

3.3.6　小结 …… 58

3.4　不依赖模型的外骨骼自适应迭代学习控制 …… 58

3.4.1　引言 …… 58

3.4.2　控制算法设计 …… 60

3.4.3　稳定性分析 …… 63

3.4.4　仿真研究 …… 67

3.4.5　小结 …… 72

3.5　外骨骼增强神经自适应迭代学习控制 …… 72

3.5.1　引言 …… 72

3.5.2　控制算法设计 …… 73

3.5.3　稳定性分析 …… 76

3.5.4　仿真研究 …… 81

3.5.5　小结 …… 84

3.6　本章总结 …… 85

参考文献 …… 86

第 4 章　外骨骼机器人自适应阻抗控制 …… 91

4.1　阻抗控制原理 …… 91

4.2　基于名义模型的外骨骼阻抗控制 …… 92

4.2.1 引言 …… 92
4.2.2 阻抗控制器设计 …… 92
4.2.3 稳定性分析 …… 95
4.2.4 仿真研究 …… 97
4.2.5 小结 …… 101
4.3 外骨骼神经学习阻抗控制 …… 101
4.3.1 引言 …… 101
4.3.2 神经学习阻抗控制 …… 102
4.3.3 稳定性分析 …… 107
4.3.4 仿真研究 …… 110
4.3.5 小结 …… 112
4.4 基于运动意图估计的外骨骼阻抗控制 …… 113
4.4.1 引言 …… 113
4.4.2 运动意图估计 …… 114
4.4.3 控制器设计 …… 118
4.4.4 仿真研究 …… 122
4.4.5 小结 …… 129
4.5 本章总结 …… 129
参考文献 …… 130
第5章 液压驱动外骨骼机器人控制技术 …… 133
5.1 液压驱动系统 …… 133
5.1.1 引言 …… 133
5.1.2 液压驱动器原理 …… 134
5.1.3 外骨骼液压驱动系统结构 …… 135
5.1.4 液压驱动系统动态模型 …… 136
5.2 液压驱动外骨骼采样控制 …… 137
5.2.1 引言 …… 137
5.2.2 外骨骼离散时间模型 …… 138
5.2.3 控制器设计 …… 139
5.2.4 稳定性分析 …… 141
5.2.5 仿真研究 …… 143
5.2.6 小结 …… 146
5.3 液压驱动外骨骼自适应反步控制 …… 147
5.3.1 引言 …… 147
5.3.2 控制器设计 …… 147
5.3.3 稳定性分析 …… 149
5.3.4 仿真研究 …… 151
5.3.5 小结 …… 152
5.4 基于干扰观测器的外骨骼液压驱动关节滑模控制 …… 153
5.4.1 引言 …… 153
5.4.2 控制器设计 …… 154
5.4.3 稳定性分析 …… 161
5.4.4 仿真研究 …… 162
5.4.5 小结 …… 165
5.5 外骨骼液压驱动系统输出反馈重复学习控制 …… 166
5.5.1 引言 …… 166
5.5.2 扩张状态观测器 …… 167
5.5.3 输出反馈控制器设计 …… 169
5.5.4 稳定性分析 …… 171
5.5.5 仿真研究 …… 176
5.5.6 小结 …… 177
5.6 本章总结 …… 179
参考文献 …… 179
第6章 受非线性约束的外骨骼机器人控制技术 …… 184
6.1 液压驱动外骨骼系统的约束问题 …… 184
6.2 受输出约束的液压驱动外骨骼自适应控制 …… 185
6.2.1 引言 …… 185
6.2.2 控制器设计 …… 186
6.2.3 稳定性分析 …… 189
6.2.4 仿真研究 …… 192
6.2.5 小结 …… 193
6.3 外骨骼液压驱动关节输出约束容错控制 …… 193
6.3.1 引言 …… 193
6.3.2 外骨骼执行器故障模型 …… 194
6.3.3 容错控制器设计 …… 195
6.3.4 稳定性分析 …… 199
6.3.5 仿真研究 …… 201
6.3.6 小结 …… 205

6.4 受死区约束的外骨骼液压驱动器神经网络控制 …… 206
6.4.1 引言 …… 206
6.4.2 执行器死区模型 …… 206
6.4.3 状态反馈方法 …… 208
6.4.4 输出反馈方法 …… 213
6.4.5 仿真研究 …… 217
6.4.6 小结 …… 220
6.5 本章总结 …… 220
参考文献 …… 220
第7章 柔性关节下肢外骨骼控制技术 …… 224
7.1 柔性关节外骨骼 …… 224
7.2 柔性关节外骨骼模型与控制方法 …… 226
7.2.1 自适应方法 …… 226
7.2.2 奇异摄动法 …… 227
7.2.3 输入整形法 …… 227
7.2.4 智能控制法 …… 228
7.3 基于奇异摄动的柔性关节下肢外骨骼自适应控制 …… 228
7.3.1 引言 …… 228
7.3.2 奇异摄动 …… 228
7.3.3 控制器设计 …… 229
7.3.4 仿真研究 …… 232
7.3.5 小结 …… 235
7.4 柔性关节外骨骼模糊反演控制 …… 235
7.4.1 引言 …… 235
7.4.2 模糊控制器设计 …… 236
7.4.3 稳定性分析 …… 247
7.4.4 仿真研究 …… 249
7.4.5 小结 …… 253
7.5 基于观测器的外骨骼自适应控制 …… 253
7.5.1 引言 …… 253
7.5.2 基于观测器的控制设计 …… 253
7.5.3 稳定性分析 …… 256
7.5.4 仿真研究 …… 257
7.5.5 小结 …… 259
7.6 本章总结 …… 259
参考文献 …… 260
第8章 外骨骼系统实现与应用 …… 262
8.1 引言 …… 262
8.2 基于完整动力学的外骨骼自适应控制设计与应用 …… 263
8.2.1 液压驱动外骨骼系统结构 …… 263
8.2.2 外骨骼传感器配置 …… 264
8.2.3 含液压动态的完整动力学模型 …… 265
8.2.4 控制器设计 …… 268
8.2.5 实验研究 …… 273
8.2.6 小结 …… 278
8.3 外骨骼系统混合控制设计与应用 …… 278
8.3.1 混合控制外骨骼系统结构 …… 278
8.3.2 外骨骼传感器配置 …… 280
8.3.3 混合控制策略与控制器设计 …… 282
8.3.4 实验研究 …… 287
8.3.5 小结 …… 291
8.4 本章总结 …… 291
参考文献 …… 291

第1章 绪 论

本章首先对下肢外骨骼的概念进行了阐述，然后对其应用场景进行了简要的梳理，回顾了下肢外骨骼系统国内外研究现状，并对目前已有的外骨骼控制方法进行了介绍。

1.1 下肢外骨骼机器人概要

1.1.1 下肢外骨骼概念

自然界外骨骼指虾、蟹、昆虫等节肢动物体表覆盖着坚硬的体壁，对生物柔软内部器官起保护和支持作用。下肢外骨骼是一种先进的可穿戴机器人装置，它通过人机一体化的设计理念，将机器人机械本体“穿戴”于人体，旨在扩充或增强人体的生理机能，尤其注重提升下肢的运动能力。外骨骼技术涉及多个交叉学科的耦合，涵盖了人体仿生工程学、机械、材料、电子、控制以及机器人等多个领域。这种装置能够精确地匹配人体下肢运动，从而为穿戴者提供额外的力量支持。

下肢外骨骼通常由多个部分组成，包括机械系统、驱动机构、电子及控制系统、传感器单元等。首先，机械系统是下肢外骨骼的骨架，它承担着支撑和保护人体下肢的重要任务。机械系统一般由轻质合金或碳纤维等高强度材料制成，既保证了结构的坚固，又减小了整体质量，以减轻对穿戴者的影响；通过仿生学设计，机械关节能够贴合人体的肢体曲线，提供舒适的穿戴体验。其次，驱动机构是下肢外骨骼的动力来源，它通常采用电动机或液压装置，通过精确的控制算法，为外骨骼提供必要的动力，帮助穿戴者完成行走、跑步等动作。驱动机构的设计需要考虑力量输出、速度调节和能耗等多个方面，以确保外骨骼在各种场景下都能稳定、高效地工作。电子及控制系统则是下肢外骨骼的“大脑”，它负责接收来自传感器单元的信号，并根据预设的程序进行实时处理，从而控制驱动机构的工作。这个系统需要具备高度的可靠性和稳定性，以确保外骨骼在各种复杂环境中都能正常运行。同时，控制系统还需要具备一定的智能化能力，能够根据穿戴者的动作意图进行自适应调整，提供个性化的支持。最后，传感器单元是下肢外骨骼感知外部环境的关键部件，它包括力传感器、角度传感器、加速度传感器等多种类型的传感器，能够实时监测穿戴者的动作状态和外界环境的变化。这些传感器将收集到的数据传递给电子及控制系统，为外骨骼的运动控制提供必要的信息。

外骨骼系统具有复杂的高集成度，具体表现为：外骨骼机械结构设计需要考虑人体穿戴舒适性，要在有限的容许设计空间内力争减小结构与安装复杂度；人体下肢运动自由度多，需要的驱动单元随之增加，外骨骼机械结构变得复杂；驱动系统设计需要充分权衡输出力矩容量与不同关节（如髋关节、膝关节）有效安装位置的关系，在一定的空间与尺寸限制下尽可能减小驱动单元体积以适应安装要求并满足输出力矩容量；电子系统需要采集安装在外骨骼与穿戴者相应部位的传感器信息，并实时进行外骨骼和人体的运动姿态解算，生成控制信号并输出到驱动单元；下肢外骨骼关节数量多，需要的传感器数量多；所有功能模块都需要集成到一个有限的容许设计空间内，进一步增加了系统的复杂度。

1.1.2 下肢外骨骼应用

下肢外骨骼的应用领域广泛。在康复医疗领域，传统的康复训练只能在具有专业康复技能的医护人员的指导和看护下由人工或借助简单的器械进行，这类方法通常需要多位医护人员协助完成，医护人员往往体力消耗很大，难以保证训练的强度与持久性[1]。同时，由于医护人员主观因素的影响，难以保证康复训练的一致性、客观性和精确性，以及人工成本的不断攀升，长期康复训练给患者家庭与社会也带来了很大的经济压力。而下肢外骨骼的应用能替代传统人工康复治疗，避免复杂烦琐的康复训练过程，能为脑中风偏瘫患者、老年人和肢体残疾等人群提供科学、有效、持久、经济的康复训练方式。在物料搬运方面，虽然机械化物料搬运设备效率高，载荷力大，但目前机械化物料搬运设备运动方式均为轮式结构，其使用环境局限于满足其回转运动空间的平坦地面，使用对象为形状和包装规整的货物，而对于一些空间狭小或非平坦场地，或是形状和包装为非规整的货物，机械化物料搬运设备往往难以发挥其技术优势。相比之下，下肢外骨骼技术在物料搬运方面展现出了独特的优势，其作为一种可穿戴的智能人机交互系统，可以直接穿戴于人体下肢外部，通过感知人体的动作和力量，能够实时调节力量和角度，帮助搬运人员更加轻松、准确地操控和移动货物。在军事应用方面，士兵作战需要携带诸如武器、弹药、水、食物、通信设备等大量物品。在负重情况下行军，往往会因为地形复杂、个体负荷量大、负荷分配不合理、行军时间过长等原因造成身体过于疲劳，影响其战场反应速度与战斗能力，通过应用下肢外骨骼能够很好地解决这些问题。在灾害救援方面，如地震、泥石流等救援现场，应用下肢外骨骼可以帮助运送大量的救灾物资或搬运沉重的救援设备，有效应对灾害现场地形条件险恶多变及救灾物资与救援设备运输困难的难题，为及时救援、争取最佳救援时间、保护人民群众生命财产安全提供了有力的保障。

1.2　下肢外骨骼机器人的发展现状

“外骨骼”一词的出现至今已有一个多世纪，从早期的原始构思到20世纪中期开始的试样尝试，再到当今众多外骨骼成果的涌现，技术的进步推动了外骨骼的发展。作为外骨骼核心技术，控制系统优劣直接决定外骨骼工作性能。尽管目前国内外学者及工程技术人员对外骨骼研究已取得一定成果，但对外骨骼关键技术，尤其是外骨骼控制技术，仍缺乏较为系统的理论研究。回顾外骨骼发展历程，对研究外骨骼发展现状、了解外骨骼现有技术水平有重要意义。

1.2.1　国内下肢外骨骼的发展

国内外骨骼研究起步较晚，但也取得了较为丰硕的成果。具有代表性的有中国科学院（以下简称中科院）合肥智能机械研究所、浙江大学、哈尔滨工程大学、上海大学、华南理工大学、电子科技大学等。

在国家863计划的支持下，中科院合肥智能机械研究所在国内率先展开了助力型外骨骼研究[2]。他们以多关节机械臂为基础，采用人体运动意图判断技术、接触力传感器技术与假想柔顺控制等方法，研制了一套步行助力机器人系统WPAL[3]（见图1-1）。WPAL采用电机驱动，单侧具有6个自由度，其中髋关节3个自由度（屈/伸、外展/内收、旋内/旋外）；膝关节1个自由度（屈/伸）。通过对人体正常行走步态的能量消耗与仿生机械学分析，仅有髋关节和膝关节的屈/伸2个自由度采用外部驱动。

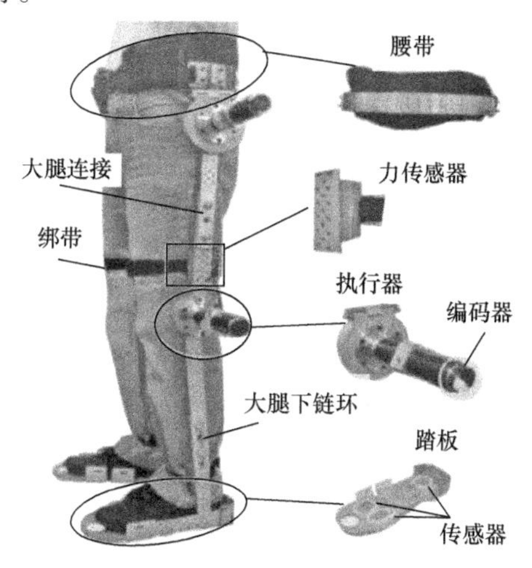

图1-1　中科院合肥智能机械研究所WPAL[3]

浙江大学的杨灿军、陈鹰等人所领导的团队对下肢柔性外骨骼展开了研究[4]（见图1-2），他们采用正交试验方法对外骨骼结构参数进行了优化设计，使外骨骼肢体在仿生学上能更适应人体关节运动。他们提出主从机械手运动空间和欠运动自由度空间匹配法，改善了机械手的运动奇异点、关节极限点等问题。外骨骼采用气动装置驱动，在所设计的气动回路中，采用微气动系统实时再现机械手遥操作感知力信号，增强了操作人员的真实感。

哈尔滨工程大学的张立勋、王岚等人对可穿戴外骨骼进行了研究[5]（见图1-3）。他们所设计的外骨骼由直流电机驱动，主要是通过悬吊系统来减轻下肢对身体重量的承受。外骨骼的足部设计有姿态控制机构来调整患者足部与平面的不同角度，从而模仿人体不同的行走姿态。根据人体下肢运动机理，采用 Hill 三元素肌肉模型建立了下肢外骨骼肌模型，并通过 SimMechanics 对模型进行了验证。

图 1-2 浙江大学外骨骼[4]

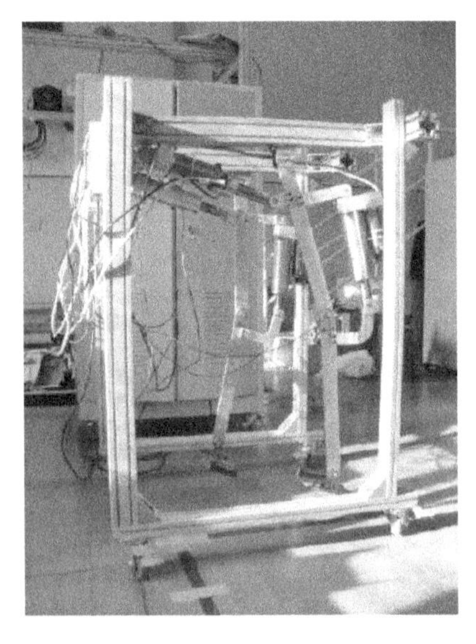

图 1-3 哈尔滨工程大学外骨骼[5]

上海大学机电工程与自动化学院智能机械与系统研究室在国家 863 计划的支持下对下肢步行康复训练机器人展开了研究[6,7]（见图 1-4）。他们基于安全性和满足步行训练功能要求考虑，结合仿生学、机械设计、人体工程学等技术，研制出了具有髋关节、膝关节、踝关节的 3 自由度连杆助行腿系统样机。外骨骼采用电动直线驱动器驱动，实现了外骨骼关节的主动屈伸运动。针对机器主动训练模式，他们采用计算力矩与比例-微分反馈控制算法，分析了由于建模误差以及外部扰动对系统性能造成的影响，并推导了算法的收敛性。

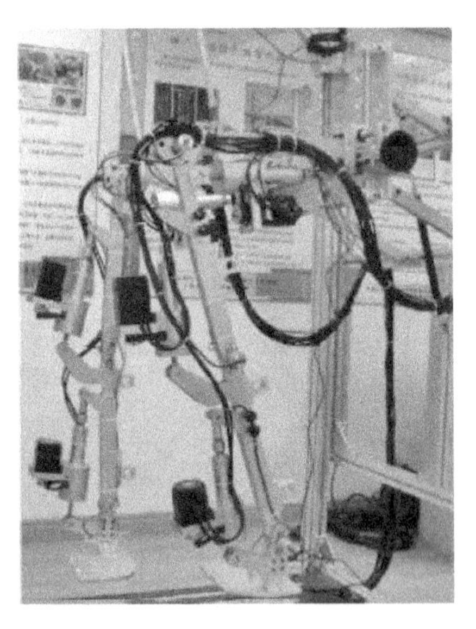

图 1-4 上海大学外骨骼[7]

华南理工大学的苏春翌、同济大学的李智军等人领导的团队对康复外骨骼展开了研究[8]（见图 1-5），并设计了全身外骨骼康复训练系统。此系统一共包含 19 个运动关节，几乎囊括了人体四肢主要运动关节。为防止使用过程中对穿戴者造成损伤，外骨骼设计时对每一个活动关节均进行了运动范围的限定。为提高患者对整个康复过程的参与程度，研究人员还针对此外骨骼系统研发了一套基于虚拟现实技术的实时康复训练系统。该系统能把外骨骼、康复评估效果、交互式虚拟场景等有效地结合起来，在康复训练的同时可根据评估体系获得实时治疗效果，确保康复治疗的质量。

电子科技大学的葛树志、程洪等人领导的团队从2011年开始对助力型外骨骼展开了研究[9]，设计出了PRMI外骨骼（见图1-6）。PRMI外骨骼每条腿有5个自由度，分别为髋关节屈/伸和内收/外展、膝关节屈/伸、踝关节屈/伸和内收/外展。每个关节设计均使用旋转副与销轴配合连接的方式。为了保证站立阶段外骨骼的平衡性，PRMI外骨骼在膝关节设计了具有承重自锁功能的主动式结构，此机构还能在摆动阶段对穿戴者产生助力作用，在提高能源使用效率的同时，还能增强使用人员对不同地形的适应能力。

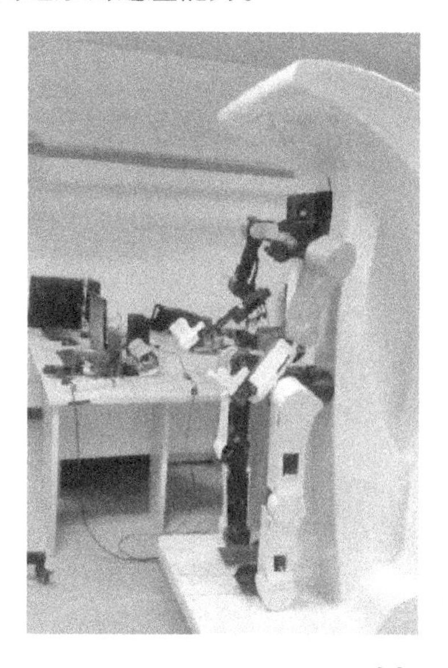

图1-5 华南理工大学外骨骼[8]

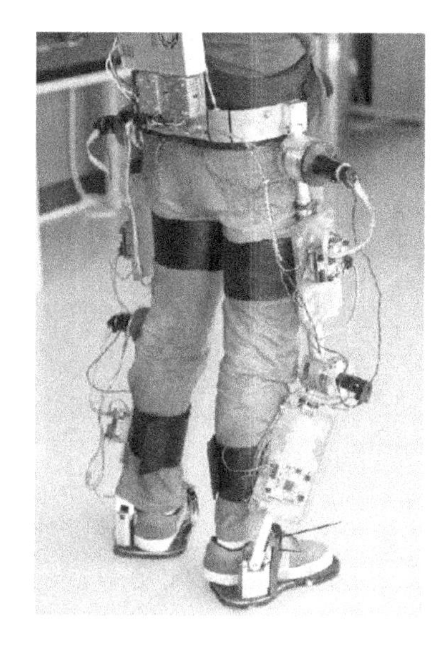

图1-6 电子科技大学外骨骼[9]

此外，国内还有其他大量关于康复外骨骼的研究，并且在实践中取得了良好的应用效果。北京航空航天大学于2014年成功研制出了国内首款可以实现患者穿戴行走和康复训练的下肢外骨骼——AiLegs艾动[10]（见图1-7）。该下肢外骨骼主要应用于脊髓受损、脑卒中等病症患者的术后运动康复以及肌无力病人的康复训练。此康复系统支持并带动下肢运动功能障碍患者以正常行走步态、真实行走方式进行康复训练，重建患者正确步态姿势，锻炼患者平衡运动能力及患肢肌肉和神经，以及能实现主、被动的行走训练，根据不同病理特征的步态姿势，可以通过专业康复治疗人员或者患者自身来控制进行步态训练。其通过全身协同运动的方式实现对肢体运动能力的调节，全方位提高患者的康复效果，并通过特殊设计实现精确化控制，提供适配不同病种和病程的行走训练，满足患者不同的康复需求。2016年，AiLegs艾动通过北京大艾机器人科技公司（以下简称大艾科技）实现了成果转化，并正式进入医疗市场。大艾科技研发的下肢康复外骨骼目前处于国内医疗康复外骨骼领域的领先地位，是国内第一家获得外骨骼机器人国家食品药品监督管理总局（CFDA）注册证的本土科技企业。针对康复训练的不同时期，大艾科技的康复外骨骼机器人产品线已覆盖整个康复治疗阶段，由康复治疗早期的艾康、中期的小艾康、后期的艾动，形成了完善的训练流程，能进一步地提升患者的康复效果。

2019 年，上海傅里叶智能科技有限公司（以下简称傅里叶）发布了全新的下肢康复外骨骼 ExoMotus[11]（见图 1-8）。该外骨骼既可以单独穿戴使用也可以配合重心调整支架进行步态康复训练。该外骨骼本体采用铝合金及碳纤维材料，紧凑的结构使得整体质量不超过 18kg。傅里叶自主研发的运动控制模组，为外骨骼的运动轨迹、速率的在线调节和参数收集提供了有力的计算支撑，并通过优秀的算法辅助，进一步增强了步态的流畅性。重心调整支架可使患者在减重状态下进行步态康复训练，使重心的调整转移更加自然。此外，由傅里叶与美国国家仪器有限公司（NI）、墨尔本大学协同开发的外骨骼机器人开放平台（EXOPS），进一步推动了外骨骼机器人技术的快速落地以及在各个领域的应用。无论是高校、科研机构或是临床研究中心都可以基于此平台进行外骨骼机器人的二次开发。同年，深圳肯綮科技有限公司发布了名为“骑士 Knight”的双侧助力下肢外骨骼系统。这款系统采用了刚性结构的设计，并配备了柔性驱动技术，以提供更为自然和舒适的助力体验。在不含电池的情况下，该外骨骼系统的质量仅为 5kg，轻盈便携。其独特的设计能够针对髋部和膝部提供主动助力，为穿戴者带来前所未有的行走便利。

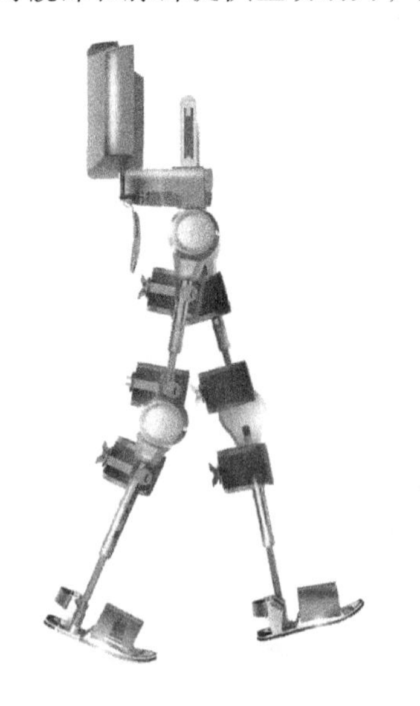

图 1-7　AiLegs 艾动外骨骼[10]

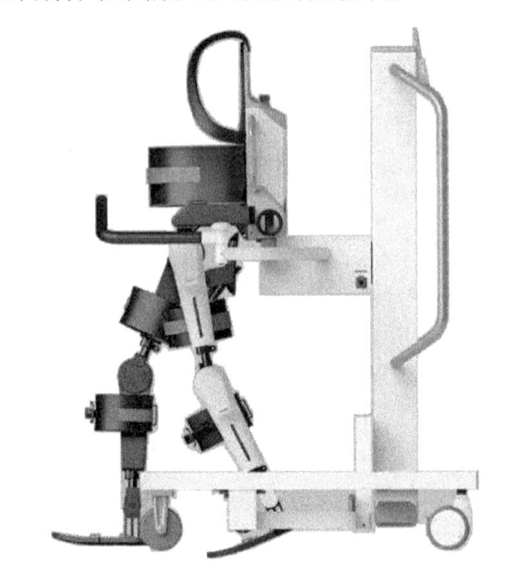

图 1-8　ExoMotus 外骨骼[11]

2020 年，武汉理工大学携手中国科学院成功研制出一款轻量且灵活的下肢助力外骨骼。这款外骨骼巧妙地运用了鲍登绳和弹簧装置来为踝关节提供助力，通过一个位于腰部的电动机，就能实现对双腿的驱动，从而显著降低了人体的新陈代谢率[12]。

1.2.2　国外下肢外骨骼的发展

最早提及类似外骨骼装置的记载要追溯到1890年由美国人Nicholas Yagn发明的一项专利[13]（见图1-9）。其主要内容包含与下肢双腿并联工作的弓形弹簧片，用以增强跑步和跳跃能力。尽管此装置的设计目的是为了增加人体运动机能，但该设计只是停留在图形阶段，并没有实现和验证。1963年，美国研究人员Zaroodny发表了一份报道，他从1951年开始研究名为“动力矫正辅助器（Powered Orthopedic Supplement）”的设备[14]，目的是增强身体正常人群的承载能力。Zaroodny提出并研究了实现这类设备面临和需要解决的基本问题，如轻便的电源、传感器与控制、人机交互物理接口和生物运动力学等。

第一个具有行走活动功能的外骨骼系统（名为“Kinematic walker”）（见图1-10）由贝尔格莱德米哈伊洛普平研究所（Mihailo Pupin Institute）的Miomir Vukobratovic教授领导的团队于1969年研制成功[15]。该研究小组于1974年发布了改进版本，该版本是首个由电动机驱动的外骨骼，被认为是现代高性能仿人机器人的前身[16]。20世纪60年代末期，在美国海军研究办公室的支持下，美国通用电气研究所（General Electric Research）与康奈尔大学（Cornell University）研究人员合作研发了一个名为“Hardiman（Human Augmentation Research and Development Investigation）”的全身外骨骼原型机[17]（见图1-11），该设备由一个庞大的液压动力装置驱动，具有30个自由度，其最初的设计目标是以25:1的比例增加人体上肢力量[18,19]。但由于其体积庞大、过于笨重（整个外骨骼重达680kg）而终止了研究。

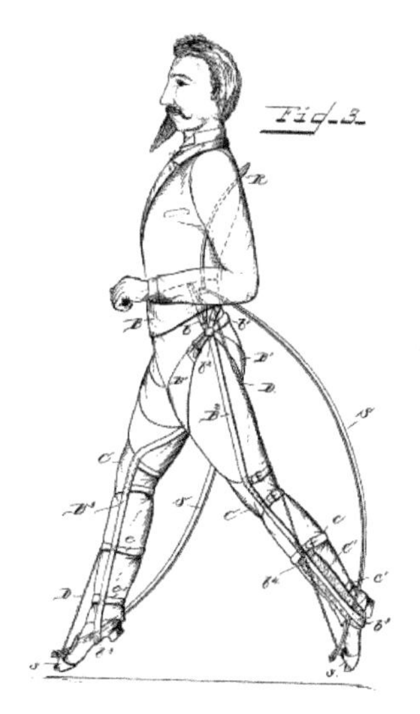

图1-9　Nicholas Yagn专利外骨骼[13]

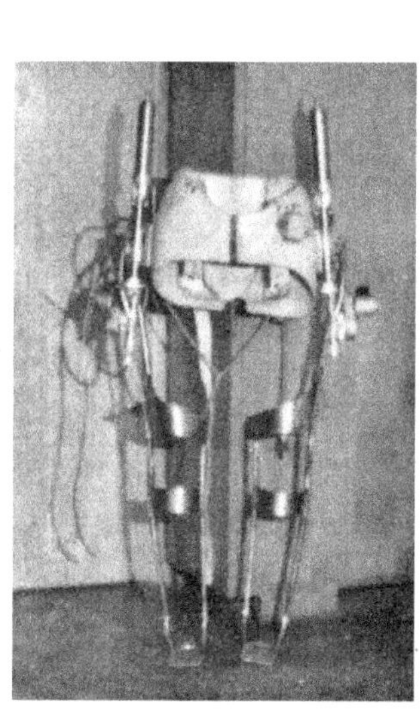

图1-10　Kinematic walker[15]

图1-11　Hardiman[17]

20 世纪 80 年代中期，美国洛斯阿拉莫斯国家实验室的科研人员 Jeffrey Moore 在一份关于增加步兵负载能力的报告[20]中描述了一种名为“Pitman”的外骨骼机器人设想。虽然报告中没有涉及诸如如何解决能源供给、驱动系统、传感器与控制系统等与外骨骼实现相关的技术问题，并且此报告只是停留在纸面并没有申请到基金的资助。但毫无疑问，此报告催生了数十年后美国国防部高级研究计划局（Defense Advanced Research Projects Agency，DARPA）发起的外骨骼研究计划。

2000 年，DARPA 发起了一个名为“人体机能增强外骨骼（Exoskeletons for Human Performance Augmentation，EHPA）”的研究计划[21]，目的是增强地面士兵的身体机能，特别是增加士兵的负载能力、增加载荷量、减小体力的消耗等[22]。多家科研机构得到了此计划的资助，成功研制出了先进的外骨骼产品，比较有代表性的有加州大学伯克利分校研制的 BLEEX[23]（Berkeley Lower Extremity Exoskeleton）（见图 1-12）、美国盐湖城 Sarcos Research 公司研制的 Sarcos 外骨骼[24]、麻省理工学院研制的 MIT 外骨骼[25]等。

图 1-12　BLEEX[31]

BLEEX 在 DARPA 发起的 EHPA 计划中最为著名，它是第一台能够在任何地形上实地运行并提供负载能力的外骨骼系统[26]。BLEEX 每条腿均具有 7 个自由度，其中髋关节外展/内收、屈/伸和膝关节屈/伸及踝关节屈/伸均由液压动力系统驱动。BLEEX 平均功耗 1143W，其中电子设备与控制系统功耗为 200W，远超过同样为 75kg 的正常人步行新陈代谢消耗（约为 165W）[27]。性能方面，穿戴者能在负重 75kg 的情况下以 0. 9m/s 的速度行走，或在不负重的情况下以 1. 3m/s 的速度行走。

与同时期其他外骨骼相比，虽然 BLEEX 各种性能指标都比较显著，但其系统结构仍然比较复杂，无法满足美国军方要求。随后洛克希德 · 马丁公司与加州大学伯克利分校研究团队合作对 BLEEX 进行了改进，推出了新一代的外骨骼机器人 HULC[28]（Human Universal Load Carrier）（见图 1-13）。与 BLEEX 相比，HULC 具有更好的性能，系统结构更加简化，更加轻便灵活，穿戴者可以完成下蹲、慢跑、匍匐前行等动作，最快步行速度可达 16km/h。至 2012 年 5 月，洛克希德 · 马丁公司宣称其最新一代外骨骼连续工作时间可达 8h。

位于美国盐湖城的 Sarcos Research 公司也得到了 DARPA EHPA 计划的支持，研究人员研制了一套全身外骨骼系统 XOS[29]。Sarcos 外骨骼采用液压动力装置驱动。为了使结构更加紧凑，Sarcos 外骨骼采用能直接安装在外骨骼关节上的旋转式液压驱动器。XOS 在性能方面表现优异，能够使穿戴者负重 80kg，或者在背负

68kg 并手握 23kg 的情况下以 1.6m/s 的速度前进，XOS 还能穿越 23cm 厚的泥泞地形。XOS 的主要缺点是其续航时间只能维持 40min[30]。随后，XOS 项目进一步得到美国士兵项目执行办公室（Program Executive Office，PEO）的支持，将 XOS 打造成个人作战平台（Personal Combat Vehicle，PCV）。美国雷神公司于 2006 年收购了 Sarcos Research 公司，并于 2010 年推出比第一代产品质量更轻、速度更快的全身外骨骼系统 XOS2（见图 1-14），其耗电量只是第一代产品的一半。

麻省理工学院媒体实验室生物力学研究小组得到了 EHPA 计划第二期项目的支持。研究小组所研制的 MIT 外骨骼关节没有任何驱动装置，外骨骼运动完全依赖于行走过程中弹簧储能元件能量的有效储存与释放[32]。MIT 外骨骼（见图 1-15）髋关节屈/伸方向安装有储能弹簧，该弹簧能在关节外伸方向由穿戴者自由控制，从而实现关节外伸时储存能量、关节弯曲时释放能量。MIT 外骨骼膝关节屈/伸方向安装有磁流变阻尼器，用于限制整个步态周期能量的消耗。MIT 外骨骼踝关节安装有用于捕获运动状态的分离弹簧，从而确定弹簧的能量释放时机。MIT 外骨骼在脚后跟还设计了碳纤维板以减小冲击时能量的损耗[33]。

图 1-13 HULC[28]

图 1-14 XOS2[29]

图 1-15 MIT 外骨骼[34]

从性能上来看，由于采用被动设计方式，在不负重的情况下，MIT 外骨骼只有 11.7kg，并且只需要 2W 的功率即可保证电子系统的正常工作。MIT 外骨骼能在负重 36kg 的情况下以 1m/s 的速度前进，且在单腿支撑的情况下，能将 80% 的负荷传递到地面。然而新陈代谢研究表明，穿戴此外骨骼行走时会产生额外 10% 的代谢消耗。

密歇根大学与 Yobotics 公司于 2004 年推出用于帮助穿戴者在负重情况下爬楼梯的膝关节助力外骨骼 RoboKnee[35]（见图 1-16）。通过测量膝关节角度及人体和地面作用力来判断穿戴者运动意图。RoboKnee 只有 1 个自由度，由固定在大腿与小腿之间的串联弹性驱动器（Series Elastic Actuator，SEA）驱动，这种驱动器的最大优点是在提供辅助动力的同时，穿戴者只能感觉到非常小的阻抗，在实现较大的控制增益下可保证穿戴者的安全性。

在美国发起 EHPA 项目同时，其他国家也在积极开展外骨骼的研究工作。日本筑波大学 Yoshikuyi 教授所领导的团队研制出了一种同时具备助力与康复功能的外骨骼 HAL[36]（Hybrid Assistive Leg）。HAL 分别在髋关节与膝关节的屈/伸 4 个自由度上安装有直流电动机驱动装置，踝关节为被动状态。HAL 使用了多种类型的传感器来实现系统控制，包含置于穿戴者身体前后两侧臀部与膝盖皮肤表面的肌电传感器，用于测量关节运动角度的电位计，地面反应力传感器，以及安装在背包上用于估计动作姿态的陀螺仪与加速度计[37]。HAL 外骨骼已经发展到了第 5 代，即 HAL-5（见图 1-17）。在性能方面，HAL-5 能支撑健康人员完成站立、行走、爬楼梯等一系列日常活动。据报道，HAL-5 能帮助健康穿戴者举起 80kg 的重物，是正常人不借助其他设备时负重的 2 倍[24]。

图 1-16　RoboKnee[35]

图 1-17　HAL-5[36]

日本神奈川工科大学的科研人员花费近 10 年的时间为护士专门研制了一套全身外骨骼系统（Nurse-Assisting Exoskeleton）[38]（见图 1-18），用于协助护士运送无法行走或体重较重的病人。Nurse-Assisting Exoskeleton 包含 3 个助力单元（手腕助力、手臂助力、膝关节助力）。其下肢由安装在髋关节和膝关节的直驱气压驱动系统提供动力。通过在肌肉表面的皮肤上粘贴电阻式应变压力传感器来获取穿戴者运动意图[39]。Nurse-Assisting Exoskeleton 设计的一大亮点是穿戴者身体正面没有任何机构，从而方便护士与病人直接接触，保证被运送病人的舒适性与安全性。

韩国汉阳大学研制了一款用于帮助使用者携带重物的负重型外骨骼[40]（见图1-19）。外骨骼采用电动机驱动，使用肌电传感器检测穿戴者肌电信号来判断其运动意图。此外骨骼并非所有关节都是主动运动的，而只有3个关节是主动的，其他关节包含4个主动关节、3个被动关节。

图1-18　护士外骨骼[38]

图1-19　汉阳外骨骼[40]

除上述研究成果外，美国suitX公司和Indego公司分别推出了Phoenix[41]下肢外骨骼（见图1-20）与Indego[42]下肢外骨骼（见图1-21），它们无疑是这一领域的杰出代表。这两款产品不仅在主要功能上展现出了高度相似性，都依赖于电动机驱动实现行走助力，更在设计理念上追求集成化和轻量化，力求为用户提供更便捷、更舒适的穿戴体验。然而，这种对集成化和轻量化的极致追求，也在一定程度上牺牲了产品的续航能力。例如，Indego下肢外骨骼在连续运行模式下，仅能维持约2h的工作时间，这对于需要长时间使用外骨骼的用户来说，无疑是一个不小的困扰。与此同时，韩国Angel Robotics公司开发的WalkON Suit[43]下肢外骨骼（见图1-22），在备受瞩目的半机械人仿生奥运会（CYBATHLON）的比赛中，WalkON Suit凭借其出色的速度和地形适应性，成功摘得桂冠，证明了其在外骨骼技术领域的领先地位。然而，即便是如此出色的产品，也面临着续航时间较短的共性问题。据悉，WalkON Suit在连续运行状态下，也只能维持约3h的工作时间。此外，为了解决部分下肢外骨骼在行走过程中需要依赖拐杖辅助来维持平衡的问题，国外的一些创新团队已经着手研制出了具备自平衡能力的下肢外骨骼。在这方面，新西兰的REX Bionics公司（现已更名为REX Health）取得了显著的进展，他们成功地开发出了REX[44]下肢外骨骼（见图1-23）。这款REX下肢外骨骼在设计上进行了多项革新。它增加了髋关节和踝关节在冠状面的主动自由度，这意味着穿戴者可以更加自如地进行侧向移动和平衡调整。同时，踝关节在矢状面也具备了主动自由度，这进一步提升了穿戴者在行走过程中的灵活性和稳定性。值得一提的是，REX 下肢外骨骼的脚掌设计得尤为宽大。这种宽大的脚掌不仅为穿戴者提供了更加稳固的支撑，还能够有效分散行走过程中产生的冲击力，从而保护穿戴者的关节和骨骼。这种设计使得系统能够实现更加稳定的平衡步行控制，因此，使用者在行走过程中无须再依赖肘杖进行辅助。然而，尽管 REX 下肢外骨骼在功能性和稳定性方面取得了显著的优势，但它也有一些不足之处。由于它具备了较多的主动自由度，以及远超其他下肢外骨骼的质量（重达 39kg），这导致它的续航能力受到了严重限制。在目前的技术条件下，REX 下肢外骨骼只能连续运行约 2h，这在一定程度上限制了它的使用和便利性。

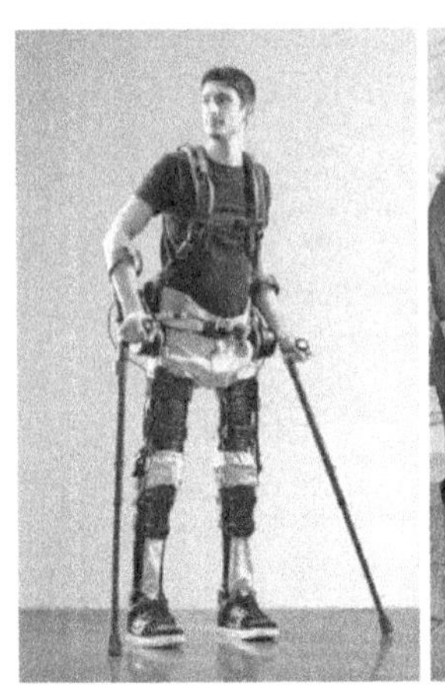

图 1-20 Phoenix[41] 下肢外骨骼

图 1-21 Indego[42] 下肢外骨骼

图 1-22 WalkON Suit[43] 下肢外骨骼

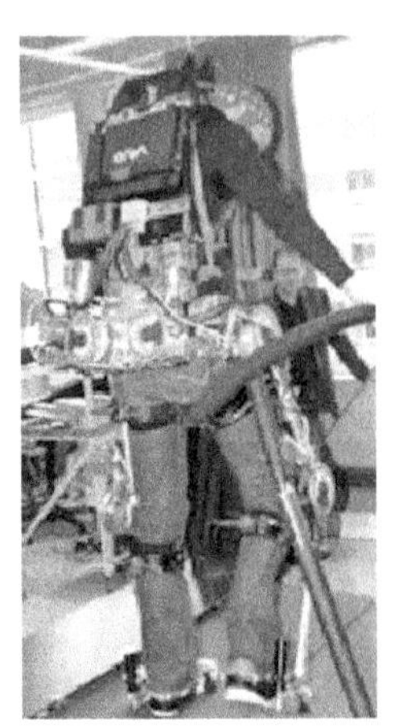

图 1-23 REX[44] 下肢外骨骼

虽然这些下肢外骨骼产品在续航方面还有待提高，但它们的出现无疑为那些需要行走辅助的人们带来了希望。随着科技的进步和研发人员的不断努力，相信未来将会有更多功能强大、续航持久的外骨骼产品问世，为人们的生活带来更多便利。

1.3 下肢外骨骼机器人的控制方法

外骨骼系统的控制问题是目前外骨骼研究的热点[45,46]，也是外骨骼系统的重要研究部分，控制系统的优劣直接决定外骨骼系统的工作性能。与其他机器人相比，外骨骼的最显著特点是与人体存在全程实时交互，穿戴者与外骨骼机械有实际的物理接触，是一个人-机耦合系统。外骨骼控制系统的任务就是让人-机耦合系统能更好地协调工作。从控制策略上来看，外骨骼控制可分为经典 PID 控制、灵敏度放大控制、自适应控制、神经网络控制、模糊控制以及鲁棒控制等。

1.3.1 经典 PID 控制

经典 PID 控制[47]是一种广泛应用的控制策略。经典 PID 控制在外骨骼机器人控制领域具有一定的优点。首先，经典 PID 控制的算法相对简单明了，易于理解和实现，它基于比例、积分和微分运算对偏差进行处理，通过调节参数来实现对系统的精确控制[48]；其次，经典 PID 控制对于线性系统具有良好的控制效果，在外骨骼机器人的初步设计和调试阶段，经典 PID 控制能够提供一个稳定的控制基础，确保关节角度和动力输出的基本准确。本章参考文献［49］为实现外骨骼机器人的高效控制，基于传统的经典 PID 控制算法，设计了一种 BangBang-PD 的轨迹跟踪算法。针对下肢外骨骼系统与人体共融的难题，本章参考文献［50］所研发的外骨骼采用了经典 PID 控制与前馈、反馈控制相结合的综合控制方式，构建了一个闭环控制模型，并在此基础上精确调整外骨骼的输出力矩，确保踝关节力矩能够达到稳定且符合期望的值。本章参考文献［51］将经典 PID 控制与模糊控制相结合，在对用于老年患者的下肢外骨骼机器人控制仿真中取得了不错的效果。

尽管经典 PID 控制方法具有一定的优点，但也存在明显的缺点。首先，PID 控制器的参数在控制过程中是恒定的，这意味着它无法适应系统动态变化的需求。当外骨骼机器人受到较大的外界干扰或人机交互力变化时，经典 PID 控制可能无法及时做出调整，导致超调或响应速度慢的问题。这也使得经典 PID 控制在处理复杂多变的外骨骼机器人系统时显得力不从心。其次，经典 PID 控制对于非线性系统的控制效果有限。下肢外骨骼机器人作为一个高度非线性的系统，其运动规律复杂多变，难以用简单的线性模型来描述。因此，经典 PID 控制在处理外骨骼机器人的非线性特性时可能会遇到困难，导致控制精度和鲁棒性不足。

1.3.2 灵敏度放大控制

灵敏度放大控制最早由著名的机器人学和生物医学工程专家 Kazerooni 教授提出，并在他的杰作——BLEEX 外骨骼系统中得到了成功的应用[52]。灵敏度放大控制的最大创新之处在于，它摒弃了传统方法在穿戴者与外骨骼之间安装大量传感器的做法。灵敏度放大控制仅依赖安装在外骨骼上的传感器所收集的数据，通过这些数据来估计外骨骼的运动位置。这样，穿戴者就能够以更自然、更舒适的方式与外骨骼进行交互，同时感受到来自外骨骼的微小作用力。为了实现这一控制策略，灵敏度放大控制需要一个具有高灵敏度的控制系统。这意味着系统必须能够快速、准确地响应穿戴者的动作和意图。为了实现这一目标，研究者们将人体施加力到外骨骼输出力之间的关系定义为灵敏度函数。这个函数描述了系统对穿戴者动作的响应程度。如果能够通过控制器设计实现灵敏度函数的最大化，那么即使人体输出的力量很小，也能够有效地控制外骨骼的运动。本章参考文献［53］提出了一种基于支持向量机（SVM）的灵敏度放大控制方法，实现了对外骨骼机器人各关节输出力矩的有效计算，进而使外骨骼能够很好地跟随操作者运动。为提升患者的训练效果，本章参考文献［54］提出了一种灵敏度放大控制策略，并通过仿真验证了这种策略能够减少患者在训练过程中的体能消耗，使患者能够以较小的力矩轻松带动外骨骼实现共同运动。本章参考文献［55］提出了一种将灵敏度放大控制与力闭环跟随控制相融合的控制策略，旨在增强外骨骼在运动控制中的灵活性和辅助效果，并通过实验验证了该算法的有效性。

然而，灵敏度放大控制方法也面临着一些挑战。该方法在抗干扰能力方面表现欠佳，特别是当灵敏度系数处于较高水平时，不稳定现象频发，导致其跟随性能受到明显限制。同时，其控制性能在很大程度上依赖于外骨骼系统动态模型的准确性。然而，对于一个实际的系统来说，由于存在各种复杂因素（如摩擦、非线性效应等），精确的动力学模型往往难以得到。因此，如何建立更准确、更完善的动态模型，以及如何根据这些模型设计更有效的控制器，成为灵敏度放大控制方法进一步发展的关键所在。

1.3.3 自适应控制

自适应控制[56]具有高度的灵活性和适应性，其特点在于能够实时感知系统参数的变化，并根据这些变化自动调整控制策略，以维持系统的稳定与高效运行。在外骨骼机器人的控制中，自适应控制的应用显得尤为重要。外骨骼机器人，尤其是在康复领域的应用，时刻面临着患者身体状况多样性和环境条件的复杂多变性问题：患者的身体状态、肌肉力量、关节活动范围等参数差异显著，且这些参数可能随着康复进程而发生变化；同时，康复环境也可能从专业的医院康复室转变为家庭环境，这对外骨骼机器人的稳定性和适应性提出了极高要求。自适应控制通过其独特的机制，为外骨骼机器人提供了应对这些问题的解决方案，它可以利用传感器获得实时感知和识别系统参数的变化数据，包括患者的身体状态、动作意图以及环境的变化等。基于这些实时数据，自适应控制算法能够在线进行参数校正或估计，并动态地调整控制策略，确保外骨骼机器人能够稳定、精准地执行康复动作。这种调整不仅是对当前状态的响应，更是一种持续优化的过程。随着时间的推移和数据的积累，自适应控制算法不断完善其控制策略，使外骨骼机器人的性能得到持续提升。本章参考文献［57］设计了一种自适应控制方案，它解决了外骨骼机器人在模型不确定的情况下的跟踪问题，并在仿真中验证了控制方案的有效性。本章参考文献［58］于存在辨识误差的情况下，构造了一种自适应反推控制方案来改善人机训练模型的动态跟踪性能。针对下肢外骨骼中存在的控制饱和问题，本章参考文献［59］提出了一种创新的自适应串级控制方案，该方案基于层次李雅普诺夫设计原理，旨在最大限度地减小机器与人体之间的相互作用力矩，同时具备良好的适应性，能够应对模型可能存在的不精确性。

1.3.4 神经网络控制

神经网络控制[11]作为模拟人脑神经网络工作方式的控制技术，以其独特的优势在现代控制理论中发挥着重要作用。这种控制方法利用大量的简单计算单元构建成复杂的网络结构，通过不断学习和自适应调整各计算单元之间的连接权值，从而实现对各种复杂系统的智能化控制。与传统的控制方法相比，神经网络控制更加灵活和智能，能够处理非线性、不确定性和时变性等复杂问题。在下肢外骨骼的应用中，神经网络控制展现出了巨大的潜力，神经网络控制能够模拟人体神经系统的复杂功能，通过学习和识别用户的运动意图和步态模式，实现对下肢外骨骼的精准控制。具体来说，首先需要通过采集用户的运动数据，如步态信息、肌肉电信号等，来训练神经网络模型。这些数据经过处理后，被输入神经网络中进行学习。在学习过程中，神经网络不断调整其内部的连接权值，以逐渐逼近用户的真实运动意图。一旦模型训练完成，它就能够根据用户的实时运动数据，预测并控制下肢外骨骼的运动轨迹和速度。为了克服下肢外骨骼机器人在控制策略上常面临的建模复杂、外界干扰显著以及适应性不足的问题，本章参考文献［60］将基于 CPG（Central Pattern Generator，中枢模式发生器）的仿生控制方法应用于下肢康复外骨骼的控制中，并通过构建 CPG 神经网络，实现对步态信号的高效学习，从而显著提升下肢外骨骼机器人的运动性能。本章参考文献［61］提出了一种创新的自适应神经网络建模与控制方法，专门用于处理外骨骼机器人谐波传动中的未知参数，从而实现外骨骼机器人的运动控制，提升其运动性能和稳定性。本章参考文献［62］中提出了一种基于神经网络的最优控制器，并将其成功应用于下肢外骨骼机器人。这种控制器显著提升了机器人在面对非线性扰动时的鲁棒性，确保了其在复杂环境中的稳定与高效运行。

尽管神经网络控制在下肢外骨骼应用中具有诸多优势，但也存在一些不足之处。首先，由于神经网络结构的复杂性，其算法的计算量较大，可能导致实时性受到一定影响，而且训练过程也可能需要耗费大量的计算资源。此外，对于不同用户的适应性和泛化能力还有待进一步提高。因为每个人的运动模式和步态特征都有所不同，因此如何让神经网络控制更好地适应不同用户的需求也是一个亟待解决的问题。

1.3.5 模糊控制

模糊控制[63]是一种具有逻辑推理特性的控制方法，这种方法不依赖于精确的数学模型，而是利用模糊集合和模糊逻辑来进行推理和决策。因此，对于那些复杂、非线性且不易建模的系统，模糊控制往往能发挥出极佳的效果。模糊控制的核心在于其模糊化处理和模糊推理机制。首先，它将输入模糊控制器的量进行模糊化，即将其转化为模糊集合的形式；然后，根据事先建立的模糊规则库，进行模糊推理，以得出控制输出的大致范围；最后，通过去模糊化过程，将这一模糊范围转化为精确的控制量输出。整个过程简单直观，易于理解和实现。在下肢外骨骼机器人的控制中，模糊控制方法的应用尤为广泛。外骨骼机器人作为一种复杂的机电一体化系统，其运动控制涉及多个参数和变量的协调与优化。模糊控制能够实时地根据外骨骼机器人的运动状态和外部环境的变化，调整阻抗控制器的参数（如惯性参数、阻尼参数和刚度参数等），从而实现对机器人运动的精确控制。这大大降低了控制系统的复杂性和开发难度，同时也提高了系统的鲁棒性和适应性。本章参考文献［64］在滑模控制的基础上加入模糊控制，并将其应用到康复外骨骼控制中，避免了系统抖振的问题，提高了治疗训练的性能。本章参考文献［65］研究了下肢外骨骼系统的降阶自适应模糊解耦控制方法。相较于传统方法，这一创新的模糊控制策略能够有效减少潜在的抖振现象，从而显著提升了控制性能，为下肢外骨骼系统的稳定、高效运行提供了有力保障。本章参考文献［66］将 PID 控制器与模糊逻辑进行融合，成功开发出一种模糊 PID 控制策略，该策略在跟踪和控制外骨骼的人体运动方面展现出卓越性能，为外骨骼技术的精确控制提供了新的解决方案。

模糊控制也存在一定的局限性。由于它依赖于经验知识和专家意见来制定模糊规则和条件，因此控制策略的制定往往受到主观因素的影响。如果规则制定不当或者未能涵盖所有可能的情况，那么模糊控制器的性能可能会受到影响，无法达到预期的控制效果。此外，随着系统复杂性的增加，模糊规则的数量也会急剧增加，这可能导致规则之间的冲突和矛盾，进一步影响控制效果。

1.3.6 鲁棒控制

鲁棒控制[67]作为一种提升系统稳定性的控制策略，其核心在于解决建模存在不确定性的系统的稳定性控制问题。在实际应用中，鲁棒控制赋予系统一定的抗干扰能力，确保在面临多种不确定因素的影响时，系统设计的控制器仍能满足预定的性能要求。在鲁棒控制的研究与应用中，鲁棒 $H\infty$ 控制是常用的技术手段。近年来，随着鲁棒控制技术的不断进步，其在多个领域的应用也取得了显著成果。其中，下肢外骨骼控制就是一个典型的应用案例。通过应用鲁棒控制方法，下肢外骨骼机器人能够更好地应对各种不确定因素的影响，如步态变化、负载变化以及外部环境干扰等。同时，鲁棒控制还能提升下肢外骨骼机器人的运动性能，提高行走的稳定性和舒适性。这不仅提升了外骨骼机器人的实用性，也为使用者带来了更好的体验。除了单独应用外，鲁棒控制还可以与其他控制方法相结合，形成更为复杂的控制系统。例如，将鲁棒控制与优化控制相结合，可以设计出具有优化效果的控制器，进一步提升下肢外骨骼机器人的性能。此外，鲁棒自适应控制、鲁棒事件触发控制等方法也在下肢外骨骼控制中得到了应用，为解决系统的稳定性控制问题提供了新的思路。本章参考文献［68］设计了一种 2DOFS 下肢外骨骼，并为其打造了一套鲁棒控制方案。经过实验验证，该系统展现出了卓越的跟踪性能以及强大的鲁棒性。即便在面临外部干扰（如外力作用）的情况下，其位置依然能够保持稳定。本章参考文献［69］针对7自由度外骨骼机器人的控制问题，提出了一种鲁棒控制方法，该方法的稳定性经过严格的李雅普诺夫理论验证，确保了其在实际应用中的可靠性，并在实验中引入了随机噪声，验证了所提出控制方法的鲁棒性。针对下肢康复机器人的轨迹控制问题，参考文献［70］设计了鲁棒控制策略，以有效应对系统初始条件与约束条件的偏差、模型的不确定性以及外界干扰等多种不确定性因素，确保外骨骼机器人能实现稳定、精确的轨迹控制。

1.4 本章总结

本章主要对下肢外骨骼机器人的概念进行了深入介绍，并详细探讨了外骨骼的应用领域及其在国内外的研究现状。最后，针对现有的多种下肢外骨骼控制方法进行了分类与总结。

参考文献

［1］侯增广，赵新刚，程龙，等．康复机器人与智能辅助系统的研究进展［J］．自动化学报，2016，42（12）：1765-1779.

［2］孙建，余永，葛运建，等．基于接触力信息的可穿戴型下肢助力机器人传感系统研究［J］．中国科学技术大学学报，2008，38（12）：1432-1438.

［3］陈峰．可穿戴型助力机器人技术研究［D］．合肥：中国科学技术大学，2007.

［4］张佳帆．基于柔性外骨骼人机智能系统基础理论及应用技术研究［D］．杭州：浙江大学，2009.

［5］杨杰乾．下肢外骨骼助力机器人系统研究［D］．哈尔滨：哈尔滨工程大学，2012.

［6］冯治国．步行康复训练助行腿机器人系统［D］．上海：上海大学，2009.

［7］余伟正，钱晋武，冯治国，等．下肢外骨骼矫形器运动学分析［J］．上海大学学报：自然科学版，2010，16（2）：130-134.

［8］苏航．基于虚拟现实技术的康复训练系统研究［D］．广州：华南理工大学，2015.

［9］黄瑞．基于虚拟样机技术的PRMI外骨骼机器人步态仿真研究［D］．成都：电子科技大学，2013.

［10］帅梅．足型下肢外骨骼康复训练机器人：CN3048224985［P］．2018-09-18.

［11］夏鹏．康复后期下肢外骨骼阻抗控制策略研究［D］．成都：西华大学，2023.

［12］刘王智懿，郑银环，孙健铨，等．轻量型柔性下肢助力外骨骼的设计及性能实验［J］．机器人，2021，43（4）：433-442.

［13］Yagn N. Apparatus for facilitating walking，running，and jumping：U. S. Patent，420179［P］. 1890.

［14］Zaroodny S J. Bumpusher-A powered aid to locomotion，U. S. Army Ballistic Res. Lab.，Aberdeen Proving Ground，MD，Tech. Note 1524，1963.

［15］Vukobratovic M，Hristic D，Stojljkvic Z. Development of active anthropomorphic exoskeletons［J］.

Medical and Biological Engineering, 1974, 12 (1): 66-80.

[16] Mohammed S, Amirat Y, Rifai H. Lower-limb movement assistance through wearable robots: State of the art and challenges [J]. Advanced Robotics, 2012, 26 (1-2): 1-22.

[17] Mosher R S. Handyman to hardiman [R]. SAE Technical Paper, 1967.

[18] Gilbert K E. Exoskeleton prototype project: Final report on phase I [J]. General Electric Company, Schenectady, NY, GE Tech. Rep. S-67-1011, 1967.

[19] Fick B R, Makinson J B. Hardiman I prototype for machine augmentation of human strength and endurance [R]. General Electric Company, Schenectady, NY, GE Tech. Rep. S-71-1056, 1971.

[20] Guan X, Ji L, Wang R. Development of exoskeletons and applications on rehabilitation [C]. MATEC Web of Conferences. EDP Sciences, 2016, 40: 02004.

[21] Kazerooni H. Exoskeletons for human power augmentation [C]//Intelligent Robots and Systems. IEEE/RSJ International Conference on. IEEE, 2005: 3459-3464.

[22] Garcia E, Sate J M, Main J. Exoskeleton for human performance augmentation (EHPA): A program summary [J]. Journal of Robot and Society of Japan, 2002, 20 (8): 822-826.

[23] Kazerooni H, Chu A, Steger R. That which does not stabilize, will only make us stronger [J]. The International Journal of Robotics Research, 2007, 26 (1): 75-89.

[24] Guizzo E, Goldstein H. The rise of the body bots [robotic exoskeletons] [J]. IEEE Spectrum, 2005, 42 (10): 50-56.

[25] Walsh C J, Endo K, Herr H. A quasi-passive leg exoskeleton for load-carrying augmentation [J]. International Journal of Humanoid Robotics, 2007, 4 (3): 487-506.

[26] Zoss A, Kazerooni H. Architecture and hydraulics of a lower extremity exoskeleton [C]. ASME 2005 International Mechanical Engineering Congress and Exposition. American Society of Mechanical Engineers, 2005: 1447-1455.

[27] Chu A, Kazerooni H, Zoss A. On the biomimetic design of the berkeley lower extremity exoskeleton (BLEEX) [C]. Proceedings of the 2005 IEEE International Conference on Robotics and Automation. IEEE, 2005: 4345-4352.

[28] Bogue R. Exoskeletons and robotic prosthetics: A review of recent developments [J]. Industrial Robot: An International Journal, 2009, 36 (5): 421-427.

[29] Karlin S. Raiding iron man's closet [Geek life] [J]. IEEE Spectrum, 2011, 48 (8): 25.

[30] Huo Y, Li Z. Mechanism design and simulation about the exoskeleton intelligence system [C]. IEEE International Conference on Intelligent Computing and Intelligent Systems. IEEE, 2009: 551-556.

[31] Zoss A, Kazerooni H, Chu A. On the mechanical design of the Berkeley lower extemity exoskeleton [C]. IEEE/RSJ International Conference on Intelligent Robots and Systems. IEEE, 2005: 3132-3139.

[32] Walsh C J, Pasch K, Herr H. An autonomous, underactuated exoskeleton for load-carrying augmentation [C]. IEEE/RSJ International Conference on Intelligent Robots and Systems. IEEE, 2006: 1410-1415.

[33] Walsh C J, Paluska D, Pasch K, et al. Development of a lightweight, underactuated exoskeleton for load-carrying augmentation [C]. Proceedings of the 2006 IEEE International Conference on Robotics and Automation. IEEE, 2006: 3485-3491.

[34] Dollar A M, Herr H. Lower extremity exoskeletons and active orthoses: Challenges and state-of-the-art [J]. IEEE Transactions on Robotics, 2008, 24 (1): 144-158.

[35] Pratt J E, Krupp B T, Morse C J, et al. The RoboKnee: An exoskeleton for enhancing strength and endurance during walking [C]. IEEE International Conference on Robotics and Automation. IEEE, 2004, 3: 2430-2435.

[36] Kawamoto H, Sankai Y. Power assist method based on phase sequence and muscle force condition for HAL [J]. Advanced Robotics, 2005, 19 (7): 717-734.

[37] Suzuki K, Mito G, Kawamoto H, et al. Intention-based walking support for paraplegia patients with Robot Suit HAL [J]. Advanced Robotics, 2007, 21 (12): 1441-1469.

[38] Yamamoto K, Hyodo K, Ishii M, et al. Development of power assisting suit for assisting nurse labor [J]. JSME International Journal Series C Mechanical Systems, Machine Elements and Manufacturing, 2002, 45 (3): 703-711.

[39] Yamamoto K, Ishii M, Hyodo K, et al. Development of power assisting suit (miniaturization of supply system to realize wearable suit) [J]. JSME International Journal Series C Mechanical Systems, Machine Elements and Manufacturin, 2003, 46 (3): 923-930.

[40] Kim W, Lee S, Lee H, et al. Development of the heavy load transferring task oriented exoskeleton adapted by lower extremity using qausi-active joints [C]. ICROS-SICE International Joint Conference. ICROS-SICE, 2009: 1353-1358.

[41] Koljonen P A, Virk A S, Jeong Y, et al. Outcomes of a multicenter safety and efficacy study of the SuitX phoenix powered exoskeleton for ambulation by patients with spinal cord injury [J]. Frontiers in Neurology, 2021, 12: 689751.

[42] Tefertiller C, Hays K, Jones J, et al. Initial outcomes from a multicenter study utilizing the indego powered exoskeleton in spinal cord injury [J]. Topics in Spinal Cord Injury Rehabilitation, 2018, 24 (1): 78-85.

[43] Choi J, Na B, Jung P G, et al. Walkon suit: A medalist in the powered exoskeleton race of cybathlon 2016 [J]. IEEE Robotics & Automation Magazine, 2017, 24 (4): 75-86.

[44] Woods C, Callagher L, Jaffray T. Walk tall: The story of rex bionics [J]. Jounal of Management & Organization, 2021, 27 (2): 239-252.

[45] Jimenez-Fabian R, Verlinden O. Review of control algorithms for robotic ankle systems in lower-limb orthoses, prostheses, and exoskeletons [J]. Medical Engineering & Physics, 2012, 34 (4): 397-408.

[46] Li Z J, Su C Y, Li G, et al. Fuzzy approximation-based adaptive backstepping control of an exoskeleton for human upper limbs [J]. IEEE Transactions on Fuzzy Systems, 2015, 23 (3): 555-566.

[47] 万东宝，王虎奇，丛佩超，等. 基于 Simulink 的下肢外骨骼机器人模糊 PID 控制与仿真分析 [J]. 广西科技大学学报，2023，34 (2): 91-99.

[48] 李刘川. PID 控制在过程控制中的应用探讨 [J]. 电子技术与软件工程, 2016 (12): 150.
[49] 李根生, 佀国宁, 徐飞. 下肢外骨骼机器人控制策略研究进展 [J]. 中国康复医学杂志, 2018, 33 (12): 1488-1494.
[50] 胡鸿越, 胡立坤, 刘贻达, 等. 一种柔性下肢外骨骼控制策略研究 [J]. 仪器仪表学报, 2020, 41 (3): 184-191.
[51] Al Rezage G, Tokhi M O. Fuzzy PID control of lower limb exoskeleton for elderly mobility [C]//2016 IEEE International Conference on Automation, Quality and Testing, Robotics (AQTR). IEEE, 2016: 1-6.
[52] Kazerooni H, Racine J L, Huang L, et al. On the control of the berkeley lower extremity exoskeleton (BLEEX)[C]//Proceedings of the 2005 IEEE International Conference on Robotics and Automation. IEEE, 2005: 4353-4360.
[53] 赵广宇, 何龙, 李新俊, 等. 基于支持向量机的外骨骼机器人灵敏度放大控制 [J]. 计算机测量与控制, 2016, 24 (9): 211-214.
[54] 陈贵亮, 周晓晨, 刘更谦. 下肢外骨骼康复机器人的灵敏度放大控制研究 [J]. 河北工业大学学报, 2015, 44 (2): 53-56; 94.
[55] 马舜, 王立志, 王天铄, 等. 一种基于模型的下肢助力外骨骼混合控制策略 [J]. 载人航天, 2021, 27 (1): 66-71.
[56] Mushage B O, Chedjou J C, Kyamakya K. Fuzzy neural network and observer-based fault-tolerant adaptive nonlinear control of uncertain 5-DOF upper-limb exoskeleton robot for passive rehabilitation [J]. Nonlinear Dynamics, 2017, 87: 2021-2037.
[57] Kang H B, Wang J H. Adaptive control of 5 DOF upper-limb exoskeleton robot with improved safety [J]. ISA Transactions, 2013, 52 (6): 844-852.
[58] Chen Z, Guo Q, Yan Y, et al. Model identification and adaptive control of lower limb exoskeleton based on neighborhood field optimization [J]. Mechatronics, 2022, 81: 102699.
[59] Zhang X, Jiang W, Li Z, et al. A hierarchical Lyapunov-based cascade adaptive control scheme for lower-limb exoskeleton [J]. European Journal of Control, 2019, 50: 198-208.
[60] Yingxu W, Aibin Z H U, Hongling W U, et al. Control of lower limb rehabilitation exoskeleton robot based on CPG neural network [C]//2019 16th International Conference on Ubiquitous Robots (UR). IEEE, 2019: 678-682.
[61] Su H, Li Z, Li G, et al. EMG-Based neural network control of an upper-limb power-assist exoskeleton robot [C]//International Symposium on Neural Networks. Springer Berlin Heidelberg, 2013: 204-211.
[62] Huang P, Yuan W, Li Q, et al. Neural network-based optimal control of a lower-limb exoskeleton robot [C]//2021 6th IEEE International Conference on Advanced Robotics and Mechatronics (ICARM). IEEE, 2021: 154-159.
[63] 洪健俊. 下肢外骨骼康复机器人控制技术研究 [D]. 唐山: 华北理工大学, 2022.
[64] Wu Q, Wang X, Du F, et al. Fuzzy sliding mode control of an upper limb exoskeleton for robot-assisted rehabilitation [C]//2015 IEEE International Symposium on Medical Measurements and Applications (MeMeA) Proceedings. IEEE, 2015: 451-456.

[65] Sun W, Lin J W, Su S F, et al. Reduced adaptive fuzzy decoupling control for lower limb exoskeleton [J]. IEEE Transactions on Cybernetics, 2020, 51 (3): 1099-1109.

[66] Al Rezage G, Tokhi M O. Fuzzy PID control of lower limb exoskeleton for elderly mobility [C]//2016 IEEE International Conference on Automation, Quality and Testing, Robotics (AQTR). IEEE, 2016: 1-6.

[67] 陈军. 下肢外骨骼系统鲁棒跟踪优化控制研究 [D]. 合肥: 安徽大学, 2020.

[68] Ghezal M, Guiatni M, Boussioud I, et al. Design and robust control of a 2 DOFs lower limb exoskeleton [C]//2018 International Conference on Communications and Electrical Engineering (ICCEE). IEEE, 2018: 1-6.

[69] Rahmani M, Rahman M H. Novel robust control of a 7-DOF exoskeleton robot [J]. PloS One, 2018, 13 (9): e0203440.

[70] Qin F, Zhao H, Zhen S, et al. Adaptive robust control for lower limb rehabilitation robot with uncertainty based on Udwadia. Kalaba approach [J]. Advanced Robotics, 2020, 34 (15): 1012-1022.

第 2 章　下肢外骨骼机器人建模

对下肢康复外骨骼的运动学和动力学进行建模分析是研究下肢康复外骨骼系统的前提。本章首先使用 D-H 方法对外骨骼系统进行了运动学分析与建模，然后根据拉格朗日动力学方法，建立了下肢外骨骼系统动力学模型。

2.1　下肢外骨骼机器人运动学建模

下肢康复外骨骼的运动学问题是研究外骨骼关节变量参数 $q=[q_1,\cdots,q_n]^{\mathrm{T}}$ 与其连杆末端位置和姿态间的关系[1]。由于末端与关节连接杆件 n 固定连接，故其位置和指向可以由杆件坐标系 n 来确定，并具有唯一性，即由齐次变换矩阵 ${}^0A_n$ 唯一确定，因此也可以说外骨骼运动学问题就是研究 q 与 ${}^0A_n$ 之间的联系。

外骨骼系统的运动学问题通常分为两类：一类是已知 q，求相应的 ${}^0A_n$ 的正向运动学问题；另外一类是已知 ${}^0A_n$，求对应的 q 的逆向运动学问题。

1. 正向运动学模型

外骨骼是由一组通过关节连接起来的连杆组成的。为了解析外骨骼的运动方程，对每一个连杆建立一个杆件坐标系，并通过齐次变换矩阵来描述这些坐标系之间的相对位置与姿态[2]。一般将用来表示某连杆与其下一连杆间的相对联系的齐次变换矩阵称为 A 矩阵。如果用 A_1 表示第一个连杆相较于基系（基座坐标系）的位置和姿态，A_2 表示第二个连杆以第一个连杆为参考目标的位置和姿态，因此可以得到第二个连杆在基系中的位置和姿态如下表示[3]：

$$T_2=A_1A_2 \tag{2-1}$$

同理，若 A_3 表示第三个连杆以第二个连杆为参考目标的位置和姿态，可得到

$$T_3=A_1A_2A_3 \tag{2-2}$$

一般将这些 A 矩阵的乘积定义为 T 矩阵，省略为 0 的前置上标，一个 6 自由度的刚性下肢康复外骨骼，其 T 矩阵如下：

$$T_6=A_1A_2A_3A_4A_5A_6 \tag{2-3}$$

对于具有 6 个自由度的外骨骼，每个连杆分别拥有一个自由度，可以任意实现

在其运动范围内的定位与定向。其中，3 个自由度用于确定外骨骼位置信息，3 个自由度用于确定外骨骼的姿态信息。T_6 则表示外骨骼的位置与姿态。

下肢康复外骨骼正向运动学建模其目的主要是为了确立外骨骼系统各连杆间的位置关系、速度关系以及加速度关系[4]。为了表述各个连杆之间的联系，我们可以合理地建立外骨骼各连杆固连坐标系，再通过坐标系来描述各连杆之间的关系。目前，建立外骨骼各连杆固连坐标系最通用的方法由 Denavit[5] 和 Hartenberg 两人于 1995 年提出，因此又叫作 D-H 参数法[6]。通过构建一个 4 阶的齐次变换矩阵，可以建立相邻两个连杆之间的位置和姿态联系，从而能推导出外骨骼末端坐标系相对于基系的齐次变换矩阵，进而得到下肢康复外骨骼的运动学方程。

下面介绍如何建立杆件坐标系。对于具有 n 个自由度的下肢康复外骨骼，可以用以下步骤建立与各个杆件 $i(i=0,1,\cdots,n)$ 固连的坐标系 $O_iX_iY_iZ_i$，并且将这种坐标系简称为系 i。第一步，确立各个坐标系的 Z 轴方向，选取 Z_i 轴沿 $i+1$ 关节的轴向，可以任意定义指向，但通常情况下将各平行的 Z 轴都选取为相同的轴向；第二步，确立各坐标系的原点位置，选取原点 O_i 位于过 Z_{i-1} 轴和 Z_i 轴的公法线上，即 O_i 为此公法线与 Z_i 轴的交点；第三步，确立各个坐标系的 X 轴位置，选取 X_i 轴沿过 Z_{i-1} 轴和 Z_i 轴的公法线，方向从 Z_{i-1} 指向 Z_i；第四步，确立各个坐标系的 Y 轴位置，原则是使 $Y_i=Z_i\times X_i$，构成右手坐标系。

如图 2-1 所示，参数 a_i、α_i、d_i 和 θ_i 即为 D-H 参数，又通常被称为外骨骼的运动参数和几何参数。在采用 D-H 方法确立了各连杆的坐标系之后，系 $i-1$ 和系 i 之间的相对位置和指向均可以通过相应的参数来表达。具体表示如下：①a_i 表示连杆的长度，即从 Z_{i-1} 轴到 Z_i 轴的距离，沿 X_i 轴的方向为正向；②杆件扭角 α_i 表示从 Z_{i-1} 轴到 Z_i 轴的转角角度，沿 X_i 轴正轴转动的方向为正向，且规定 $\alpha_i\in(-\pi,\pi]$；③关节距离 d_i 表示从 X_{i-1} 轴到 X_i 轴的距离，沿 Z_{i-1} 轴的方向为正向；④关节转角 θ_i 表示从 X_{i-1} 轴到 X_i 轴的转角，沿 Z_{i-1} 轴正轴转动的方向为正向，且

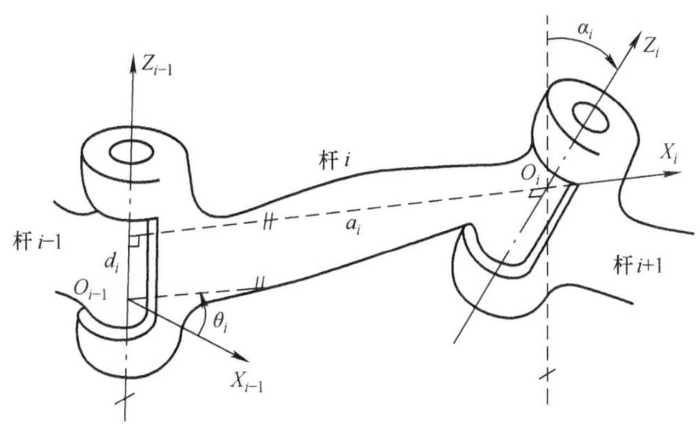

图 2-1　D-H 参数坐标系示意图

规定 $\theta_i \in (-\pi,\pi]$。通过 D-H 方法建立的杆件坐标系，系 $i-1$ 经过以下连续的相对运动变换可以得到系 i：第一步，沿 Z_{i-1} 轴移动 d_i；第二步，绕 Z_{i-1} 轴转动 θ_i；第三步，沿 X_i 轴移动 a_i；第四步，沿 X_i 轴移动 α_i。

通过上述杆件的连续相对运动，可以得到如下的齐次变换矩阵[7]：

$$
\begin{aligned}
{}^{i-1}A_i &= \mathrm{Trans}_z(d_i)\mathrm{Rot}_z(\theta_i)\mathrm{Trans}_x(a_i)\mathrm{Rot}_x(\alpha_i) \\
&= \begin{bmatrix} c_i & -c\alpha_i s_i & s\alpha_i s_i & a_i c_i \\ s_i & c\alpha_i c_i & -s\alpha_i c_i & a_i s_i \\ 0 & s\alpha_i & c\alpha_i & d_i \\ 0 & 0 & 0 & 1 \end{bmatrix}
\end{aligned}
\tag{2-4}
$$

式中，$s_i \triangleq \sin\theta_i$，$c_i \triangleq \cos\theta_i$，$s\alpha_i \triangleq \sin\alpha_i$，$c\alpha_i \triangleq \cos\alpha_i$。综上所述，当已知 $q = [q_1,\cdots,q_n]^{\mathrm{T}}$ 时，可确定${}^{i-1}A_i(q_i)(i=1,\cdots,n)$，通过求解连续运动的齐次变换矩阵，我们可以求得正向运动学问题的解如下：

$$
{}^0A_n(q) = {}^0A_1(q_1)\,{}^1A_2(q_2)\cdots{}^{n-1}A_n(q_n) \tag{2-5}
$$

式（2-5）又称为下肢康复外骨骼的运动学方程。

2. 逆向运动学模型

相对于下肢康复外骨骼正向运动学问题，其逆向运动学的分析求解更为复杂。在正向运动学中，可以通过设定每个关节角度参数在齐次变换矩阵的转换下获得外骨骼末端在笛卡儿空间中的位置姿态信息。然而在现实应用环境中，某些情况下获得的外骨骼参数信息是其在笛卡儿空间中的位置姿态或者运动轨迹，需要进行反推得到每个关节在关节空间中的角度参数，从而控制器控制关节输出合适的参数，这就是外骨骼的逆向运动学问题[8]。

外骨骼逆向运动学的求解具有非线性，解不一定存在或解具有非唯一性的特征（是正向运动学的解是唯一确定的），因此造成逆向运动学求解具有更高的求解难度与复杂度。在实际求解逆向运动学问题时，通常不会使用反三角函数（如 arcsin 和 arccos）。最主要的原因是因为仅用 arcsin 或者 arccos 无法在$[-\pi,\pi)$范围内确定出唯一的角度；其次利用它们来确定角度时，精度与角度本身的值具有很大关系。对于任一函数 $y=f(x)$ 来说，当用 x 来确定 y 值时，误差 $\Delta y \approx f'(x)\Delta x$，这时精度不仅与 x 的测量误差有关，也与 $f'(x)$ 有关。因此，对于函数 $y=\arccos x$ 来说，当 x 的值在其定义域$(-1,1)$内变化时，$(\arccos x)'$会在区间$(-\infty,-1)$内变化，但是对于反正切函数 $y=\arctan x$，当 x 在$(-\infty,+\infty)$变化时，$(\arctan x)'$仅在$(0,1]$之间变化。因此，为了保证一致的精度，采用反正切（反余切）函数要优于反正弦（反余弦）函数。另外，为了能在$[-\pi,\pi)$内求解出唯一的角度，一般不选取常规的反正切函数，而是采用双变量的反正切函数来求解。

当前，求解下肢外骨骼逆向运动学的方法主要有两种，分别是解析法[9]和数值法[10]。20 世纪 60 年代，学者 Pieper 对解析解的存在性与机器人结构之间的联系进行了详尽研究与分析，发现了一些逆向运动学问题有解析解的充分条件，其中最常用的两个充分条件分别是：3 个相邻关节轴相交于一点和 3 个相邻关节轴相互平行。当外骨骼符合其一时，利用解析法求解逆向运动学方程是可行的，不满足条件时则需要采取数值法。数值法是通过数值迭代来解决逆向运动学方程，适合于具有冗余自由度和无封闭解的外骨骼，但是计算复杂度高，难以实时运用。

2.2　下肢外骨骼机器人动力学建模

2.2.1　引言

动力学模型是物体受力及其运动关系的一种数学表征。外骨骼动力学模型建立外骨骼关节运动参数（如角度、角速度、角加速度）与其受力的关系，是外骨骼控制的基础，且动力学模型的准确性和可靠性直接影响到外骨骼的运动性能和安全性。人体下肢外骨骼系统是一套人-机器人紧耦合协调运动系统，其运动步态与人体下肢运动紧密相关。因此，在建立外骨骼运动学模型时，必须充分考虑到人体下肢的运动特性，确保模型能够真实反映人体与外骨骼之间的动态交互关系。这样的模型划分不仅有助于提升外骨骼的运动协调性和舒适性，还为外骨骼在医疗、康复等领域的广泛应用提供了有力支持。

从外骨骼运动模式来看，康复型外骨骼运动只是助力型外骨骼运动的某个阶段，助力型外骨骼运动模式在某种程度上涵盖了康复型外骨骼运动模式。因此，为方便叙述，以助力型外骨骼为对象建立动态模型。以人体正常步行为例，根据步行运动中脚底与支撑平面的关系，正常步行周期可以划分为单腿支撑（着地）、双腿支撑（着地）两个阶段[11]，双腿支撑可进一步划分为双腿完全支撑和双腿带冗余支撑两个子阶段。

本节将采用拉格朗日法[12]对外骨骼机器人进行动力学建模，分为单支撑状态模型和双支撑状态模型[13]。首先将外骨骼在矢状面等效成串行 7 连杆结构，计算各连杆的运动参数（如坐标、速度），然后计算各连杆上的动能与势能，建立拉格朗日函数，最后对拉格朗日函数求导，得到外骨骼模型的一般表达形式。

2.2.2　单支撑状态模型

外骨骼单腿支撑状态可以等效成矢状面串行 7 连杆结构，如图 2-2 所示。各参数说明见表 2-1。

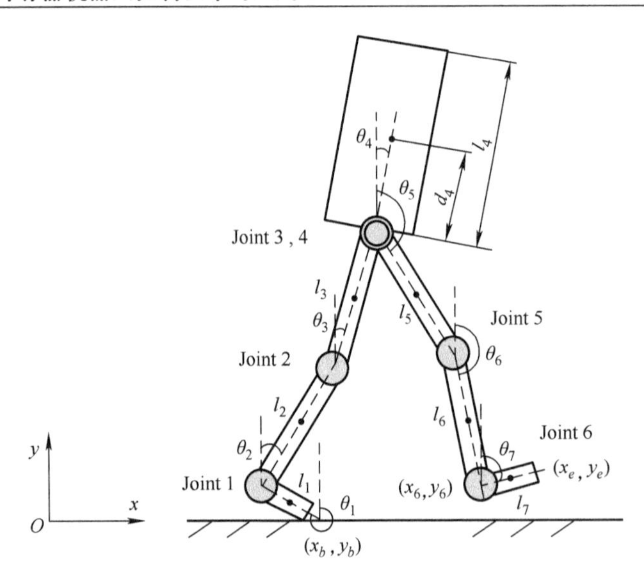

图 2-2　外骨骼单支撑状态模型

表 2-1　单支撑状态模型参数

参数符号	描　　述
θ_i	垂直方向到各关节的转角，逆时针为正
(x_i, y_i)	第 i 号连杆在固定坐标系中的坐标
(x_{ci}, y_{ci})	第 i 号连杆的质心在固定坐标系中的坐标
l_i	第 i 号连杆的长度
d_i	第 i 号连杆的质心到前一关节（$i-1$）的距离
m_i	第 i 号连杆的质量

以图 2-2 所示脚尖与地面接触点为原点，即$(x_b, y_b) = (0,0)$，外骨骼模型各连杆质心的位置可表示为

$$\begin{bmatrix} x_{c1} \\ y_{c1} \end{bmatrix} = \begin{bmatrix} -d_1\cos\theta_1 \\ -d_1\sin\theta_1 \end{bmatrix} \tag{2-6}$$

$$\begin{bmatrix} x_{c2} \\ y_{c2} \end{bmatrix} = \begin{bmatrix} -l_1\cos\theta_1 - d_2\sin\theta_2 \\ -l_1\sin\theta_1 + d_2\cos\theta_2 \end{bmatrix} \tag{2-7}$$

$$\begin{bmatrix} x_{c3} \\ y_{c3} \end{bmatrix} = \begin{bmatrix} -l_1\cos\theta_1 - l_2\sin\theta_2 - d_3\sin\theta_3 \\ -l_1\sin\theta_1 + l_2\cos\theta_2 + d_3\cos\theta_3 \end{bmatrix} \tag{2-8}$$

$$\begin{bmatrix} x_{c4} \\ y_{c4} \end{bmatrix} = \begin{bmatrix} -l_1\cos\theta_1 - l_2\sin\theta_2 - l_3\sin\theta_3 - d_4\sin\theta_4 \\ -l_1\sin\theta_1 + l_2\cos\theta_2 + l_3\cos\theta_3 + d_4\cos\theta_4 \end{bmatrix} \tag{2-9}$$

$$\begin{bmatrix} x_{c5} \\ y_{c5} \end{bmatrix} = \begin{bmatrix} -l_1\cos\theta_1 - l_2\sin\theta_2 - l_3\sin\theta_3 + d_5\sin\theta_5 \\ -l_1\sin\theta_1 + l_2\cos\theta_2 + l_3\cos\theta_3 - d_5\cos\theta_5 \end{bmatrix} \tag{2-10}$$

$$\begin{bmatrix} x_{c6} \\ y_{c6} \end{bmatrix} = \begin{bmatrix} -l_1\cos\theta_1 - l_2\sin\theta_2 - l_3\sin\theta_3 + l_5\sin\theta_5 + d_6\sin\theta_6 \\ -l_1\sin\theta_1 + l_2\cos\theta_2 + l_3\cos\theta_3 - l_5\cos\theta_5 - d_6\cos\theta_6 \end{bmatrix} \tag{2-11}$$

$$\begin{bmatrix} x_{c7} \\ y_{c7} \end{bmatrix} = \begin{bmatrix} -l_1\cos\theta_1 - l_2\sin\theta_2 - l_3\sin\theta_3 + l_5\sin\theta_5 + l_6\sin\theta_6 + d_7\cos\theta_7 \\ -l_1\sin\theta_1 + l_2\cos\theta_2 + l_3\cos\theta_3 - l_5\cos\theta_5 - l_6\cos\theta_6 + d_7\sin\theta_7 \end{bmatrix} \tag{2-12}$$

对坐标求导，可得外骨骼各连杆质心的速度为

$$\begin{bmatrix} \dot{x}_{c1} \\ \dot{y}_{c1} \end{bmatrix} = \begin{bmatrix} d_1\sin\theta_1\dot{\theta}_1 \\ -d_1\cos\theta_1\dot{\theta}_1 \end{bmatrix} \tag{2-13}$$

$$\begin{bmatrix} \dot{x}_{c2} \\ \dot{y}_{c2} \end{bmatrix} = \begin{bmatrix} l_1\sin\theta_1\dot{\theta}_1 - d_2\cos\theta_2\dot{\theta}_2 \\ -l_1\cos\theta_1\dot{\theta}_1 - d_2\sin\theta_2\dot{\theta}_2 \end{bmatrix} \tag{2-14}$$

$$\begin{bmatrix} \dot{x}_{c3} \\ \dot{y}_{c3} \end{bmatrix} = \begin{bmatrix} l_1\sin\theta_1\dot{\theta}_1 - l_2\cos\theta_2\dot{\theta}_2 - d_3\cos\theta_3\dot{\theta}_3 \\ -l_1\cos\theta_1\dot{\theta}_1 - l_2\sin\theta_2\dot{\theta}_2 - d_3\sin\theta_3\dot{\theta}_3 \end{bmatrix} \tag{2-15}$$

$$\begin{bmatrix} \dot{x}_{c4} \\ \dot{y}_{c4} \end{bmatrix} = \begin{bmatrix} l_1\sin\theta_1\dot{\theta}_1 - l_2\cos\theta_2\dot{\theta}_2 - l_3\cos\theta_3\dot{\theta}_3 - d_4\cos\theta_4\dot{\theta}_4 \\ -l_1\cos\theta_1\dot{\theta}_1 - l_2\sin\theta_2\dot{\theta}_2 - l_3\sin\theta_3\dot{\theta}_3 - d_4\sin\theta_4\dot{\theta}_4 \end{bmatrix} \tag{2-16}$$

$$\begin{bmatrix} \dot{x}_{c5} \\ \dot{y}_{c5} \end{bmatrix} = \begin{bmatrix} l_1\sin\theta_1\dot{\theta}_1 - l_2\cos\theta_2\dot{\theta}_2 - l_3\cos\theta_3\dot{\theta}_3 + d_5\cos\theta_5\dot{\theta}_5 \\ -l_1\cos\theta_1\dot{\theta}_1 - l_2\sin\theta_2\dot{\theta}_2 - l_3\sin\theta_3\dot{\theta}_3 + d_5\sin\theta_5\dot{\theta}_5 \end{bmatrix} \tag{2-17}$$

$$\begin{bmatrix} \dot{x}_{c6} \\ \dot{y}_{c6} \end{bmatrix} = \begin{bmatrix} l_1\sin\theta_1\dot{\theta}_1 - l_2\cos\theta_2\dot{\theta}_2 - l_3\cos\theta_3\dot{\theta}_3 + l_5\cos\theta_5\dot{\theta}_5 + d_6\cos\theta_6\dot{\theta}_6 \\ -l_1\cos\theta_1\dot{\theta}_1 - l_2\sin\theta_2\dot{\theta}_2 - l_3\sin\theta_3\dot{\theta}_3 + l_5\sin\theta_5\dot{\theta}_5 + d_6\sin\theta_6\dot{\theta}_6 \end{bmatrix} \tag{2-18}$$

$$\begin{bmatrix} \dot{x}_{c7} \\ \dot{y}_{c7} \end{bmatrix} = \begin{bmatrix} l_1\sin\theta_1\dot{\theta}_1 - l_2\cos\theta_2\dot{\theta}_2 - l_3\cos\theta_3\dot{\theta}_3 + l_5\cos\theta_5\dot{\theta}_5 + l_6\cos\theta_6\dot{\theta}_6 - d_7\sin\theta_7\dot{\theta}_7 \\ -l_1\cos\theta_1\dot{\theta}_1 - l_2\sin\theta_2\dot{\theta}_2 - l_3\sin\theta_3\dot{\theta}_3 + l_5\sin\theta_5\dot{\theta}_5 + l_6\sin\theta_6\dot{\theta}_6 + d_7\cos\theta_7\dot{\theta}_7 \end{bmatrix} \tag{2-19}$$

外骨骼 7 连杆模型总势能可表示为

$$P = \sum_{i=1}^{7} m_i g y_{ci} = \sum_{i=1}^{7} \left\{ m_i g \left[\sum_{j=1}^{i-1} (a_j l_j \cos\theta_j) + d_i \cos\theta_i \right] \right\} \tag{2-20}$$

总动能可表示为

$$\begin{aligned} K &= \sum_{i=1}^{7} \left[\frac{1}{2} m_i (\dot{x}_{ci}^2 + \dot{y}_{ci}^2) + \frac{1}{2} I_i \dot{\theta}_i^2 \right] \\ &= \sum_{i=1}^{7} \left[\frac{1}{2} (I_i + m_i d_i^2) \dot{\theta}_i^2 \right] + \sum_{i=1}^{7} \left\{ \frac{1}{2} m_i \left[\sum_{j=1}^{i-1} (a_j l_j \dot{\theta}_j \cos\theta_j) \right]^2 \right\} + \\ &\quad \sum_{i=1}^{7} \left\{ \frac{1}{2} m_i \left[\sum_{j=1}^{i-1} (a_j l_j \dot{\theta}_j \sin\theta_j) \right]^2 \right\} + \sum_{i=1}^{7} \left\{ m_i d_i \dot{\theta}_i \left\{ \sum_{j=1}^{i-1} \left[a_j l_j \dot{\theta}_j \cos(\theta_i - \theta_j) \right] \right\} \right\} \end{aligned} \tag{2-21}$$

将式（2-20）、式（2-21）代入动力学拉格朗日方程有

$$T_i = \frac{\mathrm{d}}{\mathrm{d}t}\left(\frac{\partial L}{\partial \dot{\theta}_i}\right) - \frac{\partial L}{\partial \theta_i} \tag{2-22}$$

$L=K-P$ 为拉格朗日函数，代入式（2-6）到式（2-19），整理后可得外骨骼 7 连杆模型的一般形式为

$$M(\theta)\ddot{\theta} + C(\theta,\dot{\theta})\dot{\theta} + G(\theta) = T \tag{2-23}$$

式中，$M(\theta)$是 7×7 维惯性矩阵；$C(\theta,\dot{\theta})$是 7×7 维离心力与科里奥利力相关矩阵；$G(\theta)$是 7×1 维重力相关向量；T 是 7×1 维外骨骼关节力矩。

惯性矩阵 $M(\theta)$各元素具体表达见式（2-24）~式（2-73）。

$$M(\theta) = M_{ij},\ i=1\cdots7,\ j=1,\cdots,7 \tag{2-24}$$

$$M_{11} = (l_1^2 m_1)/3 + l_1^2 m_2 + l_1^2 m_3 + l_1^2 m_4 + l_1^2 m_5 + l_1^2 m_6 + l_1^2 m_7 \tag{2-25}$$

$$M_{12} = -d_2 l_1 m_2 \sin(\theta_1-\theta_2) - l_1 l_2 m_3 \sin(\theta_1-\theta_2) - l_1 l_2 m_4 \sin(\theta_1-\theta_2) - l_1 l_2 m_5 \sin(\theta_1-\theta_2) - l_1 l_2 m_6 \sin(\theta_1-\theta_2) - l_1 l_2 m_7 \sin(\theta_1-\theta_2) \tag{2-26}$$

$$M_{13} = -d_3 l_1 m_3 \sin(\theta_1-\theta_3) - l_1 l_3 m_4 \sin(\theta_1-\theta_3) - l_1 l_3 m_5 \sin(\theta_1-\theta_3) - l_1 l_3 m_6 \sin(\theta_1-\theta_3) - l_1 l_3 m_7 \sin(\theta_1-\theta_3) \tag{2-27}$$

$$M_{14} = d_4 l_1 m_4 \sin(\theta_1-\theta_4) + l_1 l_4 m_5 \sin(\theta_1-\theta_4) + l_1 l_4 m_6 \sin(\theta_1-\theta_4) \tag{2-28}$$

$$M_{15} = d_5 l_1 m_5 \sin(\theta_1-\theta_5) + l_1 l_5 m_6 \sin(\theta_1-\theta_5) \tag{2-29}$$

$$M_{16} = -d_6 l_1 m_6 \cos(\theta_1-\theta_6) \tag{2-30}$$

$$M_{17} = -d_7 l_1 m_7 \sin(\theta_1-\theta_7) \tag{2-31}$$

$$M_{21} = -d_2 l_1 m_2 \sin(\theta_1-\theta_2) - l_1 l_2 m_3 \sin(\theta_1-\theta_2) - l_1 l_2 m_4 \sin(\theta_1-\theta_2) - l_1 l_2 m_5 \sin(\theta_1-\theta_2) - l_1 l_2 m_6 \sin(\theta_1-\theta_2) - l_1 l_2 m_7 \sin(\theta_1-\theta_2) \tag{2-32}$$

$$M_{22} = d_2^2 m_2 + (l_2^2 m_2)/12 + l_2^2 m_3 + l_2^2 m_4 + l_2^2 m_5 + l_2^2 m_6 + l_2^2 m_7 \tag{2-33}$$

$$M_{23} = d_3 l_2 m_3 \cos(\theta_2-\theta_3) + l_2 l_3 m_4 \cos(\theta_2-\theta_3) + l_2 l_3 m_5 \cos(\theta_2-\theta_3) + l_2 l_3 m_6 \cos(\theta_2-\theta_3) + l_2 l_3 m_7 \cos(\theta_2-\theta_3) \tag{2-34}$$

$$M_{24} = -d_4 l_2 m_4 \cos(\theta_2-\theta_4) - l_2 l_4 m_5 \cos(\theta_2-\theta_4) - l_2 l_4 m_6 \cos(\theta_2-\theta_4) \tag{2-35}$$

$$M_{25} = -d_5 l_2 m_5 \cos(\theta_2-\theta_5) - l_2 l_5 m_6 \cos(\theta_2-\theta_5) \tag{2-36}$$

$$M_{26} = -d_6 l_2 m_6 \sin(\theta_2-\theta_6) \tag{2-37}$$

$$M_{27} = d_7 l_2 m_7 \cos(\theta_2-\theta_7) \tag{2-38}$$

$$M_{31} = -d_3 l_1 m_3 \sin(\theta_1-\theta_3) - l_1 l_3 m_4 \sin(\theta_1-\theta_3) - l_1 l_3 m_5 \sin(\theta_1-\theta_3) - l_1 l_3 m_6 \sin(\theta_1-\theta_3) - l_1 l_3 m_7 \sin(\theta_1-\theta_3) \tag{2-39}$$

$$M_{32} = d_3 l_2 m_3 \cos(\theta_2-\theta_3) + l_2 l_3 m_4 \cos(\theta_2-\theta_3) + l_2 l_3 m_5 \cos(\theta_2-\theta_3) + l_2 l_3 m_6 \cos(\theta_2-\theta_3) + l_2 l_3 m_7 \cos(\theta_2-\theta_3) \tag{2-40}$$

$$M_{33} = d_3^2 m_3 + (l_3^2 m_3)/12 + l_3^2 m_4 + l_3^2 m_5 + l_3^2 m_6 + l_3^2 m_7 \tag{2-41}$$

$$M_{34} = -d_4 l_3 m_4 \cos(\theta_3-\theta_4) - l_3 l_4 m_5 \cos(\theta_3-\theta_4) - l_3 l_4 m_6 \cos(\theta_3-\theta_4) \tag{2-42}$$

$$M_{35} = -d_5 l_3 m_5 \cos(\theta_3 - \theta_5) - l_3 l_5 m_6 \cos(\theta_3 - \theta_5) \tag{2-43}$$

$$M_{36} = -d_6 l_3 m_6 \sin(\theta_3 - \theta_6) \tag{2-44}$$

$$M_{37} = d_7 l_3 m_7 \cos(\theta_3 - \theta_7) \tag{2-45}$$

$$M_{41} = d_4 l_1 m_4 \sin(\theta_1 - \theta_4) + l_1 l_4 m_5 \sin(\theta_1 - \theta_4) + l_1 l_4 m_6 \sin(\theta_1 - \theta_4) \tag{2-46}$$

$$M_{42} = -d_4 l_2 m_4 \cos(\theta_2 - \theta_4) - l_2 l_4 m_5 \cos(\theta_2 - \theta_4) - l_2 l_4 m_6 \cos(\theta_2 - \theta_4) \tag{2-47}$$

$$M_{43} = -d_4 l_3 m_4 \cos(\theta_3 - \theta_4) - l_3 l_4 m_5 \cos(\theta_3 - \theta_4) - l_3 l_4 m_6 \cos(\theta_3 - \theta_4) \tag{2-48}$$

$$M_{44} = d_4^2 m_4 + (l_4^2 m_4)/12 + l_4^2 m_5 + l_4^2 m_6 \tag{2-49}$$

$$M_{45} = d_5 l_4 m_5 \cos(\theta_4 - \theta_5) + l_4 l_5 m_6 \cos(\theta_4 - \theta_5) \tag{2-50}$$

$$M_{46} = d_6 l_4 m_6 \sin(\theta_4 - \theta_6) \tag{2-51}$$

$$M_{46} = 0 \tag{2-52}$$

$$M_{51} = d_5 l_1 m_5 \sin(\theta_1 - \theta_5) + l_1 l_5 m_6 \sin(\theta_1 - \theta_5) \tag{2-53}$$

$$M_{52} = -d_5 l_2 m_5 \cos(\theta_2 - \theta_5) - l_2 l_5 m_6 \cos(\theta_2 - \theta_5) \tag{2-54}$$

$$M_{53} = -d_5 l_3 m_5 \cos(\theta_3 - \theta_5) - l_3 l_5 m_6 \cos(\theta_3 - \theta_5) \tag{2-55}$$

$$M_{54} = d_5 l_4 m_5 \cos(\theta_4 - \theta_5) + l_4 l_5 m_6 \cos(\theta_4 - \theta_5) \tag{2-56}$$

$$M_{55} = d_5^2 m_5 + l_5^2 m_5/12 + l_5^2 m_6 \tag{2-57}$$

$$M_{56} = d_6 l_5 m_6 \sin(\theta_5 - \theta_6) \tag{2-58}$$

$$M_{57} = 0 \tag{2-59}$$

$$M_{61} = -d_6 l_1 m_6 \cos(\theta_1 - \theta_6) \tag{2-60}$$

$$M_{62} = -d_6 l_2 m_6 \sin(\theta_2 - \theta_6) \tag{2-61}$$

$$M_{63} = -d_6 l_3 m_6 \sin(\theta_3 - \theta_6) \tag{2-62}$$

$$M_{64} = d_6 l_4 m_6 \sin(\theta_4 - \theta_6) \tag{2-63}$$

$$M_{65} = d_6 l_5 m_6 \sin(\theta_5 - \theta_6) \tag{2-64}$$

$$M_{66} = m_6 d_6^2 + m_6 l_6^2/12 \tag{2-65}$$

$$M_{67} = 0 \tag{2-66}$$

$$M_{71} = -d_7 l_1 m_7 \sin(\theta_1 - \theta_7) \tag{2-67}$$

$$M_{72} = d_7 l_2 m_7 \cos(\theta_2 - \theta_7) \tag{2-68}$$

$$M_{73} = d_7 l_3 m_7 \cos(\theta_3 - \theta_7) \tag{2-69}$$

$$M_{74} = 0 \tag{2-70}$$

$$M_{75} = 0 \tag{2-71}$$

$$M_{76} = 0 \tag{2-72}$$

$$M_{77} = 13 d_7^2 m_7/12 \tag{2-73}$$

离心力与科里奥利力相关矩阵 $C(\theta,\dot{\theta})$ 各元素具体表达式见式（2-74）~式（2-123）。

$$C(\theta,\dot{\theta}) = C_{ij},\ i=1,\cdots,7,\ j=1,\cdots,7 \tag{2-74}$$

$$C_{11}=0 \tag{2-75}$$

$$C_{12}=d_2l_1m_2\cos(\theta_1-\theta_2)+l_1l_2m_3\cos(\theta_1-\theta_2)+l_1l_2m_4\cos(\theta_1-\theta_2)+l_1l_2m_5\cos(\theta_1-\theta_2)+l_1l_2m_6\cos(\theta_1-\theta_2)+l_1l_2m_7\cos(\theta_1-\theta_2) \tag{2-76}$$

$$C_{13}=d_3l_1m_3\cos(\theta_1-\theta_3)+l_1l_3m_4\cos(\theta_1-\theta_3)+l_1l_3m_5\cos(\theta_1-\theta_3)+l_1l_3m_6\cos(\theta_1-\theta_3)+l_1l_3m_7\cos(\theta_1-\theta_3) \tag{2-77}$$

$$C_{14}=-d_4l_1m_4\cos(\theta_1-\theta_4)-l_1l_4m_5\cos(\theta_1-\theta_4)-l_1l_4m_6\cos(\theta_1-\theta_4) \tag{2-78}$$

$$C_{15}=-d_5l_1m_5\cos(\theta_1-\theta_5)-l_1l_5m_6\cos(\theta_1-\theta_5) \tag{2-79}$$

$$C_{16}=-d_6l_1m_6\sin(\theta_1-\theta_6) \tag{2-80}$$

$$C_{17}=d_7l_1m_7\cos(\theta_1-\theta_7) \tag{2-81}$$

$$C_{21}=-d_2l_1m_2\cos(\theta_1-\theta_2)-l_1l_2m_3\cos(\theta_1-\theta_2)-l_1l_2m_4\cos(\theta_1-\theta_2)-l_1l_2m_5\cos(\theta_1-\theta_2)-l_1l_2m_6\cos(\theta_1-\theta_2)-l_1l_2m_7\cos(\theta_1-\theta_2) \tag{2-82}$$

$$C_{22}=0 \tag{2-83}$$

$$C_{23}=d_3l_2m_3\sin(\theta_2-\theta_3)+l_2l_3m_4\sin(\theta_2-\theta_3)+l_2l_3m_5\sin(\theta_2-\theta_3)+l_2l_3m_6\sin(\theta_2-\theta_3)+l_2l_3m_7\sin(\theta_2-\theta_3) \tag{2-84}$$

$$C_{24}=-d_4l_2m_4\sin(\theta_2-\theta_4)-l_2l_4m_5\sin(\theta_2-\theta_4)-l_2l_4m_6\sin(\theta_2-\theta_4) \tag{2-85}$$

$$C_{25}=-d_5l_2m_5\sin(\theta_2-\theta_5)-l_2l_5m_6\sin(\theta_2-\theta_5) \tag{2-86}$$

$$C_{26}=d_6l_2m_6\cos(\theta_2-\theta_6) \tag{2-87}$$

$$C_{27}=d_6l_2m_7\cos(\theta_2-\theta_7) \tag{2-88}$$

$$C_{31}=-d_3l_1m_3\cos(\theta_1-\theta_3)-l_1l_3m_4\cos(\theta_1-\theta_3)-l_1l_3m_5\cos(\theta_1-\theta_3)-l_1l_3m_6\cos(\theta_1-\theta_3)-l_1l_3m_7\cos(\theta_1-\theta_3) \tag{2-89}$$

$$C_{32}=-d_3l_2m_3\sin(\theta_2-\theta_3)-l_2l_3m_4\sin(\theta_2-\theta_3)-l_2l_3m_5\sin(\theta_2-\theta_3)-l_2l_3m_6\sin(\theta_2-\theta_3)-l_2l_3m_7\sin(\theta_2-\theta_3) \tag{2-90}$$

$$C_{33}=0 \tag{2-91}$$

$$C_{34}=-d_4l_3m_4\sin(\theta_3-\theta_4)-l_3l_4m_5\sin(\theta_3-\theta_4)-l_3l_4m_6\sin(\theta_3-\theta_4) \tag{2-92}$$

$$C_{35}=-d_5l_3m_5\sin(\theta_3-\theta_5)-l_3l_5m_6\sin(\theta_3-\theta_5) \tag{2-93}$$

$$C_{36}=d_6l_3m_6\cos(\theta_3-\theta_6) \tag{2-94}$$

$$C_{37}=-d_7l_3m_7\sin(\theta_3-\theta_7) \tag{2-95}$$

$$C_{41}=d_4l_1m_4\cos(\theta_1-\theta_4)+l_1l_4m_5\cos(\theta_1-\theta_4)+l_1l_4m_6\cos(\theta_1-\theta_4) \tag{2-96}$$

$$C_{42}=d_4l_2m_4\sin(\theta_2-\theta_4)+l_2l_4m_5\sin(\theta_2-\theta_4)+l_2l_4m_6\sin(\theta_2-\theta_4) \tag{2-97}$$

$$C_{43}=d_4l_3m_4\sin(\theta_3-\theta_4)+l_3l_4m_5\sin(\theta_3-\theta_4)+l_3l_4m_6\sin(\theta_3-\theta_4)\tag{2-98}$$

$$C_{44}=0\tag{2-99}$$

$$C_{45}=d_5l_4m_5\sin(\theta_4-\theta_5)+l_4l_5m_6\sin(\theta_4-\theta_5)\tag{2-100}$$

$$C_{46}=d_6l_4m_6\cos(\theta_4-\theta_6)\tag{2-101}$$

$$C_{47}=0\tag{2-102}$$

$$C_{51}=d_5l_1m_5\cos(\theta_1-\theta_5)+l_1l_5m_6\cos(\theta_1-\theta_5)\tag{2-103}$$

$$C_{52}=d_5l_2m_5\sin(\theta_2-\theta_5)+l_2l_5m_6\sin(\theta_2-\theta_5)\tag{2-104}$$

$$C_{53}=d_5l_3m_5\sin(\theta_3-\theta_5)+l_3l_5m_6\sin(\theta_3-\theta_5)\tag{2-105}$$

$$C_{54}=-d_5l_4m_5\sin(\theta_4-\theta_5)-l_4l_5m_6\sin(\theta_4-\theta_5)\tag{2-106}$$

$$C_{55}=0\tag{2-107}$$

$$C_{56}=-d_6l_5m_6\cos(\theta_5-\theta_6)\tag{2-108}$$

$$C_{57}=0\tag{2-109}$$

$$C_{61}=d_6l_1m_6\sin(\theta_1-\theta_6)\tag{2-110}$$

$$C_{62}=-d_6l_2m_6\cos(\theta_2-\theta_6)\tag{2-111}$$

$$C_{63}=-d_6l_3m_6\cos(\theta_3-\theta_6)\tag{2-112}$$

$$C_{64}=-d_6l_4m_6\cos(\theta_4-\theta_6)\tag{2-113}$$

$$C_{65}=d_6l_5m_6\cos(\theta_5-\theta_6)\tag{2-114}$$

$$C_{66}=0\tag{2-115}$$

$$C_{67}=0\tag{2-116}$$

$$C_{71}=-d_7l_1m_7\cos(\theta_1-\theta_7)\tag{2-117}$$

$$C_{72}=-d_6l_2m_7\cos(\theta_2-\theta_7)\tag{2-118}$$

$$C_{73}=d_7l_3m_7\sin(\theta_3-\theta_7)\tag{2-119}$$

$$C_{74}=0\tag{2-120}$$

$$C_{75}=0\tag{2-121}$$

$$C_{76}=0\tag{2-122}$$

$$C_{77}=0\tag{2-123}$$

重力相关向量 $G(\theta)$ 各元素表达见式（2-124）~式（2-130）。

$$G_{11}=d_1gm_1\cos\theta_1+gl_2m_2\cos\theta_1+gl_2m_3\cos\theta_1+gl_2m_4\cos\theta_1+gl_2m_5\cos\theta_1+gl_2m_6\cos\theta_1+gl_2m_7\cos\theta_1\tag{2-124}$$

$$G_{21}=-d_2gm_2\sin\theta_2-gl_2m_3\sin\theta_2-gl_2m_4\sin\theta_2-gl_2m_5\sin\theta_2-gl_2m_6\sin\theta_2-gl_2m_7\sin\theta_2\tag{2-125}$$

$$G_{31} = -d_3gm_3\sin\theta_3 - gl_3m_4\sin\theta_3 - gl_3m_5\sin\theta_3 - gl_3m_6\sin\theta_3 - gl_3m_7\sin\theta_3 \tag{2-126}$$

$$G_{41} = d_4gm_4\sin\theta_4 + gl_4m_5\sin\theta_4 + gl_4m_6\sin\theta_4 \tag{2-127}$$

$$G_{51} = d_5gm_5\sin\theta_5 + gl_5m_6\sin\theta_5 \tag{2-128}$$

$$G_{61} = -d_6gm_6\cos\theta_6 \tag{2-129}$$

$$G_{71} = -d_7gm_7\sin\theta_7 \tag{2-130}$$

上述拉格朗日建模过程所得到的外骨骼模型参数矩阵 $M(\theta)$、$C(\theta,\dot{\theta})$ 和 $G(\theta)$ 只考虑了参数的理想值，所得到的矩阵只是其标称值。实际外骨骼系统存在建模不准确性（如外骨骼连杆参数测量误差等），外骨骼正常工作过程中存在来自环境的外部扰动，外骨骼机器人与地面存在摩擦力等，同时，外骨骼机器人与人体为耦合系统，外骨骼机器人与人体之间存在相互摩擦力与牵引力。因此综合考虑以上因素，单支撑相外骨骼 7 连杆实际模型为

$$\begin{aligned}&[M(\theta)+\overline{M}(\theta)]\ddot{\theta}+[C(\theta,\dot{\theta})+\overline{C}(\theta,\dot{\theta})]\dot{\theta}+[G(\theta)+\overline{G}(\theta)]\\&=T+F+\zeta+J^{\mathrm{T}}(\theta)\lambda\end{aligned} \tag{2-131}$$

式中，$\overline{M}(\theta)$，$\overline{C}(\theta,\dot{\theta})$，$\overline{G}(\theta)$ 为外骨骼建模误差；F 为人体与外骨骼之间的相互作用力（如摩擦力、牵引力）；ζ 为外骨骼受外部扰动及与地面的摩擦力等。

2.2.3 双支撑状态模型

外骨骼双腿支撑模型可分成双腿带冗余支撑状态（见图 2-3a）和双腿完全支撑状态（见图 2-3b）两种情况[14]。考虑两种状态受力方式（双腿同时受地面支撑反力与摩擦力）与步行状态相同，将两种双腿支撑状态采用同一方法建模，等效成带地面约束串连 7 连杆模型。

在双支撑阶段，由于外骨骼双脚与地面完全（或近似完全）接触，其与地面的力传输同时通过后脚跟与前脚掌，与地面形成闭式约束链，闭式链约束方程可写为

$$\phi(\theta)=\begin{bmatrix}f_1\\f_2\end{bmatrix}=\begin{bmatrix}l_1\sin\theta_1+l_2\sin\theta_2+l_3\sin\theta_3+l_5\sin\theta_5+l_6\sin\theta_6+l_7\sin\theta_7-l\\l_1\cos\theta_1+l_2\cos\theta_2+l_3\cos\theta_3+l_5\cos\theta_5+l_6\cos\theta_6+l_7\cos\theta_7\end{bmatrix} \tag{2-132}$$

式中，l 是双腿支撑相的步长，且存在

$$\phi(\theta)=0 \tag{2-133}$$

考虑带约束的拉格朗日方程，参照单支撑状态方法，可以将双支撑状态外骨骼动力学方程写成一般形式：

$$\begin{aligned}&[M(\theta)+\overline{M}(\theta)]\ddot{\theta}+[C(\theta,\dot{\theta})+\overline{C}(\theta,\dot{\theta})]\dot{\theta}+[G(\theta)+\overline{G}(\theta)]\\&=T+F+\zeta+J^{\mathrm{T}}(\theta)\lambda\end{aligned} \tag{2-134}$$

式中，$M(\theta),\overline{M}(\theta),C(\theta,\dot{\theta}),\overline{C}(\theta,\dot{\theta}),G(\theta),\overline{G}(\theta),T,F,\zeta$ 定义与单支撑状态相同，

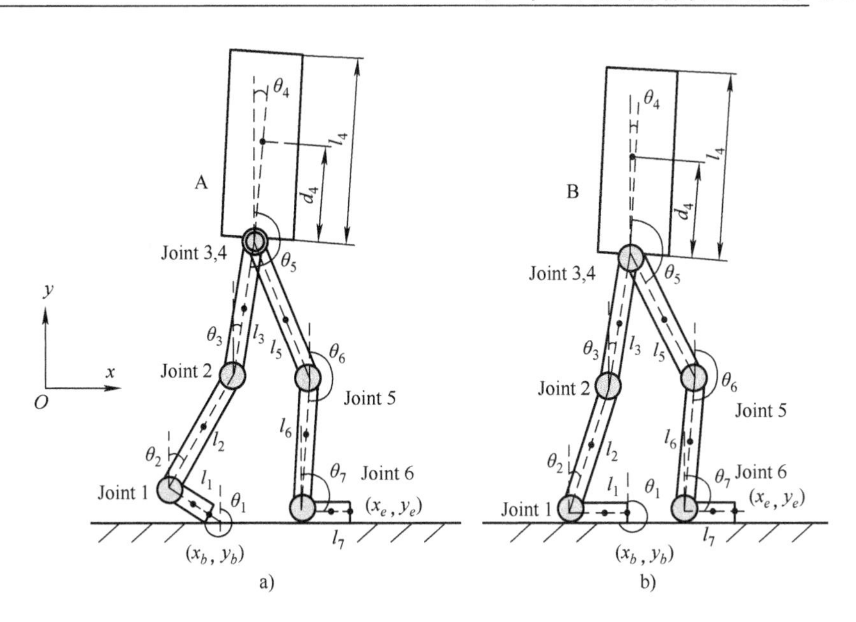

图 2-3 外骨骼双支撑状态模型

其表达式可根据单支撑状态相同方法求得，此处不再单独列出；λ 是 2×1 维拉格朗日乘子；$J=\partial\phi/\partial\theta$ 为 2×7 维雅可比矩阵；$J^{\mathrm{T}}(\theta)\lambda$ 是约束力等效到关节上的力矩。

2.3 本章总结

本章对外骨骼工作机理进行了简单介绍，以一个具有 6 自由度的下肢康复外骨骼为例，对其进行了运动学的分析建模，并根据拉格朗日动力学方法，建立了下肢外骨骼系统动力学模型。

参 考 文 献

[1] 蔡自兴. 机器人学 [M]. 2 版. 北京：清华大学出版社，2009.
[2] 霍伟. 机器人动力学与控制 [M]. 北京：高等教育出版社，2005.
[3] 夏鹏. 康复后期下肢外骨骼阻抗控制策略研究 [D]. 成都：西华大学，2023.
[4] 童火明，李肖，陈诚，等. 基于气动肌肉驱动的下肢康复机器人设计与仿真 [J]. 机床与液压，2023，51 (19)：99-105.
[5] Tarokh M，Lee M. Kinematics modeling of multi-legged robots walking on rough terrain [C]//2008 Second International Conference on Future Generation Communication and Networking Symposia. IEEE，2008：12-16.
[6] 殷杰，席万强. 一种基于 Denavit-Hartenberg 参数法 6R 机器人主动解耦方法 [J]. 机械传动，2023，47 (12)：89-96.

[7] 曹恩国，徐祺，沈峰岑，等．多运动复合型被动式下肢外骨骼设计及其智能交互评估［J］．机械工程学报，2023，59（11）：43-53.
[8] 田启磊，王钰．利用惯性传感器数据实时示教下肢外骨骼步态的研究［J］．青岛大学学报：自然科学版，2023，36（01）：54-59.
[9] 何育民，骆婷，郭思宇，等．下肢外骨骼运动学与动力学研究综述［J］．兵器装备工程学报，2023，44（05）：285-293.
[10] 曹瑜．气动下肢外骨骼康复机器人系统设计与控制研究［D］．武汉：华中科技大学，2020.
[11] Zoss A B，Kazerooni H，Chu A. Biomechanical design of the berkeley lower extremity exoskeleton (BLEEX)［J］．IEEE/ASME Transactions on Mechatronics，2006，11（2）：128-138.
[12] 王永奉，赵国如，孔祥战，等．肌力协同补偿的无动力下肢外骨骼设计与分析［J］．工程设计学报，2021，28（06）：764-775.
[13] 魏笑，毕文龙，李亚男，等．一种多自由度可调节下肢康复外骨骼的设计与仿真［J］．机械传动，2024，48（01）：61-66.
[14] 王月朋，汪步云．下肢外骨骼助力机器人动力学建模及实验研究［J］．工程设计学报，2022，29（03）：358-369，383.

第3章 外骨骼机器人自适应迭代学习控制

本章主要介绍外骨骼机器人自适应迭代学习控制（Iterative Learning Control，ILC），包括基于神经网络的外骨骼自适应迭代学习控制、基于状态观测的自适应迭代学习控制，以及不依赖系统模型的自适应迭代学习控制。

3.1 迭代学习控制

对于一类具有重复运行特性的轨迹跟踪问题，迭代学习控制（ILC）[1]能有效利用系统前次运行时的输入输出状态信息，修正调整控制输入以提高系统跟踪精度，达到有效时间区间上的精确跟踪。ILC需要将整个跟踪任务按照重复周期分为若干迭代次数，系统运行过程中当前控制输入需要使用前次迭代的输入输出信息，由于跟踪轨迹和系统参数保持不变，因此学习前次迭代过程中的误差对于提高当前跟踪性能有着非常重要的作用[2]。ILC按其学习律中是否包含当前迭代过程中的输出误差反馈分为开环迭代学习和闭环迭代学习，其基本结构如图3-1所示。由图中

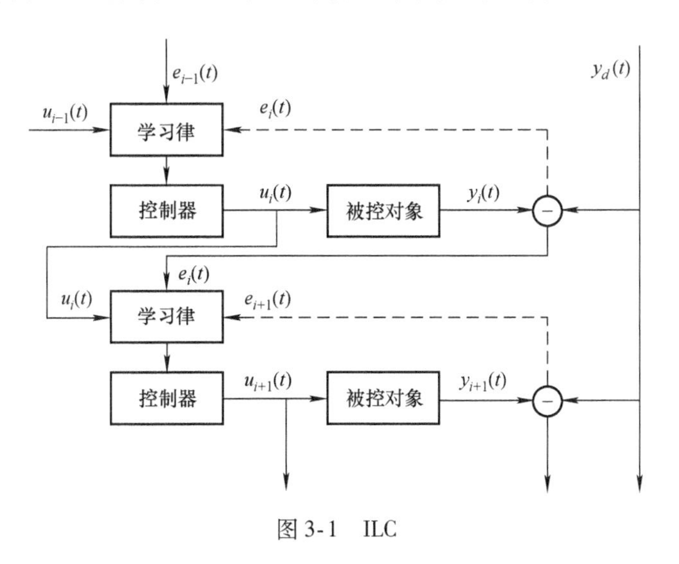

图3-1 ILC

可见，当本次迭代过程中有输出误差反馈（虚线存在）时，为闭环迭代学习控制器，当本次迭代没有输出误差反馈（虚线不存在）时，为开环迭代学习控制器。

ILC 算法可以降低重复误差信号，提高控制精度，但随着给定轨迹的改变，ILC 就会难以满足控制要求，需进行再学习。因此，提高变轨迹下的 ILC 控制精度成为一个难题。相比之下，基于模型的前馈控制不受参考轨迹的影响，但此方法对系统模型参数和模型的精度具有较高的敏感性。为了结合两种控制算法的优点，2010 年 Wijdeven 和 Bosgra 在 ILC 中引入了一种基函数[3]，利用基函数将前馈控制器参数化，并对参数进行迭代学习。基函数的引入，将系统模型辨识的要求转化为参数化前馈控制器的迭代学习问题[4]。在参考文献［5］中，使用数据驱动的梯度下降学习算法对参数化前馈控制器进行了整定，这种方法被扩展到多输入输出系统[6]。但是，梯度下降法会产生学习误差，为了消除这些偏置误差，一些学者提出了一种带工具变量的最小二乘算法[7,8]，该算法可实现参数的无偏学习。参考文献［9］提出了一种基于Ⅳ的高阶方法，利用过去所有迭代周期的误差数据来实现对干扰的高容忍度。在参考文献［10］中，引入了一种新型基函数来实现更高的精度。

随着 ILC 理论的不断发展和完善，ILC 的应用也在多个领域中兴起。本章参考文献［11］提出了一种线性变参数 ILC，其在直线电动机控制系统中展现了良好的控制性能。本章参考文献［12］针对非严格重复轨迹跟踪问题，通过缩放一个标称设定值重新构造跟踪轨迹，然后用带自适应低通滤波器的二阶迭代学习控制来精确跟踪不断缩放的轨迹，有效地提升了晶圆工件台的跟踪性能。本章参考文献［13］针对 3 个自由度的永磁球面作动器的轨迹跟踪问题，提出了一种鲁棒自适应 ILC 算法并进行了实际应用，有效提高了球面作动器的轨迹跟踪性能。本章参考文献［14］则针对扫描光刻系统的宏、微双驱动机构，提出了一种双回路 ILC 算法，并分别应用在宏动台和微动台，提高了微动台的跟踪性能，并减小了相互之间的耦合作用。本章参考文献［15］结合滑模控制和 ILC 提出了一种鲁棒 ILC 算法，用于改善望远镜伺服跟踪时的周期脉动现象，有效降低了速度波动。ILC 以其高精度控制的特点，在有高精度控制需求的场合得到广泛应用，比如高精度温度跟踪 Chylla-Haase 反应堆[16]、高精度运动系统[17,18]、高精度制造[19]以及生产集成电路装备的晶片扫描仪[20]等。此外，ILC 在机器人领域也有很多的应用。许多不同的 ILC 形式已被应用于机器人机械手[21,22]、工业机器人[23,24]等。相信随着 ILC 理论的不断发展，其会在更多的领域得到越来越多的应用。

3.2 外骨骼神经网络迭代学习位置约束控制

3.2.1 引言

20 世纪 80 年代，径向基函数（Radial Basis Function，RBF）神经网络被提出，它能够以任意精度逼近任意连续函数。它是一种含有输入层、隐含层和输出层的分层式前馈神经网络，其结构如图 3-2 所示[25]。当输入矢量通过非线性函数映射到隐含层后，隐含层内的基函数会通过这些矢量对曲线进行拟合，最后输出层将隐含层拟合的结果通过加权运算输出到外界[26]。

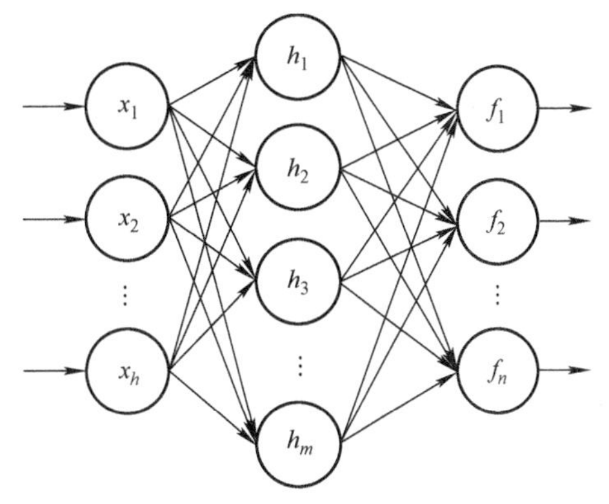

图 3-2 RBF 神经网络结构示意图

假设 RBF 神经网络具有 h 个输入层节点，m 个隐含层节点，n 个输出层节点，那么其隐含层和输出层的数学模型如下所示：

$$\phi_j(u)=\exp\left(-\frac{\|u-c_j\|^2}{2b_j^2}\right),\ j=1,2,\cdots,m \tag{3-1}$$

$$y_k=\sum_{j=1}^{m}w_{kj}\phi_j,\ k=1,2,\cdots,n \tag{3-2}$$

式中，$\phi_j(u)$是隐含层输出；y_k 是输出层输出；$u=[u_1,u_2,\cdots,u_h]^{\mathrm{T}}$ 是神经网络输入矢量；c_j,b_j 是第 j 个隐含层节点的中心矢量和基宽度；w_{kj}是隐含层第 j 个节点到输出层第 k 个节点的权值。其具体表现形式如下：

$$\begin{cases}\varphi(u)=[\phi_1(u)\quad\phi_2(u)\quad\cdots\quad\phi_m(u)]^{\mathrm{T}}\\Y=[y_1\quad y_2\quad\cdots\quad y_m]^{\mathrm{T}}\end{cases} \tag{3-3}$$

RBF 神经网络估计输出值为

$$Y=\hat{W}^{\mathrm{T}}\varphi(u) \tag{3-4}$$

式中，$\hat{W}$ 是输出权值矩阵。

本节中将使用 RBF 神经网络逼近和补偿外骨骼系统运行过程中面临的未知非重复扰动。

根据外骨骼运动学和动力学分析，同时考虑到实际应用过程中建模误差和非周期性外部扰动，建立连杆下肢外骨骼的动力学模型如下：

$$M(q)\ddot{q}+C(q,\dot{q})\dot{q}+G(q)=u+d(t) \tag{3-5}$$

式中，$q,\dot{q}$ 和 $\ddot{q}(\in R^n)$ 分别是外骨骼的关节角度位置、速度和加速度；$M(q)(=M_0(q)+\Delta M(q)\in R^{n\times n})$是正定对称惯性矩阵；$C(q,\dot{q})(=C_0(q,\dot{q})+\Delta C(q,\dot{q})\in R^{n\times n})$是离心力和科里奥利力项矩阵；$G(q)(=G_0(q)+\Delta G(q)\in R^n)$是重力项矩阵。$\Delta M(q)$、$\Delta C(q,\dot{q})$、$\Delta G(q)$是系统未建模部分，$M_0(q)$、$C_0(q,\dot{q})$、$G_0(q)$是系统已知模型部分。$u$ 为控制输入，$d(t)$表示时变未知重复总扰动。令

$$f=f(q,\dot{q},\ddot{q})=-[\Delta M(q)\ddot{q}+\Delta C(q,\dot{q})\dot{q}+\Delta G(q)] \tag{3-6}$$

并将式（3-6）代入系统动力学模型式（3-5），可得新的系统模型

$$M_0(q)\ddot{q}+C_0(q,\dot{q})\dot{q}+G_0(q)=u+d(t)+f \tag{3-7}$$

为了后续控制器设计，提出如下合理假设：

假设 3-1 面对任意需要逼近的不确定参数 $d(t)$，始终存在最优神经网络权值 W^*，给定任意小的正常数 ε_N，使得神经网络估计误差 $\varepsilon(u)$满足：

$$\|\varepsilon(u)\| = \|d(t) - W^{*\mathrm{T}}\varphi(u)\| < \varepsilon_N \tag{3-8}$$

假设 3-2 系统存在参考输出轨迹 q_r、$\dot{q}_r$、$\ddot{q}_r$。

假设 3-3 系统未知模型部分和总扰动存在上界，即

$$\|f\| < \delta,\ \|d(t)\| < \alpha \tag{3-9}$$

其中，$\delta,\alpha > 0$ 分别是模型和总扰动上界。

假设 3-4 每次迭代的初始状态相同，即

$$q_i(0) = q_r(0), \dot{q}_i(0) = \dot{q}_r(0), \ddot{q}_i(0) = \ddot{q}_r(0),\ i = 1,2,\cdots,n \tag{3-10}$$

定义第 i 次系统跟踪误差及其一、二阶导数有 $e_i(t) = q_i(t) - q_r$，$\dot{e}_i(t) = \dot{q}_i(t) - \dot{q}_r$，$\ddot{e}_i(t) = \ddot{q}_i(t) - \ddot{q}_r$，那么假设 3-4 意味着 $e_i(0) = 0$，$\dot{e}_i(0) = 0$，$\ddot{e}_i(0) = 0$。

同时，外骨骼系统满足以下性质。

性质 3-1 矩阵 $\dot{M}_0(q) - 2C(q,\dot{q})$为斜对称矩阵，满足

$$y^{\mathrm{T}}[\dot{M}_0(q) - 2C_0(q,\dot{q})]y = 0,\ \forall q,\dot{q} \in R^n \tag{3-11}$$

性质 3-2 惯性矩阵 $M_0(q)$是正定对称有界的，即

$$\lambda_1\|y^2\| < y^{\mathrm{T}}M_0(q)y < \lambda_2\|y^2\| \tag{3-12}$$

3.2.2 输出位置约束

由于安全原因，在控制系统中加入输出约束是常见方法[27]。在外骨骼机器人领域，通过构造障碍李雅普诺夫函数（Barrier Lyapunov Function，BLF）的方法设计具有输出位置约束的非线性系统控制器得到了很多人的关注[28]。其特性是当跟踪位置误差趋近于约束边界时，需要的对应输入趋近于无穷，因此仅需初始时刻跟踪误差保持在约束范围内，后续时刻系统输出会始终保持在约束范围内。He 等人使用 BLF 方法为面临输入输出约束问题的机械臂设计了神经网络控制器[29]。常见的 BLF 类型有正切型、对数型和积分型，具体模型如下：

$$V = \frac{k_b^2}{\pi}\tan\left(\frac{\pi e^2}{2k_b^2}\right) \tag{3-13}$$

$$V = \frac{1}{2}\log\left(\frac{k_b^2}{k_b^2 - e^2}\right) \tag{3-14}$$

$$V_{\mathrm{in}} = \int_0^e\left(\frac{\sigma k_b^2}{k_b^2 - (\sigma + e + y_d)^2}\right)\mathrm{d}\sigma \tag{3-15}$$

式中，k_b 是约束边界；y_d 是期望轨迹；e 是跟踪误差。

面对含部分未知动力学模型和未知扰动的下肢外骨骼在康复初期执行重复康复训练动作的轨迹跟踪问题，同时考虑到患者训练过程中的安全，本节提出了融合神

经网络的迭代学习输出约束控制方法。因下肢是人体不可分割的一部分，其质量、长度等参数无法精确测量，造成系统动力学模型难以精确建立，因此需要将系统分为已知部分与未知部分，未知部分使用ILC处理。面对人机耦合系统存在的未知非重复扰动问题，使用神经网络逼近补偿。输出位置约束可以限制跟踪轨迹在参考轨迹的安全范围内，保证训练过程中患肢的安全运动位置和速度，从而保证患者的安全。

3.2.3　控制算法设计

将系统动力学模型式（3-7）重写为迭代形式有

$$M_0(q_i)\ddot{q}_i + C_0(q_i,\dot{q}_i)\dot{q}_i + G_0(q_i) = u_i + d(t) + f \tag{3-16}$$

系统总的控制输入 u_i 分为两部分

$$u_i = u_i^{AC} + u_i^{CC} \tag{3-17}$$

式中，自适应控制器 u_i^{AC} 包含自适应ILC和RBF神经网络；u_i^{CC} 是反馈型输出位置约束控制器。u_i^{AC} 的形式如下：

$$u_i^{AC} = M_0(q_i)\ddot{q}_r + C_0(q_i,\dot{q}_i)\dot{q}_r + G_0(q_i) + u_{i,\nu}^{AC} \tag{3-18}$$

$$u_{i,\nu}^{AC} = -k\operatorname{sgn}(\sigma_i(t)) - \hat{W}^{\mathrm{T}}\varphi(u_N) - \hat{\delta}_i(t)\operatorname{sgn}(\sigma_i(t)) \tag{3-19}$$

式中，$u_N(=[e^{\mathrm{T}}(t),\dot{e}^{\mathrm{T}}(t)]^{\mathrm{T}})$ 是RBF神经网络输入信号；$k(>0)$ 是鲁棒增益参数；$\hat{W}^{\mathrm{T}}\varphi(u_N)$ 是RBF神经网络估计值，用于估计时变未知非重复扰动 $d(t)$。

迭代学习更新律为

$$\hat{\delta}_i(t) = \hat{\delta}_{i-1}(t) + \Gamma\sigma_i^{\mathrm{T}}(t)\operatorname{sgn}(\sigma_i(t)) \tag{3-20}$$

式中，$\hat{\delta}_i(t)$ 是迭代学习项，用于控制重复的未建模系统模型 f；$\Gamma(>0)$ 是迭代学习更新律增益矩阵。复合虚拟误差 $\sigma_i(t)$ 表示如下：

$$\sigma_i(t) = \dot{e}_i(t) + \cos^2\left(\frac{\pi e_i^{\mathrm{T}}(t)e_i(t)}{2\varepsilon_b^2}\right)K_1 e_i(t) \tag{3-21}$$

式中，$K_1 = K_1^{\mathrm{T}} > 0$。令RBF神经网络逼近误差 $\varepsilon(u_N)$ 为

$$\varepsilon(u_N) = d(t) - W^{*\mathrm{T}}\varphi(u_N) \tag{3-22}$$

式中，$W^{*\mathrm{T}}$ 是RBF神经网络理想权重，神经网络更新律如下：

$$\dot{\hat{W}} = \psi\varphi(u_N)\sigma_i^{\mathrm{T}}(t) \tag{3-23}$$

式中，ψ 是正定对称矩阵。将式（3-17）和式（3-18）代入动力学模型式（3-16）得

$$M_0(q_i)\ddot{e}_i + C_0(q_i,\dot{q}_i)\dot{e}_i = d(t) + f + u_{i,\nu} \tag{3-24}$$

式中，$u_{i,\nu} = u_i^{CC} + u_{i,\nu}^{AC}$。

为方便起见，令 $e_i = e_i(t)$，$\dot{e}_i = \dot{e}_i(t)$，$\dot{\sigma}_i = \dot{\sigma}_i(t)$，反馈型输出位置约束控制器 u_i^{CC} 设计如下：

$$u_i^{CC} = -K_2\sigma_i - \sec^2\left(\frac{\pi e_i^{\mathrm{T}}e_i}{2\varepsilon_b^2}\right)e_i - \Phi_i\cos^2\left(\frac{\pi e_i^{\mathrm{T}}e_i}{2\varepsilon_b^2}\right)e_i \tag{3-25}$$

式中，$K_2 = K_2^{\mathrm{T}} > 0$，各项变量定义如下：

$$\boldsymbol{\Phi}_i = K_1 C_0(q_i, \dot{q}_i) - K_1^2 B_i M_0(q_i) \tag{3-26}$$

$$B_i = \cos^2\left(\frac{\pi e_i^{\mathrm{T}} e_i}{2\varepsilon_b^2}\right) - 2\cos\left(\frac{\pi e_i^{\mathrm{T}} e_i}{2\varepsilon_b^2}\right)\sin\left(\frac{\pi e_i^{\mathrm{T}} e_i}{2\varepsilon_b^2}\right)\frac{\pi e_i^{\mathrm{T}} e_i}{\varepsilon_b^2} \tag{3-27}$$

3.2.4 稳定性分析

定理 3-1 假设系统动力学模型满足性质 3-1 和性质 3-2，同时假设 3-1 ~ 假设 3-4均成立，当参数满足 $K_1 > 0$，$\lambda_{\min}(K_2) > 2$，$k > \varepsilon_N$ 并且 $K_2 - K_1 B M_0(q_i) > 0$，在所提出的控制输入式（3-17）的控制下系统跟踪误差能够同时满足约束条件和渐近收敛。

证明：定理 3-1 的证明可分为 3 个部分：第一部分建立 BLF $N_i(t)$ 并证明其迭代轴上的非增性；第二部分证明 $N_i(t)$ 在第一次迭代时的有界性；第三部分证明闭环系统输出信号的收敛性。

第一部分：构造 BLF $N_i(t)$ 如下：

$$\begin{cases} N_i(t) = V_{1,i}(t) + V_{2,i}(t) + V_{3,i}(t) + \dfrac{1}{2}\displaystyle\int_0^t \Gamma^{-1} \tilde{\delta}_i^2(\tau)\,\mathrm{d}\tau \\ V_{1,i}(t) = \dfrac{1}{2}\sigma_i^{\mathrm{T}} M_0(q_i)\sigma_i \\ V_{2,i}(t) = \dfrac{1}{2}\mathrm{tr}[\tilde{W}_i^{\mathrm{T}}(t)\psi^{-1}\tilde{W}_i(t)] \\ V_{3,i}(t) = \dfrac{\varepsilon_b^2}{\pi}\tan\left(\dfrac{\pi e_i^{\mathrm{T}} e_i}{2\varepsilon_b^2}\right) \end{cases} \tag{3-28}$$

式中，$\tilde{\delta}_i(t) = \delta - \hat{\delta}_i(t)$；$\tilde{W}_i = W^* - \hat{W}$。由于使用函数 $V_{3,i}(t)$ 需要条件为初始时刻跟踪误差在约束边界内，即 $|e_i(0)| \leqslant \varepsilon_b$，只要 $|e_i(0)|$ 满足约束条件，那么 $V_{3,i}(t)$ 就能够使系统输出始终保持在约束范围内。沿迭代轴建立 $N_i(t)$ 的差分 $\Delta N_i(t)$ 有

$$\begin{aligned} \Delta N_i(t) &= N_i(t) - N_{i-1}(t) \\ &= V_{1,i}(t) + V_{2,i}(t) + V_{3,i}(t) + \frac{1}{2}\int_0^t \Gamma^{-1}\tilde{\delta}_i^2(\tau)\,\mathrm{d}\tau - \\ &\quad V_{1,i-1}(t) - V_{2,i-1}(t) - V_{3,i-1}(t) + \frac{1}{2}\int_0^t \Gamma^{-1}\tilde{\delta}_{i-1}^2(\tau)\,\mathrm{d}\tau \\ &= V_{1,i}(t) - V_{1,i-1}(t) + V_{2,i}(t) - V_{2,i-1}(t) + \\ &\quad V_{3,i}(t) - V_{3,i-1}(t) - \frac{1}{2}\int_0^t \Gamma^{-1}(\bar{\delta}_i^2(\tau) + 2\tilde{\delta}_i(\tau)\bar{\delta}_i(\tau))\,\mathrm{d}\tau \end{aligned} \tag{3-29}$$

式中

$$\bar{\delta}_i(t) = \hat{\delta}_i(t) - \hat{\delta}_{i-1}(t) = \Gamma\sigma_i^{\mathrm{T}}(t)\,\mathrm{sgn}(\sigma_i(t)) \tag{3-30}$$

$V_{1,i}(t)$，$V_{2,i}(t)$，$V_{3,i}(t)$分别对时间求导得

$$\begin{cases}\dot{V}_{1,i}(t)=\dfrac{1}{2}\sigma_i^{\mathrm{T}}\dot{M}_0(q_i)\sigma_i+\sigma_i^{\mathrm{T}}M_0(q_i)\dot{\sigma}_i\\ \dot{V}_{2,i}(t)=\mathrm{tr}[\widetilde{W}_i^{\mathrm{T}}(t)\psi^{-1}\dot{\widetilde{W}}_i(t)]\\ \dot{V}_{3,i}(t)=\sec^2\left(\dfrac{\pi e_i^{\mathrm{T}}e_i}{2\varepsilon_b^2}\right)e_i^{\mathrm{T}}\dot{e}_i\end{cases}\tag{3-31}$$

将 $V_{1,i}(t)$，$V_{2,i}(t)$，$V_{3,i}(t)$写为积分形式有

$$\begin{cases}V_{1,i}(t)=V_{1,i}(0)+\int_0^t\dot{V}_{1,i}(\tau)\mathrm{d}\tau\\ V_{2,i}(t)=V_{2,i}(0)+\int_0^t\dot{V}_{2,i}(\tau)\mathrm{d}\tau\\ V_{3,i}(t)=V_{3,i}(0)+\int_0^t\dot{V}_{3,i}(\tau)\mathrm{d}\tau\end{cases}\tag{3-32}$$

根据假设 3-4 可知，$V_{1,i}(0)=V_{2,i}(0)=V_{3,i}(0)=0$。

将式（3-21）代入式（3-24）可得加速度误差 $\ddot{e}_i$ 如下：

$$\begin{aligned}\ddot{e}_i&=M_0^{-1}(q_i)[d(t)+f+u_{i,\nu}-C_0(q_i,\dot{q}_i)\dot{e}_i]\\&=-M_0^{-1}(q_i)\left\{C_0(q_i,\dot{q}_i)\left[\sigma_i-K_1\cos^2\left(\frac{\pi e_i^{\mathrm{T}}e_i}{2\varepsilon_b^2}\right)e_i\right]\right\}+M_0^{-1}(q_i)[d(t)+f+u_{i,\nu}^{AC}+u_i^{CC}]\end{aligned}\tag{3-33}$$

令

$$\zeta=K_1M_0(q_i)\left[\cos^2\left(\frac{\pi e_i^{\mathrm{T}}e_i}{2\varepsilon_b^2}\right)\dot{e}_i-2\cos\left(\frac{\pi e_i^{\mathrm{T}}e_i}{2\varepsilon_b^2}\right)\sin\left(\frac{\pi e_i^{\mathrm{T}}e_i}{2\varepsilon_b^2}\right)\frac{\pi e_i^{\mathrm{T}}\dot{e}_i}{\varepsilon_b^2}e_i\right]\tag{3-34}$$

将式（3-34）求导结合式（3-34），则 $M_0(q_i)\dot{\sigma}_i$ 可写为

$$\begin{aligned}M_0(q_i)\dot{\sigma}_i&=M_0(q_i)\left[\ddot{e}_i+K_1\cos^2\left(\frac{\pi e_i^{\mathrm{T}}e_i}{2\varepsilon_b^2}\right)\dot{e}_i-2\cos\left(\frac{\pi e_i^{\mathrm{T}}e_i}{2\varepsilon_b^2}\right)\sin\left(\frac{\pi e_i^{\mathrm{T}}e_i}{2\varepsilon_b^2}\right)\frac{\pi e_i^{\mathrm{T}}\dot{e}_i}{\varepsilon_b^2}e_i\right]\\&=-C_0(q_i,\dot{q}_i)\left[\sigma_i-K_1\cos^2\left(\frac{\pi e_i^{\mathrm{T}}e_i}{2\varepsilon_b^2}\right)e_i\right]+d(t)+f+u_{i,\nu}^{AC}+u_i^{CC}+\zeta\end{aligned}\tag{3-35}$$

位置约束控制器 u_i^{CC} 代入上式最后两项得

$$\begin{aligned}u_i^{CC}+\zeta=&K_1B_iM_0(q_i)\left[\sigma_i-K_1\cos^2\left(\frac{\pi e_i^{\mathrm{T}}e_i}{2\varepsilon_b^2}\right)e_i\right]-K_2\sigma_i-\sec^2\left(\frac{\pi e_i^{\mathrm{T}}e_i}{2\varepsilon_b^2}\right)e_i-\\&[K_1C_0(q_i,\dot{q}_i)-K_1^2B_iM_0(q_i)]\cos^2\left(\frac{\pi e_i^{\mathrm{T}}e_i}{2\varepsilon_b^2}\right)e_i\end{aligned}\tag{3-36}$$

那么 $\dot{V}_{1,i}(t)$可以重写为

$$
\begin{aligned}
\dot{V}_{1,i}(t) &= \frac{1}{2}\sigma_i^{\mathrm{T}}\dot{M}_0(q_i)\sigma_i + \sigma_i^{\mathrm{T}}M_0(q_i)\dot{\sigma}\,|_i \\
&= \frac{1}{2}\sigma_i^{\mathrm{T}}\dot{M}_0(q_i)\sigma_i - \sigma_i^{\mathrm{T}}C_0(q_i,\dot{q}_i)\sigma_i + \sigma_i^{\mathrm{T}}C_0(q_i,\dot{q}_i)K_1\cos^2\left(\frac{\pi e_i^{\mathrm{T}}e_i}{2\varepsilon_b^2}\right)e_i + \\
&\quad \sigma_i^{\mathrm{T}}[d(t)+f-k\operatorname{sgn}(\sigma_i)-\hat{W}^{\mathrm{T}}\varphi(u_N)-\hat{\delta}_i(t)\operatorname{sgn}(\sigma_i)] - \\
&\quad \sigma_i^{\mathrm{T}}\left[-K_1B_iM_0(q_i)\sigma_i-\sec^2\left(\frac{\pi e_i^{\mathrm{T}}e_i}{2\varepsilon_b^2}\right)e_i+K_2\sigma_i-K_1C_0(q_i,\dot{q}_i)\cos^2\left(\frac{\pi e_i^{\mathrm{T}}e_i}{2\varepsilon_b^2}\right)e_i\right]
\end{aligned}
$$

$$
\begin{aligned}
\dot{V}_{1,i}(t) &= \sigma_i^{\mathrm{T}}[d(t)+f-k\operatorname{sgn}(\sigma_i)-\hat{W}^{\mathrm{T}}\varphi(u_N)-\hat{\delta}_i(t)\operatorname{sgn}(\sigma_i)] - \\
&\quad \sigma_i^{\mathrm{T}}\left[(K_2-K_1B_iM_0(q_i))\sigma_i-\sec^2\left(\frac{\pi e_i^{\mathrm{T}}e_i}{2\varepsilon_b^2}\right)e_i\right]
\end{aligned}
\tag{3-37}
$$

由性质 3-1 可知，$\frac{1}{2}\sigma_i^{\mathrm{T}}\dot{M}_0(q_i)\sigma_i-\sigma_i^{\mathrm{T}}C_0(q_i,\dot{q}_i)\sigma_i=0$。同时注意到

$$
d(t)=\varepsilon(u_N)+W^{*\mathrm{T}}\varphi(u_N) \tag{3-38}
$$

式（3-37）可以进一步被化简为

$$
\begin{aligned}
\dot{V}_{1,i}(t) &= \sigma_i^{\mathrm{T}}[\varepsilon(u_N)+W^{*\mathrm{T}}\varphi(u_N)+f-k\operatorname{sgn}(\sigma_i)-\hat{W}^{\mathrm{T}}\varphi(u_N)-\hat{\delta}'_i(t)\operatorname{sgn}(\sigma_i)] - \\
&\quad \sigma_i^{\mathrm{T}}\left[(K_2-K_1B_tM_0(q_i))\sigma_i-\sec^2\left(\frac{\pi e_i^{\mathrm{T}}e_i}{2\varepsilon_b^2}\right)e_i\right]
\end{aligned}
\tag{3-39}
$$

接下来化简 $\dot{V}_{2,i}(t)$，根据 RBF 神经网络的更新律有

$$
\dot{\tilde{W}}_i=\dot{W}^*-\dot{\hat{W}}=-\psi\varphi(u_N)\sigma_i^{\mathrm{T}} \tag{3-40}
$$

$$
\begin{aligned}
\dot{V}_{2,i}(t) &= \operatorname{tr}[\tilde{W}_i^{\mathrm{T}}\psi^{-1}(-\psi\varphi(u_N)\sigma_i^{\mathrm{T}})] \\
&= -\operatorname{tr}[\tilde{W}_i^{\mathrm{T}}\varphi(u_N)\sigma_i^{\mathrm{T}}] = -\sigma_i^{\mathrm{T}}\tilde{W}_i^{\mathrm{T}}\varphi(u_N)
\end{aligned}
\tag{3-41}
$$

化简 $\dot{V}_{3,i}(t)$得

$$
\begin{aligned}
\dot{V}_{3,i}(t) &= \sec^2\left(\frac{\pi e_i^{\mathrm{T}}e_i}{2\varepsilon_b^2}\right)e_i^{\mathrm{T}}\dot{e}_i \\
&= \sec^2\left(\frac{\pi e_i^{\mathrm{T}}e_i}{2\varepsilon_b^2}\right)e_i^{\mathrm{T}}\left[\sigma_i-K_1\cos^2\left(\frac{\pi e_i^{\mathrm{T}}e_i}{2\varepsilon_b^2}\right)e_i\right] \\
&= \sec^2\left(\frac{\pi e_i^{\mathrm{T}}e_i}{2\varepsilon_b^2}\right)e_i^{\mathrm{T}}\sigma_i-K_1e_i^{\mathrm{T}}e_i
\end{aligned}
\tag{3-42}
$$

对 $\dot{V}_{1,i}(t)$，$\dot{V}_{2,i}(t)$，$\dot{V}_{3,i}(t)$求和，有

$$V_{1,i}(t)+V_{2,i}(t)+V_{3,i}(t)$$
$$=\sigma_i^{\mathrm{T}}[d(t)+f-k\mathrm{sgn}(\sigma_i)-\hat{W}^{\mathrm{T}}\varphi(u_N)-\hat{\delta}_i(t)\mathrm{sgn}(\sigma_i)]+\sec^2\left(\frac{\pi e_i^{\mathrm{T}}e_i}{2\varepsilon_b^2}\right)e_i^{\mathrm{T}}\sigma_i-K_ie_i^{\mathrm{T}}e_i-$$
$$\sigma_i^{\mathrm{T}}\left[(K_2-K_1B_iM_0(q_i))\sigma_i-\sec^2\left(\frac{\pi e_i^{\mathrm{T}}e_i}{2\varepsilon_b^2}\right)e_i\right]-\sigma_i^{\mathrm{T}}\widetilde{W}_i^{\mathrm{T}}\varphi(u_N)$$
$$=\sigma_i^{\mathrm{T}}[-\hat{\delta}_i(t)\mathrm{sgn}(\sigma_i)+\varepsilon(u_N)+f-k\mathrm{sgn}(\sigma_i)]-(K_2-K_1B_iM_0(q_i))\sigma_i^{\mathrm{T}}\sigma_i-K_1e_i^{\mathrm{T}}e_i \tag{3-43}$$

对上式等号两边同时积分可得

$$V_{1,i}(t)+V_{2,i}(t)+V_{3,i}(t)=\int_0^t\sigma_i^{\mathrm{T}}[-\hat{\delta}_i(t)\mathrm{sgn}(\sigma_i)+\varepsilon(u_N)+f-k\mathrm{sgn}(\sigma_i)]\mathrm{d}\tau-$$
$$\int_0^t[(K_2-K_1B_iM_0(q_i))\sigma_i^{\mathrm{T}}\sigma_i-K_1e_i^{\mathrm{T}}e_i]\mathrm{d}\tau \tag{3-44}$$

将式（3-44）代入$\Delta N_i(t)$得

$$\Delta N_i(t)=-V_{1,i-1}(t)-V_{2,i-1}(t)-V_{3,i-1}(t)-$$
$$\frac{1}{2}\int_0^t\Gamma^{-1}[\bar{\delta}_i^2(\tau)+2\widetilde{\delta}_i(\tau)\bar{\delta}_i(\tau)]\mathrm{d}\tau+$$
$$\int_0^t\sigma_i^{\mathrm{T}}[f-\hat{\delta}_i(\tau)\mathrm{sgn}(\sigma_i)+\varepsilon(u_N)-k\mathrm{sgn}(\sigma_i)]\mathrm{d}\tau-$$
$$\int_0^t[(K_2-K_1B_iM_0(q_i))\sigma_i^{\mathrm{T}}\sigma_i+K_1e_i^{\mathrm{T}}e_i]\mathrm{d}\tau \tag{3-45}$$

由假设3-3可知，$\sigma_i^{\mathrm{T}}\varepsilon(u_N)\leqslant\sigma_i^{\mathrm{T}}\varepsilon_N\mathrm{sgn}(\sigma_i)$，$\sigma_i^{\mathrm{T}}f\leqslant\sigma_i^{\mathrm{T}}\delta\mathrm{sgn}(\sigma_i)$代入化简$\Delta N_i(t)$得

$$\Delta N_i(t)\leqslant-V_{1,i-1}(t)-V_{2,i-1}(t)-V_{3,i-1}(t)-$$
$$\int_0^t\left[\frac{1}{2}\Gamma^{-1}\bar{\delta}_i^2(\tau)+\sigma_i^{\mathrm{T}}\widetilde{\delta}_i(\tau)\mathrm{sgn}(\sigma_i)\right]\mathrm{d}\tau+$$
$$\int_0^t\sigma_i^{\mathrm{T}}[(\delta-\hat{\delta}_i(\tau))\mathrm{sgn}(\sigma_i)+(\varepsilon_N-k)\mathrm{sgn}(\sigma_i)]\mathrm{d}\tau-$$
$$\int_0^t\{[K_2-K_1B_iM_0(q_i)]\sigma_i^{\mathrm{T}}\sigma_i+K_1e_i^{\mathrm{T}}e_i\}\mathrm{d}\tau \tag{3-46}$$

由于不等式$\sigma_i^{\mathrm{T}}\mathrm{sgn}(\sigma_i)\leqslant\|\sigma_i\|$恒成立，上式进一步被化简为

$$\Delta N_i(t)\leqslant-V_{1,i-1}(t)-V_{2,i-1}(t)-V_{3,i-1}(t)-$$
$$\int_0^t\left[\frac{1}{2}\Gamma^{-1}\bar{\delta}_i^2(\tau)+(k-\varepsilon_N)\|\sigma_i\|\right]\mathrm{d}\tau-\int_0^t\{[K_2-K_1B_iM_0(q_i)]\sigma_i^{\mathrm{T}}\sigma_i+K_1e_i^{\mathrm{T}}e_i\}\mathrm{d}\tau \tag{3-47}$$

选择合适的参数使$k-\varepsilon_N>0$和$K_2-K_1B_iM_0(q_i)>0$，即可使$\Delta N_i(t)\leqslant0$，则证明了BLF $N_i(t)$沿迭代轴为非增序列。

第二部分：证明$N_0(t)$的有界性。

将式（3-43）代入 $N_0(t)$ 的时间导数可得

$$\dot{N}_0(t)=\sigma_0^{\mathrm{T}}[-\hat{\delta}_0(t)\mathrm{sgn}(\sigma_0)+\varepsilon(u_N)+f-k\mathrm{sgn}(\sigma_0)]-[K_2-K_1B_0M_0(q_0)]\sigma_0^{\mathrm{T}}\sigma_0-K_1e_0^{\mathrm{T}}e_0+\frac{1}{2}\Gamma^{-1}\tilde{\delta}_0^2(t) \tag{3-48}$$

因为 $\hat{\delta}_{-1}(t)=0$ 和 $\hat{\delta}_0(t)-\hat{\delta}_{-1}(t)=\Gamma\sigma_0^{\mathrm{T}}\mathrm{sgn}(\sigma_0)$，那么有 $\Gamma^{-1}\hat{\delta}_0(t)=\sigma_0^{\mathrm{T}}\mathrm{sgn}(\sigma_0)$，代入上式有

$$\dot{N}_0(t)=-\Gamma^{-1}\hat{\delta}_0^2(t)+\sigma_0^{\mathrm{T}}[\varepsilon(u_N)+f-k\mathrm{sgn}(\sigma_0)]+\frac{1}{2}\Gamma^{-1}\tilde{\delta}_0^2(t)-[K_2-K_1B_0M_0(q_0)]\sigma_0^{\mathrm{T}}\sigma_0-K_1e_0^{\mathrm{T}}e_0 \tag{3-49}$$

由于 B 是关于误差的正余弦函数，并且由 BLF $V_{3,i}$ 可知，$\dfrac{\pi e_0^{\mathrm{T}}e_0}{2\varepsilon_b^2}\in\left[0,\dfrac{\pi}{2}\right)$，因此 B 有界，同时保证跟踪位置误差 e_0 和速度误差 $\dot{e}_0$ 都有界，那虚拟复合误差 σ_0 也有界。利用施瓦茨不等式

$$\sigma_0^{\mathrm{T}}\varepsilon(u_N)\leqslant\|\sigma_0\|\,\|\varepsilon(u_N)\| \tag{3-50}$$

同时注意到 $\|f\|<\delta$，式（3-49）可以被简化为

$$\dot{N}_0(t)\leqslant-\Gamma^{-1}(\hat{\delta}_{0,\max}^2-\tilde{\delta}_{0,\max}^2)+\|\sigma_0\|(\varepsilon_N-k+\delta) \tag{3-51}$$

式中

$$\hat{\delta}_{0,\max}=\sup_{t\in[0,T]}\delta,\ \tilde{\delta}_{0,\max}=\sup_{t\in[0,T]}\tilde{\delta}_0 \tag{3-52}$$

根据假设 3-3，$\tilde{\delta}_0$ 是有界的。因此，证明了在 $t\in[0,T]$ 上，$\dot{N}_0(t)$ 有界并且 $N_0(t)$ 有界连续。

第三部分：证明 e_i，$\dot{e}_i$ 和 σ_i 的收敛性。

为了上述证明，重写 $N_i(t)$

$$N_i(t)=N_0(t)+\sum_{k=1}^{i}\Delta N_k(t) \tag{3-53}$$

将式（3-47）代入式（3-53）得

$$\begin{aligned}N_i(t)&\leqslant N_0(t)-\sum_{k=1}^{i}\left(\sum_{j=1}^{3}V_{j,k-1}(t)+\int_0^t K_1e_k^{\mathrm{T}}e_k\mathrm{d}\tau\right)\\&\leqslant N_0(t)-\sum_{k=1}^{i}\left\{\frac{1}{2}\sigma_{k-1}^{\mathrm{T}}M_0(q_1)\sigma_{k-1}+\int_0^t K_1e_k^{\mathrm{T}}e_k\mathrm{d}\tau+K_2\mathrm{tr}[\tilde{W}_{k-1}^{\mathrm{T}}(t)\psi^{-1}\tilde{W}_{k-1}(t)]\right\}\end{aligned} \tag{3-54}$$

因此，有

$$\sum_{k=1}^{i}\left\{\frac{1}{2}\sigma_{k-1}^{\mathrm{T}}M_0(q_1)\sigma_{k-1}+\int_0^t K_1e_k^{\mathrm{T}}e_k\mathrm{d}\tau+K_2\mathrm{tr}[\tilde{W}_{k-1}^{\mathrm{T}}(t)\psi^{-1}\tilde{W}_{k-1}(t)]\right\}\leqslant N_0(t)-N_i(t) \tag{3-55}$$

由于 $N_0(t)$ 有界连续，可以得出

$$\lim_{i\to\infty} e_i(t) = \lim_{i\to\infty} \dot{e}_i(t) = \lim_{i\to\infty} \sigma_i(t) = 0, t\in[0,T] \tag{3-56}$$

到此定理3-1证明结束。

3.2.5 仿真研究

为了验证本节提出控制器在设定环境下的外骨骼执行指定重复康复训练任务的效果，下面以2自由度下肢外骨骼模型为对象进行仿真实验，仿真软件使用的是Matlab R2021b版本的Simulink模块，计算机系统为Windows 10系统，使用CPU为英特尔i5系列处理器。给定系统模型矩阵如下：

$$M_0(q) = \begin{bmatrix} M_{11} & M_{12} \\ M_{21} & M_{22} \end{bmatrix}, C_0(q,\dot{q}) = \begin{bmatrix} C_{11} & C_{12} \\ C_{21} & C_{22} \end{bmatrix}, G_0(q) = \begin{bmatrix} G_{11} \\ G_{12} \end{bmatrix} \tag{3-57}$$

各矩阵中元素详细如下：

$$\begin{cases} M_{11} = m_1 d_1^2 + m_2 l_1^2 + m_2 d_2^2 + 2m_2 l_1 d_2 \cos q_2 \\ M_{12} = -m_2 d_2^2 - m_2 l_1 d_2 \cos q_2 \\ M_{21} = M_{12}, M_{12} = m_2 d_2^2 \\ C_{11} = -m_2 l_1 d_2 \dot{q}_2 \sin q_2 \\ C_{12} = m_2 l_1 d_2 \dot{q}_2 \sin q_2 \\ C_{21} = m_2 l_1 d_2 \dot{q}_1 \sin q_2 \\ C_{22} = 0 \\ G_{11} - m_1 g d_1 \sin q_1 - m_2 g[l_1 \sin q_1 + d_2 \sin(q_1 - q_2)] \\ G_{12} = m_2 g d_2 \sin(q_1 - q_2) \end{cases} \tag{3-58}$$

系统未建模部分$f=0.2[M_0(q)\ddot{q}+C_0(q,\dot{q})\dot{q}+G(q)]$，上述模型各部分参数为$m_1=10\text{kg}$，$m_2=5\text{kg}$，$l_1=0.5\text{m}$，$l_2=0.4\text{m}$，$d_1=0.25\text{m}$，$d_2=0.2\text{m}$，$g=9.81\text{m/s}^2$。控制器参数设置为$k=3\text{eye}(2)$，$K_1=0.1$，$K_2=1$，$\varepsilon_b=0.1$，$\Gamma=80$，10层RBF神经网络初始权重向量为0，高斯基函数的中心矢量$c_j=1\times j$，$j=0$，±0.2，±0.4，±0.6，±0.8，±1，带宽$b=1.5$。设置每次迭代的初始误差为零，即$e_i(0)=0$，$i=1,2,\cdots,n$，迭代次数为20，迭代周期为1s系统参考跟踪轨迹设置为

$$\begin{cases} q_{1r} = \sin(2\pi t) \quad \text{rad} \\ q_{2r} = \cos(2\pi t) \quad \text{rad} \end{cases} \tag{3-59}$$

在上述条件下，设计以下3组验证：

1）首先验证系统跟踪性能。为了验证所提算法在面对未知非重复扰动的部分未建模系统的控制性能，设计本组仿真验证。在本组验证中，两个关节的非重复扰动为最大幅值为10的正弦函数，同时加入随机函数使其未知，即$d(t)=[10;10]\text{rand}(1)\sin(t)$。图3-3～图3-5为本组仿真验证结果，图3-3展示了第1次迭代的轨迹跟踪曲线，图3-4展示了第20次迭代的轨迹跟踪曲线，其中x轴代表时间，y轴表示不同时刻对应的值，q_d表示系统运行的参考轨迹，q表示系统的实际跟踪输

出轨迹。图 3-5 展示了每次迭代的最大跟踪误差，其中关节 1 由实线表示，关节 2 由虚线表示，x 轴表示迭代次数，y 轴表示该次跟踪的最大跟踪误差。可以看出，在扰动最大幅值为 10 的未知扰动下，系统能维持较高的收敛精度和稳定性。但图 3-5 中第 13、15、17 次迭代最大跟踪误差绝对值存在一定的波动，经过分析，其造成原因可能是迭代过程中前后误差变化较大导致。

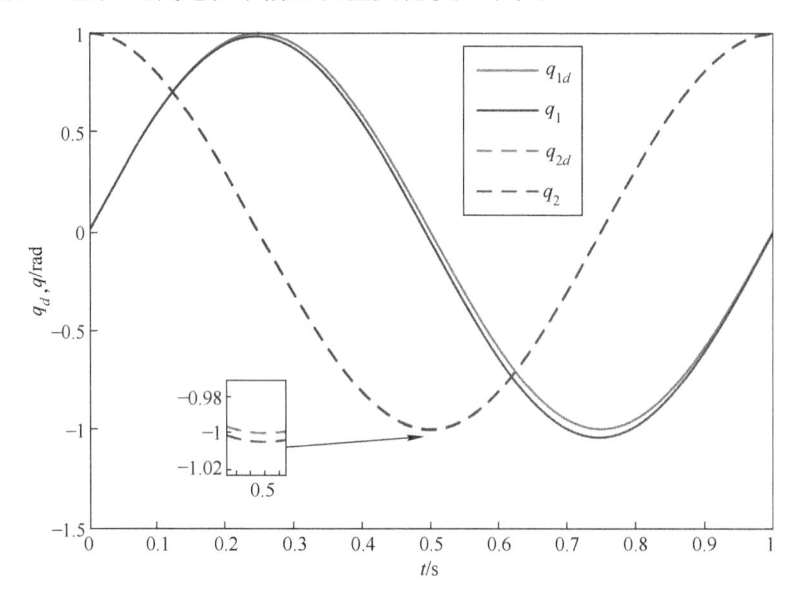

图 3-3　第 1 次迭代各关节轨迹跟踪图（彩图见彩插）

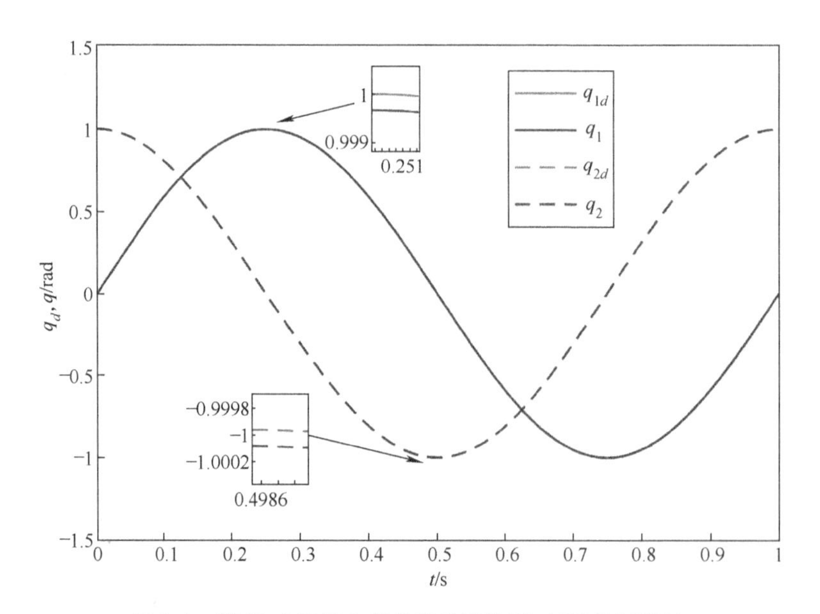

图 3-4　第 20 次迭代各关节轨迹跟踪图（彩图见彩插）

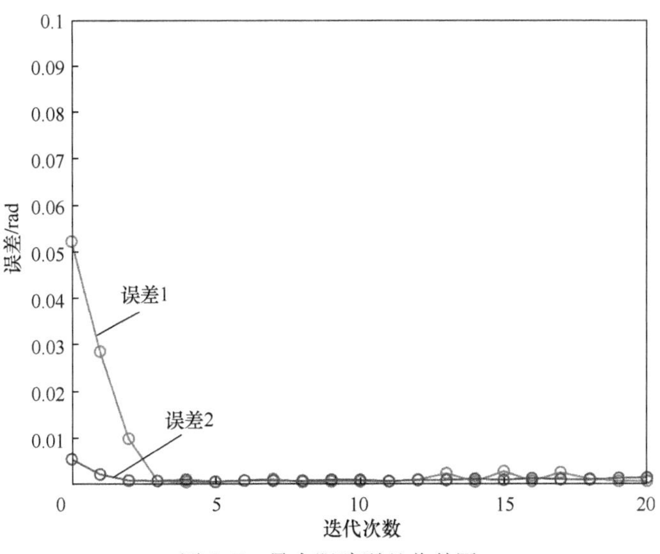

图3-5　最大跟踪误差收敛图

2）为验证控制器对扰动的抑制作用，以非重复扰动最大幅值分别为10、50、100设计仿真实验，其20次迭代最大跟踪误差如图3-6所示。图中红线表示关节1的实际跟踪误差，蓝线表示关节2的实际跟踪误差，圆、三角和星形分别表示不同幅值扰动，x轴表示迭代次数，y轴表示该次跟踪的最大跟踪误差。由图中可知，在面对较小幅值的未知扰动时，控制器能精确逼近和补偿该扰动，达到较为精确的跟踪性能。随着扰动幅值的增加，在输出位置约束下系统虽然依旧能保证跟踪误差在约束范围内，但跟踪精度明显降低。同时，在图3-6中，扰动幅值越大，最大误差绝对值越大，如第10、14次迭代，这也表明了仿真验证1分析正确。

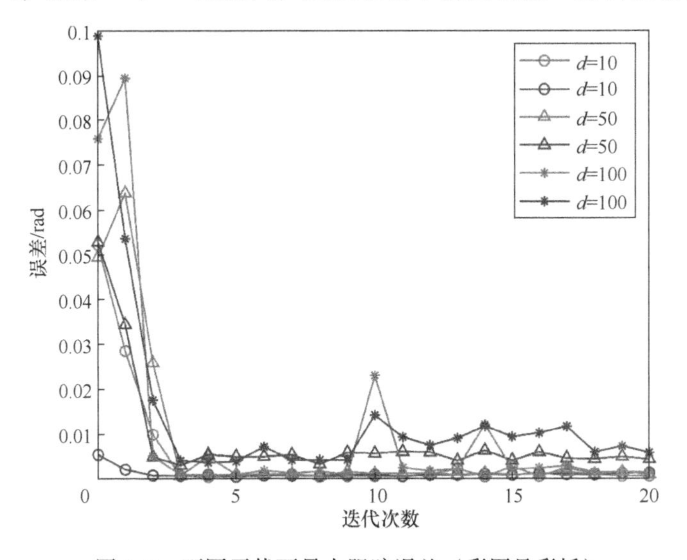

图3-6　不同干扰下最大跟踪误差（彩图见彩插）

3）为验证输出位置约束的作用，设计本组仿真验证实验，仿真的控制器分别为所提控制器和去掉输出位置约束部分的控制器。由于未知扰动是影响跟踪精度的主要原因，同时为了对比更加鲜明，取扰动的最大幅值为 100，结果如图 3-7 所示。图中，关节 1 和关节 2 的最大跟踪误差分别由红色和蓝色折线表示，圆和三角分别表示有无输出约束的控制器，x 轴表示迭代次数，y 轴表示该次跟踪的最大跟踪误差。图中显示，在有输出位置约束的情况下，最大跟踪误差都能约束在参考轨迹的 0.1rad 范围内，而无约束对照组超出了约束范围，因此可以得出输出位置约束具有约束作用。

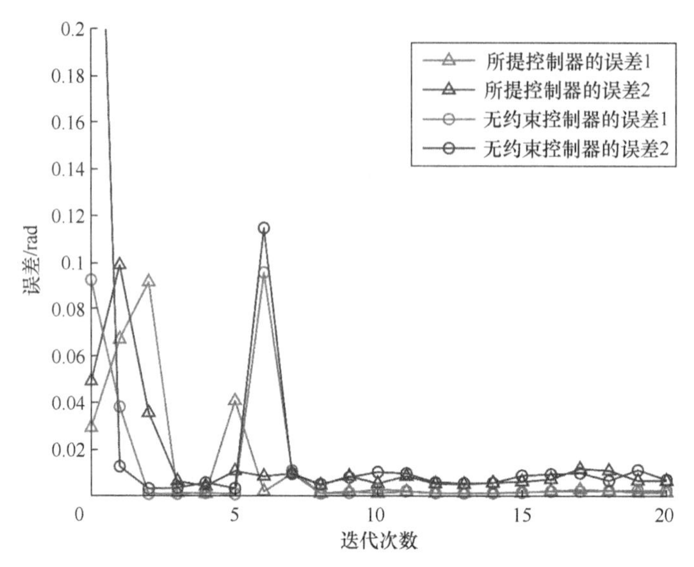

图 3-7　不同约束边界的最大跟踪误差（彩图见彩插）

3.2.6　小结

本节研究了具有输出约束的康复外骨骼运动轨迹跟踪控制的问题。针对康复外骨骼的实际情况，将系统动力学分为建模部分和未建模部分。利用 ILC 处理未建模的部分，利用 RBF 神经网络对时变非线性不确定性进行补偿。为了安全起见，引入输出约束以保证误差是有界的。数值仿真结果表明，该控制方案在面对一定幅值的非重复扰动时，能使跟踪误差保持在约束范围内，同时在面对较小的扰动时系统跟踪精度和稳定性较高。

3.3　基于扩张状态观测器的外骨骼迭代学习控制

3.3.1　引言

人体下肢具有质量大、肌肉细胞密集、力量大的特点，训练过程中肌肉细胞异常收缩会产生巨大的人机交互力，同时还会面临各种外界干扰，这些巨大的未知非重复扰动集合会严重影响外骨骼的运行、降低康复训练轨迹跟踪性能，从而影响训练效果。众所周知，RBF 神经网络能精确地逼近任意函数，但由于 RBF 神经网络中心向量的选择对于逼近精度至关重要，同时隐藏层中高斯基函数的覆盖范围与精度呈反相关，当面临一个变化巨大的非线性未知扰动时，需要增加相当多的层数才能实现较为精确的逼近。这不仅增加了计算负荷，降低了逼近速度，还加大了关键参数的选取难度。面对系统存在的巨大扰动，干扰观测器优良的快速动态性能能够迅速观测扰动并输出反馈补偿，从而快速抑制扰动对系统的影响[30]。

本节将以动力学模型为基础，针对控制器在面临巨大扰动情况下的不足，设计融合非线性干扰观测器的迭代学习位置约束控制器。考虑到系统存在的重复未建模部分，使用迭代学习控制器对其进行控制，对于系统面临的未知非重复巨大扰动，使用干扰观测器对其进行快速补偿。由于康复训练参考轨迹的连续性，使用 BLF 方法在对齐条件下证明所提控制器的稳定性，并以二连杆外骨骼为对象进行仿真实验。

本章以系统动力学模型式（3-7）为研究对象，系统面临重复动力学模型误差以及非重复的巨大扰动，其动力学模型如下：

$$[M_0(q)+\Delta M(q)]\ddot{q}+[C_0(q,\dot{q})+\Delta C(q,\dot{q})]\dot{q}+G_0(q)+\Delta G(q)=u+d(t) \tag{3-60}$$

合并系统重复未建模部分，并令

$$f=-[\Delta M(q)\ddot{q}+\Delta C(q,\dot{q})\dot{q}+\Delta G(q)] \tag{3-61}$$

可得系统的迭代格式动力学模型为

$$M_0(q_i)\ddot{q}_i+C_0(q_i,\dot{q}_i)\dot{q}_i+G_0(q_i)=u_i+d(t)+f \tag{3-62}$$

式中，$M_0(q_i),C_0(q_i,\dot{q}_i),G_0(q_i)$是系统已知部分；$u_i$ 是控制器输入；$d(t)$是非重复未知的巨大系统总扰动。

综上给出以下合理假设[31]。

假设 3-5　每次迭代中系统输出满足零初始条件，即

$$\begin{cases} q_i(0)=q_r(0) \\ \dot{q}_i(0)=\dot{q}_r(0) \\ \ddot{q}_i(0)=\ddot{q}_r(0),\ i=1,2,\cdots,n \end{cases} \tag{3-63}$$

假设 3-6　系统未知重复模型部分和未知非重复总扰动存在上界，扰动的一阶导数存在且有界，即

$$\|f\|<\delta,\ \|d(t)\|<\alpha,\ \|\dot{d}(t)\|\leqslant\varepsilon_d \tag{3-64}$$

假设 3-7　系统存在参考输出轨迹 $q_r,\dot{q}_r,\ddot{q}_r$。

假设 3-8　对于非重复未知扰动 $d(t)$，扩张状态观测器存在合理的参数使得观

测误差 $\tilde{d}(t)$ 有界，即存在常数 d 使得 $\|\tilde{d}(t)\|\leqslant d$。

外骨骼迭代格式动力学模型式（3-62）满足以下性质[32]：

性质 3-3 矩阵 $\dot{M}_0(q)-2C(q,\dot{q})$ 为斜对称矩阵，并满足

$$y^{\mathrm{T}}[\dot{M}_0(q)-2C(q,\dot{q})]y=0,\ \forall q,\dot{q}\in R^n \tag{3-65}$$

性质 3-4 惯性矩阵 $M_0(q)$ 是正定对称有界的，即

$$\lambda_1\|y^2\|<y^{\mathrm{T}}M_0(q)y<\lambda_2\|y^2\| \tag{3-66}$$

3.3.2 扩张状态观测器

状态观测器自 20 世纪 80 年代末被设计出以来，一直被用于快速处理系统外部干扰，是一种经典的干扰补偿方法[33]。干扰观测器控制的基本原理是通过设计观测器估计需要观测的干扰量，状态观测器的估计输出作为前馈补偿器与传统控制器结合控制，从而达到消除干扰的目的[34]。状态观测器作为一种前馈补偿控制方法，能够快速准确地估计输入干扰并对控制器进行补偿，使得控制器有更好的动态响应。针对一类线性系统，Kim 等人提出了一种能够估计时序扩展过程中产生高阶干扰的干扰观测器[35]。Sun 等人针对一类含有非配对干扰的系统，设计了含有干扰观测器的迭代学习控制器[36]。由于状态观测器实际是通过比对受扰动影响的实际模型信息与名义系统模型信息识别等效干扰，因此系统名义模型参数能否与实际模型精确匹配对状态观测器的影响较大。

1994 年，扩张状态观测器（Extended State Observer，ESO）被韩京清教授首次提出并用于在线估计系统总扰动[37]。不同于一般观测器，ESO 将需要观测的扰动状态扩张到增广空间进行观测。在设计 ESO 时只需要知道系统的输入输出以及相对阶数信息，不严格依赖于系统模型信息，在机器人控制领域被广泛应用。

令 $x_{1,i}(t)=q_i(t),x_{2,i}(t)=\dot{q}_i(t)$，式（3-62）可表达为状态空间形式，即

$$\begin{cases}\dot{x}_{1,i}(t)=x_{2,i}(t)\\ \dot{x}_{2,i}(t)=M_0^{-1}[u_i+d(t)+f-C_0x_{2,i}(t)-G_0]\\ y_i=x_{1,i}(t)\end{cases} \tag{3-67}$$

令 $\Delta(t)=\dot{d}(t)$，且将系统总扰动变为 $x_{3,i}(t)=M_0^{-1}d(t)$，则上式展开为扩张形式有

$$\begin{cases}\dot{x}_{1,i}(t)=x_{2,i}(t)\\ \dot{x}_{2,i}(t)=M_p^{-1}[\tau_i+f-C_0x_{2,i}(t)-G_0]+x_{3,i}(t)\\ \dot{x}_{3,i}(t)=\Delta(t)\\ y_i=x_{1,i}(t)\end{cases} \tag{3-68}$$

以 $\hat{x}_{j,i}(t)$，$j=1,2,3$ 表示 ESO 的状态观测输出，状态观测器的形式如下：

$$\begin{cases}\dot{\hat{x}}_{1,i}(t)=\hat{x}_{2,i}(t)+\beta_1\tilde{x}_{1,i}(t)\\ \dot{\hat{x}}_{2,i}(t)=M_0^{-1}[\tau_i+f-C_0\hat{x}_{2,i}(t)-G_0]+\hat{x}_{3,i}(t)+\beta_2\tilde{x}_{1,i}(t)\\ \dot{\hat{x}}_{3,i}(t)=\beta_3\tilde{x}_{1,i}(t)\\ y_i=x_{1,i}(t)\end{cases} \tag{3-69}$$

式中，$[\beta_1\quad\beta_2\quad\beta_3]=[3k_0\quad 3k_0^2\quad k_0^3]$；$k_0$ 是状态观测器的带宽参数，当选取合适的带宽参数时，观测输出状态变量 $\hat{x}_{3,i}$将会近似于扰动 $M_0^{-1}d(t)$。观测误差由 $\tilde{x}_{j,i}(t)=x_{j,i}(t)-\hat{x}_{j,i}(t)$表示，其中 $j=1,2,3$。

$$\begin{cases}\dot{\tilde{x}}_{1,i}(t)=\tilde{x}_{2,i}(t)-\beta_1\tilde{x}_{1,i}(t)\\ \dot{\tilde{x}}_{2,i}(t)=\tilde{x}_{3,i}(t)-\beta_2\tilde{x}_{1,i}(t)\\ \dot{\tilde{x}}_{3,i}(t)=\Delta(t)-\beta_3\tilde{x}_{1,i}(t)\end{cases} \tag{3-70}$$

将上式写为矩阵形式有

$$\dot{X}_i=k_0AX_i+\frac{B}{k_0^2} \tag{3-71}$$

式中，$X=\left[\tilde{x}_{1,i}(t)\quad \dfrac{\tilde{x}_{2,i}(t)}{k_0}\quad \dfrac{\tilde{x}_{3,i}(t)}{k_0^2}\right]$；$A=\begin{bmatrix}-3&1&0\\-3&0&1\\-1&0&0\end{bmatrix}$；$B=[0\quad 0\quad \Delta(t)]^{\mathrm{T}}$。

存在正定矩阵 P 使得下述关系满足，其中 I 为单位矩阵，即

$$A^{\mathrm{T}}P+PA=-I \tag{3-72}$$

3.3.3 控制算法设计

本节采用 ESO 对系统扰动 $d(t)$进行逼近，同时使用 ILC 控制系统未知重复部分模型，令系统跟踪误差为

$$\begin{cases}e_i(t)=x_{1,i}(t)-x_{1,r}\\ \dot{e}_i(t)=x_{2,i}(t)-x_{2,r}\\ \ddot{e}_i(t)=\dot{x}_{2,i}(t)-\dot{x}_{2,r}\end{cases} \tag{3-73}$$

控制律设计为

$$u_i=M_0(x_{1,i})\ddot{q}_r+C_0(x_{1,i},x_{2,i})\dot{q}_r+G_0(x_{1,i})+u_{i,\nu} \tag{3-74}$$

$$u_{i,\nu}=-\sec^2\left(\frac{\pi e_i^{\mathrm{T}}e_i}{2\varepsilon_b^2}\right)e_i-k_1\operatorname{sgn}(\dot{e}_i)-\hat{\delta}_i(t)\operatorname{sgn}(\dot{e}_i)-M_0\hat{x}_{3,i} \tag{3-75}$$

其中 ILC 的更新律如下：

$$\hat{\delta}_i(t)=\hat{\delta}_{i-1}(t)+\Gamma\dot{e}_i\operatorname{sgn}(\dot{e}_i) \tag{3-76}$$

将控制律 u_i 带入动力学模型式（3-62）可得

$$M_0(x_{1,i})\ddot{e}_i+C_0(x_{1,i},x_{2,i})\dot{e}_i=u_{i,\nu}+d(t)+f \tag{3-77}$$

移项得

$$\ddot{e}_i = M_0^{-1}(x_{1,i})[u_{i,\nu} + d(t) + f - C_0(x_{1,i}, x_{2,i})\dot{e}_i] \tag{3-78}$$

3.3.4 稳定性分析

定理 3-2 令 $k_1 > d$，选取合适的参数 k_0 使 $\mu > 0$ 且 $\Xi \geqslant 0$，当系统动力学方程满足上述性质和假设时，在控制律式（3-74）的控制下系统在迭代区间内趋于稳定并且收敛。

证明：构造 BLF 方程如下：

$$\begin{cases} N_i(t) = V_{1,i}(t) + V_{2,i}(t) + V_{3,i}(t) + \dfrac{1}{2}\displaystyle\int_0^t \Gamma^{-1}\tilde{\delta}_i^2(\tau)\mathrm{d}\tau \\ V_{1,i}(t) = \dfrac{\varepsilon_b^2}{\pi}\tan\left(\dfrac{\pi e_i^{\mathrm{T}} e_i}{2\varepsilon_b^2}\right) \\ V_{2,i}(t) = \dfrac{1}{2}\dot{e}_i^{\mathrm{T}} M_0 \dot{e}_i \\ V_{3,i}(t) = \dfrac{1}{2}X_i^{\mathrm{T}} P X_i \end{cases} \tag{3-79}$$

分别对 $V_{1,i}(t), V_{2,i}(t), V_{3,i}(t)$ 求时间导数得

$$\dot{V}_{1,i}(t) = \sec^2\left(\frac{\pi e_i^{\mathrm{T}} e_i}{2\varepsilon_b^2}\right)\dot{e}_i^{\mathrm{T}} e_i \tag{3-80}$$

$$\dot{V}_{2,i}(t) = \frac{1}{2}\dot{e}_i^{\mathrm{T}}\dot{M}_0\dot{e}_i + \dot{e}_i^{\mathrm{T}} M_0 \ddot{e}_i \tag{3-81}$$

$$\dot{V}_{3,i}(t) = \frac{1}{2}X_i^{\mathrm{T}}\dot{P}X_i + \dot{X}_i^{\mathrm{T}} P X_i + X_i^{\mathrm{T}} P \dot{X}_i \tag{3-82}$$

将 $\ddot{e}_i$ 和 $u_{i,\nu}$ 带入 $\dot{V}_{2,i}(t)$ 得

$$\begin{aligned} \dot{V}_{2,i}(t) &= \frac{1}{2}\dot{e}_i^{\mathrm{T}}\dot{M}_0\dot{e}_i + \dot{e}_i^{\mathrm{T}} M_0[M_0^{-1}(u_{i,\nu} + d(t) + f - C_0\dot{e})] \\ &= \frac{1}{2}(\dot{M}_0 - 2C_0) + \dot{e}_i^{\mathrm{T}}\left[-\sec^2\left(\frac{\pi e_i^{\mathrm{T}} e_i}{2\varepsilon_b^2}\right)e_i - k\mathrm{sgn}(\dot{e}_i) - \hat{\delta}_i(t)\mathrm{sgn}(\dot{e}_i) - M_0\hat{x}_{3,i} + d(t) + f\right] \end{aligned} \tag{3-83}$$

由性质 3-3 可知，上式中$(\dot{M}_0 - 2C_0) = 0$，$\dot{V}_{1,i}(t), \dot{V}_{2,i}(t)$求和可得

$$\begin{aligned} \dot{V}_{1,i}(t) + \dot{V}_{2,i}(t) &= -[k_1 + \hat{\delta}_i(t)]\dot{e}_i^{\mathrm{T}}\mathrm{sgn}(\dot{e}_i) + \dot{e}_i^{\mathrm{T}}[-M_0\hat{x}_{3,i} + d(t) + f] \\ &= -[k_1 + \hat{\delta}_i(t)]\dot{e}_i^{\mathrm{T}}\mathrm{sgn}(\dot{e}_i) + \dot{e}_i^{\mathrm{T}} f + \dot{e}_i^{\mathrm{T}}\tilde{d}(t) \end{aligned} \tag{3-84}$$

由于 $x_{3,i}(t) = M_0^{-1}d(t)$，$M_0$ 为系统惯性矩阵已知部分，则 $x_{3,i}(t) = M_0^{-1}\hat{d}(t)$ 实质是观测的系统扰动，因此 $M_0\hat{x}_{3,i} = \hat{d}(t)$，且观测误差表示为 $\tilde{d}(t) = d(t) - \hat{d}(t)$。将式（3-71）带入 $\dot{V}_{3,i}(t)$可得

$$\begin{aligned}\dot{V}_{3,i}(t) &= \frac{1}{2}X_i^{\mathrm{T}}\dot{P}X_i + \frac{1}{2}\left(k_0AX_i + \frac{B}{k_0^2}\right)^{\mathrm{T}}PX_i + \frac{1}{2}X_i^{\mathrm{T}}P\left(k_0AX_i + \frac{B}{k_0^2}\right) \\ &= \frac{1}{2}X_i^{\mathrm{T}}\dot{P}X_i + \frac{1}{2}k_0X_i^{\mathrm{T}}(A^{\mathrm{T}}P + PA)X_i + \frac{B^{\mathrm{T}}}{k_0^2}PX_i \\ &= \frac{1}{2}X_i^{\mathrm{T}}(\dot{P} - k_0)X_i + \frac{B^{\mathrm{T}}}{k_0^2}PX_i \end{aligned} \tag{3-85}$$

建立 BLF 方程 $N_i(t)$ 的差分形式如下：

$$\begin{aligned}\Delta N_i(t) &= N_i(t) - N_{i-1}(t) \\ &= V_{1,i}(t) + V_{2,i}(t) + V_{3,i}(t) - V_{1,i-1}(t) - V_{2,i-1}(t) - V_{3,i-1}(t) + \\ &\quad \frac{1}{2}\int_0^t \Gamma^{-1}[\tilde{\delta}_i^2(\tau) - \tilde{\delta}_{i-1}^2(\tau)]\mathrm{d}\tau\end{aligned}$$

$$\begin{aligned}\Delta N_i(t) &= V_{1,i}(t) + V_{2,i}(t) + V_{3,i}(t) - V_{1,i-1}(t) - V_{2,i-1}(t) - V_{3,i-1}(t) - \\ &\quad \frac{1}{2}\int_0^t \Gamma^{-1}[\bar{\delta}_i^2(\tau) + 2\tilde{\delta}_i(\tau)\bar{\delta}_i(\tau)]\mathrm{d}\tau\end{aligned} \tag{3-86}$$

式中

$$\bar{\delta}_i(t) = \hat{\delta}_i(t) - \hat{\delta}_{i-1}(t) = \Gamma\dot{e}_i^{\mathrm{T}}\mathrm{sgn}(\dot{e}_i) \tag{3-87}$$

$$\tilde{\delta}_i(t) = \delta - \hat{\delta}_i(t) \tag{3-88}$$

由于

$$V_{j,i}(t) = V_{j,i}(0) + \int_0^t \dot{V}_{j,i}(\tau)\mathrm{d}\tau,\ j = 1,2,3 \tag{3-89}$$

并且由零初始条件可知

$$V_{j,i}(0) = 0,\ j = 1,2,3 \tag{3-90}$$

则可将 $\Delta N_i(t)$ 化简为

$$\begin{aligned}\Delta N_i(t) &= V_{1,i}(0) + V_{2,i}(0) + V_{3,i}(0) - V_{1,i-1}(t) - V_{2,i-1}(t) - V_{3,i-1}(t) - \\ &\quad \frac{1}{2}\int_0^t \Gamma^{-1}[\bar{\delta}_i^2(\tau) + 2\tilde{\delta}_i(\tau)\bar{\delta}_i(\tau)]\mathrm{d}\tau \\ &= V_{1,i}(0) + V_{2,i}(0) + V_{3,i}(0) - V_{1,i-1}(t) - V_{2,i-1}(t) - V_{3,i-1}(t) + \\ &\quad \int_0^t \dot{V}_{1,i}(\tau)\mathrm{d}\tau + \int_0^t \dot{V}_{2,i}(\tau)\mathrm{d}\tau + \int_0^t \dot{V}_{3,i}(\tau)\mathrm{d}\tau - \frac{1}{2}\int_0^t \Gamma^{-1}[\bar{\delta}_i^2(\tau) + 2\tilde{\delta}_i(\tau)\bar{\delta}_i(\tau)]\mathrm{d}\tau\end{aligned}$$

$$\begin{aligned}\Delta N_i(t) &= -V_{1,i-1}(t) - V_{2,i-1}(t) - V_{3,i-1}(t) - \int_0^t \dot{e}_i^{\mathrm{T}}\{[k_1 + \hat{\delta}_i(t)]\mathrm{sgn}(\dot{e}_i) + \tilde{d}(t) + f\}\mathrm{d}\tau + \\ &\quad \int_0^t \left[\frac{1}{2}X_i^{\mathrm{T}}(\dot{P} - k_0)X_i + \frac{B^{\mathrm{T}}}{k_0^2}PX_i\right]\mathrm{d}\tau - \frac{1}{2}\int_0^t \Gamma^{-1}[\bar{\delta}_i^2(\tau) + 2\tilde{\delta}_i(\tau)\bar{\delta}_i(\tau)]\mathrm{d}\tau\end{aligned} \tag{3-91}$$

通过假设 3-6 可知 $\|f\| < \delta$，可以得出 $\dot{e}_i^{\mathrm{T}}f \leqslant \delta\dot{e}_i^{\mathrm{T}}\mathrm{sgn}(\dot{e}_i)$，由 $\|\dot{d}(t)\| \leqslant \varepsilon_d$ 得 $\|B\| \leqslant \varepsilon_d$，同时考虑到 $\|\tilde{d}(t)\| \leqslant d$。由 $\bar{\delta}_i(t) = \Gamma\dot{e}_i^{\mathrm{T}}\mathrm{sgn}(\dot{e}_i)$ 可得 $\Gamma^{-1}\bar{\delta}_i(t) = \dot{e}_i^{\mathrm{T}}\mathrm{sgn}(\dot{e}_i)$。

$$\Delta N_i(T) \leqslant \int_0^T \{\Gamma^{-1}[\delta - \hat{\delta}_i(\tau)]\bar{\delta}_i(\tau) - \Gamma^{-1}\tilde{\delta}_i(\tau)\bar{\delta}_i(\tau) + (d - k_1)\dot{e}_i^{\mathrm{T}}\mathrm{sgn}(\dot{e}_i)\}\mathrm{d}\tau - V_{1,i-1}(t) - V_{2,i-1}(t) - V_{3,i-1}(t) + \int_0^T \left[\frac{1}{2}X_i^{\mathrm{T}}(\dot{P} - k_0)X_i + \frac{\varepsilon_d}{k_0^2}PX_i\right]\mathrm{d}\tau - \frac{1}{2}\int_0^T \Gamma^{-1}\bar{\delta}_i^2(\tau)\mathrm{d}\tau \tag{3-92}$$

利用杨氏不等式可得

$$\frac{\varepsilon_d}{k_0^2}PX_i \leqslant \frac{\varepsilon_d}{2k_0^2}(X_i^{\mathrm{T}}X_i + P^{\mathrm{T}}P) \tag{3-93}$$

令

$$\mu = \frac{1}{2}\left(k_0 - \dot{P} - \frac{\varepsilon_d}{k_0^2}\right) \tag{3-94}$$

$$\Xi = \mu X_i^{\mathrm{T}}X_i - \frac{\varepsilon_d}{2k_0^2}P^{\mathrm{T}}P \tag{3-95}$$

式（3-92）可以被进一步化简为

$$\Delta N_i(T) \leqslant -V_{1,i-1}(t) - V_{2,i-1}(t) - V_{3,i-1}(t) - \int_0^T [(k_1 - d)\dot{e}_i^{\mathrm{T}}\mathrm{sgn}(\dot{e}_i) + \Gamma^{-1}\bar{\delta}_i^2(\tau) - \Xi]\mathrm{d}\tau \tag{3-96}$$

当 $k_1 > d$，选取合适的参数 k_0 使 $\mu > 0$ 且 $\Xi \geqslant 0$ 时，可以保证 $\Delta N_i(T) \leqslant 0$，即 BLF $N_i(T)$ 为非增序列。

将 $N_i(T)$ 表示为求和的形式可以写为

$$N_i(T) = N_0(T) + \sum_{k=1}^{i}\Delta N_k(T) \tag{3-97}$$

将式（3-96）带入式（3-97）可得

$$\begin{aligned} N_i(t) &\leqslant N_0(t) - \sum_{k=1}^{i}\sum_{j=1}^{3}V_{j,k-1}(t) \\ &\leqslant N_0(t) - \sum_{k=1}^{i}\left[\frac{\varepsilon_b^2}{\pi}\tan\left(\frac{\pi e_{k-1}^{\mathrm{T}}e_{k-1}}{2\varepsilon_b^2}\right) + \frac{1}{2}\dot{e}_{k-1}^{\mathrm{T}}M_0\dot{e}_{k-1} + \frac{1}{2}X_{k-1}^{\mathrm{T}}PX_{k-1}\right] \end{aligned} \tag{3-98}$$

移项可得

$$\sum_{k=1}^{i}\left[\frac{\varepsilon_b^2}{\pi}\tan\left(\frac{\pi e_{k-1}^{\mathrm{T}}e_{k-1}}{2\varepsilon_b^2}\right) + \frac{1}{2}\dot{e}_{k-1}^{\mathrm{T}}M_0\dot{e}_{k-1} + \frac{1}{2}X_{k-1}^{\mathrm{T}}PX_{k-1}\right] \leqslant N_0(t) - N_i(t) \leqslant N_0(t) \tag{3-99}$$

由式（3-79）可知

$$N_0(t) = V_{1,0}(t) + V_{2,0}(t) + V_{3,0}(t) + \frac{1}{2}\int_0^t \Gamma^{-1}\tilde{\delta}_0^2(\tau)\mathrm{d}\tau \tag{3-100}$$

$$\dot{N}_0(t) = \dot{V}_{1,0}(t) + \dot{V}_{2,0}(t) + \dot{V}_{3,0}(t) + \frac{1}{2}\Gamma^{-1}\tilde{\delta}_0^2(t) \tag{3-101}$$

注意到 $\hat{\delta}_{-1}=0$，通过迭代更新律可得 $\hat{\delta}_0=\Gamma\dot{e}_0\mathrm{sgn}(\dot{e}_0)$，代入并化简得

$$
\begin{aligned}
\dot{N}_0(t)\leqslant&-(k_1+\hat{\delta}_0-d)\dot{e}_0^{\mathrm{T}}\mathrm{sgn}(\dot{e}_0)+\frac{1}{2}\Gamma^{-1}\tilde{\delta}_0^2\\
&-\mu X_0^{\mathrm{T}}X_0+\frac{\varepsilon_d}{2k_0^2}P^{\mathrm{T}}P-\frac{(k_2-1)}{2}(\dot{e}_0^{\mathrm{T}}\dot{e}_0+e_0^{\mathrm{T}}e_0)\\
\dot{N}_0(t)\leqslant&\Gamma\dot{e}_0^{\mathrm{T}}\dot{e}_0+\frac{1}{2}\Gamma^{-1}\tilde{\delta}_0^2+\frac{\varepsilon_d}{2k_0^2}P^{\mathrm{T}}P\\
\leqslant&\Gamma\dot{e}_{\max^2}+\frac{1}{2}\Gamma^{-1}\tilde{\delta}_{\max^2}+\frac{\varepsilon_d}{2k_0^2}P^{\mathrm{T}}P
\end{aligned}
\tag{3-102}
$$

由此可得 $\dot{N}_0(t)$ 有界，那么 $N_0(t)$ 有界连续。式中

$$
\dot{e}_{\max}=\sup_{t\in[0,T]}\dot{e}_0,\ \tilde{\delta}_{\max}=\sup_{t\in[0,T]}\tilde{\delta}_0 \tag{3-103}
$$

那么由式（3-99）可以推导出，当迭代次数 i 趋于无穷时，有

$$
\frac{\varepsilon_b^2}{\pi}\tan\left(\frac{\pi e_{i-1}^{\mathrm{T}}e_{i-1}}{2\varepsilon_b^2}\right)+\frac{1}{2}\dot{e}_{i-1}^{\mathrm{T}}M_0\dot{e}_{i-1}=0 \tag{3-104}
$$

即

$$
\lim_{i\to\infty}e_{1,i}=\lim_{i\to\infty}e_{2,i}=0,\ t\in[0,T] \tag{3-105}
$$

证毕。

3.3.5 仿真研究

为了验证上述控制器的作用，本节进行仿真的对象和仿真环境与上一节相同，系统的模型如式（3-62）所示，已知部分内部惯性矩阵、科里奥利力和惯性力矩阵以及重力矩阵给定如下：

$$
M_0(q)=\begin{bmatrix}M_{11}&M_{12}\\M_{21}&M_{22}\end{bmatrix},\ C_0(q,\dot{q})=\begin{bmatrix}C_{11}&C_{12}\\C_{21}&C_{22}\end{bmatrix},\ G_0(q)=\begin{bmatrix}G_{11}\\G_{12}\end{bmatrix} \tag{3-106}
$$

式中

$$
\begin{cases}
M_{11}=m_1d_1^2+m_2l_1^2+m_2d_2^2+2m_2l_1d_2\cos q_2\\
M_{12}=-m_2d_2^2-m_2l_1d_2\cos q_2\\
M_{21}=M_{12}\\
M_{22}=m_2d_2^2\\
C_{11}=-m_2l_1d_2\dot{q}_2\sin q_2\\
C_{12}=m_2l_1d_2\dot{q}_2\sin q_2\\
C_{21}=m_2l_1d_2\dot{q}_1\sin q_2\\
C_{22}=0\\
G_{11}=-m_1gd_1\sin q_1-m_2g(l_1\sin q_1+d_2\sin(q_1-q_2))\\
G_{12}=m_2gd_2\sin(q_1-q_2)
\end{cases}
\tag{3-107}
$$

系统未建模部分 $f=0.2[M_0(q)\ddot{q}+C_0(q,\dot{q})\dot{q}+G(q)]$，上述模型各部分参数为 $m_1=10\text{kg}$，$m_2=5\text{kg}$，$l_1=0.5\text{m}$，$l_2=0.4\text{m}$，$d_1=0.27\text{m}$，$d_2=0.24\text{m}$，$g=9.81\text{m/s}^2$ 控制器参数 $k_1=4eye(2)$，$\varepsilon_b=0.5$，$\Gamma=30$，$k_0=50$。

设非重复扰动 $d(t)$ 的最大幅值为 400，即 $d(t)=[400\text{rand}(1);400\text{rand}(1)]\sin(t)$，其中加入随机函数可以使每次迭代时扰动不一致。设计无 ESO 控制器（ILC）和无输出约束（Noconstraint）对照组，用以验证本节提出的控制器（ESO_ILC）对大扰动的估计和补偿作用，以及对输出位置约束作用。两个对照组除相关控制部分与所提控制器有差别外，其他参数均保持一致。系统单次迭代时间设定为 1s，迭代次数设定为 21 次。系统参考跟踪轨迹设置为 $x_{1r}=\sin(2\pi t)$，$x_{2r}=\cos(2\pi t)$。

图 3-8 ~ 图 3-10 分别为系统在 ESO_ILC、ILC 和 Noconstraint 控制器控制下的 21 次跟踪曲线，其中虚线表示输出位置约束边界，红线表示系统参考轨迹，x 轴表示仿真时间，y 轴表示输出位置（rad）。图 3-11 ~ 图 3-13 为 21 次迭代的最大跟踪误差，其中误差 1 和误差 2 分别表示关节 1 和关节 2。对比图 3-11 和图 3-12 可以得出系统在面对大扰动时，ESO 能显著减少扰动对系统的影响，增加系统的稳定性和收敛速度，但收敛精度有一定的波动，而没有 ESO 的迭代学习控制器虽然也能使系统在约束范围内运行，但使系统趋于稳定和收敛的迭代次数明显增多。同理，对比图 3-12 和图 3-13 可以看出，在满足初始误差在约束范围内时，输出约束控制确实能够起作用。

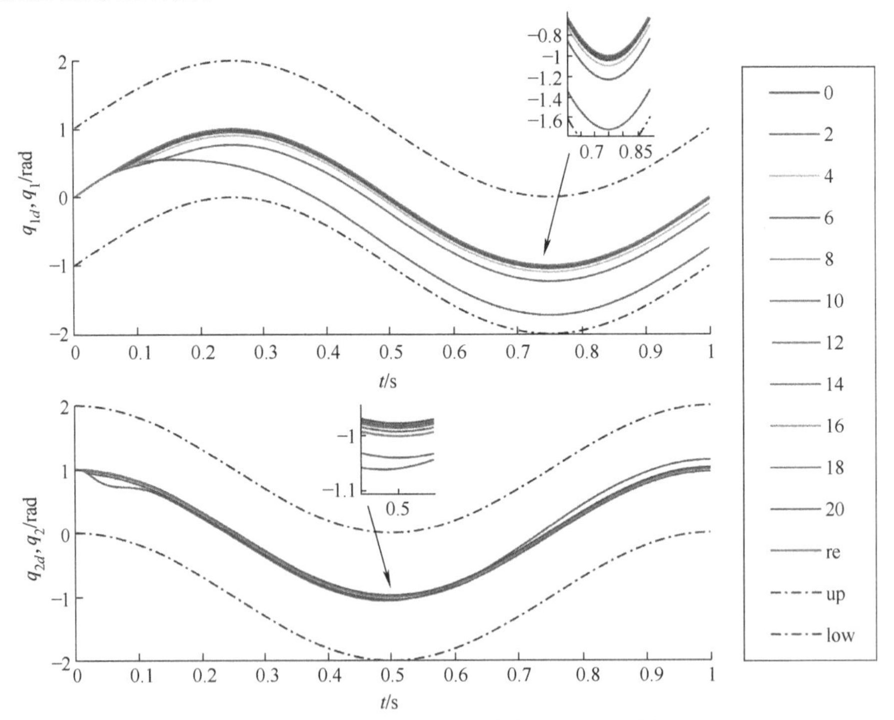

图 3-8　ESO_ILC 迭代收敛曲线（彩图见彩插）

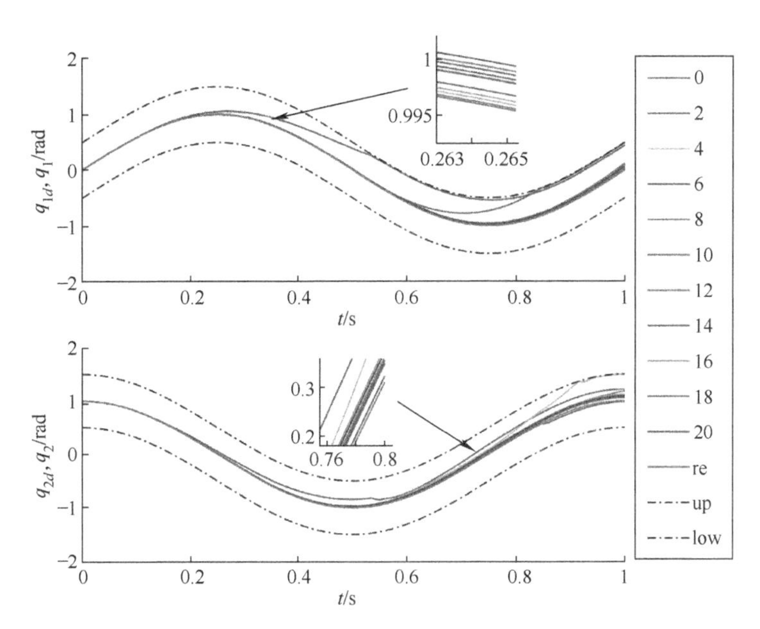

图 3-9　ILC 迭代收敛曲线（彩图见彩插）

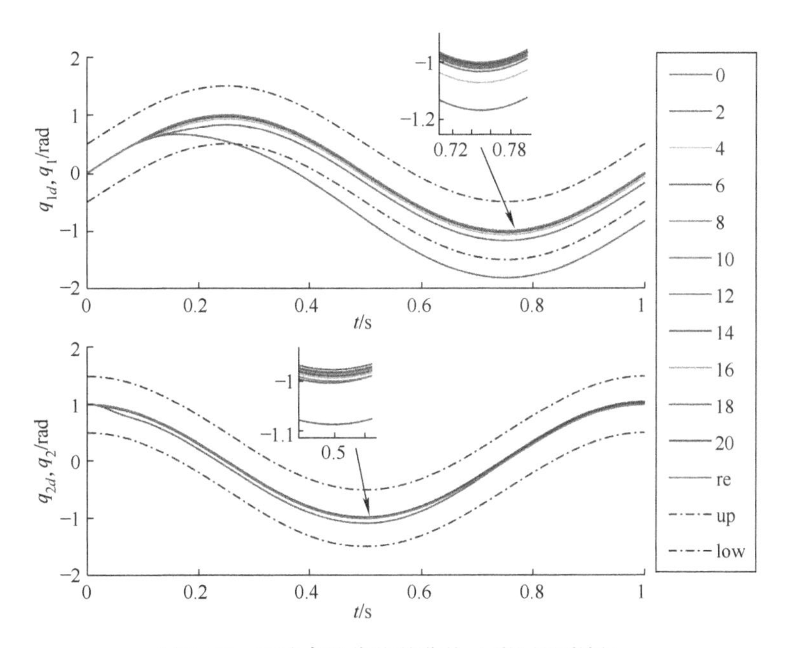

图 3-10　无约束迭代收敛曲线（彩图见彩插）

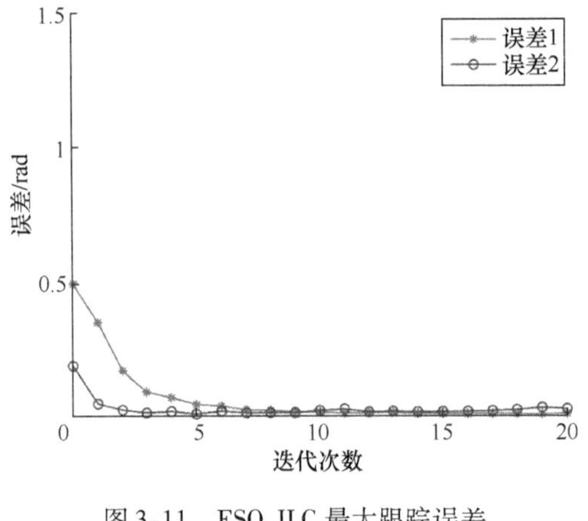

图 3-11 ESO_ILC 最大跟踪误差

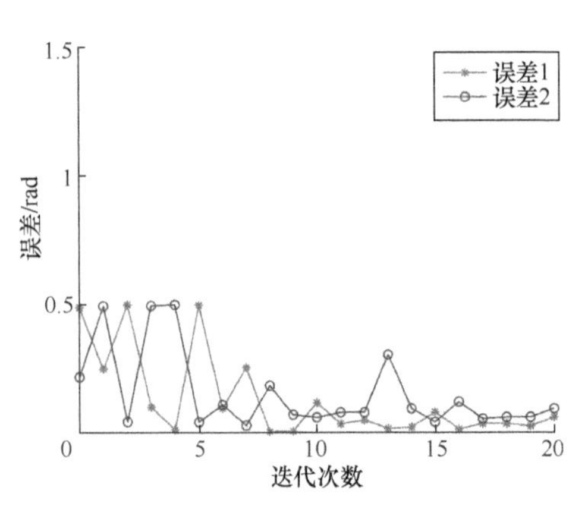

图 3-12 ILC 最大跟踪误差

3.3.6 小结

本节研究了系统存在未建模动态以及非重复大扰动的重复轨迹跟踪控制问题，提出了一种基于 ESO 的迭代学习输出位置约束控制方案。该方案使用 ESO 来观测并补偿系统面临的未知非重复大扰动，ILC 依旧被用来控制系统重复的未建模动态，该控制方案的稳定性经过了严格的理论证明。在仿真验证时设计了无 ESO 对照组和无输出位置约束对照组，仿真结果验证了所提方案不仅能保证将输出轨迹约束在安全范围内，还能明显提高系统收敛速度和系统收敛精度。

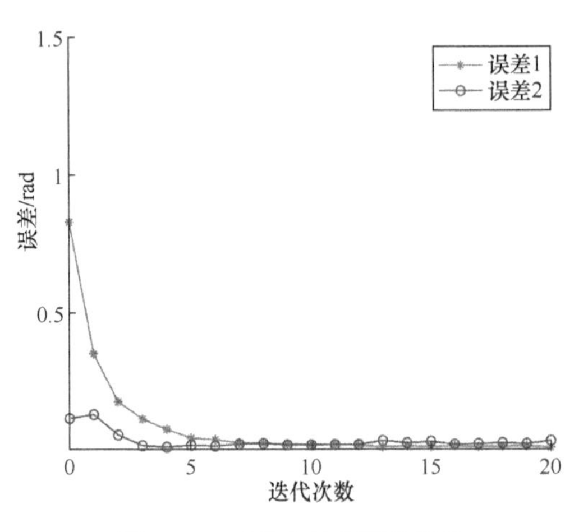

图 3-13 无约束最大跟踪误差

3.4 不依赖模型的外骨骼自适应迭代学习控制

3.4.1 引言

在实际应用中，一台下肢康复外骨骼在短时间内可能会被多个用户使用，不同用户间下肢的参数差距巨大，同时由于下肢质量在整个康复外骨骼系统中的占比较大，没有一个固定的系统模型能够覆盖不同患者间的巨大参数差异，因此，本节采用无模型的控制器设计方法弥补这一问题。下肢康复外骨骼系统包含外骨骼与患者，而肢体运动中会伴随关节的运动和肌肉的收缩，在不同姿态和速度时肌肉长度不同会导致系统质心偏移，同时由于康复训练动作的进行，肌肉细胞对外界刺激产生抗性也会影响肌肉的收缩程度，因此系统不具备严格重复性。

针对上述问题，本节在前面章节的基础上提出了融合扩张状态观测器与 RBF 神经网络的自适应迭代学习无模型位置约束控制方法。该方法设计思路为：首先，在下肢康复外骨骼的动力学模型基础上，将系统模型分为沿迭代轴重复和非重复部分，由患肢可能产生的巨大人机交互力和外界可能存在的干扰视为系统未知非重复大扰动；其次，使用 ILC 系统重复部分，RBF 神经网络逼近补偿系统非重复部分，并使用扩张状态观测器观测系统运行时可能面临的大扰动（值得注意的是，上述控制方法都不严格依赖系统模型参数）；最后，使用 BLF 方法设计输出位置约束器，证明所设计控制器的稳定性和收敛性，并以二连杆模型为对象进行仿真实验，验证所提方法的有效性。

根据上述问题描述可知，下肢外骨骼系统等效模型的质心投影到连杆上的坐标会随运动姿态不同而发生非重复变化。假设该质心变化投影到连杆上的长度范围为 Δ，即大腿的质心到坐标原点的距离为 $z_1 = d_1 + \Delta_{d1}$，小腿质心到坐标原点的距离为 $z_2 = d_2 + \Delta_{d2}$，其中 Δ_{d1}、Δ_{d2} 为沿迭代轴非重复的未知变量，假设与运动角度和时间无导数关系，那么在动力学模型图 2-2 的基础上，以 joint3，4 为原点建立坐标系，则大腿质心坐标为

$$\begin{cases} x_1 = z_1 \cos q_1 \\ y_1 = z_1 \sin q_1 \end{cases} \tag{3-108}$$

小腿质心坐标为

$$\begin{cases} x_2 = l_1 \cos q_1 + z_2 \cos(q_1 - q_2) \\ y_2 = l_1 \sin q_1 + z_2 \sin(q_1 - q_2) \end{cases} \tag{3-109}$$

基于动力学模型式（2-23），并考虑存在未知非重复大扰动 $d(t)$，系统动力学模型有

$$M(q)\ddot{q} + C(q,\dot{q})\dot{q} + G(q) = \tau + d(t) \tag{3-110}$$

将 z_1，z_2 带入展开，$M(q)$，$C(q,\dot{q})$，$G(q)$ 分别为系统内部惯性矩阵、哥式力和离心力矩阵、重力项矩阵，τ 为系统控制输入，$d(t)$ 为系统总的扰动。令 $M_p(q)$，$C_p(q,\dot{q})$，$G_p(q)$ 为动力学模型迭代轴重复部分矩阵，$M_n(q)$，$C_n(q,\dot{q})$，$G_n(q)$ 为非重复部分矩阵，有

$$\begin{cases} M(q) = M_p(q) + M_n(q) \\ C(q) = C_p(q,\dot{q}) + C_n(q,\dot{q}) \\ G(q) = G_p(q) + G_n(q) \end{cases} \tag{3-111}$$

将系统非重复部分视作整体，令

$$f_n(q,\dot{q},\ddot{q}) = -[M_n(q)\ddot{q} + C_n(q,\dot{q})\dot{q} + G_n(q)] \tag{3-112}$$

代入模型式（3-110），有

$$M_p(q)\ddot{q}+C_p(q,\dot{q})\dot{q}+G_p(q)=\tau+d(t)+f_n(q,\dot{q},\ddot{q}) \tag{3-113}$$

为设计控制器，给出如下合理假设。

假设 3-9 系统非重复动力学部分 $f_n(q,\dot{q},\ddot{q})$，未知非重复大扰动 $d(t)$ 与其导数 $\dot{d}(t)$ 有界，即存在正整数 δ、α 和 ε_d，使得

$$\|f_n(q,\dot{q},\ddot{q})\|<\delta,\ \|d(t)\|<\alpha,\ \|\dot{d}(t)\|\leqslant\varepsilon_d \tag{3-114}$$

假设 3-10 系统重复部分惯性矩阵的时间导数 $\dot{M}_p(q)$ 正定有界，即

$$0<\varepsilon_m I\leqslant\dot{M}_p(q)\leqslant\varepsilon_M I \tag{3-115}$$

假设 3-11 系统初始状态满足零初始条件，即

$$\begin{cases}q_i(0)=q_r(0)\\ \dot{q}_i(0)=\dot{q}_r(0)\\ \ddot{q}_i(0)=\ddot{q}_r(0),\ i=1,2,\cdots,n\end{cases} \tag{3-116}$$

系统动力学模型式（3-113）满足以下性质：

性质 3-5 矩阵 $\dot{M}_0(q)-2C(q,\dot{q})$ 为斜对称矩阵，满足

$$y^{\mathrm{T}}[\dot{M}_0(q)-2C(q,\dot{q})]y=0,\ \forall q,\dot{q}\in R^n \tag{3-117}$$

性质 3-6 惯性矩阵 $M_0(q)$ 是正定对称有界的，即

$$\lambda_1\|y^2\|<y^{\mathrm{T}}M_0(q)y<\lambda_2\|y^2\|,\ \lambda_1,\lambda_2>0 \tag{3-118}$$

3.4.2 控制算法设计

将迭代形式的系统模型式（3-113）以状态空间描述，令 $x_{1,i}(t)=q_i(t)$，$x_{2,i}(t)=\dot{q}_i(t)$ 有

$$\begin{cases}\dot{x}_{1,i}(t)=x_{2,i}(t)\\ \dot{x}_{2,i}(t)=M_p^{-1}[\tau_i+d(t)+f_n+f_p]\\ y_i=x_{1,i}(t)\end{cases} \tag{3-119}$$

式中，系统模型非重复部分为 $f_n=f_n(x_{1,i},x_{2,i},\dot{x}_{2,i})$；重复部分为 $f_p=-(C_p x_{2,i}+G_p)$。为了处理扰动 $d(t)$，将式（3-119）扩张到增广空间，有

$$\begin{cases}\dot{x}_{1,i}(t)=x_{2,i}(t)\\ \dot{x}_{2,i}(t)=M_p^{-1}[\tau_i+x_{3,i}(t)+f_n+f_p]\\ \dot{x}_{3,i}(t)=O(t)\\ y_i=x_{1,i}(t)\end{cases} \tag{3-120}$$

式中，$O(t)$ 是误差状态 $x_{3,i}(t)$ 的时间导数，并且 $x_{3,i}(t)=d(t)$。令 ESO 观测状态为 $\hat{x}_{j,i}(t)$，观测误差为 $\tilde{x}_{j,i}(t)=x_{j,i}(t)-\hat{x}_{j,i}(t)$，$(j=1,2,3)$，那么观测器 ESO 有如下形式：

$$\begin{cases}\dot{\hat{x}}_{1,i}(t)=\hat{x}_{2,i}(t)+\beta_1\mathrm{sigm}(\tilde{x}_{1,i}(t))\\ \dot{\hat{x}}_{2,i}(t)=M_p^{-1}[\tau_i+\hat{x}_{3,i}(t)+f_n+f_p]+\beta_2\mathrm{sigm}(\tilde{x}_{1,i}(t))\\ \dot{\hat{x}}_{3,i}(t)=\beta_3\mathrm{sigm}(\tilde{x}_{1,i}(t))\\ y_i=x_{1,i}(t),\end{cases}\tag{3-121}$$

式中，sigmoid 函数[38]为 $\mathrm{sigm}(x)=\mathrm{sigm}(x;a,b)=a[(1+e^{-bx})^{-1}-0.5]$；参数 $\beta_1=3k_0$，$\beta_2=3k_0^2$，$\beta_3=3k_0^3$；k_0 为观测器带宽参数。相比于 ESO 中常用的符号函数，sigmoid 函数在零点连续可微，有利于抑制抖振。观测器的观测误差为

$$\begin{cases}\dot{\tilde{x}}_{1,i}(t)=\tilde{x}_{2,i}(t)-\beta_1\mathrm{sigm}(\tilde{x}_{1,i}(t))\\ \dot{\tilde{x}}_{2,i}(t)=M_p^{-1}\tilde{x}_{3,i}(t)-\beta_2\mathrm{sigm}(\tilde{x}_{1,i}(t))\\ \dot{\tilde{x}}_{3,i}(t)=O(t)-\beta_3\mathrm{sigm}(\tilde{x}_{1,i}(t)).\end{cases}\tag{3-122}$$

sigmoid 函数对时间求导可得

$$\frac{d[\mathrm{sigm}(\tilde{x}_{1,i}(t))]}{\mathrm{d}t}=\frac{b}{a}\left(\frac{1}{4}a^2-\mathrm{sigm}(\tilde{x}_{1,i}(t))\right)\dot{\tilde{x}}_{1,i}(t)\tag{3-123}$$

根据 sigmoid 函数的值域表现为 $\mathrm{sigm}(\tilde{x}_{1,i}(t);a,b)\in(-0.5a,0.5a)$，那么当 $a>2$，$b>0$ 且有界时，可以轻易得出 $\mu=\frac{b}{a}\left(\frac{1}{4}a^2-\mathrm{sigm}(\tilde{x}_{1,i}(t))\right)$ 是一个正有界函数。定义 $\varsigma_{1,i}=\mathrm{sigm}(\tilde{x}_{1,i}(t))$，$\varsigma_{2,i}=\frac{\tilde{x}_{2,i}(t)}{k_0}$，$\varsigma_{3,i}=\frac{\tilde{x}_{3,i}(t)}{k_0^2}$，ESO 观测误差式（3-122）可以写为矩阵形式，即

$$\dot{\varsigma}_i=k_0A\varsigma_i+\frac{D(t)}{k_0^2}\tag{3-124}$$

式中，$\varsigma_i=[\varsigma_{1,i}\quad\varsigma_{2,i}\quad\varsigma_{3,i}]^{\mathrm{T}}$；$D(t)=[0\quad 0\quad O(t)]^{\mathrm{T}}$，并且矩阵 A 内部元素如下：

$$A=\begin{bmatrix}-3\mu & \mu & 0\\ -3 & 0 & M_p^{-1}\\ -1 & 0 & 0\end{bmatrix}\tag{3-125}$$

并存在正定矩阵 P 使得下述关系满足，其中 I 为单位矩阵。

$$A^{\mathrm{T}}P+PA=-I\tag{3-126}$$

至此，ESO 的介绍与设计完成，由于观测器在系统中的性能表现受系统输入的影响，因此观测器的稳定性分析在下一节呈现。

采用反步方法设计控制器：反步算法的思想是将复杂被控系统分解为多个阶次不高于原系统的子系统，针对每个子系统设计虚拟控制器，直到设计出系统整体的控制器[39]。本节在上一节控制器的基础上，同样以康复初期患者的重复轨迹跟踪任务为应用场景，设计了融合扩张状态观测器（ESO）和径向基函数（RBF）神经网络的自适应迭代学习输出位置约束控制器。在面临大扰动和系统模型未知的挑战

下，该控制器能够实时估计系统状态，逼近未知非线性函数，并通过迭代学习优化控制策略。同时，通过对输出位置的约束控制，确保康复过程的安全性。图 3-14 展示了系统结构框图，直观呈现了控制策略的工作原理。

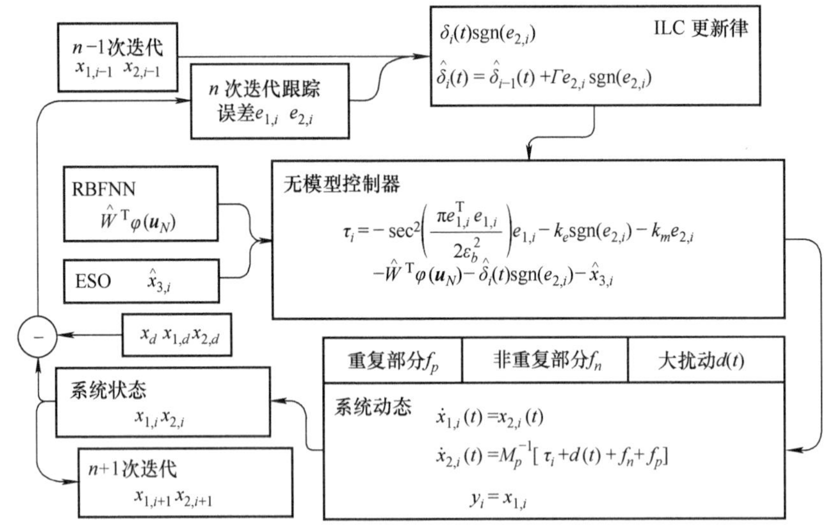

图 3-14　系统结构框图

定义系统跟踪误差为

$$\begin{cases}e_{1,i}=x_{1,i}-x_{1,d}\\e_{2,i}=x_{2,i}-\alpha\end{cases}\tag{3-127}$$

式中，$\alpha=-k_1e_{1,i}+\dot{x}_{1,d}$，是系统虚拟误差；$\dot{x}_{1,d}$是参考跟踪轨迹，$k_1>0$。对 $e_{1,i}$求导得

$$\dot{e}_{1,i}=x_{2,i}-\dot{x}_{1,d}=e_{2,i}+\alpha-\dot{x}_{1,d}\tag{3-128}$$

将虚拟误差 α 带入得

$$\dot{e}_{1,i}=-k_1e_{1,i}+e_{2,i}\tag{3-129}$$

接下来对 $e_{2,i}$求导，并将式（3-120）中的 $\dot{x}_{2,i}(t)$带入得

$$\begin{aligned}\dot{e}_{2,i}&=\dot{x}_{2,i}-\dot{\alpha}\\&=M_p^{-1}[\tau_i+d(t)+f_n+f_p]-\dot{\alpha}\end{aligned}\tag{3-130}$$

其中 α 的导数有如下形式：

$$\begin{aligned}-\dot{\alpha}&=k_1\dot{e}_{1,i}-\ddot{x}_{1,d}\\&=k_1(-k_1e_{1,i}+e_{2,i})-\ddot{x}_{1,d}\\&=-k_1^2e_{1,i}+k_1e_{2,i}-\ddot{x}_{1,d}\end{aligned}\tag{3-131}$$

系统的控制输入 τ_i 设计如下：

$$\tau_i=-\sec^2\left(\frac{\pi e_{1,i}^{\mathrm{T}}e_{1,i}}{2\varepsilon_b^2}\right)e_{1,i}-k_e\mathrm{sgn}(e_{2,i})-k_me_{2,i}-\hat{W}^{\mathrm{T}}\varphi(u_N)-\hat{\delta}_i(t)\mathrm{sgn}(e_{2,i})-\hat{x}_{3,i}\tag{3-132}$$

迭代学习更新律为

$$\hat{\delta}_i(t)=\hat{\delta}_{i-1}(t)+\Gamma e_{2,i}\mathrm{sgn}(e_{2,i}) \tag{3-133}$$

式中RBF神经网络输入为$u_N=[e_{1,i}\quad e_{2,i}\quad x_{1,d}\quad x_{2,d}\quad \dot{x}_{2,d}]^{\mathrm{T}}$，$\mathrm{sgn}(e_{2,i})$是符号函数，$\Gamma$为迭代学习更新增益矩阵。ESO用于快速观测大的系统总扰动，但是会存在一个小的观测误差$\tilde{x}_{3,i}(t)$，这个误差将会和系统非重复部分动态f_n一起被RBF神经网络$\hat{W}^{\mathrm{T}}\varphi(u_N)$精确逼近和补偿，迭代学习项$\hat{\delta}_i(t)$被用于适应性的控制系统重复模型。RBF神经网络逼近误差表示如下

$$\varepsilon(u_N)=f_n+\tilde{x}_{3,i}(t)-W^{*\mathrm{T}}\varphi(u_N) \tag{3-134}$$

式中，$W^{*\mathrm{T}}$是RBF神经网络理想权重矩阵，神经网络更新律为

$$\dot{\hat{W}}=\psi\varphi(u_N)e_{2,i}^{\mathrm{T}} \tag{3-135}$$

式中，ψ是预指定的正定对角矩阵。

3.4.3 稳定性分析

定理3-3 若下肢康复外骨骼系统动力学模型式（3-113）满足上述假设和性质，并且选择合适的控制器参数k_m、k_1、k_e、Γ，那么该系统在控制器式（3-132）以及更新律式（3-133）和式（3-135）的控制下，系统在迭代区间内稳定并收敛。

证明：构造BLF如下

$$\begin{cases} N_i(t)=V_{1,i}(t)+V_{2,i}(t)+V_{3,i}(t)+\dfrac{1}{2}\displaystyle\int_0^t\Gamma^{-1}\tilde{\delta}_i^2(\tau)\mathrm{d}\tau \\ V_{1,i}(t)=\dfrac{\varepsilon_b^2}{\pi}\tan\left(\dfrac{\pi e_{1,i}^{\mathrm{T}}e_{1,i}}{2\varepsilon_b^2}\right)+\dfrac{1}{2}e_{2,i}^{\mathrm{T}}M_pe_{2,i} \\ V_{2,i}(t)=\dfrac{1}{2}\mathrm{tr}[\tilde{W}_i^{\mathrm{T}}(t)\psi^{-1}\tilde{W}_i(t)] \\ V_{3,i}(t)=\dfrac{1}{2}\varsigma_i^{\mathrm{T}}P\varsigma_i \end{cases} \tag{3-136}$$

式中，$\tilde{\delta}_i(t)=\delta-\hat{\delta}_i(t)$，$\tilde{W}=W^*-\hat{W}$。证明过程分3个部分。

第一部分：BLF方程的非增性

建立$N_i(t)$沿迭代轴的差分方程$\Delta N_i(t)$有

$$\begin{aligned} \Delta N_i(t) &= N_i(t)-N_{i-1}(t) \\ &= V_{1,i}(t)+V_{2,i}(t)+V_{3,i}(t)-V_{1,i-1}(t)-V_{2,i-1}(t)-V_{3,i-1}(t)+ \\ &\quad \frac{1}{2}\int_0^t\Gamma^{-1}[\tilde{\delta}_i^2(\tau)-\tilde{\delta}_{i-1}^2(\tau)]\mathrm{d}\tau \\ &= V_{1,i}(t)+V_{2,i}(t)+V_{3,i}(t)-V_{1,i-1}(t)-V_{2,i-1}(t)-V_{3,i-1}(t)- \\ &\quad \frac{1}{2}\int_0^t\Gamma^{-1}[\bar{\delta}_i^2(\tau)+2\tilde{\delta}_i(\tau)\bar{\delta}_i(\tau)]\mathrm{d}\tau \end{aligned} \tag{3-137}$$

其中

$$\bar{\delta}_i(t)=\hat{\delta}_i(t)-\hat{\delta}_{i-1}(t)=\Gamma e_{2,i}^{\mathrm{T}}\mathrm{sgn}(e_{2,i}) \tag{3-138}$$

接下来，对李雅普诺夫方程 $V_{1,i}(t)$、$V_{2,i}(t)$、$V_{3,i}(t)$求时间导数有

$$\begin{cases}\dot{V}_{1,i}(t)=\sec^2\left(\dfrac{\pi e_{1,i}^{\mathrm{T}}e_{1,i}}{2\varepsilon_b^2}\right)e_{1,i}^{\mathrm{T}}\dot{e}_{1,i}+\dfrac{1}{2}e_{2,i}^{\mathrm{T}}\dot{M}_p e_{2,i}+e_{2,i}^{\mathrm{T}}M_p\dot{e}_{2,i}\\ \dot{V}_{2,i}(t)=tr[\widetilde{W}_i^{\mathrm{T}}(t)\psi^{-1}\dot{\widetilde{W}}_i(t)]\\ \dot{V}_{3,i}(t)=\dfrac{1}{2}\varsigma_i^{\mathrm{T}}\dot{P}\varsigma_i+\dot{\varsigma}_i^{\mathrm{T}}P\varsigma_i+\varsigma_i^{\mathrm{T}}P\dot{\varsigma}_i\end{cases} \tag{3-139}$$

将 $V_{1,i}(t)$、$V_{2,i}(t)$、$V_{3,i}(t)$重写为积分形式，有

$$\begin{cases}V_{1,i}(t)=V_{1,i}(0)+\int_0^t\dot{V}_{1,i}(\tau)\mathrm{d}\tau\\ V_{2,i}(t)=V_{2,i}(0)+\int_0^t\dot{V}_{2,i}(\tau)\mathrm{d}\tau\\ V_{3,i}(t)=V_{3,i}(0)+\int_0^t\dot{V}_{3,i}(\tau)\mathrm{d}\tau\end{cases} \tag{3-140}$$

考虑到假设 3-11 对齐条件，即 $V_{1,i}(0)=V_{2,i}(0)=V_{3,i}(0)=0$，$\Delta N_i(t)$有

$$\begin{aligned}\Delta N_i(t)&=V_{1,i}(0)+V_{2,i}(0)+V_{3,i}(0)-V_{1,i-1}(t)-V_{2,i-1}(t)-V_{3,i-1}(t)+\\&\quad\int_0^T\dot{V}_{1,i}(\tau)\mathrm{d}\tau+\int_0^T\dot{V}_{2,i}(\tau)\mathrm{d}\tau+\int_0^T\dot{V}_{3,i}(\tau)\mathrm{d}\tau-\frac{1}{2}\int_0^T\Gamma^{-1}[\bar{\delta}_i^2(\tau)+2\delta_i(\tau)\bar{\delta}_i(\tau)]\mathrm{d}\tau\\&=-V_{1,i-1}(t)-V_{2,i-1}(t)-V_{3,i-1}(t)-\frac{1}{2}\int_0^T\Gamma^{-1}[\bar{\delta}_i^2(\tau)+2\widetilde{\delta}_i(\tau)\bar{\delta}_i(\tau)]\mathrm{d}\tau+\\&\quad\int_0^T\dot{V}_{1,i}(\tau)\mathrm{d}\tau+\int_0^T\dot{V}_{2,i}(\tau)\mathrm{d}\tau+\int_0^T\dot{V}_{3,i}(\tau)\mathrm{d}\tau\end{aligned} \tag{3-141}$$

将 $\dot{e}_{1,i}$和 $\dot{e}_{2,i}$代入 $V_{1,i}(t)$，计算得

$$\begin{aligned}\dot{V}_{1,i}(t)&=\sec^2\left(\frac{\pi e_{1,i}^{\mathrm{T}}e_{1,i}}{2\varepsilon_b^2}\right)e_{1,i}^{\mathrm{T}}\dot{e}_{1,i}+\frac{1}{2}e_{2,i}^{\mathrm{T}}\dot{M}_p e_{2,i}+e_{2,i}^{\mathrm{T}}M_p\dot{e}_{2,i}\\&=\sec^2\left(\frac{\pi e_{1,i}^{\mathrm{T}}e_{1,i}}{2\varepsilon_b^2}\right)e_{1,i}^{\mathrm{T}}(-k_1e_{1,i}+e_{2,i})+\frac{1}{2}e_{2,i}^{\mathrm{T}}\dot{M}_p e_{2,i}-\\&\quad e_{2,i}^{\mathrm{T}}M_p\dot{\alpha}+e_{2,i}^{\mathrm{T}}[\tau_i+d(t)+f_n+f_p]\end{aligned} \tag{3-142}$$

把控制器带入上式，并注意到式（3-134）有

$$\begin{cases}f_n=\varepsilon(u_N)+W^{*\mathrm{T}}\varphi(u_N)-\widetilde{x}_{3,i}\\ \widetilde{x}_{3,i}=d(t)-\hat{x}_{3,i}\end{cases} \tag{3-143}$$

式（3-141）可以被展开为

$$\begin{aligned}\dot{V}_{1,i}(t)&=-k_1\sec^2\left(\frac{\pi e_{1,i}^{\mathrm{T}}e_{1,i}}{2\varepsilon_b^2}\right)e_{1,i}^{\mathrm{T}}e_{1,i}+e_{2,i}^{\mathrm{T}}\left(\frac{1}{2}\dot{M}_p+k_1M_p-k_m\right)e_{2,i}-e_{2,i}^{\mathrm{T}}M_p(k_1^2e_{1,i}+\ddot{x}_{1,d})-\\&\quad k_e e_{2,i}^{\mathrm{T}}\mathrm{sgn}(e_{2,i})+e_{2,i}^{\mathrm{T}}[\varepsilon(u_N)+W^{*\mathrm{T}}\varphi(u_N)-\hat{W}^{\mathrm{T}}\varphi(u_N)+f_p-\hat{\delta}_i(t)\mathrm{sgn}(e_{2,i})]\end{aligned} \tag{3-144}$$

其次，考虑到 RBF 神经网络更新律式（3-135），$\dot{V}_{2,i}(t)$有

$$\dot{\tilde{W}}_i=\dot{W}^*-\dot{\hat{W}}=-\psi\varphi(u_N)e_{2,i}^{\mathrm{T}} \tag{3-145}$$

$$\begin{aligned}\dot{V}_{2,i}(t)&=\mathrm{tr}\{\tilde{W}_i^{\mathrm{T}}\psi^{-1}[-\psi\varphi(u_N)e_{2,i}^{\mathrm{T}}]\}\\&=-\mathrm{tr}[\tilde{W}_i^{\mathrm{T}}\varphi(u_N)e_{2,i}^{\mathrm{T}}]=-e_{2,i}^{\mathrm{T}}\tilde{W}_i^{\mathrm{T}}\varphi(u_N)\end{aligned} \tag{3-146}$$

最后得

$$\begin{aligned}\dot{V}_{3,i}(t)&=\frac{1}{2}\varsigma_i^{\mathrm{T}}\dot{P}\varsigma_i+\left[k_0A\varsigma_i+\frac{D(t)}{k_0^2}\right]^{\mathrm{T}}P\varsigma_i+\varsigma_i^{\mathrm{T}}P\left[k_0A\varsigma_i+\frac{D(t)}{k_0^2}\right]\\&=\frac{1}{2}\varsigma_i^{\mathrm{T}}\dot{P}\varsigma_i+\frac{1}{2}k_0\varsigma_i^{\mathrm{T}}(A^{\mathrm{T}}P+PA)\varsigma_i+\frac{D(t)^{\mathrm{T}}}{k_0^2}P\varsigma_i\\&=-\frac{1}{2}\varsigma_i^{\mathrm{T}}(k_0-\dot{P})\varsigma_i+\frac{D(t)^{\mathrm{T}}}{k_0^2}P\varsigma_i\end{aligned} \tag{3-147}$$

因此$\dot{V}_{1,t}(t)$、$\dot{V}_{2,t}(t)$、$\dot{V}_{3,t}(t)$求和化简可得

$$\begin{aligned}&\dot{V}_{1,i}(t)+\dot{V}_{2,i}(t)+\dot{V}_{3,i}(t)=-k_1\sec^2\left(\frac{\pi e_{1,i}^{\mathrm{T}}e_{1,i}}{2\varepsilon_b^2}\right)e_{1,i}^{\mathrm{T}}e_{1,i}+e_{2,i}^{\mathrm{T}}\left(\frac{1}{2}\dot{M}_p+k_1M_p-k_m\right)e_{2,i}+\\&e_{2,i}^{\mathrm{T}}(\varepsilon(u_N)+W^{*\mathrm{T}}\varphi(u_N)-\hat{W}^{\mathrm{T}}\varphi(u_N)+f_p-\hat{\delta}_i(t)\mathrm{sgn}(e_{2,i})-k_e\mathrm{sgn}(e_{2,i}))-\\&e_{2,i}^{\mathrm{T}}\tilde{W}_i^{\mathrm{T}}\varphi(u_N)-\frac{1}{2}\varsigma_i^{\mathrm{T}}(k_0-\dot{P})\varsigma_i+\frac{D(t)^{\mathrm{T}}}{k_0^2}P\varsigma_i-e_{2,i}^{\mathrm{T}}M_p(k_1^2e_{1,i}+\ddot{x}_{1,d})\end{aligned} \tag{3-148}$$

注意到$\tilde{W}^{\mathrm{T}}=W^{*t\mathrm{T}}-\hat{W}^{\mathrm{T}}$和$\|\varepsilon(u_N)\|<\varepsilon_N$，以及假设3-9中$\|D(t)\|<\varepsilon_d$和$\|f_p\|<\delta$，可以得到$f_pe_{2,i}^{\mathrm{T}}\leqslant\delta e_{2,i}^{\mathrm{T}}\mathrm{sgn}(e_{2,i})$。利用下列杨氏不等式有

$$\begin{cases}k_1^2e_{2,i}^{\mathrm{T}}M_pe_{1,i}\leqslant\dfrac{M_p^{\mathrm{T}}M_p}{2}e_{2,i}^{\mathrm{T}}e_{2,i}+\dfrac{k_1^4}{2}e_{1,i}^{\mathrm{T}}e_{1,i}\\e_{2,i}^{\mathrm{T}}M_p\ddot{x}_{1,d}\leqslant\dfrac{M_p^{\mathrm{T}}M_p}{2}e_{2,i}^{\mathrm{T}}e_{2,i}+\dfrac{1}{2}\ddot{x}_{1,d}^{\mathrm{T}}\ddot{x}_{1,d}\\\dfrac{D(t)^{\mathrm{T}}}{k_0^2}P\varsigma_i\leqslant\dfrac{\varepsilon_d}{2k_0^2}(\varsigma_i^{\mathrm{T}}\zeta_i+P^{\mathrm{T}}P)\end{cases} \tag{3-149}$$

因此式（3-148）可以被简化为

$$\begin{aligned}&\dot{V}_{1,i}(t)+\dot{V}_{2,i}(t)+\dot{V}_{3,i}(t)\leqslant[\delta-\hat{\delta}_i(t)]e_{2,i}^{\mathrm{T}}\mathrm{sgn}(e_{2,i})-\frac{1}{2}\ddot{x}_{1,d}^{\mathrm{T}}\ddot{x}_{1,d}-\\&k_1\left[\sec^2\left(\frac{\pi e_{1,i}^{\mathrm{T}}e_{1,i}}{2\varepsilon_b^2}\right)e_{1,i}^{\mathrm{T}}e_{1,i}+\frac{k_1^3}{2}\right]e_{1,i}^{\mathrm{T}}e_{1,i}-\left(k_m-\frac{1}{2}\dot{M}_p-k_1M_p+M_p^{\mathrm{T}}M_p\right)e_{2,i}^{\mathrm{T}}e_{2,i}+\\&e_{2,i}^{\mathrm{T}}[\varepsilon_N-k_e\mathrm{sgn}(e_{2,i})]-\frac{1}{2}\left(k_0-\frac{\varepsilon_d}{k_0^2}-\dot{P}\right)\varsigma_i^{\mathrm{T}}\varsigma_i+\frac{\varepsilon_d}{2k_0^2}P^{\mathrm{T}}P\end{aligned} \tag{3-150}$$

将上式代入 BLF 方程式（3-137）得

$$\Delta N_i(T) \leqslant -V_{1,i-1}(t) - V_{2,i-1}(t) - V_{3,i-1}(t) - \frac{1}{2}\int_0^T (\Gamma^{-1}\bar{\delta}_i^2(\tau) + \ddot{x}_{1,d}^{\mathrm{T}}\ddot{x}_{1,d})\mathrm{d}\tau - \int_0^T (\eta_1 e_{1,i}^{\mathrm{T}} e_{1,i} + \eta_2 e_{2,i}^{\mathrm{T}} e_{2,i})\mathrm{d}\tau - \int_0^T (k_e - \varepsilon_N)\|e_{2,i}\|\mathrm{d}\tau - \int_0^T \left(\eta_3 \varsigma_i^{\mathrm{T}}\varsigma_i - \frac{\varepsilon_d}{2k_0^2}P^{\mathrm{T}}P\right)\mathrm{d}\tau \tag{3-151}$$

其中，$f_p - \hat{\delta} \leqslant \delta - \hat{\delta} = \tilde{\delta}$，$\eta_1$、$\eta_2$、$\eta_3$ 表示如下

$$\begin{cases} \eta_1 = k_1\left[\sec^2\left(\dfrac{\pi e_{1,i}^{\mathrm{T}} e_{1,i}}{2\varepsilon_b^2}\right)e_{1,i}^{\mathrm{T}} e_{1,i} + \dfrac{k_1^3}{2}\right] \\ \eta_2 = k_m - \dfrac{1}{2}\lambda_{\max}(\dot{M}_p) - k_1\lambda_{\max}(M_p) + \lambda_{\min}(M_p^{\mathrm{T}} M_p) \\ \eta_3 = \dfrac{1}{2}\left[k_0 - \dfrac{\varepsilon_d}{k_0^2} - \lambda_{\max}(\dot{P})\right] \end{cases} \tag{3-152}$$

式中，$\lambda_{\max}(\cdot)$、$\lambda_{\min}(\cdot)$分别是矩阵的最大和最小特征值。同时，以下不等式恒成立

$$\begin{cases} e_{2,i}^{\mathrm{T}}\varepsilon(u_N) \leqslant \varepsilon_N \|e_{2,i}\| \\ k_e e_{2,i}^{\mathrm{T}}\mathrm{sgn}(e_{2,i}) \leqslant k_e \|e_{2,i}\| \end{cases} \tag{3-153}$$

选择合适的正参数 ε_d 和正定矩阵 P，可以使 $\eta_3\varsigma_i^{\mathrm{T}}\varsigma_i - \dfrac{\varepsilon_d}{2k_0^2}P^{\mathrm{T}}P > 0$，并且由于假设3-10 和性质3-6 可知，系统惯性矩阵和其导数 M_p、$\dot{M}_p$ 均有界，则可以轻易找 k_m 出使得 $\eta_2 > 0$，注意到 $k_e > \varepsilon_N$，意味着 $\Delta N_i(t) < 0$，则证明了 BLF 函数 $N_i(t)$ 沿迭代轴为非增序列。

第二部分：$N_0(t)$的有界性和连续性

由于 $N_{-1}(t) = 0$，根据式（3-151）可得

$$\dot{N}_0(t) \leqslant -\frac{1}{2}[\Gamma^{-1}\bar{\delta}_0^2(t) + \ddot{x}_{1,d}^{\mathrm{T}}\ddot{x}_{1,d}] - (\eta_1 e_{1,0}^{\mathrm{T}} e_{1,0} + \eta_2 e_{2,0}^{\mathrm{T}} e_{2,0}) - (k_e - \varepsilon_N)\|e_{2,0}\| - \left(\eta_3 \varsigma_0^{\mathrm{T}}\varsigma_0 - \frac{\varepsilon_d}{2k_0^2}P^{\mathrm{T}}P\right) \tag{3-154}$$

由于参考轨迹存在，那么其二阶时间导数 $\ddot{x}_{1,d}$有界，即存在正常数 Θ_{xd}使得

$$\|\ddot{x}_{1,d}^{\mathrm{T}}\| \cdot \|\ddot{x}_{1,d}\| \leqslant \Theta_{xd}^2 \tag{3-155}$$

η_1、η_2、η_3 的大小与控制器参数和系统内部惯性矩阵相关，而这些参数都是有界的，那么也存在正常数 $\Theta_{\eta 1}$、$\Theta_{\eta 2}$、$\Theta_{\eta 3}$使得

$$\Theta_{\eta 1} \geqslant \eta_1,\ \Theta_{\eta 2} \geqslant \eta_2,\ \Theta_{\eta 3} \geqslant \eta_3 \tag{3-156}$$

因此，$\dot{N}_0(t)$有界，$N_0(t)$有界连续。

第三部分：系统跟踪位置误差和速度误差，$e_{1,i}$，$e_{2,i}$的收敛性

重写 $N_i(t)$ 为求和形式有

$$N_i(t) = N_0(t) + \sum_{k=1}^{i} \Delta N_k(t) \tag{3-157}$$

将式（3-151）代入上式，得

$$N_i(t) \leqslant N_0(t) - \sum_{k=1}^{i} \int_0^t (\eta_1 e_{1,k}^{\mathrm{T}} e_{1,k} + \eta_2 e_{2,k}^{\mathrm{T}} e_{2,k}) \mathrm{d}\tau \tag{3-158}$$

移项得

$$\sum_{k=1}^{i} \int_0^t (\eta_1 e_{1,k}^{\mathrm{T}} e_{1,k} + \eta_2 e_{2,k}^{\mathrm{T}} e_{2,k}) \mathrm{d}\tau \leqslant N_0(t) - N_i(t) \leqslant N_0(t) \tag{3-159}$$

前面证明了 $N_0(t)$ 的连续性和有界性，那么当迭代次数 i 趋近于无穷时，有

$$\lim_{i\to\infty} e_{1,i} = \lim_{i\to\infty} e_{2,i} = 0,\ t \in [0,T] \tag{3-160}$$

至此定理3-3证明完毕。

3.4.4 仿真研究

本节通过在一个双关节外骨骼模型上进行仿真实验来验证所提方法的有效性。仿真软件使用的是MATLAB R2021b版本的Simulink模块，在Windows 10系统上运行，CPU使用英特尔i5系列。系统的重复部分内部惯性矩阵、科里奥利力和惯性力矩阵以及重力矩阵给定如下：

$$M_p(q) = \begin{bmatrix} M_{11} & M_{12} \\ M_{21} & M_{22} \end{bmatrix},\ C_p(q,\dot{q}) = \begin{bmatrix} C_{11} & C_{12} \\ C_{21} & C_{22} \end{bmatrix},\ G_p(q) = \begin{bmatrix} G_{11} \\ G_{12} \end{bmatrix} \tag{3-161}$$

内部各元素详细如下

$$\begin{cases} M_{11} = m_1 d_1^2 + m_2 l_1^2 + m_2 d_2^2 + 2m_2 l_1 d_2 \cos q_2 \\ M_{12} = -m_2 d_2^2 - m_2 l_1 d_2 \cos q_2 \\ M_{21} = M_{12} \\ M_{22} = m_2 d_2^2 \\ C_{11} = -m_2 l_1 d_2 \dot{q}_2 \sin q_2 \\ C_{12} = m_2 l_1 d_2 \dot{q}_2 \sin q_2 \\ C_{21} = m_2 l_1 d_2 \dot{q}_1 \sin q_2 \\ C_{22} = 0 \\ G_{11} = -m_1 g d_1 \sin q_1 - m_2 g [l_1 \sin q_1 + d_2 \sin(q_1 - q_2)] \\ G_{12} = m_2 g d_2 \sin(q_1 - q_2) \end{cases} \tag{3-162}$$

为接近真实的下肢外骨骼系统，取系统参数 $m_1 = 18.5\text{kg}$，$m_2 = 8.5\text{kg}$，$l_1 = 0.6\text{m}$，$l_2 = 0.36\text{m}$，$d_1 = 0.35\text{m}$，$d_2 = 0.2\text{m}$，$g = 9.81\text{m/s}^2$。控制器参数 $k_m = 20eye(2)$，$k_e = 4eye(2)$，$\varepsilon_b = 1$，$\Gamma = 30$，$a = 500$，$b = 10$，$k_0 = 10$，$\psi = 500$。仿真周期为1s。由于系统非重复部分模型为未知的，因此选择为

$$f_n = 0.2\text{rand}(1)[M_p(q)\ddot{q} + C_p(q,\dot{q})\dot{q} + G_p(q)] \tag{3-163}$$

时变未知大扰动设置为

$$d(t)=\begin{bmatrix}200\\200\end{bmatrix}\mathrm{rand}(1)\sin(t) \tag{3-164}$$

其中 rand(1)为随机函数，用于模拟未知非重复量。迭代学习参考跟踪轨迹设置为

$$\begin{cases}x_{1d}=\sin(2\pi t) \quad \mathrm{rad}\\x_{2d}=\cos(2\pi t) \quad \mathrm{rad}\end{cases} \tag{3-165}$$

下面的图片展示了 20 次迭代学习仿真实验的结果。图 3-15 为第 1 次迭代的跟踪曲线，图 3-16 为最后一次迭代的跟踪曲线，其中 x 轴和 y 轴分别代表运行时间和关节角度，实线、虚线分别表示关节、关节的轨迹，红线代表两个关节的期望跟踪轨迹，蓝线为实际跟踪轨迹。图 3-17 为两个关节 20 次迭代的跟踪收敛图，其中黑色点划线即为输出位置约束上下边界，由于控制器没有先验信息，因此第 1 次迭代的最大误差比较大，但可以看出，当第 1 次迭代的跟踪曲线靠近约束边界时，约束器产生作用使得跟踪误差快速减小，从而保证跟踪曲线不会越界。图 3-18 为 20 次迭代的最大跟踪误差，可以看出，在系统在面临大扰动的干扰下，随着迭代学习的进行，最大跟踪误差减少得较快，并且在几个迭代周期内缩减到一个较小的值。以此可以得出，本章所提的控制器在面对未知大扰动以及无模型信息时，也能使系统有较好的动、静态性能并保证输出位置约束。

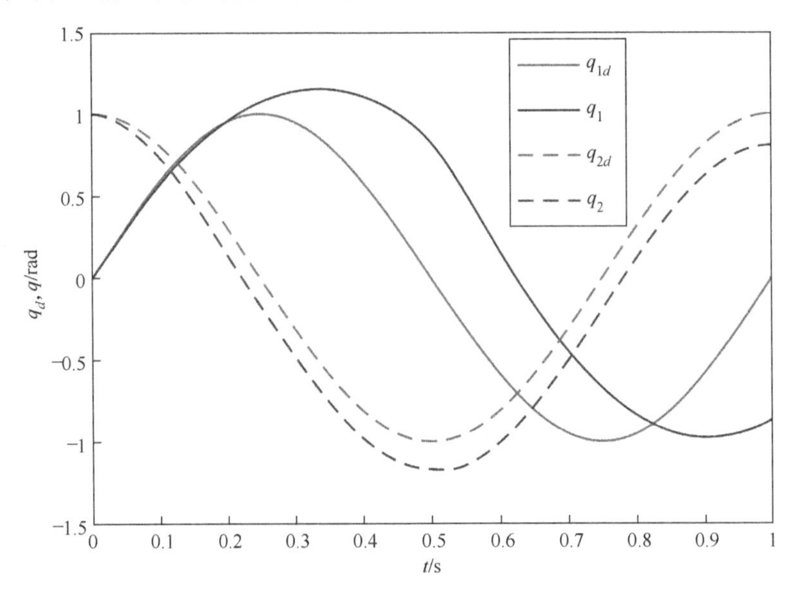

图 3-15　第 1 次迭代各关节轨迹跟踪图（彩图见彩插）

为了进一步测试本章控制器的有效性，设计无 ESO 的对照组控制器，该控制器在所提控制器的基础上去除 ESO 算法，其他所有参数保持不变，仿真结果由图 3-19和图 3-20 展示。可以看出，无 ESO 的对照组控制器依旧能保持系统稳定，

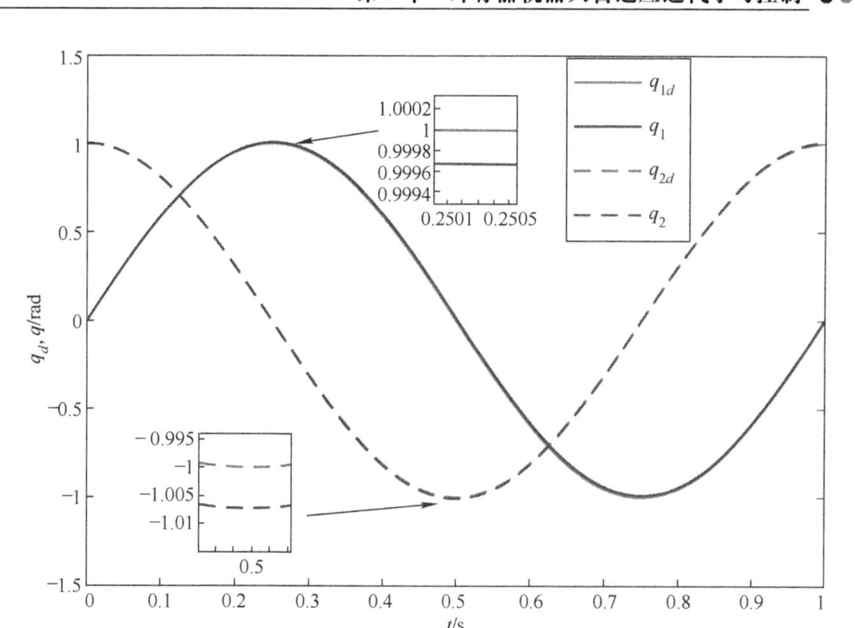

图3-16 第20次迭代各关节跟踪轨迹图（彩图见彩插）

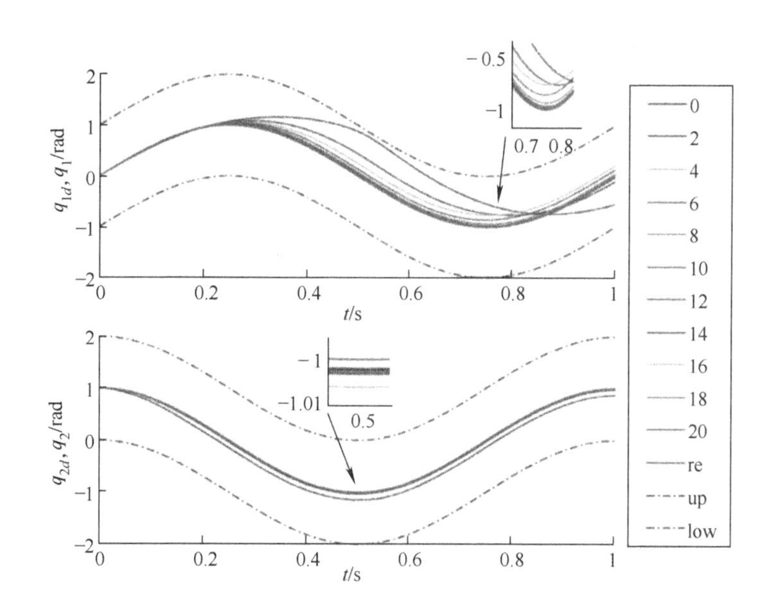

图3-17 20次迭代跟踪收敛过程（彩图见彩插）

但是对比图3-18与图3-20可以看出，所提控制器的系统最大误差收敛平滑，于第13次迭代稳定，而无ESO控制器的系统在第16次迭代趋于稳定，并且图3-20中最后一次迭代的最大跟踪误差为（0.0108，0.0071），略微大于图3-18的对应值（0.009，0.0045）。由此可以得出，系统在面对最大扰动幅值为200的未知大扰动时，ESO 能够迅速观测并补偿扰动对系统的影响，从而加快系统的收敛速度。

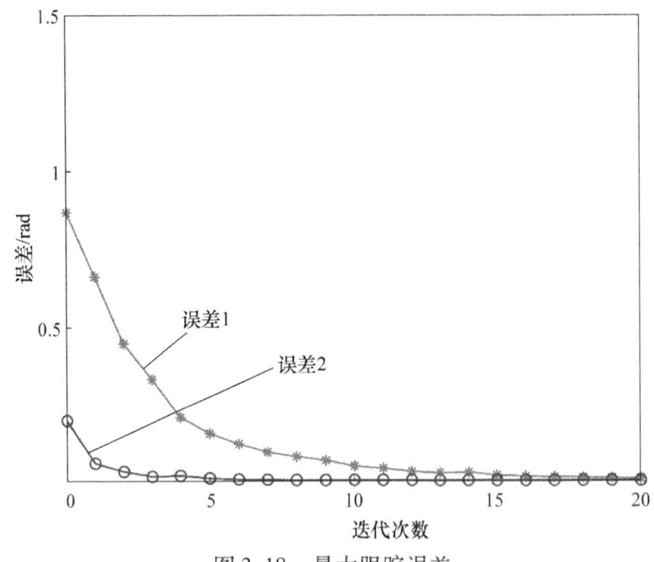

图 3-18　最大跟踪误差

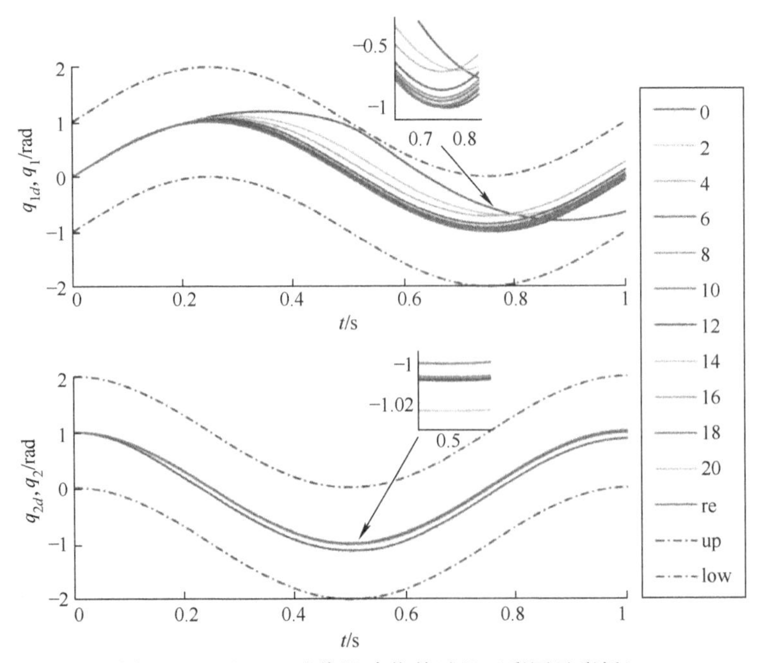

图 3-19　无 ESO 迭代跟踪收敛过程（彩图见彩插）

设置另一组无 RBF 神经网络的对照组来验证所提控制器中 RBF 神经网络对系统的影响，该组仿真中对照控制器在所提控制器的基础上去除 RBF 神经网络算法，其仿真结果在图 3-21 和图 3-22 中展示。对比图 3-18 与图 3-22，两个系统收敛速

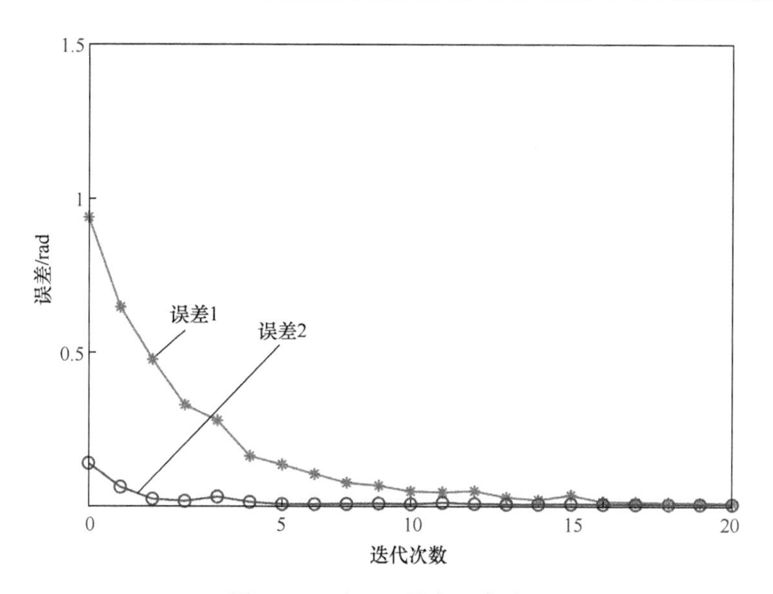

图 3-20　无 ESO 最大跟踪误差

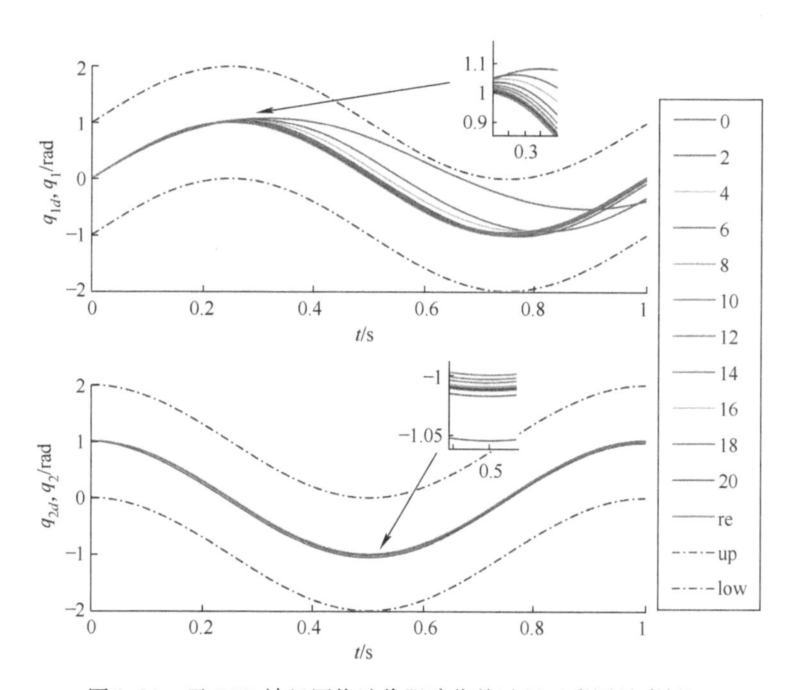

图 3-21　无 RBF 神经网络迭代跟踪收敛过程（彩图见彩插）

度相近，但在系统趋于稳定时，无 RBF 神经网络系统关节 1 和关节 2 的最大误差收敛为：0.01598rad、0.01493rad。此现象可能原因为 RBF 神经网络能精确逼近任意扰动，但是其逼近精度和覆盖范围与其中心向量密度和高斯基函数层数相关，因此当扰动变化较大时，超出了 RBF 神经网络的逼近范围，导致图 3-20 收敛速度较慢。

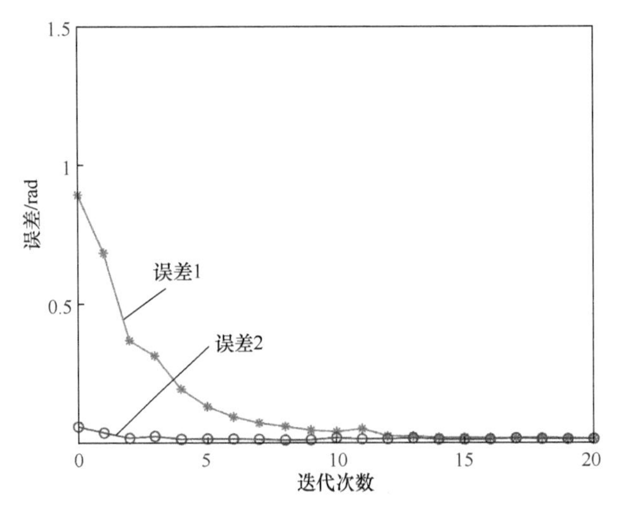

图 3-22　无 RBF 神经网络最大跟踪误差

3.4.5　小结

本部分设计了一种新型无模型控制器，用于康复外骨骼执行轨迹跟踪任务。为了安全起见，引入输出位置约束以保证跟踪误差始终处于安全范围内。考虑到系统的主要特点是可重复性，该控制器采用自适应迭代学习方法。RBF 神经网络对系统模型中残留的非重复模型部分和 ESO 的观测误差进行精确补偿，并引入 ESO 对未知大扰动进行快速抑制。对所提控制器和控制组的数值仿真结果表明了所提控制器在面对非重复不确定性和较大外部扰动时收敛速度较快且收敛精度较高。

3.5　外骨骼增强神经自适应迭代学习控制

3.5.1　引言

在外骨骼控制方面，前面的章节已经提出并测试了基于神经网络迭代学习位置约束控制、基于扩张状态观测器（ESO）的迭代学习控制（ILC）、不依赖模型的外骨骼自适应迭代学习控制。神经网络在前面小节中已有论述，但是在实际实现中，神经网络的训练可能只有在相当长的瞬态阶段之后才能达到令人满意的性能。这表明控制系统的瞬态响应可能较为迟缓。最近，本章参考文献［40］、［41］中提出了一种新的预设性能控制（Prescribed Performance Control，PPC）方法，其中瞬态和稳态响应都可以按照需要的性能指标设计，已经成功应用于伺服机构[42]和高阶非线性系统[43]。然而，基于 PPC 的方法在最坏情况下可能会引起潜在的奇异性问题，甚至导致控制系统不稳定[44]。值得注意的是，更好的控制性能会提高康复治疗的效率。因此，改善瞬态响应对于保证人体安全至关重要。

康复外骨骼是众多机器人控制系统之一，受到众多不确定因素影响，如外骨骼的未建模动态、人体与外骨骼之间的相互作用，以及额外的干扰。显然，外骨骼系统在康复治疗期间的运动具有重复性。因此，可以合理地将外骨骼系统的不确定性考虑为两部分，即周期性部分和非周期性部分。原则上，周期性部分主要是由穿戴者和外骨骼之间的相互作用引起的，而非周期性部分包括外骨骼的未建模动态以及与地面的摩擦力等额外干扰。

作为处理重复控制任务或具有周期特性的系统的有效学习型控制器[45]，重复学习控制（Repetitive Learning Control，RLC）已经被广泛应用于机器人[46]、磁盘驱动器[47]、钢铁铸造过程[48]、LED 光追踪[49]和功率逆变器[50]等领域。本部分旨在解决康复外骨骼的跟踪控制问题，依次设计了纯神经网络控制以及神经网络与 RLC 结合的复合控制器。在第一个控制器中，设计了神经网络来补偿所有周期和非周期的不确定性。采用组合误差因子，该因子由跟踪误差及其导数的加权和构成，通过改进的瞬态响应来增强人体安全性。在第二个控制器中，RLC 被引入到控制方案中，专门用于学习所涉及的周期不确定性。采用李雅普诺夫方法证明了所提出的两个控制器的稳定性。值得强调的是，尽管纯神经网络控制器可以同时处理周期性和非周期性的不确定性，但在康复治疗期间，若外骨骼运动的主要特点（即重复性）被完全忽视，跟踪性能可能会因此降低。在 RLC 和组合误差因子的作用下，所提出的控制方案的控制效果显著，具有卓越的瞬态性能。本节将通过对比仿真进行验证。

3.5.2　控制算法设计

n 连杆下肢外骨骼的动力学可以用方程描述为[36]

$$[M(\theta)+\overline{M}(\theta)]\ddot{\theta}+[C(\theta,\dot{\theta})+\overline{C}(\theta,\dot{\theta})]\dot{\theta}+G(\theta)+\overline{G}(\theta)=\tau+F(t)+\Delta(t,\theta,\dot{\theta},\ddot{\theta}) \tag{3-166}$$

式中，$\theta\in R^{n\times 1}$，$\dot{\theta}\triangleq \mathrm{d}\theta/\mathrm{d}t\in R^{n\times 1}$ 和 $\ddot{\theta}\triangleq \mathrm{d}^2\theta/\mathrm{d}t^2\in R^{n\times 1}$ 分别是广义坐标、速度和加速度的向量；$\tau\in R^{n\times 1}$ 是作用在外骨骼关节上的扭矩向量，也是外骨骼的实际控制输入；$M(\theta)\in R^{n\times n}$ 是一个正定对称的惯性标称矩阵；$C(\theta,\dot{\theta})\in R^{n\times n}$ 与离心和科里奥利标称项相关，而 $G(\theta)\in R^{n\times 1}$ 是重力标称项。$M(\theta)$、$C(\theta,\dot{\theta})$ 和 $G(\theta)$ 的详细表达式可以从本章参考文献［51］中查看。此外，$\overline{M}(\theta)$、$\overline{C}(\theta,\dot{\theta})$ 和 $\overline{G}(\theta)$ 分别代表了 $M(\theta)$、$C(\theta,\dot{\theta})$ 和 $G(\theta)$ 的未建模部分，$F(t)$ 表示穿戴者与外骨骼之间的相互作用，$\Delta(t,\theta,\dot{\theta},\ddot{\theta})$ 表示外部干扰和摩擦力。在考虑式（3-166）的控制器设计时，$\overline{M}(\theta)$、$\overline{C}(\theta,\dot{\theta})$、$\overline{G}(\theta)$、$F(t)$ 和 $\Delta(t,\theta,\dot{\theta},\ddot{\theta})$ 被视为系统的不确定性。系统式（3-166）具有以下性质[52]。

性质 3-7　惯性矩阵 $M(\theta)$ 是对称的且正定的，进一步有界：

$$\lambda_1\|x^2\|<x^{\mathrm{T}}M(\theta)x<\lambda_2\|x^2\|,\ \forall x,\theta\in R^n \tag{3-167}$$

式中，λ_1 和 λ_2 是正常数。

性质 3-8 离心力和科里奥利矩阵 $C(\theta,\dot{\theta})$ 以及惯性矩阵 $M(\theta)$ 的时间导数满足

$$x^{\mathrm{T}}[\dot{M}(\theta)-2C(\theta,\dot{\theta})]x=0,\ \forall x,\theta,\dot{\theta}\in R^n \tag{3-168}$$

性质 3-9 非周期性的不确定性 $\Delta(t,\theta,\dot{\theta},\ddot{\theta})$ 被 δ 所限制，即

$$\|\Delta\|<\delta \tag{3-169}$$

其中 $\delta>0$ 是已知的正常数。

康复外骨骼系统的控制任务可以总结如下：给定期望的训练轨迹 θ_d，控制目标是设计出有界的控制输入 τ，在系统模型面临不确定性和干扰条件下，使得外骨骼的输出轨迹 θ 可以尽可能地跟踪 θ_d。

在本节中，采用径向基函数（RBF）神经网络进行控制器设计。具有 n 个输入、k 个输出和 p 个隐藏单元的 RBF 神经网络可以表示为[53]

$$h_i(x)=g\left(-\frac{\|x-c_i\|^2}{2\sigma_i^2}\right) \tag{3-170}$$

$$y_i=\sum_{j=1}^{p}w_{ij}h_j,\ i=1,2,\cdots,k \tag{3-171}$$

式中，$x\in R$ 是神经网络的输入；$h_i(x)\in R$ 是第 i 个隐藏层的输出；$y_i\in R$ 是神经网络的第 i 个输出；$w_{ij}\in R$ 是第 j 个隐藏层连接到神经网络的第 i 个输出的权重；$c_i\in R^n$，$\sigma_i>0$ 是第 i 个单元的中心和宽度；连续函数 g：$[0,\infty)\rightarrow R$ 是激活函数，通常选择为高斯函数 $g(a)=e^{-a}$，使得

$$\hat{W}=\begin{bmatrix} w_{11} & w_{21} & \cdots & w_{k1}\\ w_{12} & w_{22} & \cdots & w_{k2}\\ \vdots & \vdots & \vdots & \vdots\\ w_{1p} & w_{2p} & \cdots & w_{kp}\end{bmatrix} \tag{3-172}$$

$$H(x)=\begin{bmatrix} h_1(x)\\ h_2(x)\\ \vdots\\ h_p(x)\end{bmatrix},\ Y=\begin{bmatrix} y_1\\ y_2\\ \vdots\\ y_p\end{bmatrix} \tag{3-173}$$

神经网络的近似可以用紧凑形式重写为

$$Y=\hat{W}^{\mathrm{T}}H(x) \tag{3-174}$$

由于其固有的逼近能力，RBF 神经网络被广泛用于近似未知的非线性关系。当待逼近的未知量，记为 $\Lambda(x):R^n\rightarrow R^k$，是分段连续的时候，以下假设被无条件地认为是成立的。

假设 3-12[54] 假设存在一个参数矩阵 $W^*\in R^{p\times k}$，称为最优逼近参数，使得 $W^{*\mathrm{T}}H(x)$ 尽可能地逼近系统的未知量，也就是说，给定任意小的正常数 ε_N，存在一个最优权重矩阵 W^*，使得逼近误差 $\varepsilon(x)\triangleq W^{*\mathrm{T}}H(x)-\Lambda(x):R^n\rightarrow R^k$ 满足

$$\|\varepsilon(x)\| = \|W^{*\mathrm{T}}H(x)-\Lambda(x)\| < \varepsilon_N \tag{3-175}$$

在式（3-166）中，由人类和外骨骼之间的交互引起的扰动 $F(t)\in R^n$ 通常是周期性的。当 RLC 被应用于学习 $F(t)$ 时，下面的引理将有助于收敛性分析。

引理 3-1[55]　使 $P(t)$、$\widetilde{P}(t)$、$\hat{P}(t)$、$f(t)\in R^n$，并假设以下关系成立

$$\begin{cases}P(t)=P(t-T)\\ \widetilde{P}(t)=P(t)-\hat{P}(t)\\ \hat{P}(t)=\hat{P}(t-T)+f(t)\end{cases} \tag{3-176}$$

那么 $\int_{t-T}^{t}\widetilde{P}(\mu)^{\mathrm{T}}\widetilde{P}(\mu)\mathrm{d}\mu$ 导数的右上角是

$$-2\widetilde{P}(t)^{\mathrm{T}}f(t)-f(t)^{\mathrm{T}}f(t) \tag{3-177}$$

证明　根据式（3-176）

$$\begin{aligned}&\widetilde{P}(t-T)^{\mathrm{T}}\widetilde{P}(t-T)\\ &=[P(t-T)-\hat{P}(t-T)]^{\mathrm{T}}[P(t-T)-\hat{P}(t-T)]\\ &=[P(t)-\hat{P}(t)+f(t)]^{\mathrm{T}}[P(t)-\hat{P}(t)+f(t)]\\ &=[\widetilde{P}(t)+f(t)]^{\mathrm{T}}[\widetilde{P}(t)+f(t)]\\ &=\widetilde{P}(t)^{\mathrm{T}}\widetilde{P}(t)+2\widetilde{P}(t)^{\mathrm{T}}f(t)+f(t)^{\mathrm{T}}f(t)\end{aligned}$$

将上述关系代入式（3-177）得

$$\begin{aligned}&\widetilde{P}(t)^{\mathrm{T}}\widetilde{P}(t)-\widetilde{P}(t-T)^{\mathrm{T}}\widetilde{P}(t-T)\\ &=-2\widetilde{P}(t)^{\mathrm{T}}f(t)-f(t)^{\mathrm{T}}f(t)\end{aligned}$$

证毕。

在本节中，将设计两种控制方案来解决康复下肢外骨骼的控制问题。第一个控制器是基于纯神经网络的，其中神经网络用于近似所有系统不确定性部分，包括周期性和非周期性的不确定性。第二个控制器结合了神经网络和 RLC 算法，其中附加的 RLC 部分被专门用来学习周期性的不确定性。

值得注意的是，康复外骨骼更好的控制性能意味着康复治疗的效率会更高，其中神经网络和 RLC 的学习速度和跟踪精度是主要关注点。为了便于控制器的设计和分析，首先引入了 CEF。

$$E(t)=k_1e(t)+k_2\dot{e}(t) \tag{3-178}$$

式中，$e(t)\triangleq\theta(t)-\theta_d(t)$，$\dot{e}(t)\triangleq\mathrm{d}e/\mathrm{d}t$ 且 k_1，$k_2>0$ 是组合误差的权重因子。

（1）基于神经网络与 CEF 的控制器设计

假设控制输入 τ 采用以下形式：

$$\tau=M(\theta)\ddot{\theta}_d+C(\theta,\dot{\theta})\dot{\theta}_d+G(\theta)+u \tag{3-179}$$

式中，u 是虚拟输入，将在稍后设计。将式（3-179）代入系统动力学式（3-166）得到

$$M(\theta)\ddot{e}(t)+C(\theta,\dot{\theta})\dot{e}(t)+\chi=u+F(t)+\Delta(t,\theta,\dot{\theta},\ddot{\theta}) \tag{3-180}$$

式中，$\chi(\theta,\dot{\theta},\ddot{\theta})\triangleq\overline{M}(\theta)\ddot{\theta}+\overline{C}(\theta,\dot{\theta})\dot{\theta}+\overline{G}(\theta)$ 是模型的动态不确定性。

基于 CEF-based 神经网络设计的控制器如下

$$u=-\frac{k_1}{k_2}M(\theta)\dot{e}(t)-\frac{k_1}{k_2}C(\theta,\dot{\theta})e(t)-\frac{E(t)}{k_2}-\frac{k_3E(t)}{\|E(t)\|}-\hat{W}^{\mathrm{T}}H(x) \tag{3-181}$$

式中，k_1，k_2 来自式（3-178），$k_3>\varepsilon_N$ 是一个鲁棒增益参数，限制了 $E(t)$ 符号的影响，并且 $x=[e^{\mathrm{T}},\dot{e}^{\mathrm{T}},\ddot{e}^{\mathrm{T}}]^{\mathrm{T}}$。神经网络的更新律如下：

$$\dot{\hat{W}}=\Psi H(x)E^{\mathrm{T}}(t) \tag{3-182}$$

式中，Ψ 是一个预先指定的正定对角矩阵，且 $W^{*\mathrm{T}}H(x)$ 被用于近似

$$W^{*\mathrm{T}}H(x)\triangleq F(t)+\Delta(t,\theta,\dot{\theta},\ddot{\theta})-\chi-\varepsilon(x) \tag{3-183}$$

式中，$W^{*\mathrm{T}}$ 是理想神经网络的权值；$\varepsilon(x)$ 是神经网络的近似估计。

（2）具备重复学习的增强神经网络控制器设计

不失一般性，假设穿戴者和外骨骼之间的相互作用 $F(t)$ 在时间上是周期性的，即存在一个常数 $T>0$，使得

$$F(t)=F(t-T) \tag{3-184}$$

系统式（3-166）的剩余部分不确定性，即 $\Delta(t,\theta,\dot{\theta},\ddot{\theta})$ 和 $\chi(\theta,\dot{\theta},\ddot{\theta})$，被视为是非周期性的，这个部分将像前面的部分一样由纯神经网络进行补偿。

新提出的将神经网络和 RLC 结合的控制器如下所示。

$$u=-\frac{k_1}{k_2}M(\theta)\dot{e}(t)-\frac{k_1}{k_2}C(\theta,\dot{\theta})e(t)-\frac{E(t)}{k_2}-\frac{k_3E(t)}{\|E(t)\|}-\hat{W}^{\mathrm{T}}H(x)-\hat{F}(t) \tag{3-185}$$

$\hat{W}$ 的更新律同式（3-182），$F(t)$ 的更新律为

$$\begin{cases}\hat{F}(t)=\hat{F}(t-T)+k_4E(t), & t>0\\ \hat{F}(t)=0, & \forall t\in[-T,0]\end{cases} \tag{3-186}$$

式中，$k_4>0$ 是重复学习增益。理想情况下，在式（3-185）中，$\hat{W}^{\mathrm{T}}H(x)$ 被用来近似 $W^{*\mathrm{T}}H(x)\triangleq\Delta(t,\theta,\dot{\theta},\ddot{\theta})-\chi-\varepsilon(x)$，而 $\hat{F}(t)$ 则是对 $F(t)$ 的估计。

3.5.3 稳定性分析

（1）基于神经网络与 CEF 的控制器稳定性分析

定理 3-4 对于满足性质 3-7 至性质 3-9 和假设 3-12 的外骨骼动力学式（3-166），当应用所提出的神经网络控制律［见式（3-179）、式（3-181）和式（3-182）］时，CEF $E(t)$ 将渐近收敛到零，并且闭环系统的所有信号都是有界的。

证明 考虑李雅普诺夫函数

$$V(t)=V_1(t)+V_2(t) \tag{3-187}$$

$$V_1(t)=E^{\mathrm{T}}(t)M(\theta)E(t) \tag{3-188}$$

$$V_2(t)=k_2\mathrm{tr}[\widetilde{W}^{\mathrm{T}}(t)\Psi^{-1}\widetilde{W}(t)] \tag{3-189}$$

其中 $\widetilde{W}\triangleq W^*-\hat{W}$。时间 $V(t)$ 的导数为

$$\dot{V}(t)=\dot{V}_1(t)+\dot{V}_2(t) \tag{3-190}$$

$$\dot{V}_1(t)=2E^{\mathrm{T}}(t)M(\theta)\dot{E}(t)+E^{\mathrm{T}}(t)\dot{M}(\theta)E(t) \tag{3-191}$$

$$\dot{V}_2(t)=2k_2\mathrm{tr}[\widetilde{W}^{\mathrm{T}}\Psi^{-1}\dot{\widetilde{W}}] \tag{3-192}$$

首先对于 $\dot{V}_1(t)$，注意到

$$\begin{aligned}M(\theta)\dot{E}(t)&=M(\theta)[k_1\dot{e}(t)+k_2\ddot{e}(t)]\\&=k_1M(\theta)\dot{e}(t)+k_2M(\theta)\ddot{e}(t)\\&=k_1M(\theta)\dot{e}(t)+k_2[u+F(t)+\Delta(t)-\chi-C(\theta,\dot{\theta})\dot{e}(t)]\\&=k_1M(\theta)\dot{e}(t)+k_2[u+F(t)+\Delta(t)-\chi-C(\theta,\dot{\theta})\frac{E(t)-k_1e(t)}{k_2}]\\&=k_1M(\theta)\dot{e}(t)+k_2[u+F(t)+\Delta(t)-\chi]+k_1C(\theta,\dot{\theta})e(t)-C(\theta,\dot{\theta})E(t)\end{aligned} \tag{3-193}$$

将式（3-193）代入式（3-191）得到

$$\begin{aligned}\dot{V}_1(t)=&2E^{\mathrm{T}}(t)\{k_1M(\theta)\dot{e}(t)+k_2[u+F(t)+\Delta(t)-\chi]+\\&k_1C(\theta,\dot{\theta})e(t)-C(\theta,\dot{\theta})E(t)\}+E^{\mathrm{T}}(t)\dot{M}(\theta)E(t)\\=&2E^{\mathrm{T}}(t)\{k_1M(\theta)\dot{e}(t)+k_2[u+F(t)+\Delta(t)-\chi]+\\&k_1C(\theta,\dot{\theta})e(t)\}-2E^{\mathrm{T}}(t)C(\theta,\dot{\theta})E(t)+\\&E^{\mathrm{T}}(t)\dot{M}(\theta)E(t)\\=&2E^{\mathrm{T}}(t)\{k_1M(\theta)\dot{e}(t)+k_2[u+F(t)+\Delta(t)-\chi]+k_1C(\theta,\dot{\theta})e(t)\}+\\&E^{\mathrm{T}}(t)[\dot{M}(\theta)-2C(\theta,\dot{\theta})]E(t)\end{aligned} \tag{3-194}$$

根据性质 3-8，式（3-194）可以进一步简化

$$\begin{aligned}\dot{V}_1(t)&=2E^{\mathrm{T}}(t)\{k_1M(\theta)\dot{e}(t)+k_2[u+F(t)+\Delta(t)-\chi]+k_1C(\theta,\dot{\theta})e(t)\}\\&=2k_1E^{\mathrm{T}}(t)M(\theta)\dot{e}(t)+2k_1E^{\mathrm{T}}(t)C(\theta,\dot{\theta})e(t)+2k_2E^{\mathrm{T}}(t)[u+F(t)+\Delta(t)-\chi]\end{aligned} \tag{3-195}$$

然后对于 $\dot{V}_2(t)$，考虑神经网络的更新律

$$\dot{\widetilde{W}}=\dot{W}^*-\dot{\hat{W}}=-\dot{\hat{W}}=-\Psi H(x)E^{\mathrm{T}}(t) \tag{3-196}$$

结合式（3-192）和式（3-196），得到

$$\begin{aligned}\dot{V}_2(t)&=2k_2\mathrm{tr}\{\widetilde{W}^{\mathrm{T}}\Psi^{-1}[-\Psi H(x)E^{\mathrm{T}}(t)]\}\\&=-2k_2\mathrm{tr}[\widetilde{W}^{\mathrm{T}}H(x)E^{\mathrm{T}}(t)]\end{aligned} \tag{3-197}$$

根据本章参考文献［51］

$$\mathrm{tr}[\widetilde{W}^{\mathrm{T}}H(x)E^{\mathrm{T}}(t)]=E^{\mathrm{T}}(t)\widetilde{W}^{\mathrm{T}}H(x) \tag{3-198}$$

由此得出

$$\dot{V}_2(t)=-2k_2E^{\mathrm{T}}(t)\widetilde{W}^{\mathrm{T}}H(x) \tag{3-199}$$

之后，结合式（3-190）、式（3-195）、式（3-199）得到

$$\begin{aligned}\dot{V}(t)=&2k_1E^{\mathrm{T}}(t)M(\theta)\dot{e}(t)+2k_1E^{\mathrm{T}}(t)C(\theta,\dot{\theta})e(t)+\\&2k_2E^{\mathrm{T}}(t)[u+F(t)+\Delta(t)-\chi]-2k_2E^{\mathrm{T}}(t)\widetilde{W}^{\mathrm{T}}H(x)\end{aligned}\tag{3-200}$$

由式（3-183）有

$$F(t)+\Delta(t,\theta,\dot{\theta},\ddot{\theta})-\chi=W^{*\mathrm{T}}H(x)+\varepsilon(x)\tag{3-201}$$

将式（3-201）和神经网络控制律式（3-181）代入式（3-200）得到

$$\begin{aligned}\dot{V}(t)=&-2E^{\mathrm{T}}(t)E(t)-2k_2k_3\|E(t)\|+\\&2k_2E^{\mathrm{T}}(t)[W^{*\mathrm{T}}H(x)+\varepsilon(x)-\hat{W}^{\mathrm{T}}H(x)]-2k_2E^{\mathrm{T}}(t)\widetilde{W}^{\mathrm{T}}H(x)\\=&-2E^{\mathrm{T}}(t)E(t)-2k_2k_3\|E(t)\|+2k_2E^{\mathrm{T}}(t)[\widetilde{W}^{\mathrm{T}}H(x)+\varepsilon(x)]-\\&2k_2E^{\mathrm{T}}(t)\widetilde{W}^{\mathrm{T}}H(x)\\=&-2E^{\mathrm{T}}(t)E(t)-2k_2k_3\|E(t)\|+2k_2E^{\mathrm{T}}(t)\varepsilon(x)\end{aligned}\tag{3-202}$$

进一步，利用施瓦茨不等式

$$E^{\mathrm{T}}(t)\varepsilon(x)\leqslant\|E(t)\|\cdot\|\varepsilon(x)\|\tag{3-203}$$

$$\begin{aligned}\dot{V}(t)\leqslant&-2E^{\mathrm{T}}(t)E(t)-2k_2k_3\|E(t)\|+2k_2\|E(t)\|\ \|\varepsilon(x)\|\\<&-2E^{\mathrm{T}}(t)E(t)-2k_2\|E(t)\|(k_3-\varepsilon_N)\end{aligned}\tag{3-204}$$

上式的推导使用了条件［见式（3-175）］。通过选取 k_3 使 $k_3-\varepsilon_N>0$，$\dot{V}(t)<-2E^{\mathrm{T}}(t)E(t)$ 从而得出 CEF $E(t)$ 将渐近收敛到零。

将式（3-204）的两边积分得到

$$V(t)-V(0)<-2\int_0^t[E^{\mathrm{T}}(t)E(t)]\mathrm{d}u\leqslant 0\tag{3-205}$$

因此，$V(t)$ 是有界的，这意味着 $E(t)$ 是有界的，而由于 W^* 是常数，$\hat{W}$ 也是有界的。因此，$e(t)$ 和 $\dot{e}(t)$ 是有界的。考虑到 θ_d 和 $\dot{\theta}_d$ 的有界性，广义坐标 θ_d 和速度 $\dot{\theta}_d$ 也是有界的。因此，结合 $\ddot{\theta}_d$ 的有界性和 RBF $H(x)$ 的有界性，我们可以从式（3-179）和式（3-181）中看出控制力矩 τ 是有界的。根据外骨骼动力学方程式（3-166），显而易见 $\ddot{\theta}$ 是有界的。最后，$\ddot{e}(t)$ 是有界的，因此 $x=[e^{\mathrm{T}},\dot{e}^{\mathrm{T}},\ddot{e}^{\mathrm{T}}]^{\mathrm{T}}$ 也是有界的。总之，闭环系统中涉及的所有信号都是有界的。定理 3-4 证毕。

备注 3-1　由式（3-178），可以得出

$$\dot{e}=\frac{E(t)}{k_2}-\frac{k_1}{k_2}e\tag{3-206}$$

其中，k_1，$k_2>0$。显然，对于给定的 $E(t)$，跟踪误差 e 的动态是线性稳定的。因此，一旦组合误差 $E(t)$ 收敛到零，e 及其导数将渐近收敛到零。此外，瞬态性能与比值 k_1/k_2 高度相关。定性分析，较大的 k_1 或较小的 k_2 会产生更好的瞬态性能。

尽管神经网络可以通过 Stone-Weierstrass 逼近定理[56] 近似任意有界连续函数，但其近似性能始终取决于对神经元参数的调节。一方面，外骨骼系统在康复治疗过程中具有重复运动的特点。因此，可以合理地将外骨骼系统的不确定性分为两部

分，即周期性/重复性部分和非周期性/非重复性部分。本节在设计外骨骼的神经网络控制器时，充分考虑了这一特性。另一方面，RLC 是处理重复控制任务或具有周期性特征的系统的有效控制方案。在本节中，外骨骼系统［见式（3-166）］的神经网络控制的效果将通过增加重复学习进行提升，进一步提高康复外骨骼的跟踪精度。此外，借助 CEF 的帮助，也可以保证显著的瞬态性能。图 3-23 展示了通过增加 RLC 进行增强的神经网络的控制策略。

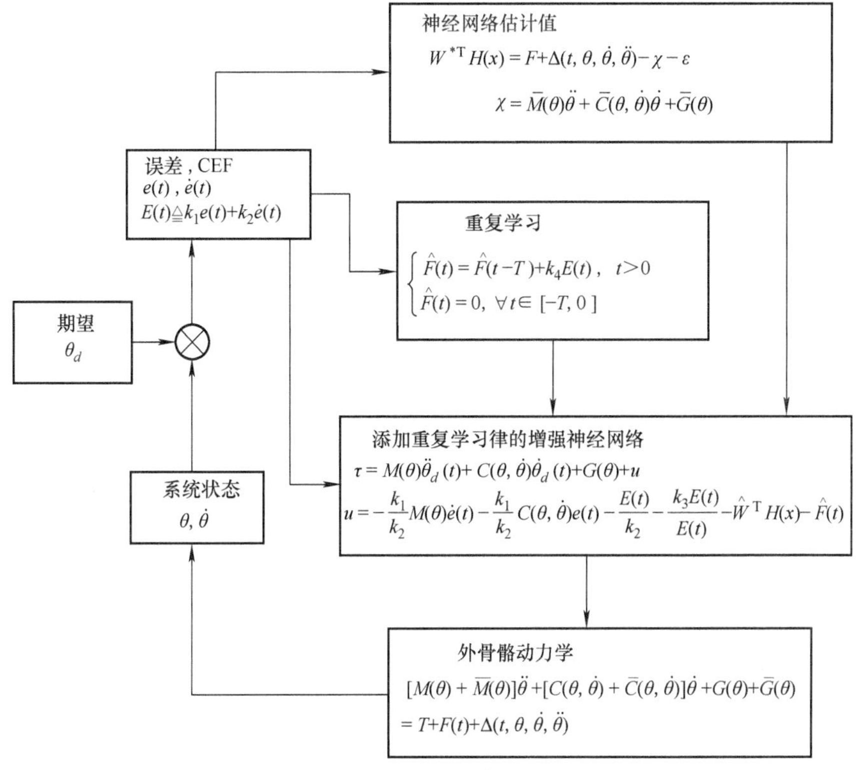

图 3-23　增加 RLC 的增强神经网络控制策略

（2）具备重复学习的增强神经网络控制器的稳定性分析

定理 3-5　对于满足性质 3-7 ~ 性质 3-9 和假设 3-12 的外骨骼动力学公式（3-166），当采用增强的神经网络控制律［见式（3-179）、式（3-185）、式（3-182）］，以及 RLC 律［见式（3-186）］时，跟踪误差 $e(t)$ 将渐近收敛到零，且闭环系统的所有信号都是有界的。

证明　使

$$\tilde{F}(t) \triangleq F(t) - \hat{F}(t) \tag{3-207}$$

引入李雅普诺夫函数

$$V(t) = V_1(t) + V_2(t) + V_3(t) \tag{3-208}$$

其中，V_1 和 V_2 分别在式（3-188）和式（3-189）中定义

$$V_3(t) = \frac{k_2}{k_4}\int_{t-T}^{t}\widetilde{F}^{\mathrm{T}}(\mu)\widetilde{F}(\mu)\mathrm{d}\mu \tag{3-209}$$

首先处理 $V_1(t)$ 和 $V_2(t)$ 的变化。和式（3-200）一样

$$\begin{aligned}\dot{V}_1(t)+\dot{V}_2(t) = & 2k_1E^{\mathrm{T}}(t)M(\theta)\dot{e}(t)+2k_1E^{\mathrm{T}}(t)C(\theta,\dot{\theta})e(t)+\\ & 2k_2E^{\mathrm{T}}(t)[u+F(t)+\Delta(t)-\chi]-2k_2E^{\mathrm{T}}(t)\widetilde{W}^{\mathrm{T}}H(x)\end{aligned} \tag{3-210}$$

将虚拟控制律式（3-185）代入式（3-210）中

$$\begin{aligned}\dot{V}_1(t)+\dot{V}_2(t) = & -2E^{\mathrm{T}}(t)E(t)-2k_2k_3\|E(t)\|+\\ & 2k_2E^{\mathrm{T}}(t)[W^{*\mathrm{T}}H(x)+\varepsilon(x)-\hat{W}^{\mathrm{T}}H(x)+F(t)-\hat{F}(t)]-\\ & 2k_2E^{\mathrm{T}}(t)\widetilde{W}^{\mathrm{T}}H(x)\\ = & -2E^{\mathrm{T}}(t)E(t)-2k_2k_3\|E(t)\|+2k_2E^{\mathrm{T}}(t)[\widetilde{W}^{\mathrm{T}}H(x)+\varepsilon(x)+\widetilde{F}(t)]-\\ & 2k_2E^{\mathrm{T}}(t)\widetilde{W}^{\mathrm{T}}H(x)\\ = & -2E^{\mathrm{T}}(t)E(t)-2k_2k_3\|E(t)\|+2k_2E^{\mathrm{T}}(t)\varepsilon(x)+2k_2E^{\mathrm{T}}(t)\widetilde{F}(t)\end{aligned} \tag{3-211}$$

然后考虑 $V_3(t)$ 关于时间的导数

$$\dot{V}_3(t) = \frac{k_2}{k_4}[\widetilde{F}^{\mathrm{T}}(t)\widetilde{F}(t)-\widetilde{F}^{\mathrm{T}}(t-T)\widetilde{F}(t-T)] \tag{3-212}$$

根据引理 3-1 和式（3-186），可得

$$\begin{aligned}\dot{V}_3(t) &= \frac{k_2}{k_4}[2k_4\widetilde{F}^{\mathrm{T}}(t)E(t)-k_4^2E^{\mathrm{T}}(t)E(t)]\\ &= -2k_2\widetilde{F}^{\mathrm{T}}(t)E(t)-k_2k_4E^{\mathrm{T}}(t)E(t)\end{aligned} \tag{3-213}$$

考虑式（3-211）和式（3-213），有

$$\begin{aligned}\dot{V}(t) &= \dot{V}_1(t)+\dot{V}_2(t)+\dot{V}_3(t)\\ &= -2E^{\mathrm{T}}(t)E(t)-2k_2k_3\|E(t)\|+2k_2E^{\mathrm{T}}(t)\varepsilon(x)+2k_2E^{\mathrm{T}}(t)\widetilde{F}(t)-\\ &\quad 2k_2\widetilde{F}^{\mathrm{T}}(t)E(t)-k_2k_4E^{\mathrm{T}}(t)E(t)\\ &= -2E^{\mathrm{T}}(t)E(t)-2k_2k_3\|E(t)\|+2k_2E^{\mathrm{T}}(t)\varepsilon(x)-k_2k_4\\ &\leqslant -2E^{\mathrm{T}}(t)E(t)-2k_2k_3\|E(t)\|-k_2k_4E^{\mathrm{T}}(t)E(t)+\\ &\quad 2k_2\|E(t)\|\|\varepsilon(x)\|\\ &< -2E^{\mathrm{T}}(t)E(t)-k_2k_4E^{\mathrm{T}}(t)E(t)-2k_2\|E(t)\|(k_3-\varepsilon_N)\end{aligned} \tag{3-214}$$

通过选取 k_3，使 $k_3-\varepsilon_N>0$，$\dot{V}(t)<-(2+k_2k_4)E^{\mathrm{T}}(t)E(t)\leqslant 0$。这意味着 CEF $E(t)$ 将渐近收敛到零。如同备注 3-1 中的论述，$e(t)$ 和 $\dot{e}(t)$ 也是如此。

闭环系统中所有信号的有界性可以用类似定理 3-4 证明中的方法来分析。

备注 3-2 在应用下肢康复外骨骼时，目标是实现显著的控制效果和出色的瞬态性能，使脑卒中患者获得较好的康复治疗，增强人体安全性。因此，在设计控制器时应首先考虑人的安全性，然后再尽可能提高控制性能。如式（3-185）和

式（3-186）所示，有4个控制参数需要设计，包括CEF的权重因子k_1和k_2，鲁棒增益k_3以及学习增益k_4。根据备注3-1和式（3-214）有

1）更大的k_1/k_2将产生更好的瞬态性能。

2）较大的k_i，$i=2, \cdots, 4$将由于高增益反馈和学习而导致跟踪误差$E(t)$收敛得更快。

然而，采用高增益反馈或学习可能会放大未处理噪声或者未建模扰动的不利影响。对于采样数据系统，由于采样率受限，应用高增益反馈也很困难。因此，考虑到跟踪与扰动抑制之间的权衡问题，以及名义性能与鲁棒性之间的权衡，建议按照规则1）和2）设计k_i，$i=2, \cdots, 4$，但要通过评估实际控制性能来限制它们的大小。

3.5.4　仿真研究

在仿真中考虑了一个具有二连杆的外骨骼。仿真是在配备Windows 10操作系统和英特尔i5系列CPU的个人计算机上使用MATLAB/Simulink进行的。设m_i和l_i为关节i的质量和长度，d_i为从关节$i-1$到连杆i质心的距离，I_i是连杆i围绕穿过连杆i质心的轴的转动惯量。惯性名义矩阵$M(\theta)$，离心和科里奥利名义项$C(\theta,\dot{\theta})$，以及重力名义向量$G(\theta)$的定义如下[57]：

$$M(\theta)=\begin{bmatrix} M_{11} & M_{12} \\ M_{21} & M_{22} \end{bmatrix}\quad C(\theta,\dot{\theta})=\begin{bmatrix} C_{11} & C_{12} \\ C_{21} & C_{22} \end{bmatrix}\quad G(\theta)=\begin{bmatrix} G_{11} \\ G_{21} \end{bmatrix}$$

其中

$$\begin{cases} M_{11}=m_1 d_1^2+m_2(l_1^2+d_2^2+2l_1 d_2\cos\theta_2)+l_1+l_2 \\ M_{12}=m_2(d_2^2+l_1 d_2\cos\theta_2)+l_2 \\ M_{21}=M_{12} \\ M_{22}=m_2 d_2^2+I_2 \\ C_{11}=-m_2 l_1 d_2\dot{\theta}_2\sin\theta_2 \\ C_{12}=-m_2 l_1 d_2(\dot{\theta}_1+\dot{\theta}_2)\sin\theta_2 \\ C_{21}=m_2 l_1 d_2\dot{\theta}_1\sin\theta_2 \\ C_{22}=0 \\ G_{11}=(m_1 d_2+m_2 l_1)g\cos\theta_1+m_2 d_2 g\cos(\theta_1+\theta_2) \\ G_{21}=m_2 d_2 g\cos(\theta_1+\theta_2) \end{cases} \tag{3-215}$$

参数赋值为，$m_1=2.6\mathrm{kg}$，$m_2=3.2\mathrm{kg}$，$l_1=25\mathrm{cm}$，$l_2=30\mathrm{cm}$，$d_1=12\mathrm{cm}$，$d_2=15\mathrm{cm}$，$I_1=\frac{1}{3}m_1 l_1{}^2$，$I_2=\frac{1}{12}m_2 l_2^2$。模型的不确定性$\chi=0.2[M(\theta)\ddot{\theta}+C(\theta,\dot{\theta})\dot{\theta}+G(\theta)]$，外部干扰和摩擦力$\Delta(t)=1+2\|e(t)\|+3\|\dot{e}(t)\|$，以及穿戴者和外骨

骼之间的相互作用为 $F_1(t)=2\cos(2\pi t)$，$F_2(t)=2\sin(2\pi t)$。期望的训练轨迹如下

$$\begin{cases}\theta_{d,1}=0.8+0.2\sin(2\pi t)\,\text{rad}\\ \theta_{d,2}=1.2-0.2\cos(2\pi t)\,\text{rad}\end{cases}$$

将初始跟踪误差设置为 $e_1(0)=0.1\text{rad}$，$e_2(0)=0.15\text{rad}$。此外，对于连杆 1 的 RBF 神经网络的无监督中心，选择 $c_j=0.1\times j$，其中 $j=0,\pm1,\pm2$；对于连杆 2，选择 $c_j=0.2\times j$，其中 $j=0,\pm1,\pm2$。两个连杆神经网络的宽度选择为 $\sigma=1$，初始权重值全部设置为零。

首先测试纯神经网络控制的有效性。设 $k_1=10$、$k_2=1$ 和 $k_3=15$。控制性能可以从图 3-24 和图 3-25 中看出，跟踪误差明显是收敛的。根据备注 3-1，通过增大 k_1/k_2，输出跟踪误差的瞬态性能可以得到改善。为了验证这一点，重置 $k_2=0.5$，导致 k_1/k_2 的比值翻倍。当 $k_2=0.5$ 时，两个连杆的跟踪误差曲线的对比如图 3-26 和图 3-27 所示。从这两个图中可得，在 CEF 的帮助下，瞬态性能得到了提升。

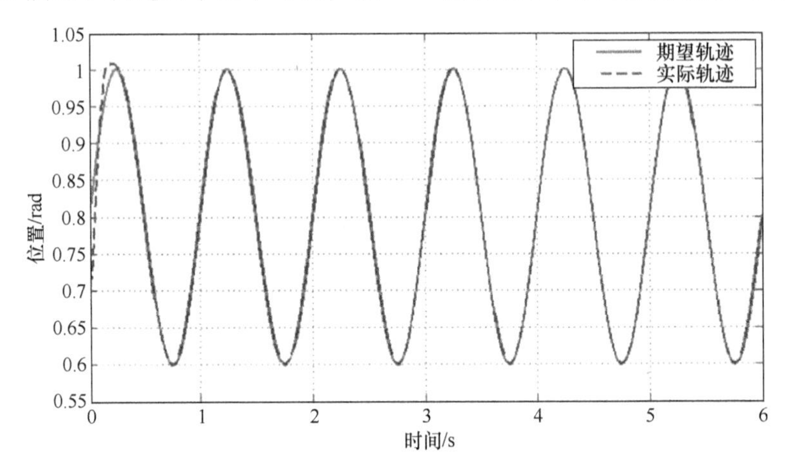

图 3-24　采用 $k_1=10$，$k_2=1$ 的纯神经网络控制器，关节 1 的跟踪性能

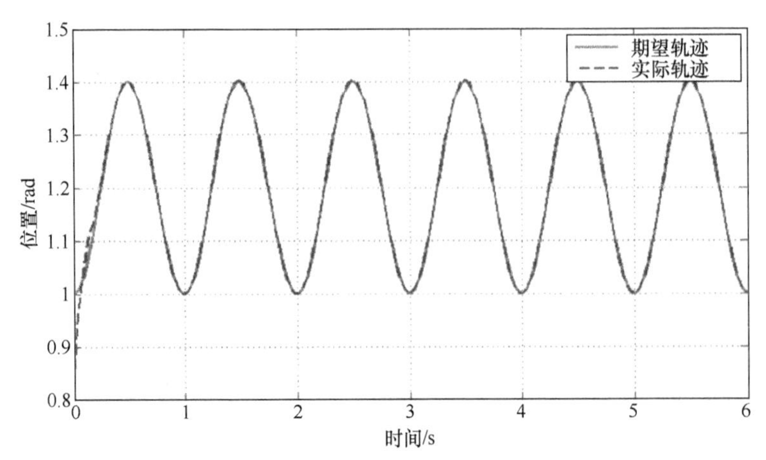

图 3-25　采用 $k_1=10$，$k_2=1$ 的纯神经网络控制器，关节 2 的跟踪性能

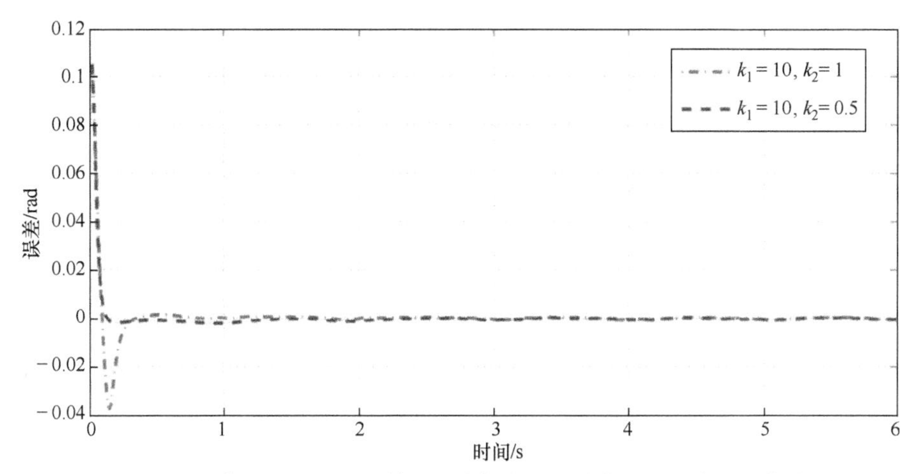

图3-26　采用不同k_2的纯神经网络控制器，关节1的跟踪误差曲线

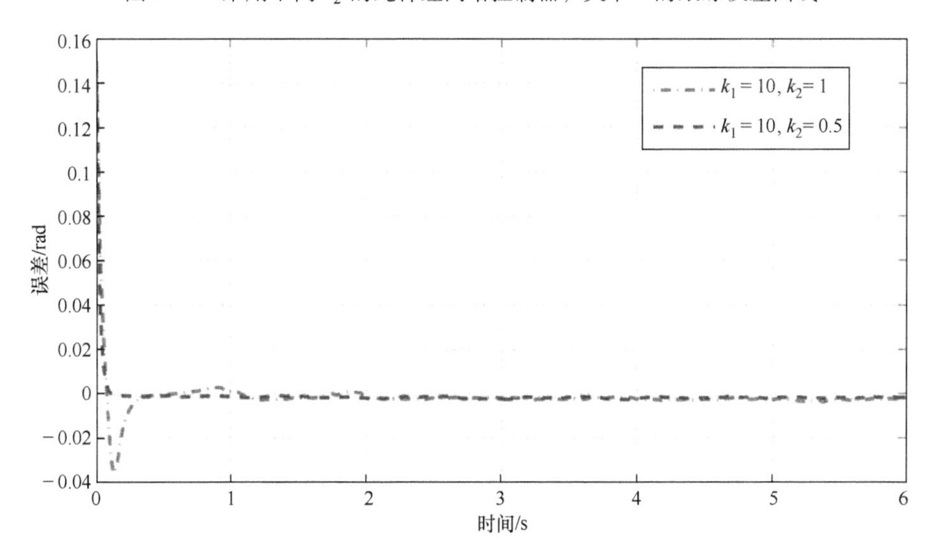

图3-27　采用不同k_2的纯神经网络控制器，关节2的跟踪误差曲线

为进一步评估神经网络和RLC的复合控制器的有效性，采用增强神经网络控制器［见式（3-179）、式（3-185）、式（3-182）］，以及RLC律［见式（3-186）］，其中$k_1=10$，$k_2=0.5$，$k_3=15$，$k_4=5$。外骨骼的初始位置给定为$x_1=[0.7,0]$，$x_2=[0.85,0]$。如图3-28和图3-29所示，由于增加了RLC，稳态误差进一步减小。对于当前的仿真情景，神经网络和RLC的复合控制方法在下肢康复外骨骼的跟踪控制中表现优于纯神经网络。

本节所提出的方法还与本章参考文献［58］中介绍的方法进行了比较。可以从图3-30和图3-31中看出，尽管两种方法的控制性能都在稳态下表现显著，但本节所提出的方法的跟踪误差瞬态行为更好。进一步验证了该控制方案的有效性。

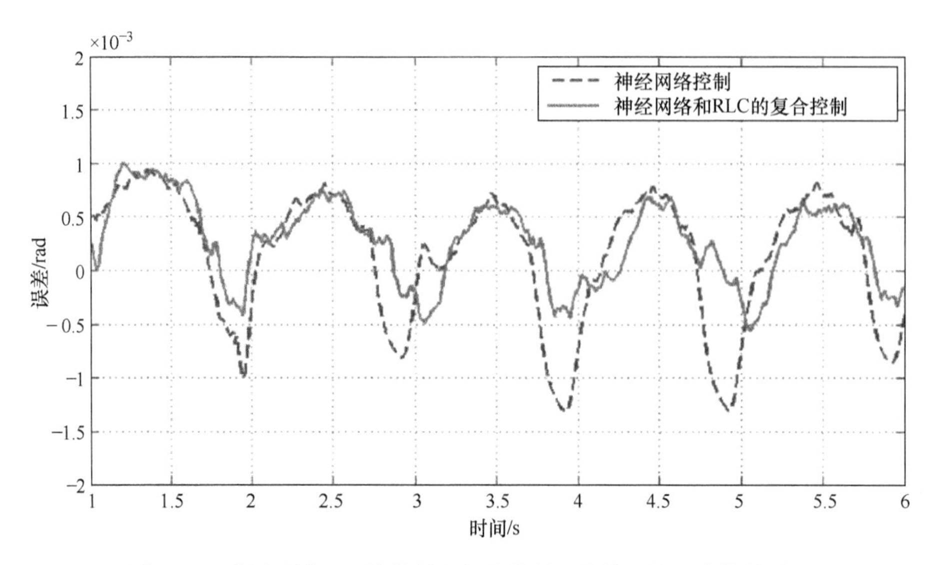

图 3-28　采用纯神经网络控制和复合控制，关节 1 的跟踪控制误差

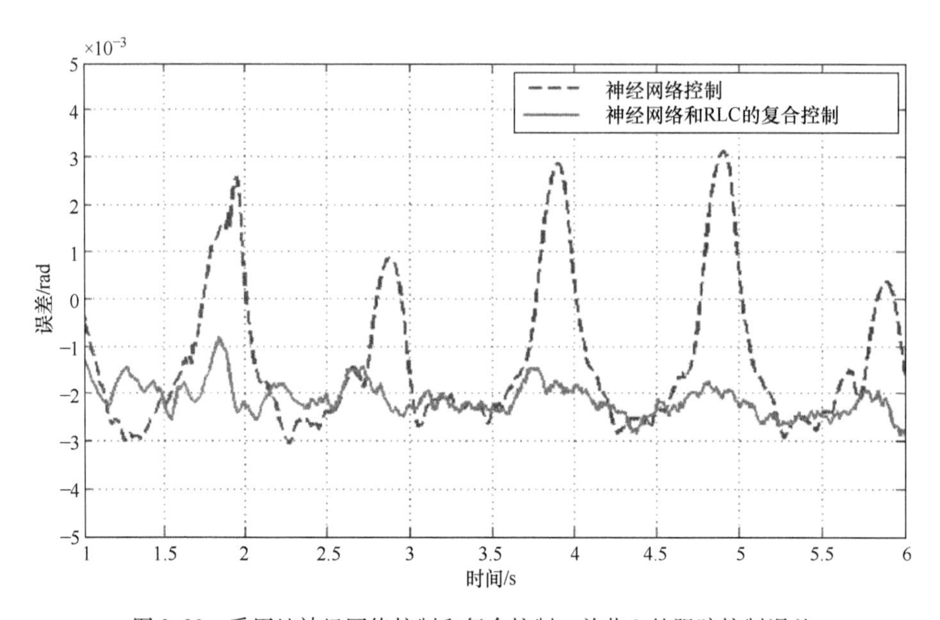

图 3-29　采用纯神经网络控制和复合控制，关节 2 的跟踪控制误差

3.5.5　小结

本节对康复下肢外骨骼的神经网络控制进行了研究。通过引入组合误差因子，该研究使用了李雅普诺夫方法研究了系统跟踪误差的收敛性，该组合误差因子由跟踪误差及其导数的加权和组成。利用康复治疗中运动的重复性的特点，提出了一种增强型神经网络控制器，其中重复学习部分用于学习周期性不确定性，神经网络部

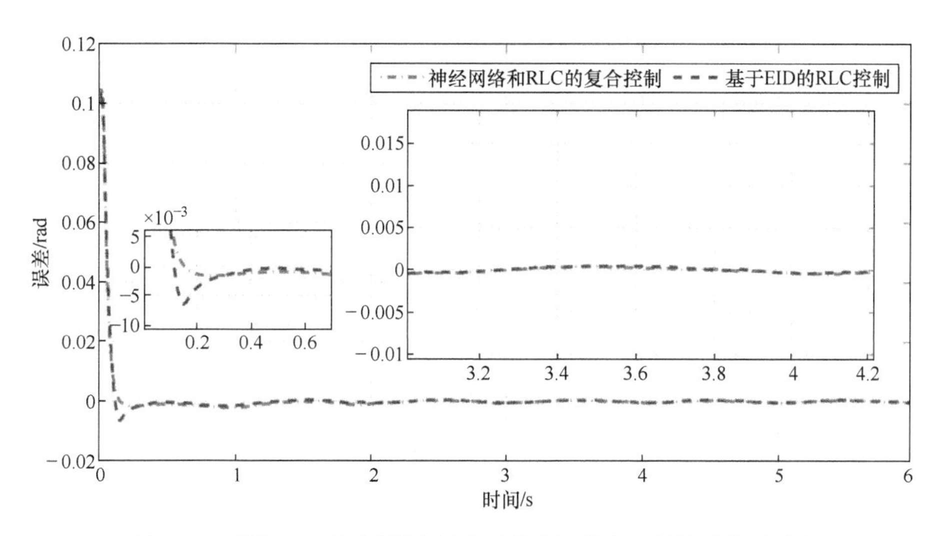

图 3-30　采用 EID 的重复控制和复合控制，关节 1 的跟踪控制误差

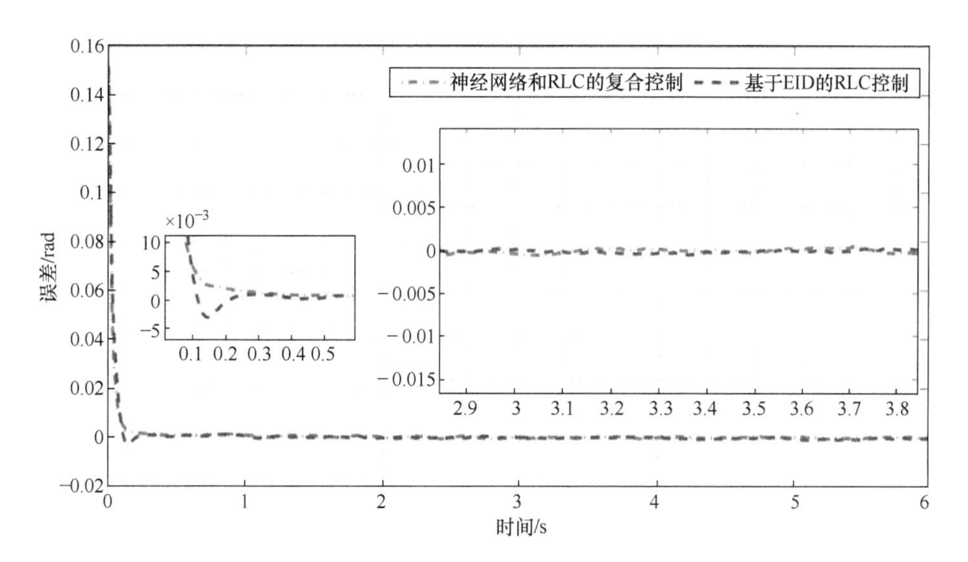

图 3-31　采用 EID 的重复控制和复合控制，关节 2 的跟踪控制误差

分用于学习非周期性不确定性。与纯神经网络控制相比，仿真结果显示，通过以重复的方式学习相关的周期性不确定性，可以显著提高跟踪性能。此外，引入组合误差因子，还可以保证出色的瞬态性能。

3.6　本章总结

本章研究康复初期下肢外骨骼系统在执行重复训练任务的位置轨迹跟踪控制问题，在面对动力学模型不确定性与不同扰动时提出了不同的控制方案，并以二自由度模型进行了数值仿真验证。

针对含部分未知动力学和非重复扰动的下肢外骨骼系统在康复初期执行重复训练任务的轨迹跟踪问题，提出了融合 RBF 神经网络、迭代学习控制（ILC）和输出位置约束的控制方案。由于系统总体具有可重复性，因此设计了 ILC 并融合了 RBF 神经网络以精确逼近和补偿系统扰动，提高外骨骼的跟踪精度，同时加入输出位置约束的目的是保证患者安全。所提方案的稳定性和收敛性通过 BLF 严格证明，同时以二自由度模型为对象对控制器进行了仿真验证，其结果表明了所提方案的有效性。

考虑到下肢对系统造成的非重复大扰动问题，提出了融合扩张状态观测器（ESO）的迭代学习位置约束控制方案，其中利用了 ESO 能快速观测和补偿干扰的特性，加快系统的跟踪速度。为了确保该方案的稳定性和收敛性，使用 BLF 进行严格理论证明，为了验证该控制器的性能，在二自由度模型上进行了仿真验证，仿真结果表明了该方案的收敛速度较快。

考虑到固定的系统模型难以适配不同用户的问题，提出了模型完全未知的控制方案，由 ILC、RBF 神经网络、ESO 和输出位置约束器组成。根据实际情况将动力学模型分为重复部分和非重复部分，同时系统还面临非重复大扰动的问题，使用 ESO 快速地观测和抑制非重复大扰动，模型重复部分通过 ILC 方法进行控制，非重复部分与 ESO 观测误差由 RBF 神经网络精确补偿。通过 BLF 证明了方案的稳定性，同时通过数值仿真验证了方案的有效性。

参考文献

[1] Uchiyama M. Formulation of high-speed motion pattern of a mechanical arm by trial [J]. Transactions of the Society of Instrument and Control Engineers, 1978, 14 (6): 706-712.

[2] Sebastian G, Tan Y, Oetomo D, et al. Feedback-Based iterative learning design and synthesis with output constraints for robotic manipulators [J]. IEEE Control Systems Letters, 2018, 2 (3): 513-518.

[3] Van d W J, Bosgra O H. Using basis functions in iterative learning control: analysis and design theory [J]. International Journal of Control, 2010, 83 (4): 661-675.

[4] Young P C. Refined instrumental variable estimation: Maximum likelihood optimization of a unified Box-Jenkins model [J]. Automatica, 2015, 52: 35-46.

[5] Frank, Boeren, Niels, et al. Joint input shaping and feedforward for point-to-point motion: Automated tuning for an industrial nanopositioning system [J]. Mechatronics the Science of Intelligent Machines, 2014.

[6] Heertjes M, Hennekens D, Steinbuch M. MIMO feed-forward design in wafer scanners using a gradient approximation-based algorithm [J]. Control Engineering Practice, 2010, 18 (5): 495-506.

[7] Boeren F, Oomen T, Steinbuch M. Iterative motion feedforward tuning: A data-driven approach

based on instrumental variable identification [J]. Control Engineering Practice, 2015, 37: 11-19.

[8] Boeren F, Bruijnen D, Oomen T. Enhancing feedforward controller tuning via instrumental variables: with application to nanopositioning [J]. International Journal of Control, 2017, 90 (4): 746-764.

[9] Song F, Liu Y, Xu J X, et al. Data-driven iterative feedforward tuning for a wafer stage: a high-order approach based on instrumental variables [J]. IEEE Transactions on Industrial Electronics, 2018.

[10] Bolder J, Zundert J V, Koekebakker S, et al. Enhancing flatbed printer accuracy and throughput: optimal rational feedforward controller tuning via iterative learning control [J]. IEEE Transactions on Industrial Electronics, 2017, 64 (5): 4207-4216.

[11] Butcher M, Karimi A. Linear parameter varying iterative learning control with application to a linear motor system [J]. IEEE/ASME Transactions on Mechatronics, 2010, 15 (3): 412-420.

[12] de Best J, Liu L, van de Molengraft R, et al. Second-order iterative learning control for scaled setpoints [J]. IEEE Transactions on Control Systems Technology, 2015, 2 (23): 805-812.

[13] Zhang L, Chen W, Liu J, et al. A robust adaptive iterative learning control for trajectory tracking of permanent-magnet spherical actuator [J]. IEEE Transactions on Industrial Electronics, 2015, 63 (1): 1.

[14] 姜晓明. 迭代学习控制方法及其在扫描光刻系统中的应用研究 [D]. 哈尔滨：哈尔滨工业大学，2014.

[15] 刘京. 基于永磁同步电机的大型望远镜低速伺服系统研究 [D]. 长春：中国科学院大学（中国科学院长春光学精密机械与物理研究所），2018.

[16] Wang J, Wang Y, Cao L, et al. Adaptive iterative learning control based on unfalsified strategy for chylla-haase reactor [J]. IEEE/CAA Journal of Automatica Sinica, 2014 (4): 14.

[17] Janssens P, Pipeleers G, Swevers J. Initialization of ILC based on a previously learned trajectory [C] //American Control Conference (ACC), 2012. IEEE, 2012.

[18] Barton K, Alleyne A. Norm optimal ILC with time-varying weighting matrices [C]. IEEE, 2015.

[19] Sutanto E, Alleyne A G. Norm Optimal Iterative Learning Control for a Roll to Roll nano/micro-manufacturing system [C]. American Control Conference. IEEE, 2013.

[20] Mishra S, Topcu U, Tomizuka M. Optimization-Based constrained iterative learning control [J]. IEEE Transactions on Control Systems Technology, 2011, 19 (6): 1613-1621.

[21] Chien C J, Tayebi A. Further results on adaptive iterative learning control of robot manipulators [J]. Automatica, 2008 (3): 44.

[22] Rong H J, Wei J T, Bai J M, et al. Adaptive neural control for a class of MIMO nonlinear systems with extreme learning machine [J]. Neurocomputing, 2015, 149: 405-414.

[23] Owens, David, H, et al. A novel design framework for point-to-point ILC using successive projection [J]. IEEE Transactions on Control Systems Technology, 2015.

[24] Shi J, Jiang Q, Cao Z, et al. Design method of PID-type model predictive iterative learning control based on the two-dimensional generalized predictive control scheme [C] //Control Automa-

tion Robotics & Vision (ICARCV), 2012 12th International Conference on. IEEE, 2012.

[25] 沈显庆，任琳琳．基于自适应 RBF 控制的下肢康复机器人机械结构动力学仿真［J］．黑龙江科技大学学报，2019，29（4）：460-465．

[26] 刘久台．基于迭代学习的工业机械臂轨迹跟踪控制策略研究［D］．成都：西华大学，2021．

[27] Tee K P, Ge S S, Tay E H. Barrier Lyapunov functions for the control of output-constrained nonlinear systems [J]. Automatica, 2009, 45 (4): 918-927.

[28] Sachan K, Padhi R. Barrier lyapunov function based output-constrained control of nonlinear euler-lagrange systems [C]. Singapore: The 15th International Conference on Control, Automation, Robotics and Vision (ICARCV), 2018.

[29] He W, David A O, Yin Z, et al. Neural network control of a robotic manipulator with input deadzone and output constraint [J]. IEEE Transactions on Systems, Man, and Cybernetics: Systems, 2016, 46 (6): 759-770.

[30] Guo Q, Zhang Y, Celler B G et al. Backstepping control of electro-hydraulic system based on extended-state-observer with plant dynamics largely unknown [J]. IEEE Transactions On Industrial Electronics, 2016, 63 (11): 6909-6920.

[31] Tayebi A. Adaptive iterative learning control for robot manipulators [J]. Automatica, 2004, 40 (7): 1195-1203.

[32] Yang Y, Huang D, Dong X. Enhanced neural network control of lower limb rehabilitation exoskeleton by add-on repetitive learning [J]. Neurocomputing, 2019, 323: 256-264.

[33] Nakao M, Ohnishi K, Miyachi K. A Robust decentralized joint control based on interference estimation [C]. North Carolina: 1987 IEEE International Conference on Robotics and Automation, 1987.

[34] 韩林言．基于干扰观测器的 2DOF 柔性机械臂鲁棒滑模控制［D］．南京：南京航空航天大学，2017．

[35] Kim K S, Rew K H, Kim S. Disturbance Observer for Estimating Higher Order Disturbances in Time Series Expansion [J]. IEEE Transactions on Automatic Control, 2010, 55 (8): 1905-1911.

[36] Sun J K, Li S H. Disturbance observer based iterative learning control method for a class of systems subject to mismatched disturbances [J]. Transactions of the Institute of Measurement and Control, 2017, 39 (11): 1749-1760.

[37] 韩京清．非线性 PID 控制器［J］．自动化学报，1994，20（4）：487-490．

[38] 陈佳晔．基于干扰观测器的重复使用运载器再入段滑模控制方法研究［D］．哈尔滨：哈尔滨工业大学，2019．

[39] Yang Y, Dong X, Wang X, et al. Trajectory tracking control of hydraulic rehabilitation exoskeleton leg with output constraint [C]. Da Li: 2019 IEEE 8th Data Driven Control and Learning Systems Conference (DDCLS), 2019.

[40] Bechlioulis C P, Rovithakis G A. Adaptive control with guaranteed transient and steady state tracking error bounds for strict feedback systems [J]. Automatica, 2009, 45 (2): 532-538.

[41] Bechlioulis C P, Rovithakis G A. Robust adaptive control of feedback linearizable MIMO nonlinear

systems with prescribed performance [J]. IEEE Transactions on Automatic Control, 2008, 53 (9): 2090-2099.

[42] Na J, Chen Q, Ren X, et al. Adaptive prescribed performance motion control of servo mechanisms with friction compensation [J]. IEEE Transactions on Industrial Electronics, 2013, 61 (1): 486-494.

[43] Zhao X, Shi P, Zheng X, et al. Intelligent tracking control for a class of uncertain high-order nonlinear systems [J]. IEEE Transactions on Neural Networks and Learning Systems, 2015, 27 (9): 1976-1982.

[44] Han S I, Lee J M. Recurrent fuzzy neural network backstepping control for the prescribed output tracking performance of nonlinear dynamic systems [J]. ISA Transactions, 2014, 53 (1): 33-43.

[45] Xu J X, Yan R. On repetitive learning control for periodic tracking tasks [J]. IEEE Transactions on Automatic Control, 2006, 51 (11): 1842-1848.

[46] Sun M, Ge S S, Mareels I M Y. Adaptive repetitive learning control of robotic manipulators without the requirement for initial repositioning [J]. IEEE Transactions on Robotics, 2006, 22 (3): 563-568.

[47] Hamada Y, Otsuki H. Repetitive learning control system using disturbance observer for head positioning control system of magnetic disk drives [J]. IEEE Transactions on Magnetics, 1996, 32 (5): 5019-5021.

[48] Manayathara T J, Tsao T C, Bentsman J. Rejection of unknown periodic load disturbances in continuous steel casting process using learning repetitive control approach [J]. IEEE Transactions on Control Systems Technology, 1996, 4 (3): 259-265.

[49] Scalzi S, Bifaretti S, Verrelli C M. Repetitive learning control design for LED light tracking [J]. IEEE Transactions on Control Systems Technology, 2014, 23 (3): 1139-1146.

[50] Zhou K, Wang D. Digital repetitive learning controller for three-phase CVCF PWM inverter [J]. IEEE Transactions on Industrial Electronics, 2001, 48 (4): 820-830.

[51] Feng G. A compensating scheme for robot tracking based on neural networks [J]. Robotics and Autonomous Systems, 1995, 15 (3): 199-206.

[52] Selmic R R, Lewis F L. Deadzone compensation in motion control systems using neural networks [J]. IEEE Transactions on Automatic Control, 2000, 45 (4): 602-613.

[53] Seshagiri S, Khalil H K. Output feedback control of nonlinear systems using RBF neural networks [J]. IEEE Transactions on Neural Networks, 2000, 11 (1): 69-79.

[54] Zuo Y, Wang Y, Liu X Z, et al. Neural network robust H∞ tracking control strategy for robot manipulators [J]. Applied Mathematical Modelling, 2010, 34 (7): 1823-1838.

[55] Xu J X, Yan R. Synchronization of chaotic systems via learning control [J]. International Journal of Bifurcation and Chaos, 2005, 15 (12): 4035-4041.

[56] Cotter N E. The Stone-Weierstrass theorem and its application to neural networks [J]. IEEE Transactions on Neural Networks, 1990, 1 (4): 290-295.

[57] He W, Chen Y, Yin Z. Adaptive neural network control of an uncertain robot with full-state constraints [J]. IEEE transactions on cybernetics, 2015, 46 (3): 620-629.

[58] Zhou L, She J, Zhou S, et al. Compensation for state - dependent nonlinearity in a modified repetitive control system [J]. International Journal of Robust and Nonlinear Control, 2018, 28 (1): 213-226.

第 4 章　外骨骼机器人自适应阻抗控制

本章介绍了外骨骼机器人自适应阻抗控制方法，包括基于名义模型的外骨骼阻抗控制方法、外骨骼神经学习阻抗控制方法，基于运动意图估计的外骨骼阻抗控制方法。

4.1　阻抗控制原理

下肢康复后期，患肢力量进一步恢复并可完全自主运动，此阶段的训练是由患者主导的，外骨骼主要提供辅助力以及确保患肢康复轨迹的精确性。由于患者主观意识的参与，患肢无法准确地把握训练过程的主动运动时间与关节发力的大小，因此对外骨骼的轨迹跟踪能力提出了更高的要求。同时患者的主动运动发力使得控制系统中存在力的交互。因此，在控制系统中需要兼顾位置控制和力控制，保证患者进行有效、安全的康复训练。利用基于位置的轨迹跟踪控制，可以精确地控制穿戴者的患病关节跟踪预定的训练轨迹。采用力矩控制策略来应对患肢与外骨骼之间的交互力对控制系统的影响，使患者恢复一定程度的运动能力。Bacek 等人研究了由刚度可调的膝关节弹性驱动器，将变刚度执行器（Variable Stiffness Actuator，VSA）单元和并联弹性驱动器（Parallel Elastic Actuator，PEA）单元进行组合来提高患肢安全，并提出了一种新型的实时力矩控制器允许两个单元在整个步态周期内协同工作[1]。Koopman 等人研究了一种踝关节康复外骨骼，提出了一个为脚踝提供虚拟支撑的虚拟模型控制器，并借助自适应算法在线调整虚拟支撑量，最终实现了脚踝的力矩控制[2]。范渊杰等人设计了一种基于表面肌电（sEMG）信号的下肢康复外骨骼，通过实时采集 sEMG 信号和关节转动数据，利用模糊神经网络实现多源信息的融合以及人体运动意图的估计，并根据外骨骼系统的运动学及动力学模型，实现了闭环力矩控制[3]。

其中在力矩控制策略中，阻抗控制可以调节关节角度误差与人机交互力之间的动态关系，已广泛应用于康复外骨骼控制方案中。阻抗控制是将外骨骼与环境接触作业的动力学模型修改为期望阻抗（弹簧-质量-阻尼）模型，期望阻抗模型本质上是一个理想的外骨骼运动与外力之间的动态关系，可任意调节惯性、阻尼、刚度参数使得外骨骼与接触力之间的关系得到调节[4]。阻抗控制的最终目的不在于对外骨骼的运动以及外骨骼与患者之间的接触力直接控制，而是对这二者之间的动态关系进行控制。阻抗控制的实现是通过控制外骨骼的运动实现外骨骼间接力控的一种方法[5]。

4.2 基于名义模型的外骨骼阻抗控制

4.2.1 引言

外骨骼在受限的环境中运动时，单纯的位置控制已无法满足需求，往往需要配合力控制来使用。基于 PID 位置控制算法，学者们提出了一种基于 PID 的力控制算法，即显示力控制。该控制方法的目的是直接实现对目标力的跟踪，但在现实应用中此控制器的性能并不理想，经常需要添加滤波环节和其他前馈环节，且当遇到一个刚性较大的环境时，稳定性也会很差。在某些特定的应用环境中，在笛卡儿空间中并不是每个方向上都需要对力进行控制，这就引入了力/位置混合控制。该控制方法在系统的不同运动方向上分别进行力控制和位置控制，将任务空间分为两个部分，分别采用不同的控制策略。而在目前，针对力控制应用最多最广泛的控制策略是阻抗控制[6]。Kamali 等人设计了一种结合轨迹生成器和阻抗控制器的膝关节外骨骼控制系统。轨迹生成器采用一个轨迹样本库作为训练参考对象，利用初始关节角度来估计用户的期望轨迹。利用人体和外骨骼之间的相互作用力作为反馈输入，运用阻抗控制器引导膝关节跟踪期望轨迹[7]。在本节中，基于名义模型采用阻抗控制实现人机之间力的交互，同时考虑到未建模的动力学、不确定参数和外界干扰等因素，系统中的不确定扰动具有非周期性和非重复性的特征[8]引入自适应迭代处理这些问题。

4.2.2 阻抗控制器设计

在前面章节中，已经得到了一般形式的下肢康复外骨骼动力学模型。在本节考虑动力学模型是精确已知的，且患者与外骨骼之间的人机交互力同样可以由力矩传感器准确测得，同时考虑整个康复系统存在未知的外部干扰，设计一个自适应迭代阻抗控制器，实现良好的人机交互康复训练。

本控制器中，n 自由度的下肢康复外骨骼动力学模型定义如下：

$$M(\theta)\ddot{\theta}+C(\theta,\dot{\theta})\dot{\theta}+G(\theta)=\tau+\tau_e+f \tag{4-1}$$

式中，θ，$\dot{\theta}$，$\ddot{\theta}$ 分别是外骨骼在关节空间中的位置向量、速度向量和加速度向量，θ，$\dot{\theta}$，$\ddot{\theta}\in R^n$；$M(\theta)$是惯性矩阵，且此矩阵具有对称正定性 $M(\theta)\in R^{n\times n}$；$C(\theta,\dot{\theta})$是离心力和科里奥利力力矩，$C(\theta,\dot{\theta})\in R^{n\times n}$；$G(\theta)$是重力项，$G(\theta)\in R^n$；$\tau$ 是在关

节空间中的理想控制输入力矩，$\tau \in R^n$；τ_e 是患者与外骨骼的人机交互力矩，$\tau_e \in R^n$；f 是系统外部的未建模扰动力矩，$f \in R^n$。

假设 4-1　外部未建模扰动是有界的[9]，且满足 $f \leqslant \bar{f}$，$\forall f \in R^n$。

该外骨骼系统［见式（4-1）］包含两个重要的性质。

性质 4-1　矩阵 $M(\theta)$、$C(\theta,\dot{\theta})$ 和 $G(\theta)$ 都是有界的，惯性矩阵 $M(\theta)$ 为正定对称矩阵，存在 $\lambda_1>0$，$\lambda_2>0$ 满足

$$\lambda_1 \| x^2 \| \leqslant x^{\mathrm{T}} M(\theta) x \leqslant \lambda_2 \| x^2 \|, \forall x, \theta \in R^n \tag{4-2}$$

性质 4-2　惯性矩阵的导数 $\dot{M}(\theta)$ 和 $C(\theta,\dot{\theta})$ 满足

$$x^{\mathrm{T}}[\dot{M}(\theta)-2C(\theta,\dot{\theta})]x=0, \forall \theta,\dot{\theta},x \in R^n \tag{4-3}$$

在关节空间中，期望的目标阻抗模型被定义为

$$M_d(\ddot{\theta}-\ddot{\theta}_d)+C_d(\dot{\theta}-\dot{\theta}_d)+K_d(\theta-\theta_d)=\tau_e \tag{4-4}$$

式中，θ_d 是时变的期望关节位置向量，$\theta_d \in R^n$；M_d、C_d、K_d 分别是期望的惯性、阻尼和刚度矩阵，M_d、C_d、$K_d \in R^{n\times n}$。在实际的康复训练过程中，需要根据患者的康复情况对期望阻抗参数进行实时的重置，以满足患者不同的康复需求[10]。例如，患者自主运动能力较弱时需要更高的阻抗以保证康复训练的有效性，外骨骼作为康复任务主导者；当患者运动能力的逐渐提高，需求较低的阻抗参数提升整个系统的柔顺性，匹配患者主导的康复训练任务。

定义在关节空间中的位置向量误差为：$e=\theta-\theta_d$。然后定义两个矩阵 $\Gamma \in R^{n\times n}$，$\Lambda \in R^{n\times n}$ 和一个向量 $\tau_l \in R^n$，得到如下得表现形式：

$$\Gamma+\Lambda=M_d^{-1}C_d \tag{4-5}$$

$$\Gamma\Lambda=M_d^{-1}K_d \tag{4-6}$$

$$\dot{\tau}_l+\Gamma\tau_l=M_d^{-1}\tau_e \tag{4-7}$$

上述 3 个式子中，Γ 和 Λ 都是对称正定的矩阵。式（4-7）类似一个低通滤波器计算公式，τ_e 作为输入信号，τ_l 作为输出信号，正符合下肢康复训练是在低频的条件下进行的。Γ 和 Λ 是由期望的阻抗参数计算得到的，假设 $\Lambda=\mathrm{diag}(\lambda_1,\cdots,\lambda_n)$，$\Gamma=\mathrm{diag}(\gamma_1,\cdots,\gamma_n)$，期望阻抗参数 $M_d=\mathrm{diag}(m_{d1},\cdots,m_{dn})$，$C_d=\mathrm{diag}(c_{d1},\cdots,c_{dn})$ 和 $K_d=\mathrm{diag}(k_{d1},\cdots,k_{dn})$，其中 λ_i、γ_i、m_{di}、c_{di}、k_{di} 都是正常数，如果参数满足

$$c_{di}^2 \geqslant 4m_{di}k_{di} \tag{4-8}$$

可以得到矩阵 Γ 和 Λ 中的元素表达式如下：

$$\lambda_i=\frac{m_{di}^{-1}c_{di} \pm \sqrt{m_{di}^{-2}c_{di}^2-4m_{di}^{-1}k_{di}}}{2} \tag{4-9}$$

$$\gamma_i=\frac{m_{di}^{-1}c_{di} \mp \sqrt{m_{di}^{-2}c_{di}^2-4m_{di}^{-1}k_{di}}}{2} \tag{4-10}$$

对目标阻抗模型［见式（4-4）］进行改写，左边同乘以 M_d^{-1} 得到

$$M_d^{-1}M_d(\ddot{\theta}-\ddot{\theta}_d)+M_d^{-1}C_d(\dot{\theta}-\dot{\theta}_d)+M_d^{-1}K_d(\theta-\theta_d)=M_d^{-1}\tau_e \tag{4-11}$$

将式（4-5）~式（4-7）代入式（4-11）可得

$$\ddot{e}+(\Gamma+\Lambda)\dot{e}+\Gamma\Lambda e=\dot{\tau}_l+\Gamma\tau_l \tag{4-12}$$

定义一个虚拟的阻抗误差 $\overline{w}$，可得

$$\overline{w}=\ddot{e}+(\Gamma+\Lambda)\dot{e}+\Gamma\Lambda e-\dot{\tau}_l-\Gamma\tau_l \tag{4-13}$$

从而改写阻抗误差方程如下：

$$\overline{w}=\dot{z}+\Gamma z \tag{4-14}$$

式中的 z 被定义为阻抗向量，具体表达式如下：

$$z=\dot{e}+\Lambda e-\tau_l \tag{4-15}$$

因此，如果 $\overline{w}\to 0$ 是收敛的，就可以实现期望的阻抗模型，即 $z\to 0$ 为本下肢康复外骨骼系统的控制目标。式（4-14）同式（4-7）一样，z 是在一个低频范围内实现所需的阻抗模型，这对康复训练来说是合理的，因为患者肢体的活动频率通常较低。

阻抗向量 z 可以重新定义为如下形式：

$$z=\dot{\theta}-\dot{\theta}_r \tag{4-16}$$

这里的 $\dot{\theta}_r(=\dot{\theta}_d-\Lambda e+\tau_l)$ 是设定的一个参考向量，将式（4-16）代入到外骨骼动力学方程中，可以得到新的外骨骼动力学方程为

$$M(\theta)\dot{z}+C(\theta,\dot{\theta})z+M(\theta)\ddot{\theta}_r+C(\theta,\dot{\theta})\ddot{\theta}_r+G(\theta)=\tau+\tau_e+f \tag{4-17}$$

因此，针对下肢康复外骨骼动力学模型式（4-17），设计一个全新的迭代阻抗控制器，用以实现整个系统的控制目标，具体表达式如下：

$$\tau=M(\theta)\ddot{\theta}_r+C(\theta,\dot{\theta})\dot{\theta}_r+G(\theta)-\tau_e-K_z z-K_r\mathrm{sgn}(z)+m \tag{4-18}$$

自适应迭代学习更新律为

$$m_{k+1}=m_k-\beta_m z_k \tag{4-19}$$

式（4-18）和式（4-19）中，$K_z\in R^{n\times n}$ 是一个正定的增益矩阵，K_r 和 β_m 都是正常数，k 是迭代学习的次数。$-K_z z$ 项实现阻抗任务，$M(\theta)\ddot{\theta}_r+C(\theta,\dot{\theta})\dot{\theta}_r+G(\theta)-\tau_e$ 为外骨骼动力学模型补偿项。

本节控制器的控制系统框图如图 4-1 所示，位置传感器和力传感器分别测量系统输出轨迹位置参数和人机交互力矩。在外环控制中，阻抗控制器实现阻抗模型计算，输出位置补偿量输入到内环的迭代位置控制器。迭代位置控制器每次输出经过迭代修正后的控制力矩输送给下肢康复外骨骼系统，随着迭代次数的增加，不断修正控制力矩参数，最终实现系统稳定控制。

将式（4-18）和式（4-19）代入到式（4-17）中，可以得到系统完整闭环回路的动力学方程式如下：

$$m=M(\theta)\dot{z}+C(\theta,\dot{\theta})z+K_z z+K_r\mathrm{sgn}(z)-f \tag{4-20}$$

定理 4-1 通过学习控制系统［见（4-20）］，需要相应控制参数满足以下条件：

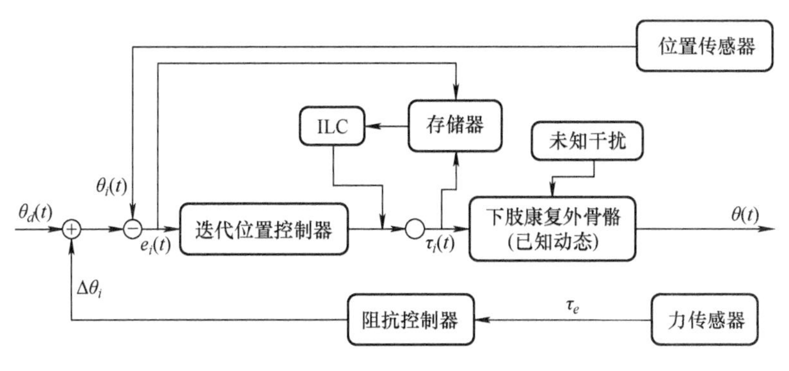

图 4-1　控制系统框图

$$\lambda_{\min}[K_z] \geqslant \frac{\beta_m}{2} \tag{4-21}$$

$$K_r \geqslant \bar{f} \tag{4-22}$$

式中，$\lambda_{\min}[\cdot]$是矩阵的最小特征值。然后，控制器将生成一系列的控制输入，从而实现阻抗控制任务，即

$$z_k(t) \to 0 \tag{4-23}$$

对于控制时间 $t \in [0, t_f]$，t_f 表示迭代周期时间，当迭代次数 $k \to \infty$ 时，式（4-23）都是满足的。

4.2.3　稳定性分析

下肢康复外骨骼控制系统的收敛性分析包括收敛性证明和稳定性证明两部分。针对下肢康复外骨骼系统的数学模型，设计了李雅普诺夫（Lyapunov）型复合能量函数。然后需要证明系统的初始状态具有有界收敛性，以及能量函数的连续且有界。

构造本节外骨骼控制系统的李雅普诺夫能量函数如下：

$$V_k(t) = V_k(0) + \int_0^t \left[\frac{1}{\beta_m^2} m_k^{\mathrm{T}}(\varsigma) m_k(\varsigma)\right] \mathrm{d}\varsigma \tag{4-24}$$

它对于所有 $t \in [0, t_f]$都是成立的，且 $V_k(0)$表示在 $t = 0$ 时刻的初始值。

定义李雅普诺夫函数误差项为

$$\Delta V_k(t) = V_{k+1}(t) - V_k(t) \tag{4-25}$$

根据式（4-19）和式（4-24），可以得到

$$\begin{aligned}\Delta V_k(t) = {} & V_{k+1}(0) - V_k(0) + \\ & \int_0^t \left[\frac{1}{\beta_m^2} m_{k+1}^{\mathrm{T}}(\varsigma) m_{k+1}(\varsigma)\right] \mathrm{d}\varsigma - \int_0^t \left[\frac{1}{\beta_m^2} m_k^{\mathrm{T}}(\varsigma) m_k(\varsigma)\right] \mathrm{d}\varsigma\end{aligned} \tag{4-26}$$

由式（4-19），将迭代学习更新律进行变换为 $m_{k+1}^{\mathrm{T}} = m_k^{\mathrm{T}} - \beta_m z_k^{\mathrm{T}}$，得到如下化简：

$$m_{k+1}^{\mathrm{T}}(\varsigma)m_{k+1}(\varsigma)=m_k^{\mathrm{T}}(\varsigma)m_k(\varsigma)-2\beta_m z_k^{\mathrm{T}}(\varsigma)m_k(\varsigma)+\beta_m^2 z_k^{\mathrm{T}}(\varsigma)z_k(\varsigma) \tag{4-27}$$

将式（4-27）代入到式（4-26）可得

$$\Delta V_k(t)=V_{k+1}(0)-V_k(0)+\int_0^t z_k^{\mathrm{T}}(\varsigma)z_k(\varsigma)\mathrm{d}\varsigma-\frac{2}{\beta_m}\int_0^t z_k^{\mathrm{T}}(\varsigma)m_k(\varsigma)\mathrm{d}\varsigma \tag{4-28}$$

将控制器输入力矩 τ 代入到外骨骼动力学方程中，可以得到迭代学习控制输入为

$$\begin{aligned}m_k(t)=&M(\theta_k(t))\dot{z}_k(t)+\{C(\theta_k(t),\dot{\theta}_k(t))+K_z\}z_k(t)+\\&K_r\mathrm{sgn}(z_k(t))-f(t)\end{aligned} \tag{4-29}$$

将式（4-29）代入到式（4-28）中可以得到

$$\begin{aligned}\Delta V_k(t)=&V_{k+1}(0)-V_k(0)+\int_0^t z_k^{\mathrm{T}}(\varsigma)z_k(\varsigma)\mathrm{d}\varsigma-\\&\frac{2}{\beta_m}\int_0^t z_k^{\mathrm{T}}(\varsigma)\Big\{M(\theta_k(\varsigma))\dot{z}_k(\varsigma)+[C(\theta_k(\varsigma),\dot{\theta}_k(\varsigma))+K_z]z_k(\varsigma)+\\&K_r\mathrm{sgn}(z_k(\varsigma))-f(\varsigma)\Big\}\mathrm{d}\varsigma\end{aligned} \tag{4-30}$$

因为 $z^{\mathrm{T}}[K_r\mathrm{sgn}(z)-f]\geqslant(K_r-\bar{f})\|z\|$，并且有

$$\begin{aligned}&\int_0^t z_k^{\mathrm{T}}(\varsigma)M(\theta_k(\varsigma))\dot{z}_k(\varsigma)\mathrm{d}\varsigma\\=&\frac{1}{2}z_k^{\mathrm{T}}(t)M(\theta_k(t))z_k(t)-\frac{1}{2}z_k^{\mathrm{T}}(0)M(\theta_k(0))z_k(0)-\\&\frac{1}{2}\int_0^t z_k^{\mathrm{T}}(\varsigma)\dot{M}(\theta_k(\varsigma))z_k(\varsigma)\mathrm{d}\varsigma\end{aligned} \tag{4-31}$$

当设定的参数满足一定条件时[11]，可以进一步化简得到

$$\begin{aligned}\Delta V_k(t)\leqslant&\int_0^t z_k^{\mathrm{T}}(\varsigma)z_k(\varsigma)\mathrm{d}\varsigma-\frac{1}{\beta_m}z_k^{\mathrm{T}}(t)M(\theta_k(t))z_k(t)-\\&\frac{2}{\beta_m}\int_0^t z_k^{\mathrm{T}}(\varsigma)K_z z_k(\varsigma)\mathrm{d}\varsigma\end{aligned} \tag{4-32}$$

因此，可以得到最终的李雅普诺夫函数为

$$\begin{aligned}\Delta V_k(t)\leqslant&-\frac{1}{\beta_m}z_k^{\mathrm{T}}(t)M(\theta_k(t))z_k(t)+\\&\left(I-\frac{2}{\beta_m}K_z\right)\int_0^t z_k^{\mathrm{T}}(\varsigma)z_k(\varsigma)\mathrm{d}\varsigma\end{aligned} \tag{4-33}$$

综上所述，当定理4-1被满足时，$\Delta V_k(t)\leqslant0$，则 $V_k(t)$ 收敛于一个非负常数且有界。由式（4-33）可知，$k\to\infty$ 时，$\Delta V_k(t)\to0$，即 $z_k(t)\to0$，从而该控制的阻抗控制目标得以实现。

到此，该下肢康复外骨骼控制系统的李雅普诺夫能量函数稳定性证明完毕。

4.2.4 仿真研究

为了验证迭代阻抗控制器在关节空间中的执行效果，我们运用Matlab 2020a仿真软件进行在线理论仿真实验。本节考虑采用一个具有2个自由度的下肢康复外骨骼模型进行系统仿真。在每次迭代中，外骨骼重新定位到它的初始位置，并重复其运动以跟踪预期的轨迹。该外骨骼系统参数矩阵 $M(\theta)$、$C(\theta,\dot{\theta})$ 和 $G(\theta)$ 分别定义如下：

$$M(\theta)=\begin{bmatrix} M_{11} & M_{12} \\ M_{21} & M_{22} \end{bmatrix} \tag{4-34}$$

$$C(\theta,\dot{\theta})=\begin{bmatrix} C_{11} & C_{12} \\ C_{21} & C_{22} \end{bmatrix} \tag{4-35}$$

$$G(\theta)=[G_{11} \quad G_{21}]^{\mathrm{T}} \tag{4-36}$$

惯性矩阵 $M(\theta)$ 中各元素具体表达式如下：

$$\begin{cases} M_{11}=m_1 l_{c1}^2+m_2(l_1^2+l_{c2}^2+2l_1 l_{c2}\cos\theta_2)+I_1+I_2 \\ M_{12}=m_2(l_{c2}^2+l_1 l_{c2}\cos\theta_2)+I_2 \\ M_{21}=m_2(l_{c2}^2+l_1 l_{c2}\cos\theta_2)+I_2 \\ M_{22}=m_2 l_{c2}^2+I_2 \end{cases} \tag{4-37}$$

离心力和科里奥利力力矩矩阵 $C(\theta,\dot{\theta})$ 中各元素具体表达式如下：

$$\begin{cases} C_{11}=-m_2 l_1 l_{c2}\dot{\theta}_2\sin\theta_2 \\ C_{12}=-m_2 l_1 l_{c2}(\dot{\theta}_1+\dot{\theta}_2)\sin\theta_2 \\ C_{21}=m_2 l_1 l_{c2}\dot{\theta}_1\sin\theta_2 \\ C_{22}=0 \end{cases} \tag{4-38}$$

重力力矩矩阵 $G(\theta)$ 中各元素具体表达式如下：

$$\begin{cases} G_{11}=(m_1 l_{c2}+m_2 l_1)g\cos\theta_1+m_2 l_{c2}g\cos(\theta_1+\theta_2) \\ G_{21}=m_2 l_{c2}g\cos(\theta_1+\theta_2) \end{cases} \tag{4-39}$$

式（4-37）~式（4-39）中的详细参数含义如图4-2所示，其中参数 q 与 θ 等效替换，该坐标系的 z 轴垂直纸面向里，仅考虑外骨骼在 xy 二维平面运动。该图中，m_i 与 l_i 分别表示刚性连杆的质量与长度，l_{ci} 是关节 $i-1$ 到连杆 i 质心的距离，I_i 是连杆 i 绕轴的转动惯量，这个轴从纸面伸出，穿过连杆 i 的质心（$i=1,2$）。

针对本节的下肢康复外骨骼动力学模型给出以下的详细参数：$m_1=10\text{kg}$，$m_2=5\text{kg}$，$l_1=1\text{m}$，$l_2=0.5\text{m}$，$l_{c1}=0.5\text{m}$，$l_{c2}=0.25\text{m}$，$I_1=0.83\text{kg/m}^2$，$I_2=0.3\text{kg/m}^2$，$g=0.98\text{N/kg}$。需要注意的是，这些参数仅仅用于本次理论仿真实验，并不能直接应用于实际控制系统的外骨骼模型参数设计。在期望的阻抗模型中，设

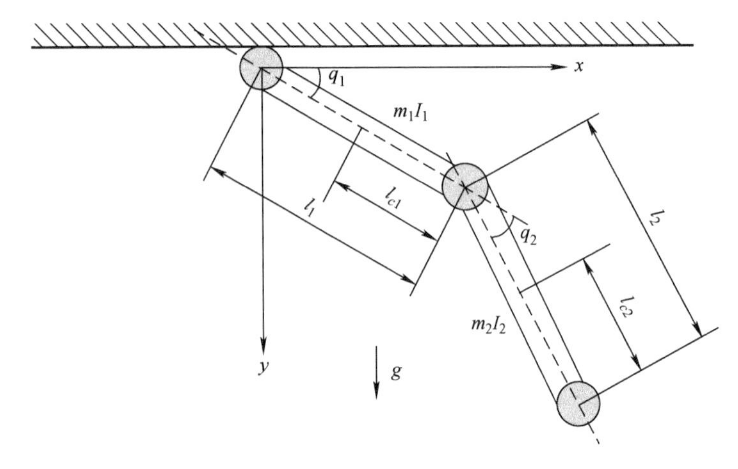

图 4-2　仿真模型图

定阻抗参数为：$M_d=0.001$，$C_d=0.1$，$G_d=0.1$。控制器中设定参数 $K_z=500$ 和 $\beta_m=0.2$。以上的参数并不代表是最优的选择，可以通过改变其他值来达到最佳的控制性能。

在关节空间中，分别设置两个关节的期望角度轨迹为 $\theta_{d1}=\sin(t+2\pi/3)$ 和 $\theta_{d2}=\sin(t+4\pi/3)$。关节的初始位置与初始速度都设置为 0，迭代时间周期为 [0,10s]，经过 10 次迭代后，下肢康复外骨骼第 10 次迭代的关节角度跟踪图如图 4-3和图 4-4 所示，实际关节角度轨迹能良好地收敛并可跟踪期望轨迹，实现了该控制系统的位置跟踪控制任务。外骨骼关节的角度位置跟踪误差图如图 4-5 和图 4-6所示。

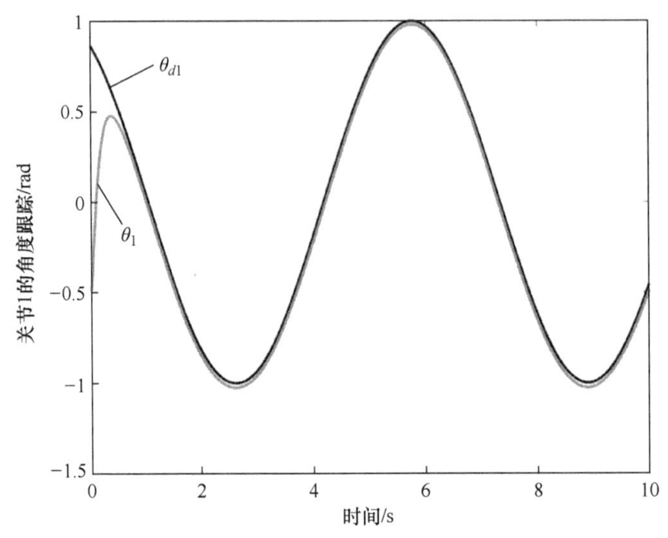

图 4-3　关节 1 角度跟踪图

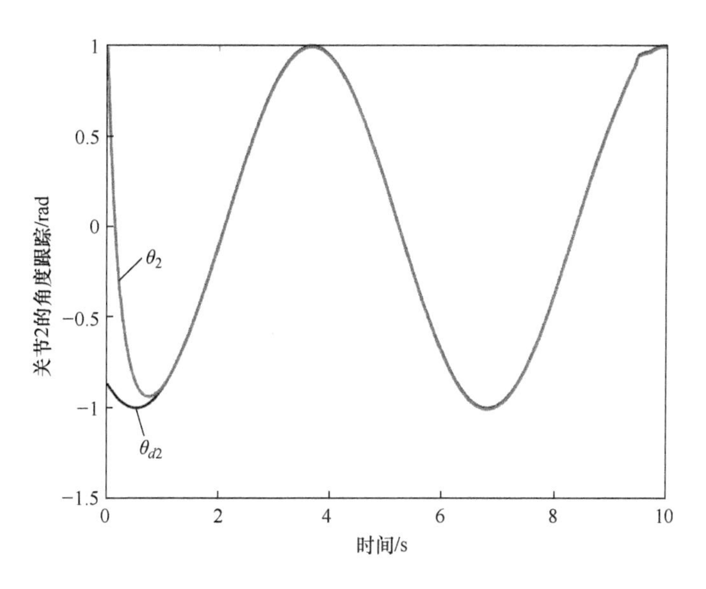

图 4-4　关节 2 角度跟踪图

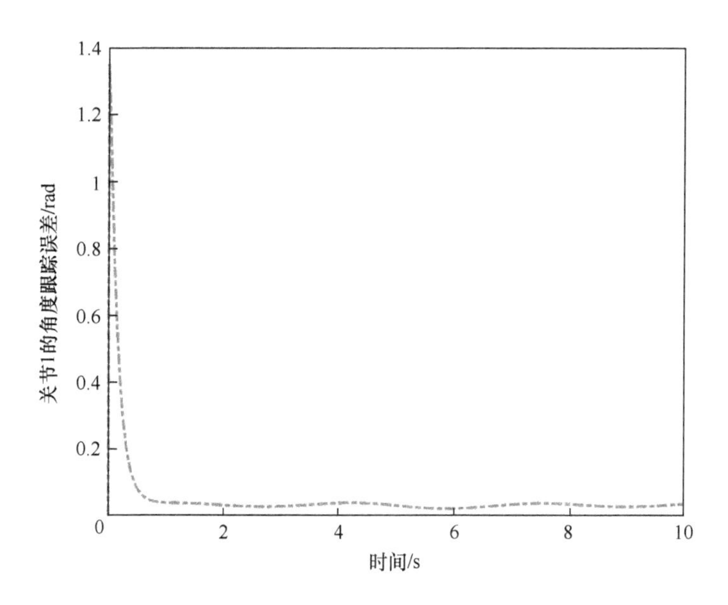

图 4-5　关节 1 角度跟踪误差图

可以清楚地看出角度位置误差能在 1s 时间内快速衰减并趋于 0 达到稳定状态。图 4-5 中关节 1 角度位置跟踪存在一定的上下波动，但都处于一个极小的可控误差范围内，并不会对患者造成任何的伤害，保证了训练任务的安全性。图 4-6 中关节 2 的误差趋于 0 且相对关节 1 来说更加稳定，保证了控制系统角度位置跟踪的有

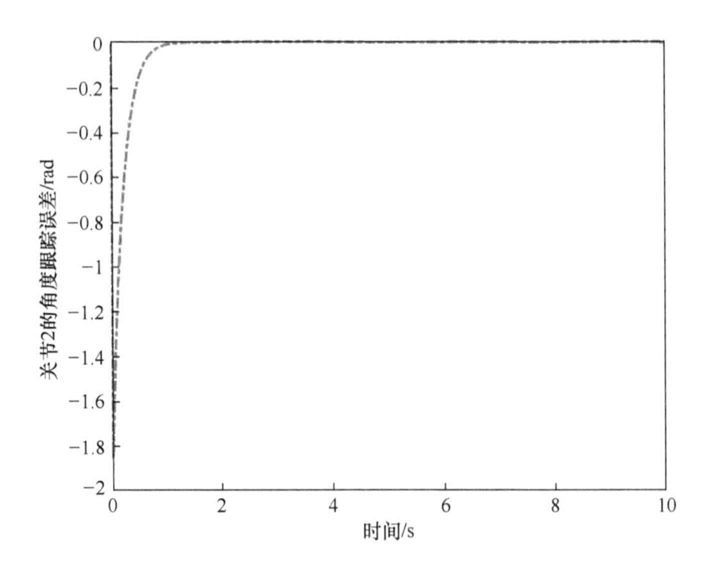

图 4-6　关节 2 角度跟踪误差图

效性。

本章中，人机交互力的控制由目标阻抗模型来实现，阻抗误差的仿真结果如图 4-7和图 4-8 所示。从图中可以看出，阻抗误差同角度位置跟踪一样都能快速地收敛并趋于零达到稳定状态，表明本节中的迭代阻抗控制器在有限次的迭代之后都实现了期望的阻抗控制目标。但是初始阻抗误差过大的问题将在后续研究中进一步优化。上述仿真实验结果表明，本节设计的控制器具有良好的可行性与有效性。

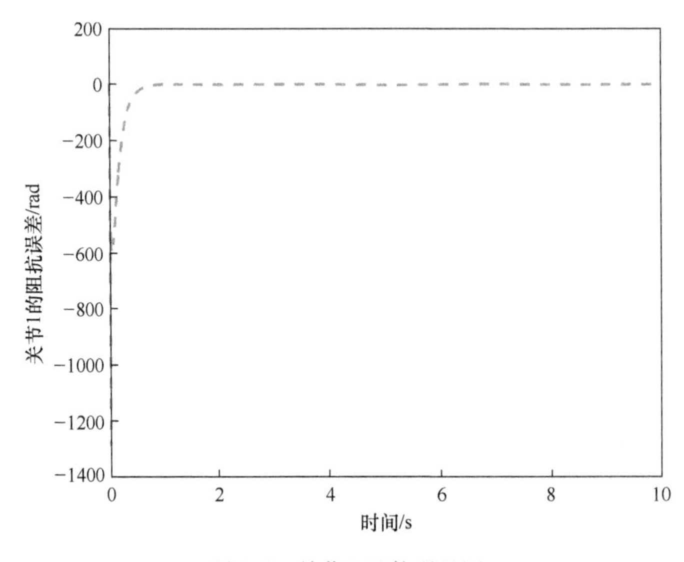

图 4-7　关节 1 阻抗误差图

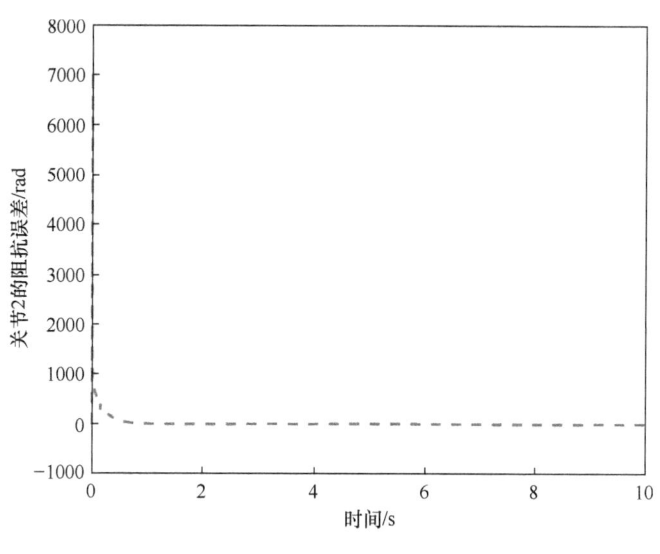

图 4-8　关节 2 阻抗误差图

4.2.5　小结

本节主要研究了下肢康复外骨骼在动力学模型和人机交互力精确已知，且存在外部未知干扰情况下的人机交互控制问题。为了实现我们的控制目标，设计了迭代学习阻抗控制器，控制方法的收敛性和稳定性都经过了李雅普诺夫能量函数的严格证明。仿真实验中，以一个具有 2 自由度的刚性下肢康复外骨骼模型为例，验证了该控制器在角度位置跟踪和人机交互方面的控制性能，结果表明了控制算法在下肢康复训练任务中能够拥有良好的控制效果。

4.3　外骨骼神经学习阻抗控制

4.3.1　引言

在前面章节中，已经设计了一个基于下肢外骨骼动力学模型完全已知的迭代阻抗控制器，仿真结果证明了该控制方法具有良好的康复训练效果。但是在实际的应用环境中，外骨骼动力学模型是难以精确建立的，且由于测量噪声及各种干扰因素的存在，人机交互力矩同样无法通过传感器来准确测量，造成整个控制系统的稳定性和抗扰能力降低。杨振等人将阻抗控制算法与神经网络逆系统方法结合，利用神经网路逆系统的解耦能力实现对机器人的线性化，然后利用阻抗控制算法实现了对解耦线性化后的机器人的柔顺控制[12]。黄明等人研究了气动肌肉腕关节康复外骨骼控制技术，采用神经网络在线估计局部参数的方法，提出了一种改进的代理滑模控制器，增强了系统的鲁棒性[13]。

针对上述问题，本节拟用 RBF 神经网络来逼近外骨骼动力学模型，人机交互力则通过自适应律来修正，进而优化系统控制精度，提升系统的鲁棒性，进一步保证外骨骼控制系统的有效性，提高下肢康复训练效果。

4.3.2 神经学习阻抗控制

RBF 神经网络的理论知识可以参考3.2 节，这里就不过多赘述。当前，已经发表了许多针对非线性系统的 RBF 神经网络控制研究成果[14-19]。在本节中，RBF 神经网络主要用于逼近下肢康复外骨骼系统不确定性建模部分，采用3 个自适应迭代学习律来更新 RBF 神经网络的权值，进而对外骨骼动力学模型中的惯性矩阵、离心力和科里奥利力力矩和重力项分别进行近似处理。

在 RBF 神经网络中，RBF 是一个实值函数方法，其取值仅仅依赖于离原点的距离，即 $\Phi(x)=\Phi(\|x\|)$，还可以是到任意一点 c 的距离，c 点称为中心点，也就是 $\Phi(x,c)=\Phi(\|x-c\|)$。任何符合特定条件 $\Phi(x)=\Phi(\|x\|)$ 的函数 Φ 都可称为 RBF，一般使用欧式距离（也叫作欧式 RBF）作为标准的 RBF，但其他距离函数也可以使用。主要有 3 种重要的 RBF，分别是 Gauss（高斯）函数、反常 S 型函数和拟多二次函数。

高斯核函数是应用最广泛的 RBF，其形式如下：

$$K(\|X-X_c\|)=\mathrm{e}^{\frac{-\|X-X_c\|^2}{2\sigma^2}} \tag{4-40}$$

式中，X_c 是核函数的中心；σ 是函数的宽度并对函数的径向作用范围进行控制。

将 RBF 神经网络输入层、隐含层和输出层的节点数分别设定为 n、m、k。输入层的主要作用是将输入变量参数引入到隐含层空间中，并不会进行数学运算。隐含层中包含了一组由 m 个高斯基函数构成的计算神经元点，具体表达式为

$$\begin{aligned}\phi_j(x) &= \exp\left(\frac{\|x-c_j\|^2}{2b_j^2}\right),\ j=1,2,\cdots,m \\ f_i &= \sum_{j=1}^{m} w_{ij}\phi_j,\ i=1,2,\cdots,k\end{aligned} \tag{4-41}$$

式子，x 是神经网络的输入向量，$x=[x_1,x_2,\cdots,x_n]^{\mathrm{T}}$，$j$ 是隐含层中的第 j 个节点；$c_j\in R^n$ 是第 j 个节点的中心向量；b_j 是第 j 个节点的基宽度参数并满足 $b_j>0$；$\phi_j(x)$是隐含层第 j 个神经元节点的高斯基函数输出；w_{ij}是隐含层第 j 个节点到输出层第 i 个节点的神经网络估计权值；f_i 是隐含层的非线性函数的线性组合式。

综上所述，利用 RBF 网络的万能逼近特性，当采用 RBF 神经网络来逼近非线性函数 $F(x)$，其详细算法表达式为

$$F(x)=\hat{W}^{\mathrm{T}}\phi(x)+\varepsilon \tag{4-42}$$

$$\hat{W}^{\mathrm{T}}=\begin{pmatrix} w_{11} & w_{21} & \cdots & w_{k1} \\ w_{12} & w_{22} & \cdots & w_{k2} \\ \vdots & \vdots & \vdots & \vdots \\ w_{1m} & w_{2m} & \cdots & w_{km} \end{pmatrix},\ \phi(x)=\begin{pmatrix} \phi_1(x) \\ \phi_2(x) \\ \vdots \\ \phi_m(x) \end{pmatrix},\ F=\begin{pmatrix} f_1 \\ f_2 \\ \vdots \\ f_k \end{pmatrix} \tag{4-43}$$

式中，$\hat{W}^{\mathrm{T}}$ 是 RBF 神经网络的估计权值；$\phi(x)$ 是高斯基函数的输出项。进一步可以得到被逼近函数 $F(x)$ 的 RBF 神经网络估计输出值 $\hat{F}(x)$ 为

$$\hat{F}(x)=\hat{W}^{\mathrm{T}}\phi(x) \tag{4-44}$$

为了后续研究中控制器的理论设计，我们有以下假设：

假设 4-2　存在一个任意小的正数 ε_N，使得 RBF 神经网络函数逼近误差 ε 满足[20]：

$$\varepsilon \leqslant \varepsilon_N \tag{4-45}$$

本节考虑一个 n 自由度的下肢康复外骨骼动力学模型为

$$M(\theta)\ddot{\theta}+C(\theta,\dot{\theta})\dot{\theta}+G(\theta)-\tau_{dis}=\tau-\tau_e \tag{4-46}$$

该动力学模型与 4.2.2 节部分一致，$\tau_{dis}\in R^n$，表示外部未建模扰动。

假设 4-3　外部未建模扰动是有界的，因此满足 $\tau_{dis}\leqslant\bar{\tau}_{dis}$，$\forall\tau_{dis}\in R^n$。

假设 4-4　患者与外骨骼之间的交互力是无法精确测量的，存在测量噪声 $\tilde{\tau}_e=\hat{\tau}_e-\tau_e$，$\hat{\tau}_e$ 为 τ_e 的测量值，且测量噪声是有界的，存在一个未知上界 $\hbar$ 使得 $\tilde{\tau}_e\leqslant\hbar$。

性质 4-3　矩阵 $M(\theta)$、$C(\theta,\dot{\theta})$ 和 $G(\theta)$ 都是有界的，并且 $M(\theta)$ 具有对称正定性。

性质 4-4　惯性矩阵的导数 $\dot{M}(\theta)$ 和科里奥利力矩阵 $C(\theta,\dot{\theta})$ 满足

$$r^{\mathrm{T}}[\dot{M}(\theta)-C(\theta,\dot{\theta})]r=0,\ \forall r\in R^n \tag{4-47}$$

在关节空间中，以 4.2.2 节中的阻抗模型为研究对象，则本节目标阻抗模型为

$$M_d\ddot{e}+C_d\dot{e}+K_de=\tau_e \tag{4-48}$$

式中，e 是关节轨迹位置误差向量，$e=\theta-\theta_d$。

本节控制器的控制目标是找到一系列的控制力矩，使整个系统的阻抗跟踪给定的目标阻抗模型［见式（4-48）］。因此，我们需要设计一个虚拟的阻抗误差如下：

$$w=M_d\ddot{e}+C_d\dot{e}+K_de-\tau_e \tag{4-49}$$

因此，本节得阻抗控制目标为

$$\lim_{k\to\infty}w_k(t)=0,\ \forall t\in[0,t_f] \tag{4-50}$$

式中，k 和 t_f 分别是迭代次数和迭代周期。由于对下肢康复外骨骼没有完全了解，传统的控制方法很难实现这个控制目标。当未知的系统参数因其他情况发生时变化，情况将会变得更加复杂。为了解决这一问题，提出神经网络迭代学习阻抗控制来搜索所需的控制输入。

当存在外部干扰因素时，很难建立一个精确的动态模型来实现期望的控制目标。因此，采用神经网络迭代学习来逼近下肢外骨骼的动力学模型。对于未知函数

$M(\theta)$、$C(\theta,\dot{\theta})$ 和 $G(\theta)$，可以将其表示为如下形式：

$$\begin{cases} M(\theta) = W_M^{\mathrm{T}}\phi_M(\theta) + \partial_M \\ C(\theta,\dot{\theta}) = W_C^{\mathrm{T}}\phi_C(\theta,\dot{\theta}) + \partial_C \\ G(\theta) = W_G^{\mathrm{T}}\phi_G(\theta) + \partial_G \end{cases} \tag{4-51}$$

式中，∂_M、∂_C 和 ∂_G 是估计误差；W_M^{T}、W_C^{T} 和 W_G^{T} 是神经网络理想权值；$\phi_M(\theta)$、$\phi_C(\theta,\dot{\theta})$ 和 $\phi_G(\theta)$ 是高斯基函数向量。

假设 4-5 神经网络估计误差 ∂_M、∂_C 和 ∂_G 是有界的，因此存在未知上界值 ϕ_M、ϕ_C 和 ϕ_G 分别满足 $\partial_M \leqslant \phi_M$，$\partial_C \leqslant \phi_C$ 和 $\partial_G \leqslant \phi_G$。

为了获得高斯输出函数，可以得到其计算表达式为

$$\begin{cases} \phi_M(\theta) = \exp\left(\dfrac{\| \rho - \nu_j \|^2}{2\gamma_j^2}\right) \\ \phi_C(\theta,\dot{\theta}) = \exp\left(\dfrac{\| \mu - \nu_j \|^2}{2\gamma_j^2}\right) \\ \phi_G(\theta) = \exp\left(\dfrac{\| \rho - \nu_j \|^2}{2\gamma_j^2}\right) \end{cases} \tag{4-52}$$

式中，$\rho = \theta$；$\mu = [\theta,\dot{\theta}]$；$j = 1,2,\cdots,n$ 是神经网络节点数量；ν_j 是中心函数；γ_j 是一个正常数。

对于下肢康复外骨骼动力学模型参数 $M(\theta)$、$C(\theta,\dot{\theta})$ 和 $G(\theta)$ 的估计值 $\hat{M}(\theta)$、$\hat{C}(\theta,\dot{\theta})$ 和 $\hat{G}(\theta)$，通过神经网络模型处理可以得到

$$\begin{cases} \hat{M}(\theta) = \hat{W}_M^{\mathrm{T}}\phi_M(\theta) \\ \hat{C}(\theta,\dot{\theta}) = \hat{W}_C^{\mathrm{T}}\phi_C(\theta,\dot{\theta}) \\ \hat{G}(\theta) = \hat{W}_G^{\mathrm{T}}\phi_G(\theta) \end{cases} \tag{4-53}$$

式中，$\hat{W}(\cdot)$ 是 $W(\cdot)$ 的估计值。

本节提出了一种新的用于下肢康复外骨骼的神经网络迭代学习控制器。在 4.2.2 节中，定义了两个辅助矩阵 Γ 和 Λ，以及一个辅助向量 τ_l，其同样适用于本节，因此用如下表达式重新表述目标阻抗模型为

$$\overline{w} = \ddot{e} + (\Lambda + \Gamma)\dot{e} + \Gamma\Lambda e - \dot{\tau}_l - \Gamma\tau_l \tag{4-54}$$

通过定义 $z = \dot{e} + \Lambda e - \tau_l$，则可以得到新的控制目标模型为

$$\overline{w}_k = \dot{z}_k + \Gamma z_k \tag{4-55}$$

若存在相应条件满足 $\lim\limits_{k\to\infty} z_k = 0$，则可以实现式（4-55）的控制目标，因此，本节的控制目标转变为当迭代次数 $k\to\infty$ 时，辅助阻抗向量 $z\to 0$。

重新定义阻抗向量 z 为

$$z = \dot{\theta} - \dot{\theta}_r \tag{4-56}$$

式中，$\dot{\theta}_r$ 是一个辅助参考向量，$\dot{\theta}_r = \dot{\theta}_d - \Lambda e + \tau_l$，则可以将外骨骼动力学方程

式 (4-46)改写为如下形式：

$$M(\theta)\dot{z}+C(\theta,\dot{\theta})z+M(\theta)\ddot{\theta}_r+C(\theta,\dot{\theta})\dot{\theta}_r+G(\theta)-\tau_{dis}=\tau-\tau_e \tag{4-57}$$

设计该下肢康复外骨骼系统理想控制输入为

$$\tau=\tau_a+\tau_b+\tau_c+\hat{\tau}_e \tag{4-58}$$

式中，τ_a、τ_b 和 τ_c 分别是控制器计算输入力矩、反馈力矩和补偿力矩；$\hat{\tau}_e$ 是人机交互力 τ_e 的估计值。

计算力矩详细表达式如下：

$$\tau_a=\hat{M}(\theta)\ddot{\theta}_r+\hat{C}(\theta,\dot{\theta})\dot{\theta}_r+\hat{G}(\theta) \tag{4-59}$$

其中，考虑到实际应用环境中人机交互力的不精确性，重新定义参考向量 θ_r 为

$$\begin{cases}\dot{\theta}_r=\dot{\theta}_d-\Lambda e+\hat{\tau}_l\\ \ddot{\theta}_r=\ddot{\theta}_d-\Lambda\dot{e}+\dot{\hat{\tau}}_l\end{cases} \tag{4-60}$$

其中，$\hat{\tau}_l$ 满足 $\dot{\hat{\tau}}_l+\Gamma\hat{\tau}_l=M_d^{-1}\hat{\tau}_e$。

通过定义式子：

$$\begin{cases}\bar{z}=\dot{e}+\Lambda e-\hat{\tau}_l=z-\widetilde{\tau}_l\\ \widetilde{\tau}_l=\hat{\tau}_l-\tau_l\end{cases} \tag{4-61}$$

可以得到补偿力矩项为

$$\tau_c=-P\hat{X}-K_r\mathrm{sgn}(z) \tag{4-62}$$

式中，K_r 是一个正常数；$P=[\mathrm{sgn}(z),\ \mathrm{sgn}(z)\ \|\ddot{\theta}_r\|,\ \mathrm{sgn}(z)\ \|\dot{\theta}_r\|]$；$\hat{X}$ 是 X 的估计值且 $X=[\hbar+\phi_G,\phi_C,\phi_M]^{\mathrm{T}}$。分析表明，补偿力矩向量可以补偿不准确的力测量和神经网络估计误差。

反馈力矩项具体表示如下：

$$\tau_b=-K_z z+m \tag{4-63}$$

式中，K_z 是一个正定增益矩阵，$K_z\in R^{n\times n}$；m 是前馈学习控制输入向量，$m\in R^{n\times n}$，其自适应迭代更新律为

$$m_{k+1}=m_k-\beta_m z_k \tag{4-64}$$

式中，β_m 是一个正常数；k 是迭代学习的次数。

本节的控制器整体控制框图如图 4-9 所示。较上一节相比，增加了 RBF 神经网络控制器，用以对下肢康复外骨骼不确定的动力学模型进行逼近处理，经过神经网络补偿后再进入到内环的迭代控制器中，实现角度跟踪位置控制。人机交互力则通过自适应律调节，由迭代学习更新自适应律权值。

将控制器输入式 (4-58) 代入外骨骼动力学方程式 (4-57)，可以得到闭环控制系统方程如下：

$$m=M(\theta)\dot{z}+C(\theta,\dot{\theta})z+\widetilde{M}(\theta)\ddot{\theta}_r+\widetilde{C}(\theta,\dot{\theta})\dot{\theta}_r+\widetilde{G}(\theta)+ P\hat{X}+K_z z+\widetilde{\tau}_e+K_r\mathrm{sgn}(z)-\tau_{dis} \tag{4-65}$$

式中，$\widetilde{M}(\theta)=M(\theta)-\hat{M}(\theta)$；$\widetilde{C}(\theta,\dot{\theta})=C(\theta,\dot{\theta})-\hat{C}(\theta,\dot{\theta})$；$\widetilde{G}(\theta)=G(\theta)-\hat{G}(\theta)\widetilde{\tau}_e=$

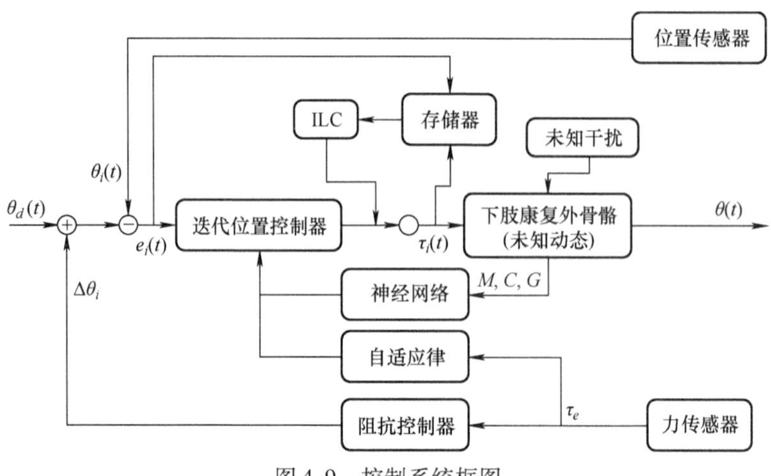

图 4-9　控制系统框图

$\tau_e - \hat{\tau}_e$。

由神经网络可得以下表达式：

$$\begin{cases} \widetilde{M}(\theta) = \widetilde{W}_M^{\mathrm{T}}\phi_M(\theta) + \partial_M \\ \widetilde{C}(\theta,\dot{\theta}) = \widetilde{W}_C^{\mathrm{T}}\phi_C(\theta,\dot{\theta}) + \partial_C \\ \widetilde{G}(\theta) = \widetilde{W}_G^{\mathrm{T}}\phi_G(\theta) + \partial_G \end{cases} \tag{4-66}$$

此处定义 $\widetilde{W}_M = \hat{W}_M - W_M$，$\widetilde{W}_C = \hat{W}_C - W_C$，$\widetilde{W}_G = \hat{W}_G - W_G$ 和 $\widetilde{X} = \hat{X} - X$。

为了获得式（4-59）中的外骨骼动力学估计项 $\hat{M}(\theta)$、$\hat{C}(\theta,\dot{\theta})$ 和 $\hat{G}(\theta)$ 以及式（4-62）中的 $\hat{X}$，设计自适应迭代学习律如下：

$$\begin{cases} \hat{W}_{M_{k+1}} = \hat{W}_{M_k} + \chi_M S_M^{-1}\phi_M(\theta) z_k \ddot{\theta}_r^{\mathrm{T}} \\ \hat{W}_{C_{k+1}} = \hat{W}_{C_k} + \chi_C S_C^{-1}\phi_C(\theta,\dot{\theta}) z_k \dot{\theta}_r^{\mathrm{T}} \\ \hat{W}_{G_{k+1}} = \hat{W}_{G_k} + \chi_G S_G^{-1}\phi_G(\theta) z_k \\ \hat{X}_{k+1} = \hat{X}_k + \chi_X S_X^{-1} P^{\mathrm{T}} z_k \end{cases} \tag{4-67}$$

式中，S_M、S_C、S_G 和 S_X 是正定对称矩阵；χ_M、χ_C、χ_G 和 χ_X 是正常数。

定理 4-2　根据式（4-58）所给出的控制系统，下肢康复外骨骼的相应控制参数应满足以下条件：

$$\lambda_{\min}[K_z] \geqslant \frac{\beta_m}{2} \tag{4-68}$$

$$\chi_M = \chi_C = \chi_G = \chi_X = \frac{\beta_m}{2} \tag{4-69}$$

式（4-68）中，$\lambda_{\min}[\cdot]$ 代表矩阵最小特征值。当控制器参数满足相应条件时，控制器将产生一系列的控制输入以实现阻抗控制目标，即

$$z_k(t) \to 0 \tag{4-70}$$

对于所有 $t\in[0,t_f]$，$k\to\infty$ 都是成立的。

4.3.3　稳定性分析

设计该下肢康复外骨骼控制系统的李雅普诺夫函数如下：

$$\Omega_k(t)=V_k(t)+U_k(t)+Y_k(t) \tag{4-71}$$

式（4-71）由 3 部分组成，分别对应控制器中的计算力矩、反馈力矩和补偿力矩。

其中 $V_k(t)$ 由 4.2.3 节可转换得到，具体表达式为

$$V_k(t)=V_k(0)+\int_0^t\left(\frac{1}{\beta_m^2}m_k^{\mathrm{T}}m_k\right)\mathrm{d}\varsigma \tag{4-72}$$

对于任意的 $t\in[t,t_f]$，$V_k(0)$ 表示 $t=0$ 时刻的初始值。

$U_k(t)$ 的具体表达式为

$$U_k(t)=\frac{1}{2}\int_0^t[\mathrm{tr}(\widetilde{W}_{M_k}^{\mathrm{T}}S_M^{\mathrm{T}}\widetilde{W}_{M_k}+\widetilde{W}_{M_k}^{\mathrm{T}}S_M^{\mathrm{T}}\widetilde{W}_{M_k})]\mathrm{d}\varsigma+\frac{1}{2}\int_0^t(\widetilde{W}_{G_k}^{\mathrm{T}}S_G^{\mathrm{T}}\widetilde{W}_{G_k})\mathrm{d}\varsigma \tag{4-73}$$

其中 $\mathrm{tr}(\cdot)$ 代表矩阵的迹。

$Y_k(t)$ 的表达式为

$$Y_k(t)=\frac{1}{2}\int_0^t(\widetilde{X}_k^{\mathrm{T}}S_X^{\mathrm{T}}\widetilde{X}_k)\mathrm{d}\varsigma \tag{4-74}$$

定义 $\Delta V_k(t)=V_{k+1}(t)-V_k(t)$，通过 4.2.3 节中的分析，可以得到

$$\begin{aligned}\Delta V_k&=V_{k+1}(0)-V_k(0)+\int_0^t\left(\frac{1}{\beta_m^2}m_{k+1}^{\mathrm{T}}m_{k+1}\right)\mathrm{d}\varsigma-\int_0^t\left(\frac{1}{\beta_m^2}m_k^{\mathrm{T}}m_k\right)\mathrm{d}\varsigma\\&=V_{k+1}(0)-V_k(0)+\int_0^t(z_k^{\mathrm{T}}z_k)\mathrm{d}\varsigma-\frac{2}{\beta_m}\int_0^t(z_k^{\mathrm{T}}m_k)\mathrm{d}\varsigma\end{aligned} \tag{4-75}$$

将外骨骼闭环系统方程式（4-65）代入到式（4-75）中，并通过 4.2.3 节中的方式进行化简可以得到

$$\begin{aligned}\Delta V_k=&\ V_{k+1}(0)-V_k(t)+\int_0^t(z_k^{\mathrm{T}}z_k)\mathrm{d}\varsigma-\\&\frac{2}{\beta_m}\int_0^t z_k^{\mathrm{T}}\{M(\theta_k)\dot{z}_k+[C(\theta_k,\dot{\theta}_k)+K_z]z_k\}\mathrm{d}\varsigma-\\&\frac{2}{\beta_m}\int_0^t z_k^{\mathrm{T}}[\widetilde{M}(\theta_k)\ddot{\theta}_{r_k}+\widetilde{C}(\theta_k,\dot{\theta}_k)\dot{\theta}_{r_k}+\widetilde{G}(\theta_k)]\mathrm{d}\varsigma-\\&\frac{2}{\beta_m}\int_0^t z_k^{\mathrm{T}}(P\hat{X}_k+\widetilde{\tau}_{e_k})\end{aligned} \tag{4-76}$$

又因为有等式：

$$\begin{aligned}\int_0^t z_k^{\mathrm{T}}M(\theta_k)\dot{z}_k\mathrm{d}\varsigma&=\frac{1}{2}z_k^{\mathrm{T}}M(\theta_k)z_k\\&=\frac{1}{2}z_k^{\mathrm{T}}(0)M(\theta_k(0))z_k(0)-\frac{1}{2}\int_0^t z_k^{\mathrm{T}}\dot{M}(\theta_k)z_k\mathrm{d}\varsigma\end{aligned} \tag{4-77}$$

当满足合适的初始条件时，可以得到

$$\Delta V_k \leqslant -\frac{1}{\beta_m}z_k^{\mathrm{T}}M(\theta_k)z_k + \left(I-\frac{2}{\beta_m}K_z\right)\int_0^t z_k^{\mathrm{T}}z_k\mathrm{d}\varsigma - \frac{2}{\beta_m}\int_0^t z_k^{\mathrm{T}}[\widetilde{M}(\theta_k)\ddot{\theta}_{r_k} + \widetilde{C}(\theta_k,\dot{\theta}_k)\dot{\theta}_{r_k} + \widetilde{G}(\theta_k)]\mathrm{d}\varsigma - \frac{2}{\beta_m}\int_0^t z_k^{\mathrm{T}}(P\hat{X}_k + \widetilde{\tau}_e) \tag{4-78}$$

式中，I是正定的单位矩阵。

然后，定义$U_k(t)$如下：

$$\begin{aligned}&U_{k+1}(t)-U_k(t)\\&=-\int_0^t[\mathrm{tr}(\frac{1}{2}\delta\widetilde{W}_{M_k}^{\mathrm{T}}S_M\delta\widetilde{W}_{M_k}+\widetilde{W}_{M_k}^{\mathrm{T}}S_M\delta\widetilde{W}_{M_k})]\mathrm{d}\varsigma-\\&\quad\int_0^t[\mathrm{tr}(\frac{1}{2}\delta\widetilde{W}_{C_k}^{\mathrm{T}}S_C\delta\widetilde{W}_{C_k}+\widetilde{W}_{C_k}^{\mathrm{T}}S_C\delta\widetilde{W}_{C_k})]\mathrm{d}\varsigma-\\&\quad\int_0^t[\mathrm{tr}(\frac{1}{2}\delta\widetilde{W}_{G_k}^{\mathrm{T}}S_G\delta\widetilde{W}_{G_k}+\widetilde{W}_{G_k}^{\mathrm{T}}S_G\delta\widetilde{W}_{G_k})]\mathrm{d}\varsigma\\&\leqslant-\int_0^t[\mathrm{tr}(\widetilde{W}_{M_k}^{\mathrm{T}}S_M\delta\widetilde{W}_{M_k}+\widetilde{W}_{C_k}^{\mathrm{T}}S_C\delta\widetilde{W}_{C_k})]\mathrm{d}\varsigma-\int_0^t(\widetilde{W}_{G_k}^{\mathrm{T}}S_G\delta\widetilde{W}_{G_k})\mathrm{d}\varsigma\end{aligned} \tag{4-79}$$

通过定义如下误差表达式：

$$\begin{cases}\delta\widetilde{W}_{M_k}=\hat{W}_{M_k}-\hat{W}_{M_{k+1}}\\\delta\widetilde{W}_{C_k}=\hat{W}_{C_k}-\hat{W}_{C_{k+1}}\\\delta\widetilde{W}_{G_k}=\hat{W}_{G_k}-\hat{W}_{G_{k+1}}\end{cases} \tag{4-80}$$

基于迭代学习更新律式（4-67）可以得到以下表达式：

$$\begin{cases}\delta\widetilde{W}_{M_k}=-\chi_M S_M^{-1}\phi_M(\theta)z_k\ddot{\theta}_r^{\mathrm{T}}\\\delta\widetilde{W}_{C_k}=-\chi_C S_C^{-1}\phi_C(\theta,\dot{\theta})z_k\dot{\theta}_r^{\mathrm{T}}\\\delta\widetilde{W}_{G_k}=-\chi_G S_G^{-1}\phi_G(\theta)z_k\end{cases} \tag{4-81}$$

将式（4-80）代入到式（4-79）中可以得到

$$\begin{aligned}&-\int_0^t[\mathrm{tr}(\widetilde{W}_{M_k}^{\mathrm{T}}S_M\delta\widetilde{W}_{M_k}+\widetilde{W}_{C_k}^{\mathrm{T}}S_C\delta\widetilde{W}_{C_k})]\mathrm{d}\varsigma-\int_0^t(\widetilde{W}_{G_k}^{\mathrm{T}}S_G\delta\widetilde{W}_{G_k})\mathrm{d}\varsigma\\&=\int_0^t\mathrm{tr}[\widetilde{W}_{M_k}^{\mathrm{T}}\phi_M(\theta)(z_k\ddot{\theta}_r^{\mathrm{T}})]\mathrm{d}\varsigma+\int_0^t\mathrm{tr}[\widetilde{W}_{C_k}^{\mathrm{T}}\phi_C(\theta,\dot{\theta})(z_k\dot{\theta}_r^{\mathrm{T}})]\mathrm{d}\varsigma+\\&\quad\int_0^t\widetilde{W}_{G_k}^{\mathrm{T}}(\phi_G(\theta)z_k)\mathrm{d}\varsigma\\&=\int_0^t\mathrm{tr}[\ddot{\theta}_r z_k^{\mathrm{T}}(\widetilde{M}_k(\theta)-\partial_{M_k})]\mathrm{d}\varsigma+\int_0^t\mathrm{tr}[\dot{\theta}_r z_k^{\mathrm{T}}(\widetilde{C}_k(\theta,\dot{\theta})-\partial_{C_k})]\mathrm{d}\varsigma+\\&\quad\int_0^t z_k^{\mathrm{T}}(\widetilde{G}_k(\theta)-\partial_{G_k})\mathrm{d}\varsigma\end{aligned} \tag{4-82}$$

使用如下定理：

$$\mathrm{tr}[\ddot{\theta}_r z_k^{\mathrm{T}}(\widetilde{M}_k(\theta)-\partial_{M_k})]=z_k^{\mathrm{T}}(\widetilde{M}_k(\theta)-\partial_{M_k})\ddot{\theta}_r \tag{4-83}$$

$$\mathrm{tr}\{\dot{\theta}_r z_k^{\mathrm{T}}[\widetilde{C}_k(\theta,\dot{\theta})-\partial_{C_k}]\}=z_k^{\mathrm{T}}(\widetilde{C}_k(\theta,\dot{\theta})-\partial_{C_k})\dot{\theta}_r \tag{4-84}$$

因此，可以得到以下化简式：

$$\begin{aligned}&\chi_M\int_0^t \mathrm{tr}\{\ddot{\theta}_r z_k^{\mathrm{T}}[\widetilde{M}_k(\theta)-\partial_{M_k}]\}\mathrm{d}\varsigma+\\&\chi_C\int_0^t \mathrm{tr}\{\dot{\theta}_r z_k^{\mathrm{T}}[\widetilde{C}_k(\theta,\dot{\theta})-\partial_{C_k}]\}\mathrm{d}\varsigma+\chi_G\int_0^t z_k^{\mathrm{T}}[\widetilde{G}_k(\theta)-\partial_{G_k}]\mathrm{d}\varsigma\\&=\frac{2}{\beta_m}\int_0^t z_k^{\mathrm{T}}[\widetilde{M}_k(\theta)\ddot{\theta}_r+\widetilde{C}_k(\theta,\dot{\theta})\dot{\theta}_r+\widetilde{G}_k(\theta)]\mathrm{d}\varsigma-\\&\frac{2}{\beta_m}\int_0^t z_k^{\mathrm{T}}(\partial_{M_k}\ddot{\theta}_r+\partial_{C_k}\dot{\theta}_r+\partial_{G_k})\mathrm{d}\varsigma\end{aligned} \tag{4-85}$$

通过式（4-79）和式（4-84），得到

$$\begin{aligned}U_{k+1}(t)-U_k(t)\leqslant&\frac{2}{\beta_m}\int_0^t z_k^{\mathrm{T}}[\widetilde{M}_k(\theta)\ddot{\theta}_r+\widetilde{C}_k(\theta,\ddot{\theta})\dot{\theta}_r+\widetilde{G}_k(\theta)]\mathrm{d}\varsigma-\\&\frac{2}{\beta_m}\int_0^t z_k^{\mathrm{T}}(\partial_{M_k}\ddot{\theta}_r+\partial_{C_k}\dot{\theta}_r+\partial_{G_k})\mathrm{d}\varsigma\end{aligned} \tag{4-86}$$

然后定义 $\delta\widetilde{X}_k=\hat{X}_k-\hat{X}_{k+1}$，此时 $\delta\widetilde{X}_k=-\chi_X S_X^{-1}P^{\mathrm{T}}z_k$，因此可以得到 $Y_k(t)$的表达式如下：

$$\begin{aligned}Y_{k+1}(t)-Y_k(t)&=\frac{1}{2}\int_0^t(\widetilde{X}_{k+1}^{\mathrm{T}}S_X^{\mathrm{T}}\widetilde{X}_{k+1}-\widetilde{X}_k^{\mathrm{T}}S_X^{\mathrm{T}}\widetilde{X}_k)\mathrm{d}\varsigma\\&=-\int_0^t(\delta\widetilde{X}_k^{\mathrm{T}}S_X^{\mathrm{T}}\widetilde{X}_k+\frac{1}{2}\delta\widetilde{X}_k^{\mathrm{T}}S_X^{\mathrm{T}}\delta\widetilde{X}_k)\mathrm{d}\varsigma\\&\leqslant-\int_0^t(\delta\widetilde{X}_k^{\mathrm{T}}S_X^{\mathrm{T}}\widetilde{X}_k)\mathrm{d}\varsigma=\chi_X\int_0^t z_k^{\mathrm{T}}P\widetilde{X}_k\mathrm{d}\varsigma\end{aligned} \tag{4-87}$$

通过以上分别对 $V_k(t)$、$U_k(t)$和 $Y_k(t)$的分析计算，可以得到如下结果：

$$\begin{aligned}\Delta\Omega_k(t)&=\Omega_{k+1}(t)-\Omega_k(t)\\&=[V_{k+1}(t)-V_k(t)]+[U_{k+1}(t)-U_k(t)]+[Y_{k+1}(t)-Y_k(t)]\\&\leqslant\left(I-\frac{2}{\beta_m}K_z\right)\int_0^t z_k^{\mathrm{T}}z_k\mathrm{d}\varsigma-\frac{2}{\beta_m}\int_0^t z_k^{\mathrm{T}}(P\hat{X}_k+\widetilde{\tau}_{e_k})\mathrm{d}\varsigma-\\&\frac{2}{\beta_m}\int_0^t z_k^{\mathrm{T}}(\partial_{M_k}\ddot{\theta}_r+\partial_{C_k}\dot{\theta}_r+\partial_{G_k})\mathrm{d}\varsigma+\frac{2}{\beta_m}\int_0^t z_k^{\mathrm{T}}P\widetilde{X}_k\mathrm{d}\varsigma\end{aligned} \tag{4-88}$$

又因为

$$\begin{aligned}&-z_k^{\mathrm{T}}(\widetilde{\tau}_{e_k}+\partial_{M_k}\ddot{\theta}_r+\partial_{C_k}\dot{\theta}_r+\partial_{G_k})\\&\leqslant\|z_k\|(\|\widetilde{\tau}_e\|+\|\partial_{M_k}\ddot{\theta}_r\|+\|\partial_{C_k}\dot{\theta}_r\|+\|\partial_{G_k}\|)\\&\leqslant\|z_k\|(\hbar+\phi_M\|\ddot{\theta}_r\|+\phi_C\|\dot{\theta}_r\|+\phi_G)\\&\leqslant z_k^{\mathrm{T}}\mathrm{sgn}(z_k)[(\hbar+\phi_G)+\phi_M\|\ddot{\theta}_r\|+\phi_C\|\dot{\theta}_r\|]\\&=z_k^{\mathrm{T}}PX^{\mathrm{T}}\end{aligned} \tag{4-89}$$

因此，可以得到最终的李雅普诺夫函数如下：

$$\begin{aligned}\Delta\Omega_k(t) &\leqslant \left(I-\frac{2}{\beta_m}K_z\right)\int_0^t z_k^{\mathrm{T}} z_k \mathrm{d}\varsigma - \frac{2}{\beta_m}\int_0^t [z_k^{\mathrm{T}}(PX-PX)]\mathrm{d}\varsigma \\ &= \left(I-\frac{2}{\beta_m}K_z\right)\int_0^t z_k^{\mathrm{T}} z_k \mathrm{d}\varsigma \end{aligned} \tag{4-90}$$

当式（4-68）和式（4-69）都满足时，$\Delta\Omega_k(t)\leqslant 0$。假设对于任意 $t\in[0,t_f]$，$\Omega_k(0)$都是有界的，则式（4-90）表明 Ω_k 单调递减并收敛于一个正常数。因此当 $k\to\infty$ 时，$\Delta\Omega_k\to 0$。

4.3.4 仿真研究

本节通过仿真实验来验证所设计的神经网络迭代学习阻抗控制器的控制性能。仿真研究对象的动力学模型参数同 4.2.4 节一致，给定期望关节轨迹如下：$\theta_{d1}=2.5\sin(t+2\pi/3)$和$\theta_{d2}=2.5\sin(t+4\pi/3)$，期望轨迹可以根据患者的需求选取不同的轨迹值。设定目标阻抗模型中的期望阻抗参数分别为 $M_d=0.1$、$C_d=5$ 和 $K_d=5$。在 RBF 神经网络高斯基函数中相应的参数设定为 $\nu_j=0.1$ 和 $\gamma_j=0.01$，式（4-67）中的相应参数选取为 $S_M=S_C=S_G=0.1$ 和 $S_X=1$。在控制器中，增益参数选取为 $K_z=500$ 和 $\beta_m=0.4$。以上参数同样不代表是最优的选择，可以调整其他参数值获取更佳的控制性能。

在图 4-10 中和图 4-11 中，显示了控制器在第 10 次迭代学习时的关节角度轨迹跟踪图。实际轨迹能快速收敛并跟踪上期望轨迹，满足了下肢康复训练中的位置控制任务。

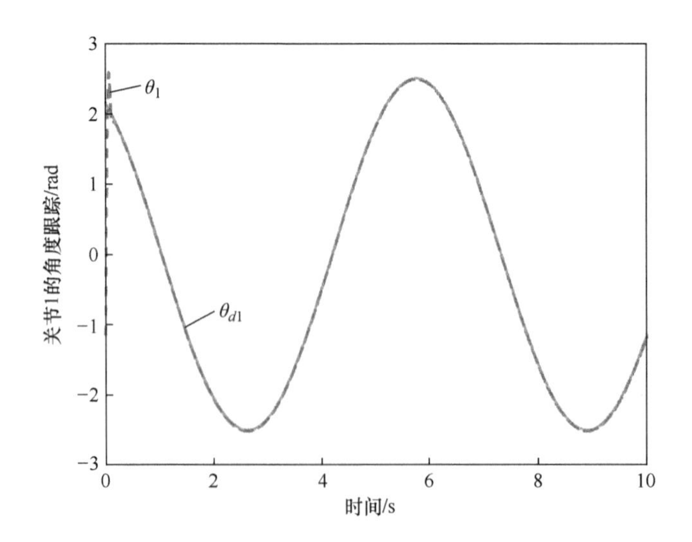

图 4-10　关节 1 角度跟踪图

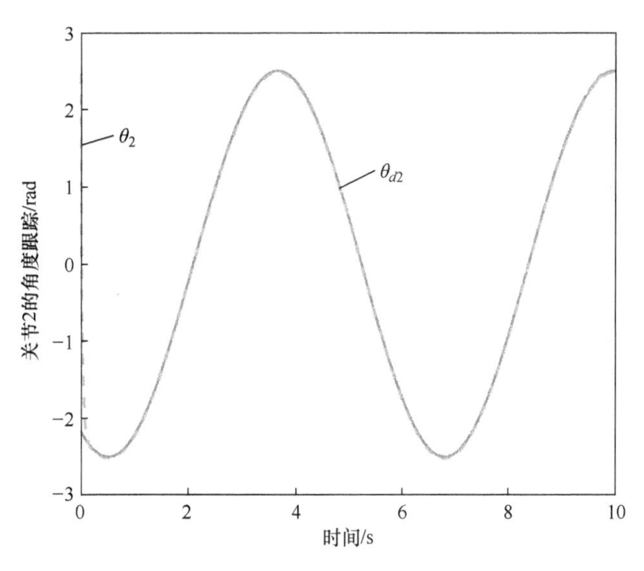

图 4-11　关节 2 角度跟踪图

如图 4-12 和图 4-13 所示，轨迹跟踪误差迅速收敛衰减并趋近于零，且稳定在 0.04rad 左右。极小的轨迹误差保证了患者在训练过程中的安全，避免了摆动幅度过大而造成患肢二次受伤的隐患，提高了康复训练的准确性和有效性。

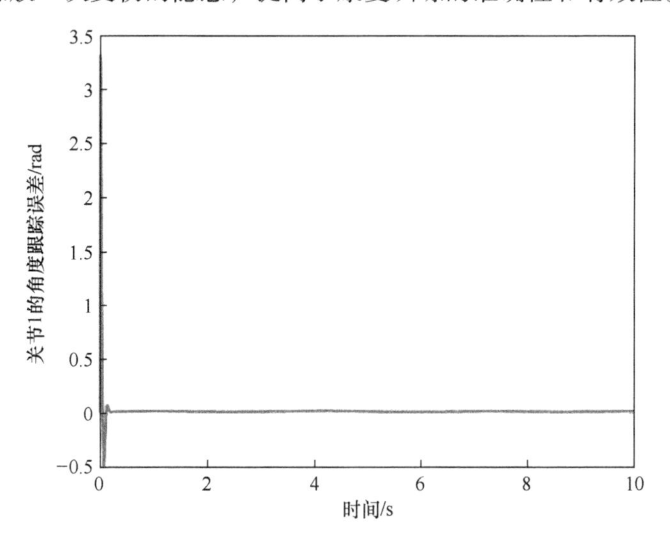

图 4-12　关节 1 角度跟踪误差图

人机交互之间的柔顺性是通过阻抗控制来实现的。图 4-14 和图 4-15 分别表示控制器在第 10 次迭代学习时的阻抗误差和前 10 次迭代学习的阻抗误差，其中 w_1 为关节 1，w_2 为关节 2。阻抗误差的趋于零证明了该控制方法的准确性。可以看出，随着迭代学习次数的递增，阻抗误差在逐步减小，在理论上可以证明当迭代次

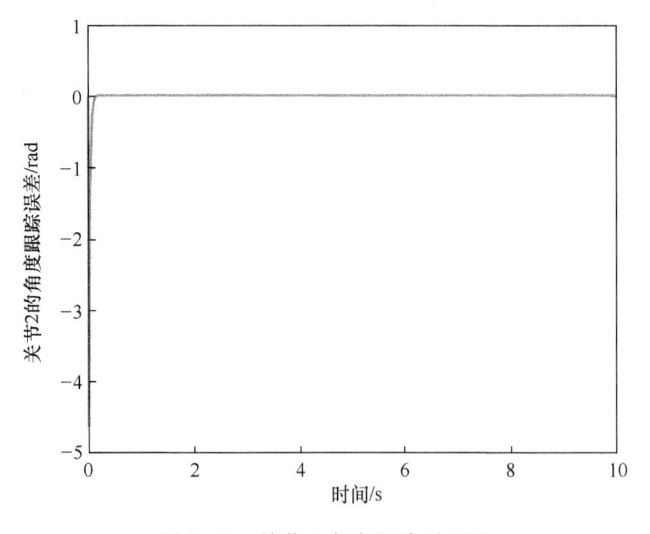

图 4-13　关节 2 角度跟踪误差图

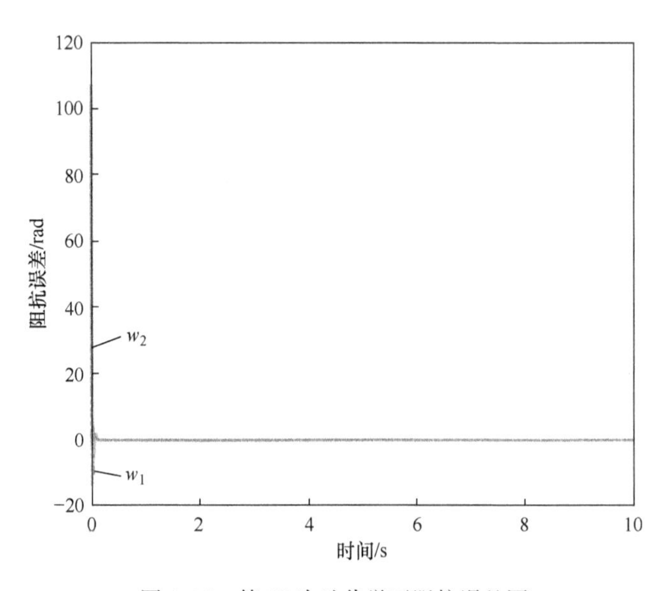

图 4-14　第 10 次迭代学习阻抗误差图

数趋向无限大，阻抗误差会无限趋近于零，进而实现了理想阻抗控制目标。

4.3.5　小结

本节针对前面章节中所研究的内容，考虑到在实际应用环境中，下肢康复外骨骼的动力学模型和人机交互力都是无法精确得到的，提出了神经网络迭代学习阻抗控制器。在该控制算法中，RBF 神经网络用以逼近动力学模型参数，人机交互力通过自适应迭代学习来修正，系统所受的外界未知干扰则同样经过自适应律进行误

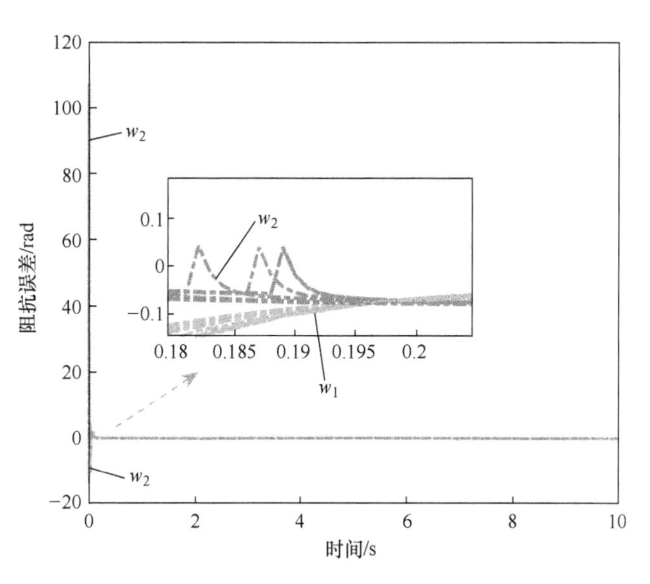

图 4-15　前 10 次迭代学习阻抗误差图

差补偿。仿真实验结果表明，本节提出的控制器与在前面章节中设计的控制器相比具有更好的控制效果。从关节角度轨迹跟踪来看，收敛速度更快，跟踪误差在 0.2s 左右趋于 0 并保持稳定，实际关节轨迹不再波动。初始阻抗误差相比前面章节中也衰减了数十倍，同样具有更快的收敛速度，进一步保障了患者的安全。

综上所述，本节提出的控制器可以很好地实现预定的控制目标，实现有效的下肢康复训练。面对不同的患者和不同的康复情况时，需要人为地调整相应的控制器参数，以确保下肢康复训练的有效性和安全性。虽然该控制方法可以在很短的时间内实现收敛稳定，但是初始阻抗误差仍然很大。为了确保患者的安全，需要在后续的工作中进一步解决这个问题。

4.4　基于运动意图估计的外骨骼阻抗控制

4.4.1　引言

在下肢康复训练的后期，患者已经具备较强的自主运动意识和自主运动能力，为了保证并提升患者的康复训练效果，此阶段的康复训练任务应由患者主导，下肢康复外骨骼作为辅助训练设备使用。患者与外骨骼之间的人机交互力是无法精确获得的，通过传感器来测量交互力矩并采用自适应迭代的方法来修正误差，无法达到理想的控制效果。在前面两节的研究中，仅仅考虑了通过阻抗控制来实现人机交互，患者自身产生的力矩并未完全用于康复训练，造成了患肢力量的流失。因此，拟用人体运动意图估计的方法来逼近患者的自主运动意识[21]，使患者主导康复训练过程，当患者无法进一步自主发力进行康复运动时，外骨骼进行辅助训练，可进一步提升康复训练的效果。考虑到不同患者以及不同康复情况对阻抗参数需求的不同，提出了阻抗参数学习法。当患者自主运动能力较强时，外骨骼应该降低自身阻抗参数，使其具备良好的柔顺性，避免患肢力量流失。当患者自主运动能力下降，外骨骼需要增大自身阻抗，确保下肢康复训练的有效性和精确性[22]。

通过相关文献[23-30]，本节针对外骨骼动力学模型不确定的下肢康复训练系统，提出了基于人体运动意图估计与输出约束的阻抗控制方法，开发了一个康复训练中安全高效的人机交互框架。考虑了外骨骼对患者人体运动意图的学习，还考虑了人体阻抗的学习，确保康复训练的精确有效。采用 RBF 神经网络对人体运动意图进行在线学习，采用最小二乘法对人体阻抗进行学习。为了避免患肢遭受二次伤害导致加重病情，对外骨骼的输出进行了约束处理，采用障碍李雅普诺夫函数避免输出违反约束规则，进而确保康复训练的安全性。对于外骨骼动力学模型用 RBF 神经网络对其进行估计和补偿，提升系统的稳定性。

4.4.2 运动意图估计

控制目标模型：

在关节空间中，一个 n 自由度的下肢康复外骨骼动力学模型定义如下：

$$M(\theta)\ddot{\theta}+C(\theta,\dot{\theta})\dot{\theta}+G(\theta)+\tau_{dis}=\tau+f \tag{4-91}$$

式中，$M(\theta)$、$C(\theta,\dot{\theta})$、$G(\theta)$ 和 τ 的定义与 4.2.2 节中的参数定义一致；τ_{dis} 是外部未建模的未知干扰，$\tau_{dis}\in R^n$；f 是患者与外骨骼之间的人机交互力，$f\in R^n$。

性质 4-5 矩阵 $M(\theta)$、$C(\theta,\theta)$ 和 $G(\theta)$ 都是有界的，且 $M(\theta)$ 为对称正定矩阵。

性质 4-6 矩阵 $\dot{M}(\theta)-2C(\theta,\theta)$ 为反对称矩阵，并满足

$$r^{\mathrm{T}}[\dot{M}(\theta)-2C(\theta,\dot{\theta})]r=0,\ \forall r\in R^n \tag{4-92}$$

为了保证患者患肢在下肢康复训练过程中的安全，下肢康复外骨骼系统的输出应在一个有界范围内。因此，给出以下输出约束条件：

$$\underline{\kappa}_c(t)<\theta(t)<\bar{\kappa}_c(t),\ \forall t\geqslant 0 \tag{4-93}$$

假设 4-6 在实际应用环境中，由于测量噪声存在无法准确地测量系统外部的未知干扰。假设未知的扰动是连续有界的，可以得到

$$|\tau_{dis}|<\tilde{\tau}_{dis},\ \forall t\geqslant 0 \tag{4-94}$$

式中，$\tilde{\tau}_{dis}$ 是一个未知的正常数。

人体肢体模型通常定义如下：

$$-M_H\ddot{\theta}-C_H\dot{\theta}+G_H(\theta_H-\theta)=f \tag{4-95}$$

式中，M_H、C_H 和 G_H 分别是人体肢体的质量矩阵、阻尼矩阵和弹性矩阵，且均是对角矩阵；θ_H 是人体的运动意图轨迹。

如本章参考文献中分析所描述[31-34]，阻尼和弹性矩阵基本可以代表人体肢体的模型，因此忽略掉质量矩阵，则可以重写人体肢体动力学模型为

$$-C_H\dot{\theta}+G_H(\theta_H-\theta)=f \tag{4-96}$$

其中，人体阻抗参数 C_H 和 G_H 是时变的或者常数，θ_H 是时变的。

在下肢康复训练后期，患肢与康复外骨骼之间存在着力的相互作用，采用阻抗控制实现人机之间力的交互。本节给定如下的期望阻抗模型：

$$M_d(\ddot{\theta}-\ddot{\theta}_d)+C_d(\dot{\theta}-\dot{\theta}_d)+G_d(\theta-\theta_d)=f \tag{4-97}$$

式中，θ_d 是理想的关节角度矢量，$\theta_d\in R^n$；M_d、C_d、G_d 分别是期望的惯性、阻尼和刚度矩阵，M_d，C_d，$G_d\in R^{n\times n}$。需要注意的是 M_d、C_d 和 G_d 均为对角且正定的矩阵。

在一个预定义的任务中，下肢康复外骨骼的期望轨迹被用于控制器设计。在本节所研究的下肢康复任务中，所期望的关节轨迹是由人类的自主运动意识决定的，但是这在控制器设计中是未知的[35]。因此，可以由式（4-97）定义一个新的期望阻抗模型如下：

$$M_d(\ddot{\theta}-\ddot{\hat{\theta}}_H)+C_d(\dot{\theta}-\dot{\hat{\theta}}_H)+G_d(\theta-\hat{\theta}_H)=f \tag{4-98}$$

式中，$\hat{\theta}$ 是人体运动意图 θ_H 的估计值。

图 4-16 为本节的控制系统结构框图，系统算法严格按照框图逻辑运行。如式（4-96）所示，假设 C_H 和 G_H 是下肢康复外骨骼控制系统状态变量的未知函数，则可以通过人机交互力 f、外骨骼实际的关节角度 θ 和速度 $\dot{\theta}$ 来求得运动意图 θ_H。因此，有以下函数表达式：

$$\theta_H=Y(\theta,\dot{\theta},f) \tag{4-99}$$

式中，$Y(\cdot)$是一个可能是非线性的未知函数。事实上，在康复训练过程中患者会不断改变其患肢的阻抗参数，这使得对人体运动意图 θ_H 变得十分困难[36]。本节使用 RBF 神经网络来实现人体运动意图的估计。

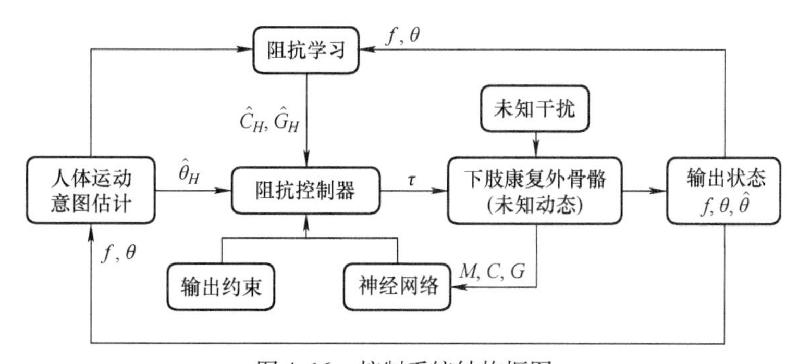

图 4-16　控制系统结构框图

通过运用 RBF 神经网络，可以分别得到人体运动意图及其估计式如下：

$$\begin{cases}\theta_{H,i}=\hat{\Theta}_i^{\mathrm{T}}\delta_i(\eta_i)+\varepsilon_i\\ \hat{\theta}_{H,i}=\hat{\Theta}_i^{\mathrm{T}}\delta_i(\eta_i)\end{cases} \tag{4-100}$$

式中，$(\cdot)_i$，$i=1,2,\cdots,n$ 是$(\cdot)$式中的第 i 个元素；η_i 是神经网络的输入项，$\eta_i=[f_i^{\mathrm{T}},\theta_i^{\mathrm{T}},\dot{\theta}_i^{\mathrm{T}}]$；$\delta_i(\cdot)$是径向基函数；$\hat{\Theta}_i$ 和 ε_i 分别是神经网络的估计权值和人体运动意图的估计误差。

从以上描述来看，需要根据患者的运动意图，将下肢康复外骨骼预先调整到期望位置，从而降低患者与外骨骼之间的交互力。因此，$\hat{\Theta}_i$ 需要按照以下成本函数以最快下降速度进行在线调整[37]，成本函数设计如下：

$$E_{M,i}=\frac{1}{2}f_i^2 \tag{4-101}$$

然后，针对神经网络权值提出一个新的更新律为

$$\dot{\hat{\Theta}}_i=-\beta_i\frac{\partial E_{M,i}}{\partial\hat{\Theta}_i}=-\beta_i\frac{\partial E_{M,i}}{\partial f_i}\frac{\partial f_i}{\partial\hat{\theta}_{H,i}}\frac{\partial\hat{\theta}_{H,i}}{\partial\hat{\Theta}_i} \tag{4-102}$$

对该式进行求偏导可得

$$\frac{\partial E_{M,i}}{\partial f_i}=f_i,\frac{\partial f_i}{\partial\hat{\theta}_{H,i}}=\psi_{H,i},\frac{\partial\hat{\theta}_{H,i}}{\partial\hat{\Theta}_i}=\delta_i(\eta_i) \tag{4-103}$$

因此，可以重写更新律［见式（4-102）］为

$$\dot{\hat{\Theta}}_i=-\beta_i f_i\psi_{H,i}\delta_i(\eta_i)=-\gamma_i\beta_i\delta_i(\eta_i) \tag{4-104}$$

式中，β_i 是一个正常数，f_i 和 $\psi_{H,i}$都被 γ_i 吸收。

通过以上换算，可以得到最后得权值更新律表达式如下：

$$\hat{\Theta}_i=\hat{\Theta}_i(0)-\gamma_i\int_0^t[f(\omega)_i\delta_i(\eta_i(\omega))]\mathrm{d}\omega \tag{4-105}$$

到此，则可以由式（4-100）和式（4-105）求得人体运动意图参数估计值 $\hat{\theta}_{H,i}$。

阻抗参数学习：

在实际的康复训练任务中，下肢康复具有一个较长的时间周期。在训练的早期阶段，患者具有较强的自主运动能力，患肢未处于疲劳状态。患者主导训练过程，康复外骨骼起辅助作用，因此需要降低阻抗参数，提升系统的柔顺性[38]。相反，在康复训练任务后期阶段，患肢进入疲劳状态，患者的自主运动能力下降。此时需要增加阻抗参数，以保证外骨骼关节轨迹定位精度，确保康复训练的有效性。

不同患者的康复训练所需的阻抗参数也有所不同。为此，设计了如下的阻抗参数实时调整规则：

$$\begin{aligned}\hat{C}_H+C_D&=\overline{C}\\ \hat{G}_H+G_D&=\overline{G}\end{aligned} \tag{4-106}$$

式中，$\overline{C}$、$\overline{G}$ 是给定的对角正定参数矩阵，$\overline{C}$，$\overline{G}\in R^n$；$\hat{C}_H$ 和 $\hat{G}_H$ 分别是阻抗参数 C_H 和 G_H 的估计值。通过所提出的目标阻抗模型［见式（4-98）］，下肢康复外骨

骼可以调整其期望的阻抗参数以适应不同患者的所需阻抗。因此，提出一种识别方法来获得人体阻抗参数[39]。

在已获得式（4-96）中的相应估计值 $\hat{C}_H$ 和 $\hat{G}_H$ 的情况下，可以通过转换规则［见式（4-106）］调整外骨骼阻抗参数。定义一个误差向量 $e=\hat{\theta}_H-\theta$，将其代入到式（4-96）可以得到

$$-\hat{C}_H\dot{\theta}+\hat{G}_He=\hat{f} \tag{4-107}$$

式中，$\hat{f}$ 是 f 的估计值，且实际人机交互力 f 是可被测量的。

提出采用参数估计法来获得未知矩阵。系统参数估计可采用最小二乘法，因此在此基础上考虑了一个代价函数如下：

$$E_{L,i}=\sum_{j=1}^{N}(f_{ij}-\hat{f}_{ij})^2 \tag{4-108}$$

式中，j 是采样数。

实际上，需要令 $E_{L,i}$ 对 C_H 的偏导数都为零，即

$$\frac{\partial E_{L,i}}{\partial C_H}=\frac{\partial E_{L,i}}{\partial G_H}=0 \tag{4-109}$$

对式（4-109）进一步转换得到

$$\begin{cases}\sum_{j=1}^{N}2(-\hat{C}_H\dot{\theta}_{ij}+\hat{G}_He_{ij}-f_{ij})(-\dot{\theta}_{ij})=0\\ \sum_{j=1}^{N}2(-\hat{C}_H\dot{\theta}_{ij}+\hat{G}_He_{ij}-f_{ij})e_{ij}=0\end{cases} \tag{4-110}$$

通过式（4-110）计算化简可得

$$\begin{cases}-\hat{C}_H\sum_{j=1}^{N}\dot{\theta}_{ij}^2+\hat{G}_H\sum_{j=1}^{N}\dot{\theta}_{ij}e_{ij}-\sum_{j=1}^{N}\dot{\theta}_{ij}f_{ij}=0\\ -\hat{C}_H\sum_{j=1}^{N}\dot{\theta}_{ij}e_{ij}+\hat{G}_H\sum_{j=1}^{N}e_{ij}^2-\sum_{j=1}^{N}e_{ij}f_{ij}=0\end{cases} \tag{4-111}$$

在实际的康复训练过程中，C_H 和 G_H 都是时变的。基于移动平均算法，可以得到最新的采样区域，以提高时变参数的估计精度。因此，可以由以下式子得到估计参数 $\hat{C}_H(t)$ 和 $\hat{G}_H(t)$

$$\begin{pmatrix}\hat{C}_H(t)\\ \hat{G}_H(t)\end{pmatrix}=\begin{pmatrix}-\sum_{j=1}^{N}\dot{\theta}_{ij}^2 & -\sum_{j=1}^{N}\dot{\theta}_{ij}e_{ij}\\ -\sum_{j=1}^{N}e_{ij}\dot{\theta}_{ij} & -\sum_{j=1}^{N}e_{ij}^2\end{pmatrix}^{-1}\times\begin{pmatrix}-\sum_{j=1}^{N}\dot{\theta}_{ij}f_{ij}\\ -\sum_{j=1}^{N}e_{ij}f_{ij}\end{pmatrix} \tag{4-112}$$

假设定义 s 表示在 t 时刻的采样数，S 表示在采样时间周期 T 的采样间隔，结合式（4-112）可以得到如下表达式

$$\begin{pmatrix} \hat{C}_H(t) \\ \hat{G}_H(t) \end{pmatrix} = \begin{pmatrix} -\sum_{j=1}^{s} \dot{\theta}_{ij}^2 & -\sum_{j=1}^{s} \dot{\theta}_{ij} e_{ij} \\ -\sum_{j=1}^{s} e_{ij} \dot{\theta}_{ij} & -\sum_{j=1}^{s} e_{ij}^2 \end{pmatrix}^{-1} \times \begin{pmatrix} -\sum_{j=1}^{s} \dot{\theta}_{ij} f_{ij} \\ -\sum_{j=1}^{s} e_{ij} f_{ij} \end{pmatrix} (s \leqslant S)$$

$$= \begin{pmatrix} -\sum_{j=s-S+1}^{s} \dot{\theta}_{ij}^2 & -\sum_{j=s-S+1}^{s} \dot{\theta}_{ij} e_{ij} \\ -\sum_{j=s-S+1}^{s} e_{ij} \dot{\theta}_{ij} & -\sum_{j=s-S+1}^{s} e_{ij}^2 \end{pmatrix}^{-1} \times \begin{pmatrix} -\sum_{j=s-S+1}^{s} \dot{\theta}_{ij} f_{ij} \\ -\sum_{j=s-S+1}^{s} e_{ij} f_{ij} \end{pmatrix} (s > S)$$

(4-113)

在实际工程应用中，为了确保 $\hat{C}_H(t)$ 和 $\hat{G}_H(t)$ 参数矩阵的对称正定性，利用 Frobenius 范数求得 $\hat{C}_H^{\dagger}$ 和 $\hat{G}_H^{\dagger}$ 作为最接近 $\hat{C}_H$ 和 $\hat{G}_H$ 的对称正定性矩阵。因此有以下表达式

$$\begin{cases} \hat{C}_H^{\dagger} = \dfrac{A+P}{2}, A = \dfrac{\hat{C}_H + \hat{C}_H^{\mathrm{T}}}{2} \\ \hat{G}_H^{\dagger} = \dfrac{B+Y}{2}, B = \dfrac{\hat{G}_H + \hat{G}_H^{\mathrm{T}}}{2} \end{cases} \tag{4-114}$$

式中，P 和 Y 分别是由 A 和 B 奇异值分解得到的对称极性因子。转换式如下

$$\begin{cases} A = LP, L^{\mathrm{T}}L = I \\ B = RY, R^{\mathrm{T}}R = I \end{cases} \tag{4-115}$$

式中，I 是单位矩阵。

综上，根据上述所提出的方法可以得到时变参数估计值 $\hat{C}_H$ 和 $\hat{G}_H$。因此，通过转换规则式（4-106）可得到下肢康复外骨骼的阻抗参数 C_D 和 G_D，实现阻抗参数的学习。

4.4.3 控制器设计

由前面章节可知，已获得人体运动意图估计参数值 $\hat{\theta}_H$，θ 跟踪 $\hat{\theta}_H$ 代表着下肢康复外骨骼轨迹输出跟踪上目标阻抗模型。如图 4-17 所示，为了保证下肢康复训练过程的安全，避免对患肢造成继发性损伤，θ 必须处在一个时变的限制范围之内。采用基于障碍李雅普诺夫函数的方法，避免外骨骼系统违反输出约束规则。

下肢康复外骨骼在关节空间的输出轨迹位置向量的时变界限定义如下：

$$\begin{cases} \kappa_a(t) = \theta_d(t) - \underline{\kappa}_c(t) \\ \kappa_b(t) = \overline{\kappa}_c(t) - \theta_d(t) \end{cases} \tag{4-116}$$

式中，$\overline{\kappa}_c(t)$ 和 $\underline{\kappa}_c(t)$ 分别是输出轨迹的上限值与下限值。

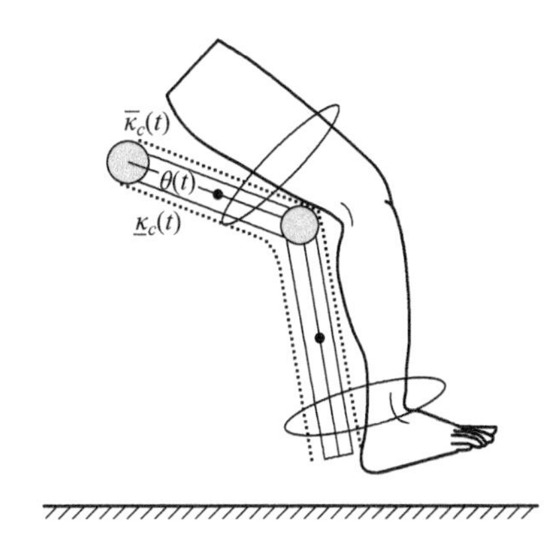

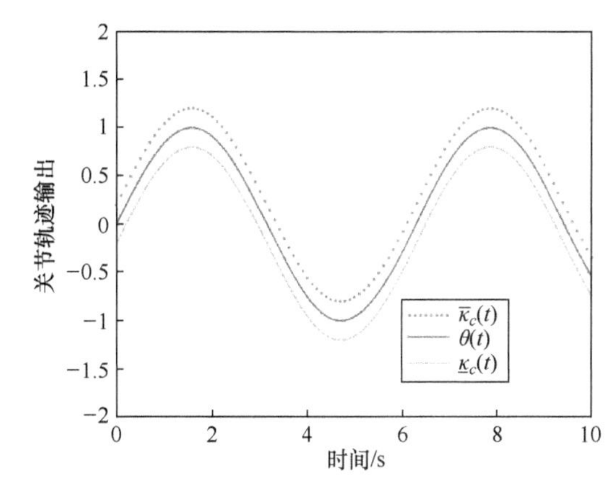

图 4-17　外骨骼输出约束示意图

1. 基于模型的阻抗控制

首先考虑下肢康复外骨骼系统的参数是已知的情况。定义一个跟踪误差向量 $z_1=\theta(t)-\theta_d(t)$，可以得到 $\dot{z}_1=\dot{\theta}(t)-\dot{\theta}_d(t)$。然后再定义一个辅助误差向量 $z_2=\dot{\theta}(t)-\chi(t)$，对其进行求导可得 $\dot{z}_2=\ddot{\theta}(t)-\dot{\chi}(t)$，且 $\chi(t)=[\chi_1(t),\chi_1(t),\cdots,\chi_1(t)]^{\mathrm{T}}$ 同样是一个辅助向量并在后文会对其进行定义。

因此，从式（4-91）可以得到 $\dot{z}_2$ 的表达式如下：

$$\dot{z}_2=M^{-1}(\theta)[\tau+f-\tau_{dis}-C(\theta,\dot{\theta})\dot{\theta}-G(\theta)]-\dot{\chi}\tag{4-117}$$

为了防止下肢康复外骨骼系统违反输出约束规则，设计障碍李雅普诺夫函数如下：

$$V_1(t)=\sum_{i=1}^{n}\left[\frac{\vartheta_i}{2}\ln\frac{\kappa_{b,i}^2(t)}{\kappa_{b,i}^2(t)-z_{1,i}^2(t)}+\frac{1-\vartheta_i}{2}\ln\frac{\kappa_{a,i}^2(t)}{\kappa_{a,i}^2(t)-z_{1,i}^2(t)}\right]\tag{4-118}$$

式中，ϑ_i 的值可由式（4-119）给出：

$$\vartheta_i=\begin{cases}0,z_{1,i}\leqslant 0\\1,z_{1,i}>0\end{cases}\tag{4-119}$$

通过定义坐标转换误差

$$\xi_{a,i}=\frac{z_{1,i}}{\kappa_{a,i}},\ \xi_{b,i}=\frac{z_{1,i}}{\kappa_{b,i}}\tag{4-120}$$

可以得到

$$\xi_i=\vartheta_i\xi_{b,i}+(1-\vartheta_i)\xi_{a,i}\tag{4-121}$$

将式（4-121）代入式（4-118）得到新的障碍李雅普诺夫函数表达式如下

$$V_1(t)=\sum_{i=1}^{n}\frac{1}{2}\ln\frac{1}{1-\xi_i^2}\tag{4-122}$$

当满足 $|\xi_i|<1$ 时，$V_1(t)$ 保持正定性且是连续可导的。对 $V_1(t)$ 求导可得

$$\dot{V}_1(t) = \sum_{i=1}^{n}\left[\frac{\xi_{b,i}\vartheta_i}{(1-\xi_{b,i}^2)\kappa_{b,i}}\left(z_{2,i}+\chi_i-\dot{\theta}_{d,i}-z_{1,i}\frac{\dot{\kappa}_{b,i}}{\kappa_{b,i}}\right)+\frac{\xi_{a,i}(1-\vartheta_i)}{(1-\xi_{a,i}^2)\kappa_{a,i}}\left(z_{2,i}+\chi_i-\dot{\theta}_{d,i}-z_{1,i}\frac{\dot{\kappa}_{a,i}}{\kappa_{a,i}}\right)\right] \tag{4-123}$$

将虚拟控制χ_i 设定为

$$\chi_i = \dot{\theta}_{d,i} - \varsigma_i z_{1,i} - \bar{\varsigma}_i z_{1,i} \tag{4-124}$$

式中

$$\bar{\varsigma}_i = \sqrt{\left[\frac{\dot{\kappa}_{b,i}(t)}{\kappa_{b,i}(t)}\right]^2+\left[\frac{\dot{\kappa}_{a,i}(t)}{\kappa_{a,i}(t)}\right]^2+\beta} \tag{4-125}$$

式中，β 是一个很小的正常数，通过设置β 为不同的值，式（4-125）仍然成立。

将式（4-124）和式（4-125）代入式（4-123）中，得到

$$V_1(t) \leqslant \sum_{i=1}^{n} -\varsigma_i\frac{\xi_i^2}{1-\xi_i^2}+\sum_{i=1}^{n}\varphi_i z_{1,i}z_{2,i} \tag{4-126}$$

式中，φ 是一个对角矩阵，$\varphi \in R^{n\times n}$，且满足

$$\varphi_i = \frac{\varsigma_i}{\kappa_{b.i}^2 - z_{1,i}^2}+\frac{1-\varsigma_i}{\kappa_{a.i}^2 - z_{1,i}^2} \tag{4-127}$$

然后，构造一个新的障碍李雅普诺夫函数 V_2，其具体形式如下：

$$V_2 = V_1 + \frac{1}{2}z_2^{\mathrm{T}}M(\theta)z_2 \tag{4-128}$$

对 V_2 进行时间参数求导得到

$$\begin{aligned}\dot{V}_2 &= \dot{V}_1 + \frac{1}{2}z_2^{\mathrm{T}}\dot{M}(\theta)z_2 + z_2 M(\theta)\dot{z}_2\\ &\leqslant \sum_{i=1}^{n} -\varsigma_i\frac{\xi_i^2}{1-\xi_i^2}+\sum_{i=1}^{n}\varphi_1 z_{1,i}z_{2,i}+\\ &\quad z_2^{\mathrm{T}}[\tau+f-\tau_{dis}-G(\theta)-M(\theta)\dot{\chi}-C(\theta,\dot{\theta})\chi]\end{aligned} \tag{4-129}$$

设计基于模型的下肢康复外骨骼系统控制律为

$$\tau_{mb} = \tau_{dis} - f + M(\theta)\dot{\chi} + C(\theta,\dot{\theta})\chi + G(\theta) - \varphi z_1 - K z_2 \tag{4-130}$$

式中，K 是增益矩阵，满足 $K = K^{\mathrm{T}} > 0$。

将控制器输入式（4-130）代入式（4-129）中，V_2 即满足以下情形：

$$\dot{V}_2 \leqslant \sum_{i=1}^{n} -\varsigma_i\frac{\xi_i^2}{1-\xi_i^2} - z_2^{\mathrm{T}}K z_2 \tag{4-131}$$

因此，该下肢康复外骨骼控制系统得渐近稳定性可以由 Barbalat 定理[40] 证明得到。

2. 自适应神经网络阻抗控制

由于下肢康复外骨骼系统参数的不确定性，基于模型所设计的控制器不适用于

实际康复训练任务。为了解决这一问题，采用神经网络来补偿系统参数的不确定项。将神经网络 $W^{*T}\Delta(Z)$ 定义为如下形式：

$$W^{*T}\Delta(Z)+\sigma=M(\theta)\dot{\chi}+C(\theta,\dot{\theta})\chi+G(\theta) \tag{4-132}$$

式中，Z 是 RBF 的输入向量，$Z=[\theta^{T},\dot{\theta}^{T},\chi^{T},\dot{\chi}^{T}]$；$\sigma$ 是神经网络估计误差值，且符合 $\sigma\leqslant\bar{\sigma}(\bar{\sigma}>0)$；$\hat{W}^{T}\Delta(Z)$ 是对 $W^{*T}\Delta(Z)$ 的估计。

设计神经网络自适应律如下：

$$\dot{\hat{W}}_{i}=-\Gamma_{i}(\Delta_{i}(Z)z_{2,i}+\delta_{i}|z_{2,i}|\hat{W}_{i}),\ i=1,2,\cdots,n \tag{4-133}$$

式中，$\hat{W}_{i}$ 是神经网络的估计权值；Γ_{i} 是正定的增益矩阵，$\Gamma_{i}=\Gamma_{i}^{T}$；$\delta_{i}$ 是一个很小的正常数可以提升系统的鲁棒性；$\Delta_{i}(\cdot)$是神经网络的基函数。

自适应神经网络的控制输入设置为

$$\tau=\hat{W}^{T}\Delta(z)-f-\varphi z_{1}-Kz_{2}-\mathrm{sgn}(z_{2}^{T})\odot\bar{\tau}_{dis} \tag{4-134}$$

该控制输入向量中，$\odot$运算符号被定义为假设 a 和 b 都是 n 维的向量，可得到 $a\odot b=[a_{1}b_{1},a_{2}b_{2},\cdots,a_{n}b_{n}]^{T}$。

考虑一个新的李雅普诺夫函数 V_3 如下：

$$V_{3}=V_{2}+\frac{1}{2}\tilde{W}_{i}^{T}\Gamma_{i}^{-1}\tilde{W}_{i} \tag{4-135}$$

其中，神经网络权值误差为 $\tilde{W}_{i}=\hat{W}_{i}-W_{i}^{T}$。

对 V_3 求导可得

$$\begin{aligned}\dot{V}_{3}\leqslant&-\sum_{i=1}^{n}\varsigma_{i}\frac{\xi_{i}^{2}}{1-\xi_{i}^{2}}+\sum_{i=1}^{n}\varphi_{i}z_{1,i}z_{2,i}+\\&z_{2}^{T}[\tau+f-\tau_{dis}-M(\theta)\dot{\chi}-C(\theta,\dot{\theta})\chi-G(\theta)]+\\&\sum_{i=1}^{n}\tilde{W}_{i}^{T}\Delta_{i}(Z)z_{2,i}-\sum_{i=1}^{n}\tilde{W}_{i}^{T}\Delta_{i}(Z)z_{2,i}\delta_{i}|z_{2,i}|\hat{W}_{i}\end{aligned} \tag{4-136}$$

将式（4-132）和式（4-134）代入式（4-136）中可以得到

$$\dot{V}_{3}\leqslant-\sum_{i=1}^{n}\varsigma_{i}\frac{\xi_{i}^{2}}{1-\xi_{i}^{2}}-z_{2}^{T}Kz_{2}+z_{2}^{T}\sigma-\sum_{i=1}^{n}\tilde{W}_{i}^{T}\delta_{i}|z_{2,i}|\hat{W}_{i} \tag{4-137}$$

进一步，有以下等式：

$$\|\tilde{W}_{i}\|=\|\hat{W}_{i}-W_{i}^{*}\|\leqslant\frac{\rho_{i}}{\delta_{i}}+\|W_{i}^{*}\|=\upsilon \tag{4-138}$$

式中，可以得到 $\|\Delta_{i}(Z)\|\leqslant\|\rho_{i}\|$ 且 $\rho_{i}>0$。

由式（4-136）可以得到

$$\begin{aligned}\dot{V}_{3}\leqslant&-\sum_{i=1}^{n}\varsigma_{i}\frac{\xi_{i}^{2}}{1-\xi_{i}^{2}}-z_{2}^{T}(K-I)z_{2}+\frac{1}{2}\|\bar{\sigma}\|^{2}-\\&\sum_{i=1}^{n}\frac{\delta_{i}^{2}}{4}\|W_{i}^{*}\|^{2}\|\tilde{W}_{i}\|^{2}+\sum_{i=1}^{n}\frac{\delta_{i}^{2}}{8}(\|W_{i}^{*}\|^{4}+\upsilon^{4})\\\leqslant&-\gamma V_{3}+\Psi\end{aligned} \tag{4-139}$$

同时，对 γ 和 Ψ 有如下定义：

$$\begin{cases}\gamma = \min\left(\min\limits_{i=1,2,\cdots,n}(2\kappa_{1,i}), \dfrac{2\lambda_{\min}(K-I)}{\lambda_{\max}(M)}, \min\limits_{i=1,2,\cdots,n}\dfrac{\delta_i^2\|W_i^*\|^2}{2\lambda_{\max}(\Gamma_i^{-1})}\right) \\ \Psi = \dfrac{1}{2}\|\bar{\sigma}\|^2 + \sum\limits_{i=1}^{n}\dfrac{\delta_i^2}{8}(\|W_i^*\|^4 + \upsilon^4)\end{cases} \tag{4-140}$$

式中，$\lambda_{\min}(\cdot)$和 $\lambda_{\max}(\cdot)$分别是矩阵中的最小和最大特征值。

其次，为了确保 $\gamma > 0$，增益矩阵 K 需要满足以下条件：

$$\lambda_{\min}(K-I) > 0 \tag{4-141}$$

为了使下肢康复外骨骼闭环系统保持稳定，确保其输出能收敛到约束集，误差向量 z_1、z_2 和 $\widetilde{W}$ 必须分别收敛于紧凑集合 Ω_{z_1}、Ω_{z_2}和 $\Omega_{\widetilde{W}_i}$，紧凑集合的具体定义表达式如下：

$$\begin{cases}\Omega_{z_1} := \{z_1 \in \Re^n \mid -\underline{D}_{z_{1,i}} \leqslant z_{1,i} \leqslant \underline{D}_{z_{1,i}}\} \\ \Omega_{z_2} := \left\{z_2 \in \Re^n \mid \|z_{2,i}\| \leqslant \sqrt{\dfrac{D}{\lambda_{\min}(M)}}\right\} \\ \Omega_{\widetilde{W}_i} := \left\{\widetilde{W}_i \in \Re^{l\times n} \mid \|\widetilde{W}_i\| \leqslant \sqrt{\dfrac{D}{\lambda_{\min}(\Gamma_i^{-1})}}\right\}\end{cases} \tag{4-142}$$

式中，l 是神经网络的节点数，且 $l > 1$，其他参数分别满足 $D = 2[V_3(0) + \Psi/\gamma]$，$\overline{D}_{z_{1,i}} = \sqrt{\kappa_{b,i}^2(t)(1-\delta_i^{-D})}$和 $\underline{D}_{z_{1,i}} = \sqrt{\kappa_{a,i}^2(t)(1-\delta_i^{-D})}$。

到此，本节的下肢康复外骨骼系统稳定性证明完毕。

4.4.4 仿真研究

本节对提出的控制算法进行理论仿真验证，仿真环境是在搭载英特尔 i7 处理器和 Windows 11 操作系统的计算机中配置的 MATLAB R2021b 软件下进行的。如图 4-16控制系统结构框图所示，本节中所设计的控制器主要由外环的参数估计和内环的力/位跟踪控制两部分组成。首先对内环的跟踪控制部分进行仿真验证，分析患者在受输出约束的条件下能否实现有效的康复训练并确保训练过程的安全。

同样选取一个具有 2 自由度的刚性下肢康复外骨骼为实验对象，其模型如图 4-2所示。外骨骼动力学模型参数具体选择为：$m_1 = 6\text{kg}$，$m_2 = 4\text{kg}$，$l_1 = 0.5\text{m}$，$l_2 = 0.4\text{m}$，$l_{c1} = l_1/2$，$l_{c2} = l_2/2$，$I_1 = 0.98\text{kg/m}^2$，$I_2 = 0.9\text{kg/m}^2$，$g = 9.8\text{N/kg}$。外骨骼系统的期望轨迹如下：

$$\begin{cases}\theta_{H,1} = a_1\sin(c_1 t) + \cos(t) \\ \theta_{H,2} = a_2\sin(c_2 t) + \cos(t)\end{cases} \tag{4-143}$$

式中，$a_1 = a_2 = 0.1$，$c_1 = c_2 = 1$。外骨骼的初始位置和初始速度分别为：$\theta_1(0) = 0.85$，$\theta_2(0) = 1.05$，$\dot{\theta}_1(0) = \dot{\theta}_2(0) = 0$。对于提出的 RBF 神经网络控制，将神经

网络节点数设置为 2^4 个，其中心有序分布在区间 [−1，1] 内，且初始权值设为 0。增益矩阵 K 的值设置为 $K=\mathrm{diag}[30,30]$，输出约束选择为 $\underline{\kappa}_c=\overline{\kappa}_c=0.3$。

图 4-18 和图 4-19 为该下肢康复外骨骼系统在关节空间中的输出轨迹跟踪图，

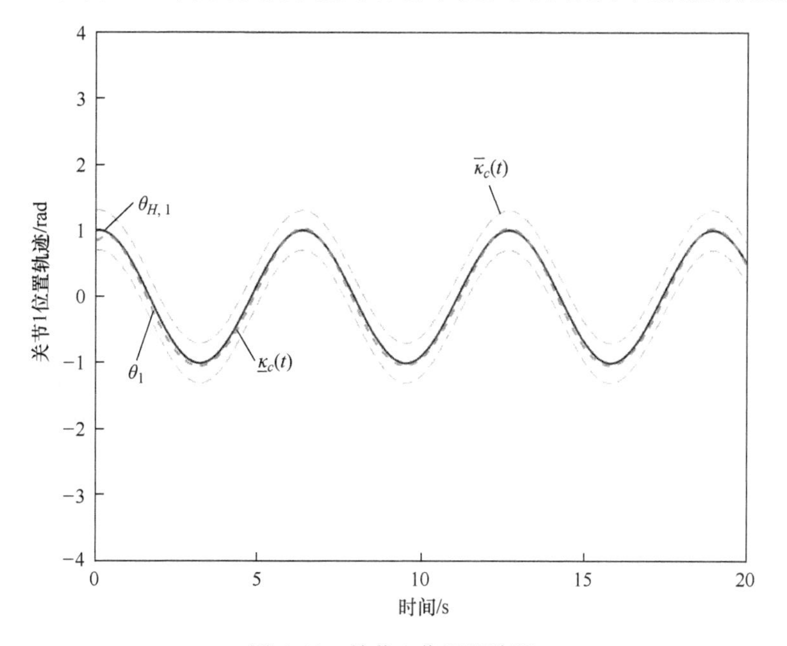

图 4-18　关节 1 位置跟踪图

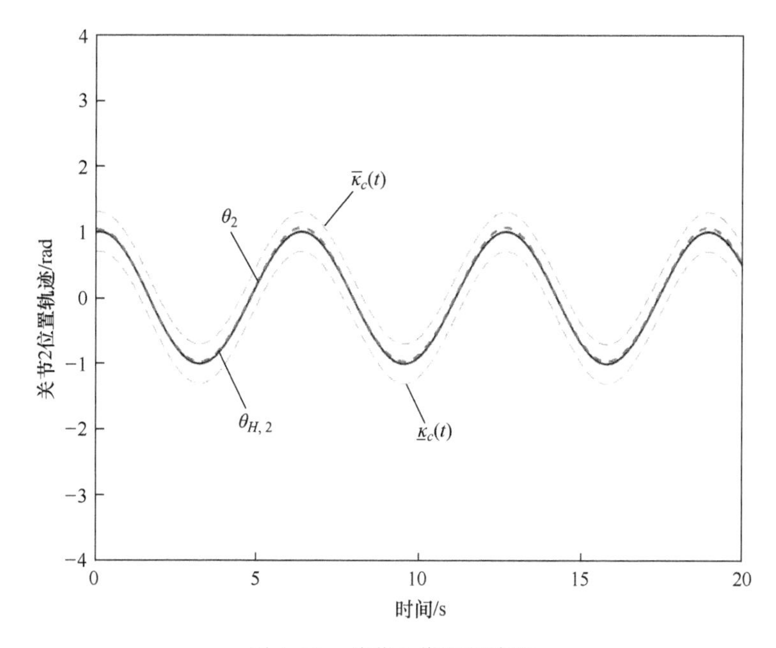

图 4-19　关节 2 位置跟踪图

从图中可以看出每个关节的输出轨迹可以成功地跟随目标轨迹，且不会违背约束条件。图4-20显示了该控制器可以保证跟踪误差快速收敛并趋近于0，同时它们都排斥误差边界，因此不会违反误差约束规则。

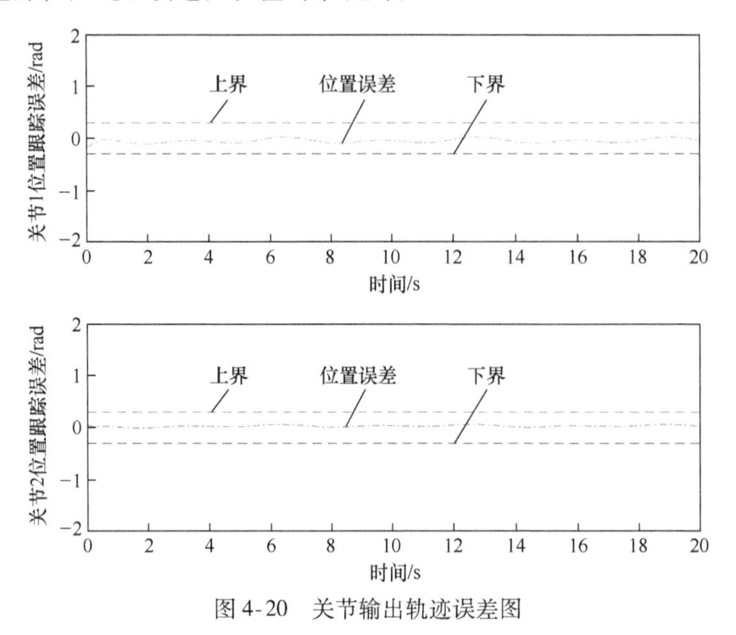

图4-20　关节输出轨迹误差图

从图4-21可以知道，该控制器作用的外骨骼系统在关节空间中的速度跟踪也可以在较短时间内准确实现，并且具有较小的误差值，确保在康复训练过程中外骨骼运行速度的稳定以及康复训练的流畅性。

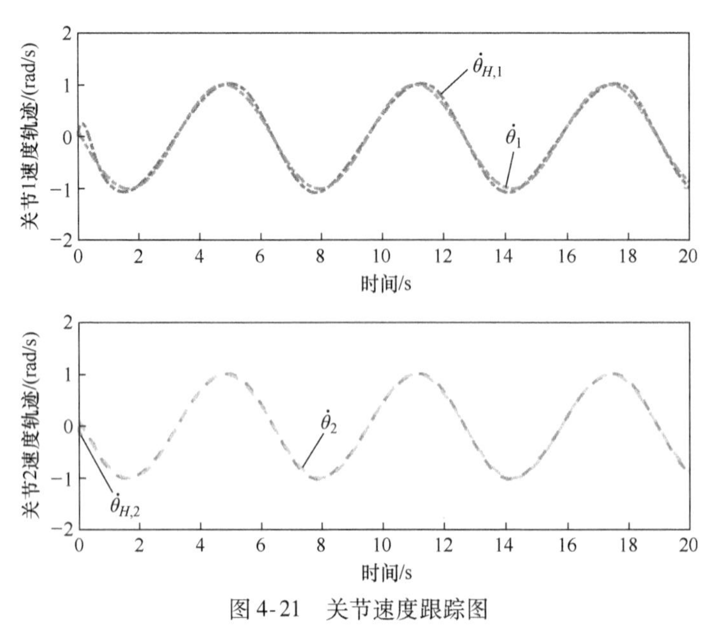

图4-21　关节速度跟踪图

如图 4-22 所示显示了患者与外骨骼之间的人机交互力矩变化，证明了该控制器中阻抗模型的实现。从图 4-23 可以看出该控制器的输入力矩是有界的，且呈规律变化趋势，证明所设计的控制算法有效可行。下肢康复外骨骼系统能够有效地执行预先设定的控制任务。

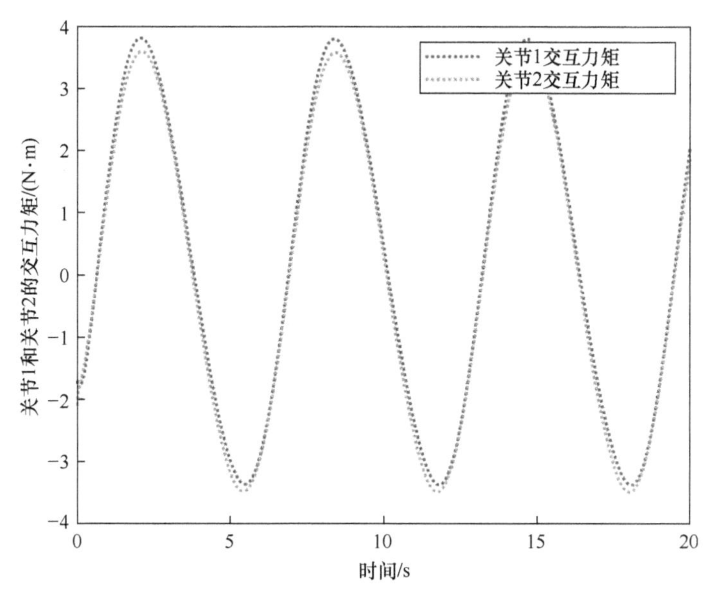

图 4-22　人机交互力矩

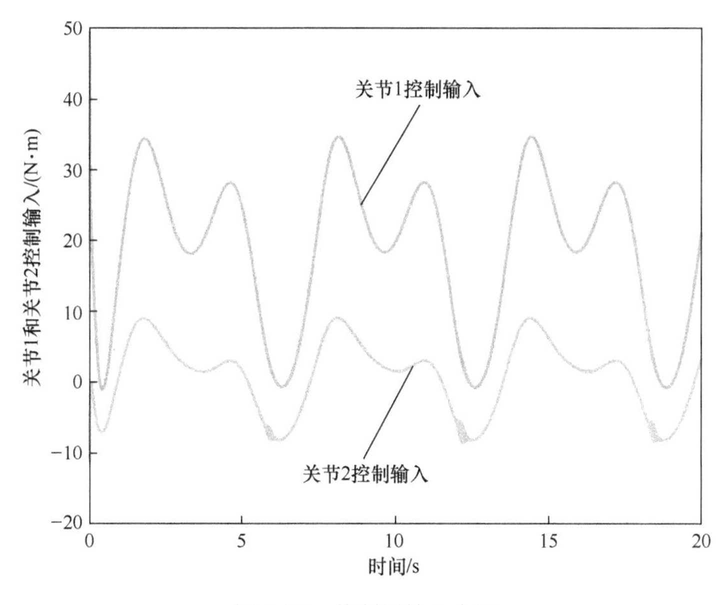

图 4-23　控制器输入力矩

在本节上述的仿真实验中，对控制系统内环的自适应 RBF 神经网络阻抗控制的控制性能进行了验证，结果表明该控制器具有良好的跟踪性能。输出约束保证了患者训练的安全，避免患者因设备故障造成患肢的二次损伤而加重病情。在系统的部分确切信息未知的情况下，RBF 神经网络可以补偿误差并增加系统的稳定性，证明控制器具有良好的控制性能。因此，在内环控制中，当患者的运动意图确定后，控制器能良好地控制下肢康复外骨骼进行康复训练。

接下来，在内环控制算法可行的前提下，对外环的参数估计部分进行实验仿真，分别包括人体运动意图估计和阻抗参数学习两部分。首先对阻抗参数学习部分进行仿真验证，在本部分中，考虑了阻抗参数的两种情形，分别是恒定的与时变的。在转换式（4-106）中，设置参数 $\overline{C}=\mathrm{diag}[3,3]$，$\overline{G}=\mathrm{diag}[3,3]$，将人体阻抗模型中的刚度参数设为常数矩阵 $G_H=\mathrm{diag}[2,2]$，阻尼参数设为时变矩阵 $C_H=\mathrm{diag}[1+0.2\sin t,1+0.2\sin t]$。通过最小二乘法与移动平均算法得到估计的人体阻抗参数矩阵 $\hat{C}_H$ 和 $\hat{G}_H$，则可以实现在线调整机器人的阻抗。

如图 4-24 和图 4-25 所示，可以有效地得到时变的阻尼参数和固定的刚度参数，通过转换即可得到外骨骼阻抗参数。同理，同样可以利用此算法求得固定的阻尼参数和时变的刚度参数。因此，可以根据不同康复任务实现外骨骼阻抗参数在线调整，以满足患者的需求。

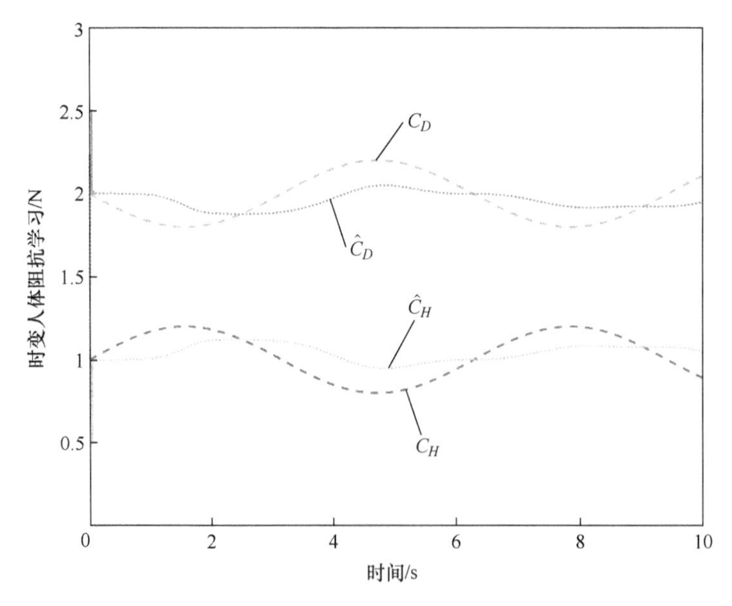

图 4-24　时变人体阻抗学习

采用 RBF 神经网络来估计患者的人体运动意图，自适应律公式（4-104）用于调整式（4-105）中的权值。选择 RBF 神经网络中心位于区间 $[-1,1]$，节点数为 2^4 个，初始权值为 0，初始的人体运动意图同样设置为 0。如图 4-26 和图 4-27

所示，分别为外骨骼两个关节的运动意图估计，可以看出估计算法可以得到良好的参数学习效果，并具有较小的误差。有效的运动意图估计可以提升患者在康复训练过程中的主导性。

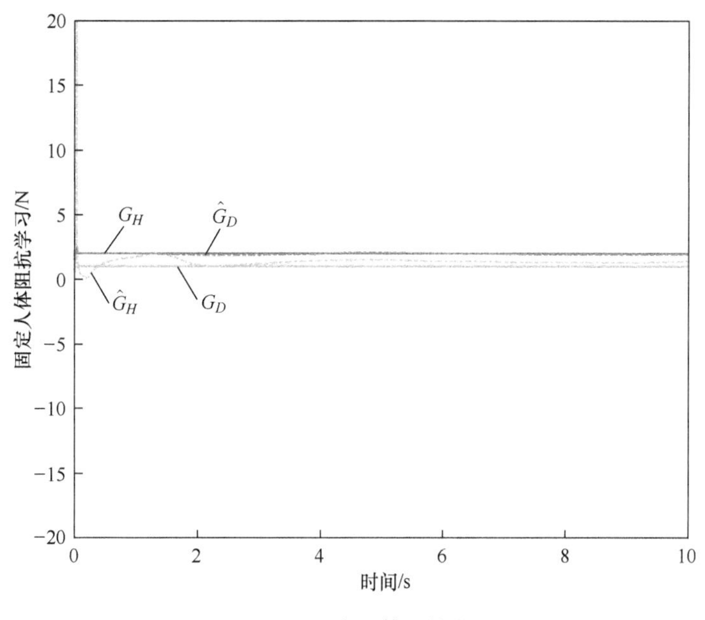

图 4-25　固定人体阻抗学习

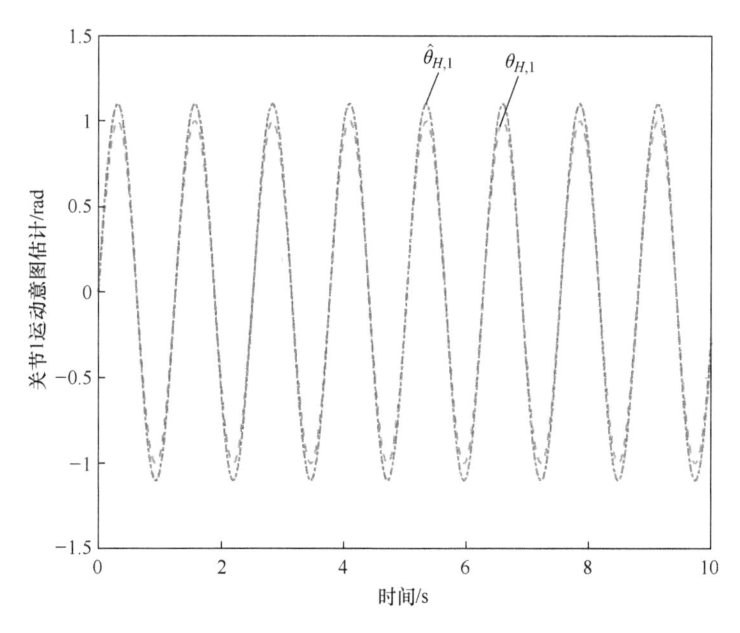

图 4-26　关节 1 运动意图估计

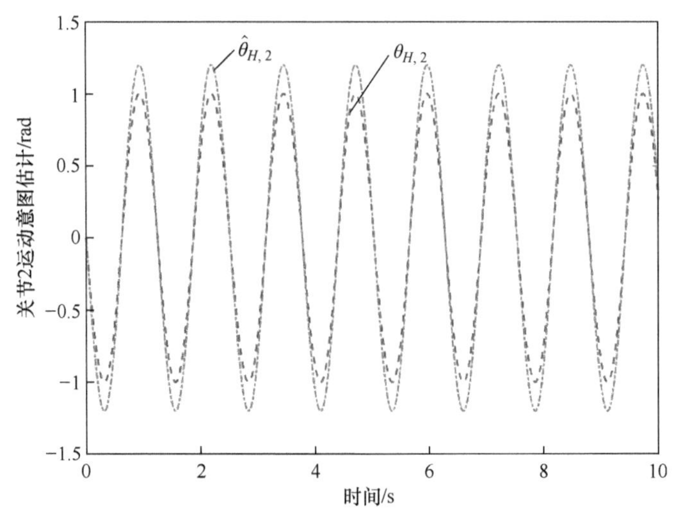

图 4-27　关节 2 运动意图估计

通过控制系统外环的人体运动意图估计和阻抗参数学习，可以得到内环自适应阻抗控制器在外骨骼关节空间的期望运动轨迹。控制器相应控制参数与前述内环控制器仿真实验部分一致，将外环的参数学习部分引入到控制器中进行完整的系统仿真实验。

如图 4-28 和图 4-29 所示，分别为下肢康复外骨骼在关节空间中的位置跟踪和速度跟踪仿真图。可以得出，位置和速度都能快速准确地跟踪上期望参数，再次证明了该控制算法是可行且有效的。

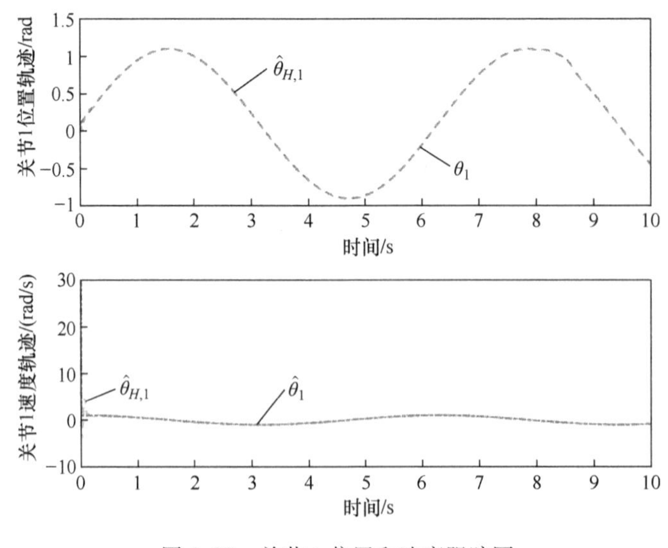

图 4-28　关节 1 位置和速度跟踪图

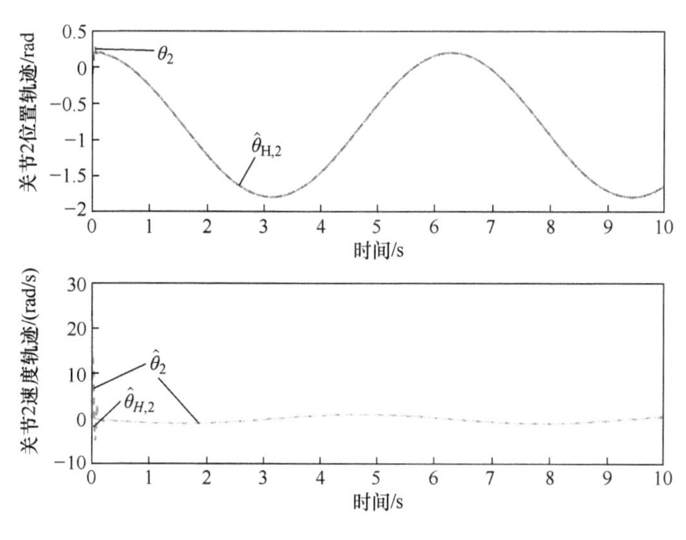

图 4-29　关节 2 位置和速度跟踪图

4.4.5　小结

本节的研究内容是在前两节研究内容的基础上，进一步考虑了患者在康复后期的自主运动意识和自主运动能力对康复训练有效性的影响，提出了一种基于患者人体运动意图估计的自适应阻抗控制方案。在该方案中，对患者的运动意图以及人体的阻抗参数进行了估计学习，提升了患者在康复训练过程中的主导性的同时也增强了系统的柔顺性，使患者的康复运动更加个性化。控制器中，RBF 神经网络用于补偿系统的建模误差，输出约束规则进一步确保了患者的安全，避免造成患肢的二次损伤而加重病情，通过障碍李雅普诺夫函数严格证明了系统的稳定性和收敛性。在仿真实验中，为了验证整个控制系统的有效性及控制效果，分别对外环参数估计部分和内环控制部分进行了仿真实验，最后进行了系统的总体仿真验证。仿真结果表明，设计的控制方案具有良好的可行性，能有效满足患者的康复需求。

4.5　本章总结

本章介绍了外骨骼机器人自适应阻抗控制方法，首先针对外骨骼动力学模型和人机交互力精确已知，以及系统遭受未知外部干扰的情况下，设计了一种迭代阻抗控制器。在此基础上考虑到在实际应用环境中，由于各种外界干扰因素以及测量噪声的存在，外骨骼动力学模型和人机交互力事实上是无法准确得到的，因此提出了自适应神经网络迭代学习阻抗控制方法。在阻抗控制器的基础上引入了 RBF 神经网络用于处理未知的动力学模型。在内容的基础上，进一步考虑患者在康复后期还具有的较强自主运动能力和运动意识，提出了基于人体运动意图估计的阻抗控制方法，用RBF神经网络对患者的运动意图进行在线估计，完全由患者主导康复训练任务，减小患者与外骨骼之间的交互力，使患肢力量完全用于康复训练，避免力量的流失损耗。考虑到不同患者以及不同康复情况对阻抗参数需求的不同，设计了最小二乘法对阻抗参数进行学习，可以在线改变阻抗参数，用以改变训练的柔顺性或者精确性。并且为了保证患者的安全，在阻抗控制器中设计了输出约束规则。结果表明参数学习部分和控制器部分都具有良好的性能，能够进一步满足患者的康复训练需求。

参考文献

[1] Bacek T, Moltedo M, Rodriguez-Guerrero C, et al. Design and evaluation of a torque-controllable knee joint actuator with adjustable series compliance and parallel elasticity [J]. Mechanism and Machine Theory, 2018, 130: 71-85.

[2] Koopman B, Van Asseldonk E H F, Van der Kooij H. Selective control of gait subtasks in robotic gait training: foot clearance support in stroke survivors with a powered exoskeleton [J]. Journal of Neuro Engineering and Rehabilitation, 2013, 10: 1-21.

[3] 范渊杰. 基于sEMG与交互力等多源信号融合的下肢康复外骨骼康复机器人及其临床实验研究 [D]. 上海: 上海交通大学, 2014.

[4] Buerger S P, Hogan N. Complementary stability and loop shaping for improved human-robot interaction [J]. IEEE Transactions on Robotics, 2007, 23 (2): 232-244.

[5] De Queiroz M S, Hu J, Dawson D M, et al. Adaptive position/force control of robot manipulators without velocity measurements: theory and experimentation [J]. IEEE Transactions on Systems, Man, and Cybernetics: System, Part B (Cybernetics), 1997, 27 (5): 796-809.

[6] Hogan N. Impedance control: an approach to manipulation [J]. Journal of Dynamic Systems, Measurement and Control, 1985, 107 (1): 1-24.

[7] Kamali K, Akbari A A, Akbarzadeh A. Trajectory generation and control of a knee exoskeleton based on dynamic movement primitives for sit-to-stand assistance [J]. Advanced Robotics, 2016, 30 (13): 846-860.

[8] Delchev K. Iterative Learning Control for Nonlinear Systems: A Bounded-Error algorithm [J]. Asian Journal of Control, 2013, 15 (2): 453-460.

[9] Li X, Liu Y H, Yu H. Iterative learning impedance control for rehabilitation robots driven by series elastic actuators [J]. Automatica, 2018, 90: 1-7.

[10] Li Y, Sam Ge S, Yang C. Learning impedance control for physical robot-environment interaction [J]. International Journal of Control, 2012, 85 (2): 182-193.

[11] Li Y, Ge S S, Yang C, et al. Model-free impedance control for safe Human-Robot interaction [J]. Proc. IEEE Internationa Conference on Robotics and Automation, 2011: 6021-6026.

[12] 杨振. 基于阻抗控制的机器人柔顺性控制方法研究 [D]. 南京: 东南大学, 2005.

[13] 黄明. 气动肌肉腕关节和下肢康复机器人及其控制技术研究 [D]. 武汉: 华中科技大学, 2017.

[14] 李杨. 助力型人体下肢外骨骼理论分析与实验研究 [G]. 南京: 南京理工大学, 2017.

[15] 陈燕燕. 上肢外骨骼机器人康复训练系统研究 [D]. 哈尔滨：哈尔滨工业大学，2017.

[16] 陈冲. 下肢康复外骨骼机器人研究 [D]. 北京：中国石油大学（北京），2020.

[17] 邹朝彬. 下肢康复外骨骼机器人步态建模与学习算法研究 [D]. 成都：电子科技大学，2022.

[18] Li Y, Ge S S. Human-Robot collaboration based on motion intention estimation [J]. IEEE-ASME Transactions on Mechatronics, 2014, 19 (3): 1007-1014.

[19] Yang C, Li Z, Cui R, et al. Neural network-Based motion control of underactuated wheeled invereted pendulum models [J]. IEEE Transactions on Neural Networks and Learning Systems, 2014, 25 (11): 2004-2016.

[20] He W, Ge S S, Li Y, et al. Neural network control of a rehabilitation robot by state and output feedback [J]. Journal of Intelligent and Robotic Systems, 2015, 80 (1): 15-31.

[21] He W, Chen Y, Yin Z. Adaptive neural network control of uncertain robot with full-state constarints [J]. IEEE Transactions on Cybernetics, 2016, 46 (3): 620-629.

[22] Liu Y J, Ma L, Liu L, et al. Adaptive neural network learning controller design for a class of nonlinear systems with time-varying state constraints [J]. IEEE Transactions on Neural Networks and Learning Systems, 2020, 31 (1): 66-75.

[23] Ge S S, Wang C. Adaptive neural control of uncertain MIMO nonlinear systems [J]. IEEE Transactions on Neural Networks, 2004, 15 (3): 674-692.

[24] Liu Z, Wang F, Zhang Y. Adaptive visual tracking control for manipulator with actuator fuzzy Dead-Zone constraint and unmodeled dynamic [J]. IEEE Transactions on Systems Man, and Cybernetics: Systems, 2015, 45 (10): 1301-1312.

[25] Liu Y J, Tong S. Barrier lyapunov Functions-Based adaptive control for a class of nonlinear pure-feedback systems with full state constraints [J]. Automatic, 2016, 64: 70-75.

[26] Deng W, Yao J, Ma D. Adaptive control of input delayed uncertain nonlinear syatems with time-varying output constraints [J]. IEEE Access, 2017, 5: 15271-15282.

[27] Sun J, Yi J, Pu Z Pu. Fixed-time adaptive fuzzy control for uncertain nonstrict-feedback systems with Time-Varying constraints and input saturations [J]. IEEE Transactions on Fuzzy Systems, 2022, 30 (4): 1114-1128.

[28] Huang L, Ge S S, Lee T H. Neural network adaptive impedance control of constrained robots [J]. International Journal of Robotics and Automation, 2004, 19 (3): 117-124.

[29] Sharifi M, Behzadipour S, Vossoughi G. Nolinear model reference adaptive impedance control for human-robot interactions [J]. Control Engineering Practice, 2014, 3 (2): 9-27.

[30] Li Z, Liu J, Huang Z, et al. Adaptive impedance control of Human-Robot cooperation using reinforcement learning [J]. IEEE Transactions on Industrial Electronics, 2017, 64 (10): 8013-8022.

[31] 宋全军. 人机接触交互中人体肘关节运动意图与力矩估计 [D]. 合肥：中国科学技术大学，2007.

[32] 吴海峰. 基于肌音和 CNN-SVM 模型的人体膝关节运动意图识别研究 [D]. 合肥：中国科学技术大学，2018.

[33] Xu J, Li Y, Xu L, et al. A Multi-Mode rehabilitation robot with magnetorheological a ctuators based on human motion intention estimation [J]. IEEE Transactions on Neural Systems and Rehabilitation Engineering, 2019, 27 (10): 2216-2228.

[34] Liu Z, Hao J. Intention Recognition in physical human-robot interaction based on radial basis function neural network [J]. Journal of Robotics, 2019.

[35] Khan A M, Yun D, Zuhaib K M, et al. Estimation of desired motion intention and compliance control for upper limb assist exoskeleton [J]. International Journal of Control Automation Systems, 2017, 15 (2): 802-814.

[36] Takagi A, Li Y, Burdet E. Flexible assimilation of humans target for versatile Human-Robot physical interaction [J]. IEEE Transactions on Hptics, 2021, 14 (2): 421-431.

[37] Li Z, Huang B, Ye Z, et al. Physical Human-Robot interaction of a robo is exoskeleton by admittance control [J]. IEEE Transactions on Idustrial Electronics, 2018, 65 (12): 9614-9624.

[38] 栾富进. 自适应参数估计及在机器人控制中的应用 [D]. 昆明：昆明理工大学，2017.

[39] Zhang S, Dong Y, Ouyang Y, et al. Adaptive neural control for robotic manipulators with output constraints and uncertainites [J]. IEEE Transactions on Neural Networks and Learning Systems, 2018, 29 (11): 5554-5564.

[40] Rahimi H N, Howard I, Cui L. Neural adaptive tracking control for an uncertain robot manipulator with Time-Varying joint space constraints [J]. Mechanical Systems and Signal Processing, 2018, 112: 44-60.

第5章 液压驱动外骨骼机器人控制技术

本章主要介绍了液压驱动系统作为外骨骼机器人动力单元的控制技术。首先介绍了液压驱动系统的原理、系统结构、数学模型。然后5.2节考虑施加到液压驱动器活塞杆上的等效质量和活塞杆上的等效力皆为周期函数，5.3节考虑施加到液压驱动器活塞杆上的等效质量为位置参数、活塞杆上的等效力为周期函数的情况下设计控制器并进行了收敛性证明。5.4节提出了一种基于干扰观测器的外骨骼液压驱动关节滑模控制，并证明了控制方案的收敛可行性。5.5节提出一种重复学习扩张状态观测器（RLESO），用于估计不可测量的系统状态、不匹配建模不确定性、外部干扰和周期性未知量，并设计了一种输出反馈非线性控制器，最后证明了控制器的收敛性。

5.1 液压驱动系统

5.1.1 引言

液压驱动系统作为外骨骼系统的动力单元，其本身也是一个独立控制、复杂的非线性系统。本章研究的下肢外骨骼采用液压驱动，本章将研究面向下肢外骨骼液压驱动系统的控制问题。

液压驱动系统由液压缸、活塞杆、液压阀、液压泵、液压油以及液压油路等组成，由于液压缸与活塞杆之间存在摩擦，液压阀等元件的非线性特征，液压油具有可压缩性，其标称参数受温度、压力等影响呈非线性特性，液压驱动系统本身为高度复杂的非线性系统[1]。近年来，针对液压系统的控制研究得到了广泛关注[2-6]。本章参考文献［7］研究了负载为未知常量的单杆电液伺服驱动器的鲁棒控制问题，设计了一种基于非连续映射的自适应鲁棒控制器（ARC），此控制器不仅能处理液压驱动系统本身的参数变化问题，而且能应对建模不准确以及外部扰动等因素。本章参考文献［8］基于反馈线性化方法研究了在支撑压力不确定情况下的电液伺服系统位置控制，解决了系统模型未知参数存在于平方根内的问题。本章参考文献［9］基于反步法研究了泵控液压驱动系统的自适应位置控制，控制器主要特点为结合改进的反步法与自适应律来补偿系统所有非线性与未知项。本章参考文献［10］研究了基于非线性反步技术的电液伺服驱动系统的辨识与实时控制。本章参考文献［11］研究了基于扩展振动观测器的单杆液压驱动器位置跟踪控制，控制器分为位置控制环（外环）与压力控制环（内环），外环采用滑模控制来补偿扰动估计误差，内环采用反步法设计。

5.1.2 液压驱动器原理

液压驱动器是由液压元件（液压油泵）、液压控制元件（各种液压阀）、液压执行元件（液压缸和液压马达等）、液压辅件（管道和蓄能器等）和液压油组成的液压系统。其工作原理是液压泵把机械能转换成液体的压力能，液压控制阀和液压辅件控制液压介质的压力、流量和流动方向，将液压泵输出的压力能传给执行元件，执行元件将液体压力能转换为机械能，以完成要求的动作。

液压驱动器主要由以下5个部分组成：

1）动力元件：即液压泵，其职能是将原动机的机械能转换为液体的压力动能（表现为压力、流量），其作用是为液压系统提供压力油，是系统的动力源。

2）执行元件：指液压缸或液压马达，其职能是将液压能转换为机械能而对外做功，液压缸可驱动工作机构实现往复直线运动（或摆动），液压马达可完成回转运动。

3）控制元件：指各种阀利用这些元件可以控制和调节液压系统中液体的压力、流量和方向等，以保证执行元件能按照人们预期的要求进行工作。

4）辅助元件：包括油箱、过滤器、管路及接头、冷却器、压力表等。它们的作用是提供必要的条件使系统正常工作并便于监测控制。

5）工作介质：即传动液体，通常称为液压油。液压系统就是通过工作介质实现运动和动力传递的，另外液压油还可以对液压元件中相互运动的零件起润滑作用。

任何液压驱动器都由几个有关液压元件组成的基本回路构成。每一基本回路都具有一定的控制功能。几个基本回路组合在一起，可按一定要求对执行元件的运动方向、工作压力和运动速度进行控制。根据控制功能不同，基本回路分为压力控制回路、速度控制回路和方向控制回路，以下是对几种回路的详细介绍。

压力控制回路：用压力控制阀来控制整个系统或局部范围压力的回路。根据功能不同，压力控制回路又可分为调压、变压、卸压和稳压4种回路。

1）调压回路：用溢流阀来调定液压源的最高恒定压力。当压力大于溢流阀的设定压力时，溢流阀开口就加大，以降低液压泵的输出压力，维持系统压力基本恒定。

2）变压回路：用以改变液压驱动系统局部范围的压力，例如在回路上接一个减压阀则可使减压阀以后的压力降低；接一个升压器，则可使升压器以后的压力高于液压源压力。

3）卸压回路：在系统不要压力或只要低压时，通过卸压回路使系统压力降为零压或低压。

4）稳压回路：用以减小或吸收系统中局部范围内产生的压力波动，保持系统压力稳定，例如在回路中采用蓄能器。

速度控制回路：通过控制介质的流量来控制执行元件运动速度的回路。按功能不同分为调速回路和同步回路。

1）调速回路：用来控制单个执行元件的运动速度，可以用节流阀或调速阀来控制流量。节流阀控制液压泵进入液压缸的流量（多余流量通过溢流阀流回油箱），从而控制液压缸的运动速度，这种形式称为节流调速。也可用改变液压泵输出流量来调速，称为容积调速。

2）同步回路：控制两个或两个以上执行元件同步运行的回路，例如采用把两个执行元件刚性连接的方法，以保证同步；用节流阀或调速阀分别调节两个执行元件的流量使之相等，以保证同步；把液压缸的管路串联，以保证进入两液压缸的流量相同，从而使两液压缸同步。

方向控制回路：在液压系统中，控制执行元件的起动、停止及换向作用的回路。

5.1.3　外骨骼液压驱动系统结构

下肢外骨骼液压驱动系统结构示意图如图 5-1 所示，液压驱动系统安装在下肢外骨骼机器人驱动关节的肢体上，为外骨骼机器人提供动力。

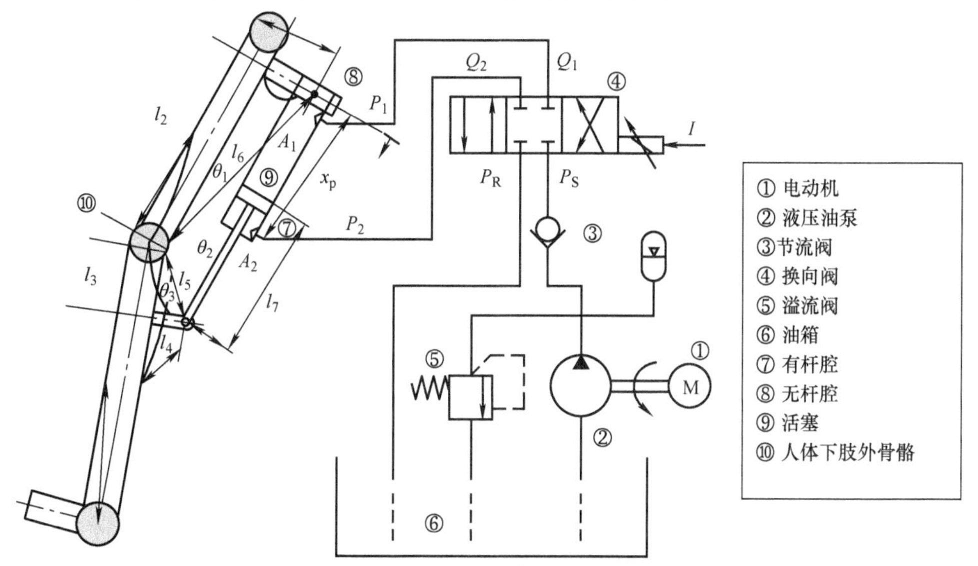

图 5-1　下肢外骨骼液压驱动系统结构示意图

下肢外骨骼液压驱动系统主要由电动机、液压油泵、节流阀、换向阀、溢流阀、油箱、有杆腔、无杆腔、活塞、管道组成。

油箱储存液压油的同时回收工作时溢出的液压油。液压油泵将机械能转换成液体的压力能，是系统动力的来源。电动机将液压能转换为机械能而对外做功。通过溢流阀调节液压系统的压力，通过节流阀调节液压流量从而控制外骨骼的行动速度。换向阀起到了工况选择的作用，外骨骼的收缩、伸展、静止由换向阀决定。通过调整活塞两旁的液压油比重，可以控制下肢外骨骼的关节角度。

5.1.4 液压驱动系统动态模型

下肢外骨骼液压驱动系统工作过程可表述为：控制系统控制液压阀电流，改变阀门开口大小，控制流入液压缸内液压油的流量及方向，进一步控制液压杆的伸缩长度，从而带动外骨骼机械关节实现对参考轨迹的跟踪。因此，外骨骼液压驱动系统建模任务是建立液压阀控制电流与液压缸活塞杆伸缩量之间的数学关系。

外骨骼运动频率通常只有几赫兹，因此不考虑液压缸的摆动效应。根据牛顿力学，液压驱动器力平衡方程可写成

$$m\ddot{x}_{\mathrm{p}} = P_1(x_{\mathrm{p}},\dot{x}_{\mathrm{p}})A_1 - P_2(x_{\mathrm{p}},\dot{x}_{\mathrm{p}})A_2 + F(t) \tag{5-1}$$

式中，x_{p} 是液压缸活塞杆的位置；m 是施加到液压缸活塞杆上的等效质量；$P_1(x_{\mathrm{p}},\dot{x}_{\mathrm{p}})$、$P_2(x_{\mathrm{p}},\dot{x}_{\mathrm{p}})$ 分别是液压缸无杆腔与有杆腔的压强；A_1、A_2 分别是液压缸无杆腔与有杆腔活塞杆的面积；$F(t)$ 是施加到液压缸活塞杆上的等效力。

液压缸外泄可以忽略，液压缸两腔的流量方程可表示如下：

$$\begin{cases} \dot{P}_1 = \dfrac{\beta_e}{V_{01} + A_1 x_{\mathrm{p}}}[Q_1 - A_1\dot{x}_{\mathrm{p}} - C_t(P_1 - P_2)] \\ \dot{P}_2 = \dfrac{\beta_e}{V_{02} + A_2 x_{\mathrm{p}}}[-Q_2 + A_2\dot{x}_{\mathrm{p}} + C_t(P_1 - P_2)] \end{cases} \tag{5-2}$$

式中，β_e 是液压油体积弹性模量；V_{01} 和 V_{02} 分别是液压缸无杆腔和有杆腔初始体积；Q_1 和 Q_2 分别是无杆腔与有杆腔液压油流量；C_t 是液压缸内泄漏系数。通常内部泄漏较小，受本章参考文献［12］启发忽略内部泄漏，式（5-2）可写成

$$\begin{cases} \dot{P}_1 = \dfrac{\beta_e}{V_{01} + A_1 x_{\mathrm{p}}}(Q_1 - A_1\dot{x}_{\mathrm{p}}) \\ \dot{P}_2 = \dfrac{\beta_e}{V_{02} + A_2 x_{\mathrm{p}}}(-Q_2 + A_2\dot{x}_{\mathrm{p}}) \end{cases} \tag{5-3}$$

电流伺服阀工作带宽可达近百赫兹，外骨骼工作频率通常只有几赫兹，此时阀的动态可以简化。根据液压阀流量特性曲线，液压阀常呈现线性特性[13]，可得其流量与输入控制电流有如下关系：

$$\begin{cases} Q_1 = \begin{cases} Ki, \dot{x}_p > 0 \\ \gamma Ki, \dot{x}_p < 0 \end{cases} \\ Q_2 = \begin{cases} \dfrac{K}{\gamma} i, \dot{x}_p > 0 \\ Ki, \dot{x}_p < 0 \end{cases} \end{cases} \tag{5-4}$$

式中，K 是液压阀的流量/信号增益；γ 是流量因子，定义为无杆腔与有杆腔活塞杆面积的比值，即 $\gamma \triangleq \dfrac{A_1}{A_2}$。

5.2　液压驱动外骨骼采样控制

5.2.1　引言

电液活塞缸由于其大的功率尺寸比而成为现代工业中最常用的执行机构。在大多数工业应用中，液压致动器通常用作运动发生器以跟踪期望的轨迹。近年来，液压驱动器的控制得到了广泛的研究。本章参考文献［6］中针对具有未知非线性参数的单杆阀控电液舵机提出了一种非线性自适应鲁棒控制方法；本章参考文献［7］中考虑了具有常值未知惯性负载的单杆液压舵机的高性能鲁棒运动控制，该控制器能够同时考虑参数变化和难以建模的非线性；本章参考文献［11］针对电液单杆作动器存在外部干扰和参数不确定的情况，提出了一种基于扩展干扰观测器的非线性串级控制器。

值得注意的是，所有上述系统及其随后的控制器设计都没有考虑作用在电液致动器上的等效质量的变化，然而，这在下肢外骨骼的电液驱动器系统中遇到。基于近似离散时间模型的采样系统近年来受到广泛关注。本章参考文献［14］给出了非线性采样系统离散时间近似镇定的充分条件，本章参考文献［15］同时考虑了积分输入-状态稳定性和积分输入-积分状态稳定性。基于离散时间近似模型的统一框架采样系统近年来受到广泛关注。本章参考文献［16］给出了采样微分包含系统离散近似镇定控制器设计的统一框架。本章参考文献［17］中考虑了基于近似模型的内置式永磁同步电动机的离散时间自适应位置跟踪控制。

非线性系统采样控制通常可分为两种设计方法。一种是基于非线性系统连续时间状态空间模型设计连续时间控制器，再将所设计的连续时间控制器离散化，得到采样控制器并进行控制器实现。另一种是通过将连续时间系统离散化，基于系统离散时间模型在离散时间域设计控制器，最后进行控制器实现。相对基于连续时间系统模型设计的控制器，基于离散时间系统模型设计的采样控制器能扩大系统的吸引域[18]。离散时间系统模型通常以差分方程形式表示，基于离散时间系统模型设计的控制器往往形式上更简洁方便[19]。

作为下肢外骨骼动力输出单元，液压驱动系统往往具有类似的重复运动特性，这体现在施加到液压缸活塞杆上的力呈现出与外骨骼运动一致的周期性，并且施加到外骨骼活塞杆上的等效质量也会随外骨骼运动角度范围呈现不同的特征。当外骨骼运动范围较小时，液压缸的摆幅较小，此时施加到外骨骼活塞杆上的等效质量可看成是一未知常数，若外骨骼运动范围较大，液压缸摆幅相对较大，此时施加到外骨骼活塞杆上的等效质量可看成未知周期信号来处理。尽管对液压驱动系统进行了广泛研究并取得了丰硕的成果，文献调研表明，针对下肢外骨骼使用的液压驱动系统控制研究尚少见报道。

本节将主要考虑施加到液压驱动器活塞杆上的等效质量 m 和活塞杆上的等效力 $F(t)$ 都为周期函数的情形，研究外骨骼液压驱动系统重复学习控制。

5.2.2 外骨骼离散时间模型

在介绍外骨骼离散时间模型之前，先引入外骨骼的连续时间模型，用欧拉近似直接离散化方法得到液压驱动器的离散时间模型。

根据 5.1.4 节方程所述变量关系求解下肢外骨骼液压驱动系统状态空间模型。引入状态变量

$$\begin{cases} x_1 = x_{\mathrm{p}} \\ x_2 = \dot{x}_{\mathrm{p}} \\ x_3 = P_1A_1 - P_2A_2 \end{cases} \tag{5-5}$$

结合式（5-1）、式（5-3）及式（5-4）可得系统状态空间模型如下：

$$\begin{cases} \dot{x}_1 = x_2 \\ \dot{x}_2 = \beta x_3 + p(t) \\ \dot{x}_3 = -f_1(x_1)x_2 + f_2(x_1)u \end{cases} \tag{5-6}$$

其中

$$\beta = \frac{1}{m},\ p(t) = \frac{F(t)}{m} \tag{5-7}$$

$$f_1(x_1) = \frac{A_1^2\beta_e}{V_{01} + A_1x_1} + \frac{A_2^2\beta_e}{V_{02} - A_2x_1} \tag{5-8}$$

$$f_2(x_1) = \frac{A_1\beta_eK}{V_{01} + A_1x_1} + \frac{A_2\beta_eK}{\gamma(V_{02} - A_2x_1)} \tag{5-9}$$

$$u = \begin{cases} i, \dot{x}_1 > 0 \\ \gamma i, \dot{x}_1 < 0 \end{cases} \tag{5-10}$$

实际上，除未知等效质量 m 与等效力 $F(t)$ 外，液压驱动系统存在如 A_1、A_2、V_{01}、V_{02}、β_e 等参数的不准确性以及液压缸体与活塞杆之间的摩擦力，此类问题的研究可参见本章参考文献［1］~［10］，为方便控制器设计，只考虑未知等效质量 m 为未知常数且未知等效力 $F(t)$ 为周期函数、未知等效质量 m 与未知等效力 $F(t)$ 均为周期函数两种情况。

控制器设计基于液压驱动系统离散时间模型，由欧拉方法，可根据外骨骼液压驱动系统连续时间模型式（5-5）得到其离散时间模型为

$$\begin{cases} x_{1,k+1} = x_{1,k} + \Pi x_{2,k} \\ x_{2,k+1} = x_{2,k} + \Pi\beta_k x_{3,k} + \Pi p_k \\ x_{3,k+1} = x_{3,k} - \Pi f_1(x_{1,k})x_{2,k} + \Pi f_2(x_{1,k})u_k \end{cases} \tag{5-11}$$

式中，k 是离散时间时刻；Π 是采样间隔。由式（5-7）可知，β_k 与 p_k 也是周期性的，满足

$$\beta_k = \beta_{k-N},\ p_k = p_{k-N} \tag{5-12}$$

式中，N 是一个周期内采样点个数，$N>0$，为整数值。

5.2.3 控制器设计

液压驱动系统控制器需要调节液压阀电流 i，使得液压驱动系统驱动外骨骼关节跟踪给定的参考轨迹。从模型［见式（5-6）］可知，系统状态 $x_1 = x_{\mathrm{p}}$ 为液压缸活塞杆位置，而非外骨骼关节角度，需要进行转换。由图5-1可得，外骨骼关节角度可表示为

$$\theta(x_1) = \theta_1 + \theta_2(x_1) + \theta_3 \tag{5-13}$$

其中，θ_1 和 θ_3 由外骨骼机械结构设计所决定，为常值，可由下式计算

$$\begin{cases} \theta_1 = \arctan \dfrac{l_1}{l_2} \\ \theta_3 = \arctan \dfrac{l_4}{l_3} \end{cases} \tag{5-14}$$

其中，$l_i(i=1,\cdots,4)$为机构设计长度。θ_2 与活塞杆位置有关，可由余弦定理计算

$$\theta_2(x_1) = \arccos \frac{l_5^2 + l_6^2 - (l_7 + x_1)^2}{2l_5 l_6} \tag{5-15}$$

其中，l_7 为液压缸活塞杆长度，l_5 和 l_6 的定义见图5-1。结合式（5-13）~式(5-15)可求得液压缸活塞杆长度与外骨骼关节角度关系为

$$x_{\mathrm{p}} = \sqrt{(l_1^2 + l_2^2) + (l_3^2 + l_4^2) - 2\sqrt{(l_1^2 + l_2^2)(l_3^2 + l_4^2)}\cos\left(\theta - \arctan \frac{l_1}{l_2} - \arctan \frac{l_4}{l_3}\right)} - l_7 \tag{5-16}$$

综上所述，液压驱动控制系统任务可表述为：给定外骨骼参考运动轨迹 θ_d，设计控制输入 u，使得外骨骼输出轨迹 θ 尽可能跟踪 θ_d。值得强调的是，由式（5-16）并结合实际机械系统情况可以看出，外骨骼关节角度 θ 与液压缸活塞杆位置 x_{p} 为一一对应的关系，从而 θ 对 θ_d 的跟踪控制问题可以转化为 x_{p} 对 $x_{\mathrm{p}d}$ 的跟踪控制问题。因此下肢外骨骼液压驱动系统控制器设计问题将转换为状态 x_1 对参考状态 x_{1d} 的跟踪控制问题。控制问题为设计一采样控制器 u_k，使得液压缸活塞

杆输出位置 $x_{1,k}$ 跟踪参考轨迹 $x_{1d,k}=y_{ref,k}$。下面使用离散时间反步法设计控制器。

第一步：令坐标变换 $z_{1,k}=x_{1,k}$，由式（5-11）第一行可得

$$z_{1,k+1}=x_{1,k+1}=x_{1,k}+\Pi x_{2,k} \tag{5-17}$$

令

$$z_{2,k}=x_{1,k}+\Pi x_{2,k} \tag{5-18}$$

则 $z_{1,k+1}=z_{2,k}$。

第二步：由式（5-11）第二行及式（5-18）有

$$\begin{aligned} z_{2,k+1} &= x_{1,k+1}+\Pi x_{2,k+1} \\ &= x_{1,k}+\Pi x_{2,k}+\Pi(x_{2,k}+\Pi\beta_k x_{3,k}+\Pi p_k) \\ &= x_{1,k}+\Pi x_{2,k}+\Pi x_{2,k}+\Pi^2\beta_k x_{3,k}+\Pi^2 p_k \\ &= x_{1,k}+2\Pi x_{2,k}+\Pi^2\beta_k x_{3,k}+\Pi^2 p_k \end{aligned} \tag{5-19}$$

令 $\hat{\beta}_k$ 为 β_k 的估计，并且 $\tilde{\beta}_k=\beta_k-\hat{\beta}_k$，$\hat{p}_k$ 为 p_k 的估计，且 $\tilde{p}_k=p_k-\hat{p}_k$。记

$$\xi_k=\begin{bmatrix}\Pi^2 x_{x,k}\\ \Pi^2\end{bmatrix},\ \omega_k=\begin{bmatrix}\beta_k\\ p_k\end{bmatrix} \tag{5-20}$$

则

$$\hat{\omega}_k=\begin{bmatrix}\hat{\beta}_k\\ \hat{p}_k\end{bmatrix},\ \tilde{\omega}_k=\begin{bmatrix}\tilde{\beta}_k\\ \tilde{p}_k\end{bmatrix} \tag{5-21}$$

记 $z_{2,k+1}$ 的估计 $z_{3,k}$ 为

$$\begin{aligned} z_{3,k} &= x_{1,k}+2\Pi x_{2,k}+\Pi^2\hat{\beta}_k x_{3,k}+\Pi^2\hat{p}_k \\ &= x_{1,k}+2\Pi x_{2,k}+\hat{\omega}_k^{\mathrm{T}}\xi_k \end{aligned} \tag{5-22}$$

自适应更新律 $\hat{\omega}_k$ 设计为

$$\hat{\omega}_k=\begin{cases} L\left[\hat{\omega}_{k-N}+\dfrac{z_{2,k-N+1}-z_{3,k-N}}{c+\|\xi_{k-N}\|^2}\xi_{k-N}\right],\ k\in[N,\infty) \\ \hat{\omega}_0,\ k\in[0,N) \end{cases} \tag{5-23}$$

式中，c 是正定常数；$\hat{\omega}_0$ 是初始周期估计值；$L[\mathrm{L}]$ 是半饱和算子[20]，定义为

$$L[\hat{\omega}_k]=\begin{cases}[\hat{\beta}_k,\hat{p}_k]^{\mathrm{T}},\ \hat{\beta}_k\geqslant\beta_{\min} \\ [\beta_{\min},\hat{p}_k]^{\mathrm{T}},\ \hat{\beta}_k<\beta_{\min}\end{cases} \tag{5-24}$$

第三步：设计控制器 u_k。由于 $z_{1,k+1}=z_{2,k}$，$z_{3,k}$ 为 $z_{2,k+1}$ 的估计，因此有

$$\begin{aligned} z_{3,k+1} &= x_{1,k+1}+2\Pi x_{2,k+1}+\Pi^2\hat{\beta}_{k+1}x_{3,k+1}+\Pi^2\hat{p}_{k+1} \\ &= x_{1,k}+\Pi x_{2,k}+2\Pi(x_{2,k}+\Pi\beta_k x_{3,k}+\Pi p_k)+ \\ &\quad \Pi^2\hat{\beta}_{k+1}[x_{3,k}-\Pi f_1(x_{1,k})x_{2,k}+\Pi f_2(x_{1,k})u_k]+\Pi^2\hat{p}_{k+1} \\ &= x_{1,k}+3\Pi x_{2,k}+2\Pi^2\beta_k x_{3,k}+2\Pi^2 p_k+\Pi^2\hat{\beta}_{k+1}x_{3,k}- \\ &\quad \Pi^3\hat{\beta}_{k+1}f_1(x_{1,k})x_{2,k}+\Pi^2\hat{p}_{k+1}+\Pi^3\hat{\beta}_{k+1}f_2(x_{1,k})u_k \end{aligned} \tag{5-25}$$

式（5-25）含有 $\hat{\beta}_{k+1}$、$\hat{p}_{k+1}$ 项，而在系统运行到第 k 步时无法获取第 $k+1$ 步的值，

因而用上一周期对应位置 $k+1-N$ 处的值来近似当前周期第 $k+1$ 步的值，即 $\hat{\beta}_{k-N+1}\to\hat{\beta}_{k+1}$，$\hat{p}_{k-N+1}\to\hat{p}_{k+1}$。因而式（5-25）可进一步写成

$$z_{3,k+1}=x_{1,k}+3\Pi x_{2,k}+2\Pi^2\beta_k x_{3,k}+2\Pi^2 p_k+\Pi^2\hat{\beta}_{k-N+1}x_{3,k}-\Pi^3\hat{\beta}_{k-N+1}f_1(x_{1,k})x_{2,k}+\Pi^2\hat{p}_{k-N+1}+\Pi^3\hat{\beta}_{k-N+1}f_2(x_{1,k})u_k \tag{5-26}$$

求解式（5-26）可得

$$u_k=[\Pi^3\hat{\beta}_{k-N+1}f_2(x_{1,k})]^{-1}[z_{3,k+1}-x_{1,k}-3\Pi x_{2,k}-2\Pi^2\beta_k x_{3,k}-2\Pi^2 p_k-\Pi^2\hat{\beta}_{k-N+1}x_{3,k}+\Pi^3\hat{\beta}_{k-N+1}f_1(x_{1,k})x_{2,k}-\Pi^2\hat{p}_{k-N+1}] \tag{5-27}$$

为跟踪参考信号 $x_{1d,k}=y_{ref,k}$，结合式（5-27），所得到的控制器为

$$u_k=[\Pi^3\hat{\beta}_{k-N+1}f_2(x_{1,k})]^{-1}[y_{ref,k}-x_{1,k}-3\Pi x_{2,k}-2\Pi^2\beta_k x_{3,k}-2\Pi^2 p_k-\Pi^2\hat{\beta}_{k-N+1}x_{3,k}+\Pi^3\hat{\beta}_{k-N+1}f_1(x_{1,k})x_{2,k}-\Pi^2\hat{p}_{k-N+1}] \tag{5-28}$$

5.2.4　稳定性分析

为方便收敛性分析，首先给出如下引理

引理 5-1

$$(\text{P1})\ \|\tilde{\omega}_k\|\leqslant\|\tilde{\omega}_{k-N}\| \tag{5-29}$$

$$(\text{P2})\ \lim_{k\to\infty}\frac{(z_{2,k+1}-z_{3,k})^2}{c+\|\xi_k\|^2}=0 \tag{5-30}$$

$$(\text{P3})\ \lim_{k\to\infty}\|\hat{\omega}_k-\hat{\omega}_{k-N}\|=0 \tag{5-31}$$

证明：由于液压缸活塞杆上的等效质量 m 为正，$\beta=\dfrac{1}{m}$也为正，对 β_k 估计的下界 $\beta_{\min}$也为正。值得注意的是 $\beta_k\geqslant\beta_{\min}$，如果不使用半饱和算子 $L[\mathrm{L}]$，对 β_k 的估计误差将等于或大于使用饱和算子的情况。因此为推导方便，证明过程中将不考虑饱和算子 $L[\mathrm{L}]$或认为其满足 $L[\omega]=\omega$。下面分别对（P1）到（P3）进行证明。

根据自适应更新律式（5-23）有

$$\begin{aligned}\omega_k-\tilde{\omega}_k&=\hat{\omega}_k\\&=\hat{\omega}_{k-N}+\frac{z_{2,k-N+1}-z_{3,k-N}}{c+\|\xi_{k-N}\|^2}\xi_{k-N}\\&=\omega_{k-N}-\tilde{\omega}_{k-N}+\frac{z_{2,k-N+1}-z_{3,k-N}}{c+\|\xi_{k-N}\|^2}\xi_{k-N}\end{aligned} \tag{5-32}$$

从而

$$\begin{aligned}\tilde{\omega}_k&=\tilde{\omega}_{k-N}-\frac{z_{2,k-N+1}-z_{3,k-N}}{c+\|\xi_{k-N}\|^2}\xi_{k-N}\\&=\tilde{\omega}_{k-N}-\frac{\tilde{\omega}_{k-N}^{\mathrm{T}}\xi_{k-N}}{c+\|\xi_{k-N}\|^2}\xi_{k-N}\end{aligned}$$

$$= \tilde{\omega}_{k-N} - \frac{\|\xi_{k-N}\|^2}{c + \|\xi_{k-N}\|^2}\tilde{\omega}_{k-N}$$

$$= \frac{c}{c + \|\xi_{k-N}\|^2}\tilde{\omega}_{k-N} \tag{5-33}$$

因此

$$\|\tilde{\omega}_k\|^2 - \|\tilde{\omega}_{k-N}\|^2 = \left(\frac{c}{c + \|\xi_{k-N}\|^2}\tilde{\omega}_{k-N}\right)^2 - \|\tilde{\omega}_{k-N}\|^2$$

$$= \left[\frac{c^2}{(c + \|\xi_{k-N}\|^2)^2} - 1\right]\|\tilde{\omega}_{k-N}\|^2 \leqslant 0 \tag{5-34}$$

即：$\|\tilde{\omega}_k\| \leqslant \|\tilde{\omega}_{k-N}\|$。（P1）证毕，下面证明（P2）。

从式（5-34）可进一步推导出

$$\|\tilde{\omega}_k\|^2 - \|\tilde{\omega}_{k-N}\|^2 = \left[\frac{c^2}{(c + \|\xi_{k-N}\|^2)^2} - 1\right]\|\tilde{\omega}_{k-N}\|^2$$

$$= \left[\frac{c^2}{(c + \|\xi_{k-N}\|^2)^2} - 1\right]\frac{c + \|\xi_{k-N}\|^2}{\|\xi_{k-N}\|^2}\frac{\|\tilde{\omega}_{k-N}^{\mathrm{T}}\xi_{k-N}\|^2}{c + \|\xi_{k-N}\|^2}$$

$$= \left[\frac{-2c\|\xi_{k-N}\|^2 - \|\xi_{k-N}\|^4}{(c + \|\xi_{k-N}\|^2)^2}\right]\left(\frac{c + \|\xi_{k-N}\|^2}{\|\xi_{k-N}\|^2}\right)\left(\frac{\|\tilde{\omega}_{k-N}^{\mathrm{T}}\xi_{k-N}\|^2}{c + \|\xi_{k-N}\|^2}\right)$$

$$= -\left(\frac{2c + \|\xi_{k-N}\|^2}{c + \|\xi_{k-N}\|^2}\right)\frac{(z_{2,k-N+1} - z_{3,k-N})^2}{c + \|\xi_{k-N}\|^2} \tag{5-35}$$

由（5-29）可知$\|\tilde{\omega}_k\|$为有界非增函数，对式（5-35）求和

$$\|\tilde{\omega}_k\|^2 = \|\tilde{\omega}_{k-jN}\|^2 - \sum_{s=1}^{j}\left(\frac{2c + \|\xi_{k-sN}\|^2}{c + \|\xi_{k-sN}\|^2}\right)\frac{(z_{2,k-sN+1} - z_{3,k-sN})^2}{c + \|\xi_{k-sN}\|^2}$$

其中$(k-jN) \in [0,2N)$，$j = \left[\frac{k}{N}\right]$。由于$\|\tilde{\omega}_k\|^2$的非负性，所以有

$$\lim_{k\to\infty}\sum_{s=1}^{\left[\frac{k}{N}\right]}\frac{(z_{2,k-sN+1} - z_{3,k-sN})^2}{c + \|\xi_{k-sN}\|^2} < \infty \tag{5-36}$$

因此可得

$$\lim_{k\to\infty}\frac{(z_{2,k+1} - z_{3,k})^2}{c + \|\xi_k\|^2} = 0 \tag{5-37}$$

（P2）证毕，下面证明（P3）。

由于

$$\frac{(z_{2,k-sN+1} - z_{3,k-sN})^2}{(c + \|\xi_{k-sN}\|^2)} = \frac{(c + \|\xi_{k-sN}\|^2)(z_{2,k-sN+1} - z_{3,k-sN})^2}{(c + \|\xi_{k-sN}\|^2)^2} \tag{5-38}$$

结合式（5-35）可得

$$\lim_{k\to\infty}\sum_{s=1}^{\left[\frac{k}{N}\right]}\frac{\|\xi_{k-sN}\|^2\ (z_{2,k-sN+1}-z_{3,k-sN})^2}{(c+\|\xi_{k-sN}\|^2)^2}<\infty \tag{5-39}$$

利用式（5-23），式（5-39）可写成

$$\lim_{k\to\infty}\sum_{s=1}^{\left[\frac{k}{N}\right]}\hat{\omega}_{k-(s-1)N}-\hat{\omega}_{k-sN}<\infty \tag{5-40}$$

因此有

$$\lim_{k\to\infty}\|\hat{\omega}_k-\hat{\omega}_{k-N}\|=0 \tag{5-41}$$

（P3）证毕，至此引理5-1证毕。下面证明控制器的收敛性，首先讨论系统信号的有界性。式（5-29）表明，所有的参数估计都是有界的。外骨骼液压驱动系统中，状态 $x_{i,k}(i=1,2,3)$分别表示液压缸活塞杆位置、活塞杆速度以及液压缸有杆腔与无杆腔的压力差，所有状态均为有界信号。β_k 为施加到液压缸活塞杆上等效力的倒数，p_k 为与 m 和等效力 $F(t)$相关的量，这两个参数也是有界的。因此，闭环系统所有信号均有界。下面考察误差，将式（5-27）代入式（5-25）有

$$\begin{aligned}z_{3,k+1}=&x_{1,k}+3\Pi x_{2,k}+2\Pi^2\beta_k x_{3,k}+2\Pi^2 p_k+\Pi^2\hat{\beta}_{k+1}x_{3,k}-\\&\Pi^3\hat{\beta}_{k+1}f_1(x_{1,k})x_{2,k}+\Pi^2\hat{p}_{k+1}+\\&\Pi^3\hat{\beta}_{k+1}f_2(x_{1,k})\{[\Pi^3\hat{\beta}_{k-N+1}f_2(x_{1,k})]^{-1}\\&[y_{ref,k}-x_{1,k}-3\Pi x_{2,k}-2\Pi^2\beta_k x_{3,k}-2\Pi^2 p_k-\\&\Pi^2\hat{\beta}_{k-N+1}x_{3,k}+\Pi^3\hat{\beta}_{k-N+1}f_1(x_{1,k})x_{2,k}-\Pi^2\hat{p}_{k-N+1}]\}\end{aligned} \tag{5-42}$$

由引理5-1式（5-31）可知，当 $k\to\infty$ 时，$\hat{\beta}_{k-N+1}\to\hat{\beta}_{k+1}$，$\hat{p}_{k-N+1}\to\hat{p}_{k+1}$，取式（5-42）极限有

$$\lim_{k\to\infty}(z_{3,k+1}-y_{ref,k})\to 2(\tilde{\omega}_k^{\mathrm{T}}\tilde{\xi}_k) \tag{5-43}$$

由引理5-1式（5-30），当 $k\to\infty$ 时，$y_{ref,k}\to z_{3,k+1}$，$z_{3,k}\to z_{2,k+1}$，由式（5-18）有$z_{2,k}=z_{1,k+1}$。因此当 $k\to\infty$ 时，$y_{ref,k}\to z_{1,k}=x_{1,k}$，即输出状态收敛到参考轨迹。

5.2.5 仿真研究

本节通过仿真验证所设计的外骨骼液压驱动系统采样控制器性能。首先通过式（5-16）将参考角度轨迹转换成液压缸活塞杆参考位置轨迹。仿真所使用的液压驱动系统参数见表5-1。

表 5-1　液压驱动系统参数

符号	描述	值
m	施加到液压缸活塞杆上的等效质量	10kg
β_e	液压油体积弹性模量	$1.2\times10^9\,\mathrm{N/m^2}$
A_1	液压缸无杆腔活塞杆面积	$7\times10^{-4}\,\mathrm{m^2}$
A_2	液压缸有杆腔活塞杆面积	$5\times10^{-4}\,\mathrm{m^2}$
γ	A_1 与 A_2 面积比	A_1/A_2
V_{01}	液压缸无杆腔初始体积	$105\times10^{-6}\,\mathrm{m^3}$
V_{02}	液压缸有杆腔初始体积	$5\times10^{-6}\,\mathrm{m^3}$
K	液压阀流量/信号增益	0.95L/(min·mA)
l_1	如图 5-1 定义	8cm
l_2	如图 5-1 定义	30cm
l_3	如图 5-1 定义	6cm
l_4	如图 5-1 定义	5cm
l_7	如图 5-1 定义	15cm

外骨骼参考轨迹给定为 $\theta_d=\frac{\pi}{4}\sin\left(2\pi t+\frac{\pi}{2}\right)$，外骨骼参考关节角度与相对应的液压缸活塞杆参考位置仿真结果如图 5-2 所示。

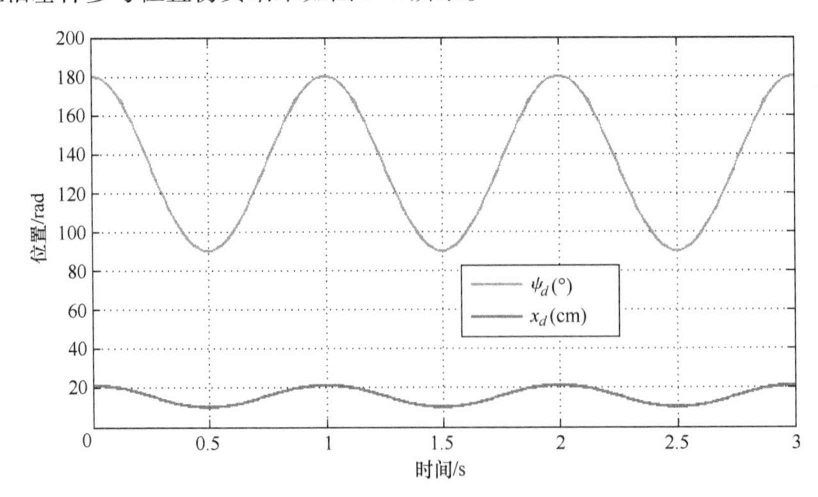

图 5-2　外骨骼参考关节角度与液压缸活塞杆参考位置对应图

可以看出，经过转换后的参考位置与参考轨迹具有同样的特性，只是幅值上的变化。施加到液压缸活塞杆上的等效质量 m 设为 $m=10\sin(2\pi t)+20$，液压缸活塞杆上的等效力 $F(t)$ 设为 $F(t)=30\cos(2\pi t)+50$。跟踪效果及跟踪误差如图 5-3 和图 5-4 所示。

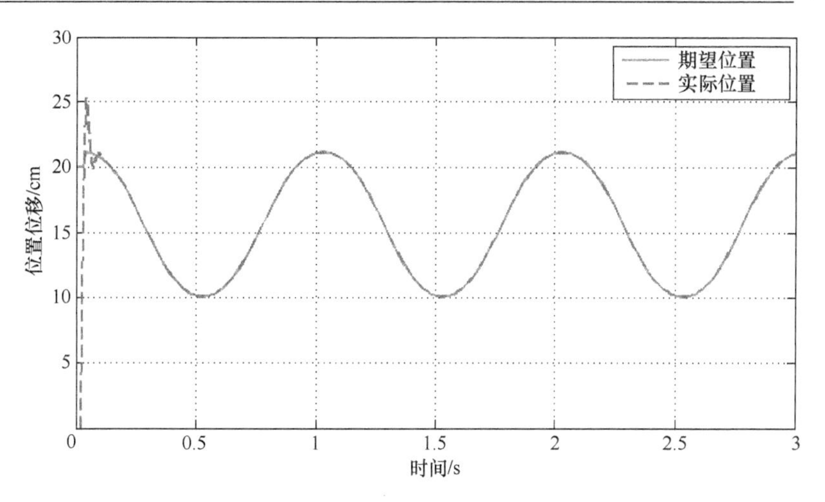

图 5-3　外骨骼液压驱动系统跟踪效果

由图 5-2 可以看出，参考轨迹周期为 1s。仿真所设定的采样间隔 $\Pi=0.01$s，即采样频率为 100Hz。重复学习控制需要保存上一周期的控制器参数用于学习当前周期控制器，属于前馈控制。仿真中共有 100×6 个存储单元存放重复学习数据，其中 100×1 个存储单元用于存放 z_2，100×1 个存储单元用于存放 z_3，100×2 个存储单元用于存放 $\hat{\theta}$，100×2 个存储单元用于存放 ξ。

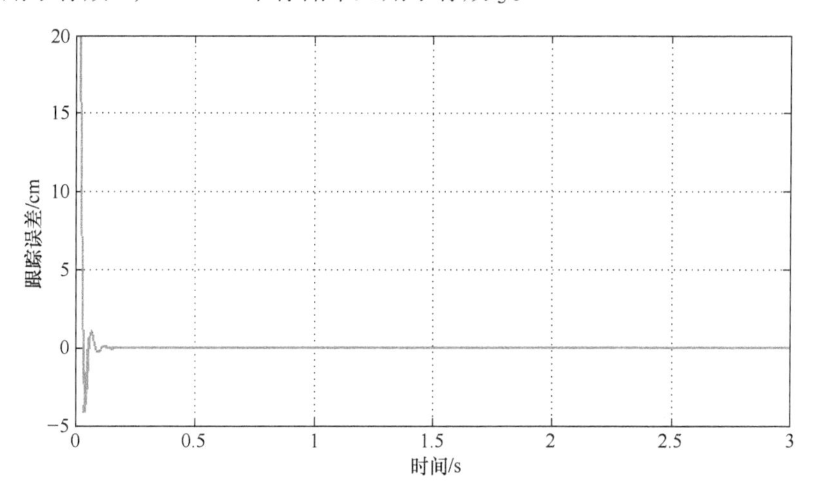

图 5-4　外骨骼液压驱动系统跟踪误差

为进一步验证所设计的自适应重复学习律对未知参数的学习效果，图 5-5 和图 5-6 给出了对参数 β_k 与 p_k 的估计结果。从这两个图可以看出，重复学习律能对未知周期函数进行较准确的学习。

仿真结果表明，所设计的外骨骼液压驱动系统重复学习采样控制器能实现对参考轨迹的跟踪，跟踪误差收敛到了理想的范围，且保证了系统的稳定性。所设计的

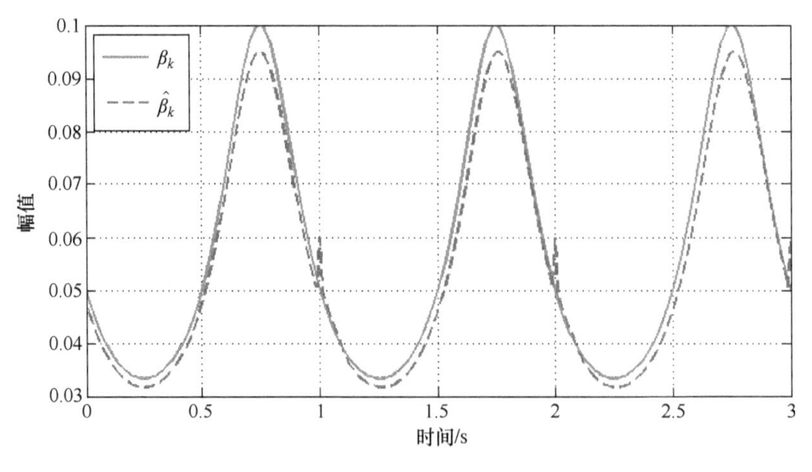

图 5-5 β_k 学习结果

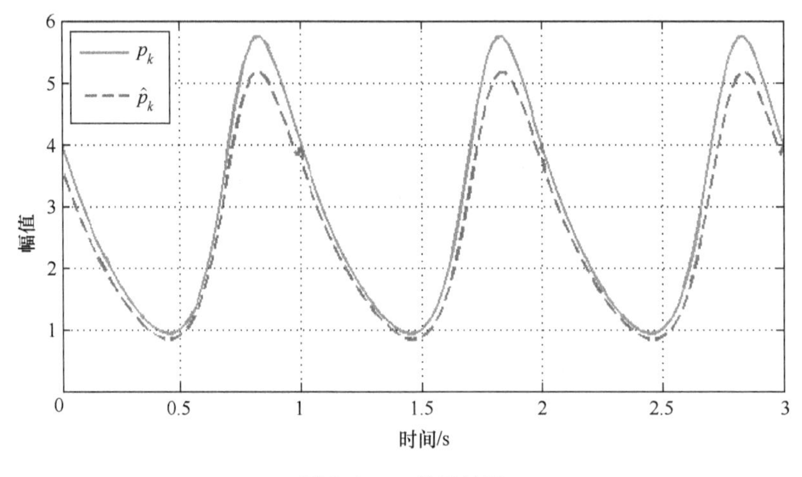

图 5-6 p_k 学习结果

自适应重复学习律能对未知周期函数进行较准确的学习。

5.2.6 小结

本节主要考虑施加到液压驱动器活塞杆上的等效质量 m 和活塞杆上的等效力 $F(t)$ 都为周期函数的情形，将外骨骼液压驱动系统模型离散化得到离散时间系统模型，基于此模型设计了外骨骼液压驱动系统重复学习采样控制器。仿真结果表明，所设计的学习律能对未知周期函数进行准确的学习，控制器实现了液压驱动系统的稳定跟踪控制。

5.3　液压驱动外骨骼自适应反步控制

5.3.1　引言

本节基于下肢外骨骼液压驱动系统状态空间模型式（5-6）研究其重复学习控制问题，主要考虑施加到液压驱动器活塞杆上的等效质量 m 为未知常数，并且活塞杆上的等效力 $F(t)$ 为周期已知的未知周期函数情形。针对 m 为未知常数，采用自适应投影映射对其进行估计，针对 $F(t)$ 为周期已知的未知周期函数，采用重复学习方法对其进行学习。

5.3.2　控制器设计

由式（5-7）知 $\beta=\dfrac{1}{m}$ 也是未知常数，$p(t)=\dfrac{F(t)}{m}$ 为与 $F(t)$ 具有相同周期的未知周期函数，即存在 $T>0$，满足 $p(t)=p(t-T)$。

下肢外骨骼液压驱动系统控制器采用反步法设计。令 $\hat{\beta}$ 为 β 的估计，$\tilde{\beta}\triangleq\hat{\beta}-\beta$ 为估计误差。定义 $\hat{\beta}$ 的自适应律如下：

$$\dot{\hat{\beta}}=\mathrm{Proj}_{\hat{\beta}}(\Gamma\tau) \tag{5-44}$$

式中，Γ 是正定常数；τ 是待设计的自适应函数，离散时间投影映射定义为[21]

$$\mathrm{Proj}_{\hat{\beta}}(\bullet_i)=\begin{cases}0, & 若\ \hat{\beta}_i=\beta_{i\max}\ 且\ \bullet_i>0\\ 0, & 若\ \hat{\beta}_i=\beta_{i\min}\ 且\ \bullet_i<0\\ \bullet_i, & 其他\end{cases} \tag{5-45}$$

对任意自适应函数 τ，投影映射自适应律式（5-44）满足[22]

$$\begin{aligned}&(\mathrm{P1})\ \hat{\beta}\in\Omega_{\hat{\beta}}\triangleq\{\hat{\beta}:\beta_{\min}\leqslant\hat{\beta}\leqslant\beta_{\max}\}\\ &(\mathrm{P2})\ \tilde{\beta}^{\mathrm{T}}[\Gamma^{-1}\mathrm{Proj}_{\hat{\beta}}(\Gamma\tau)-\tau]\leqslant0,\ \forall\tau\end{aligned} \tag{5-46}$$

下面使用反步法设计控制器。

第一步：定义误差

$$\begin{cases}z_1=x_1-x_{1d}\\ z_2=x_2-a_1\\ z_3=x_3-a_2\end{cases} \tag{5-47}$$

式中，x_{1d} 是参考状态轨迹；a_1、a_2 是待设计的虚拟控制输入。令

$$a_1=\dot{x}_{1d}-k_1z_1 \tag{5-48}$$

$k_1>0$ 为控制增益。对 z_1 求导有

$$\begin{aligned}\dot{z}_1&=x_2-\dot{x}_{1d}\\&=z_2+a_1-\dot{x}_{1d}\\&=-k_1z_1+z_2\end{aligned}\tag{5-49}$$

第二步：对 z_2 求导可得

$$\dot{z}_2=\dot{x}_2-\dot{a}_1\tag{5-50}$$

将系统状态方程式（5-6）第二行代入式（5-50）有

$$\dot{z}_2=\dot{x}_2-\dot{a}_1=\beta x_3+p(t)-\dot{a}_1\tag{5-51}$$

设计虚拟控制输入 a_2 为

$$a_2=a_{2a}+a_{2s}\tag{5-52}$$

其中

$$\begin{cases}a_{2a}=a_{2a1}+a_{2a2}\\a_{2s}=a_{2s1}+a_{2s2}\end{cases}\tag{5-53}$$

式中，a_{2a1}是自适应补偿控制项，表示为

$$a_{2a1}=\frac{-z_1+\dot{a}_1}{\hat{\beta}}\tag{5-54}$$

式中，$\hat{\beta}$ 是不确定参数 β 的估计，式（5-44）自适应函数 τ 设计为

$$\tau=a_{2a}z_2\tag{5-55}$$

其中，a_{2a2}为用于学习周期未知函数，表示为

$$a_{2a2}=-\frac{\hat{p}(t)}{\hat{\beta}}\tag{5-56}$$

式中，$\hat{p}(t)$ 是如下形式的重复学习律：

$$\begin{cases}\hat{p}(t)=\hat{p}(t-T)+k_3z_2\\\hat{p}(t)=0,\forall t\in[-T,0]\end{cases}\tag{5-57}$$

式中，k_3 是正定重复学习增益。

其中，a_{2s1}是反馈正定项，表示为

$$a_{2s1}=-k_2z_2\tag{5-58}$$

式中，k_2 是正定增益。

a_{2s2}为非线性鲁棒控制项，满足

$$\begin{cases}z_2(\beta a_{2s2}-\tilde{\beta}a_{2a})\leqslant\varepsilon\\z_2\beta a_{2s2}\leqslant 0\end{cases}\tag{5-59}$$

式中，ε 是任意小的设计参数[23]。满足式（5-59）的 a_{2s2}可表示为[24]

$$a_{2s2}=-\frac{1}{4\varepsilon}h^2z_2\tag{5-60}$$

式中，h 是满足 $h>|\beta_{\max}-\beta_{\min}||a_{2a}|$的函数。

将状态方程式（5-6）第三行与虚拟控制器式（5-51）代入式（5-50），可得

$$
\begin{aligned}
\dot{z}_2 &= \beta(z_3 + a_2) + p(t) - \dot{a}_1 \\
&= \beta z_3 + \beta a_{2s} + \beta a_{2a} + p(t) - \dot{a}_1 \\
&= \beta z_3 + \beta(a_{2s1} + a_{2s2}) + (\hat{\beta} - \tilde{\beta}) a_{2a} + p(t) - \dot{a}_1 \\
&= \beta z_3 - \beta k_2 z_2 + \beta a_{2s2} - z_1 + \dot{a}_1 - \hat{p}(t) - \tilde{\beta} a_{2a} + p(t) - \dot{a}_1 \\
&= \beta z_3 - \beta k_2 z_2 - z_1 + \beta a_{2s2} - \tilde{\beta} a_{2a} + \tilde{p}(t)
\end{aligned}
\tag{5-61}
$$

其中，$\tilde{p}(t) = p(t) - \hat{p}(t)$ 为重复学习误差。

第三步：对 z_3 求导

$$
\begin{aligned}
\dot{z}_3 &= \dot{x}_3 - \dot{a}_2 \\
&= -f_1(x_1)x_2 + f_2(x_1)u - \dot{a}_2
\end{aligned}
\tag{5-62}
$$

控制器 u 设计为

$$
u = \frac{1}{f_2(x_1)}[-k_4 z_3 + f_1(x_1)x_2 + \dot{a}_2] \tag{5-63}
$$

将式（5-63）代入式（5-62）有

$$
\dot{z}_3 = -k_4 z_3 \tag{5-64}
$$

基于以上设计，给出如下定理：

定理5-1　考虑液压驱动系统式（5-5），在控制器式（5-63），自适应律式（5-44）、式（5-55），重复学习控制律式（5-57）作用下，若满足以下条件

$$
\begin{cases}
k_1 > 0 \\
k_2 \beta_{\min} + \dfrac{1}{2} k_3 > \dfrac{1}{4} \beta_{\max}^2 \\
k_4 - 1 > 0
\end{cases}
\tag{5-65}
$$

则当 $t \to \infty$ 时，闭环系统输出跟踪误差 $z_1 \to 0$。

5.3.3　稳定性分析

首先给出了一个引理5-2，以便于定理5-1的证明。

引理5-2　若 $P(t) \in R^n, \hat{P}(t) \in R^n$，$\tilde{P}(t) \in R^n$，$f(t) \in R^n$，满足如下关系：

$$
\begin{cases}
P(t) = P(t-T) \\
\tilde{P}(t) = P(t) - \hat{P}(t) \\
\hat{P}(t) = \hat{P}(t-T) + f(t)
\end{cases}
\tag{5-66}
$$

则 $\int_{t-T}^{t} \tilde{P}(v)^{\mathrm{T}} \tilde{P}(v) \mathrm{d}v$ 的右上导数为

$$
-2\tilde{P}(t)^{\mathrm{T}} f(t) - f(t)^{\mathrm{T}} f(t) \tag{5-67}
$$

定理5-1的证明：证明基于李雅普诺夫理论，相应的李雅普诺夫函数如下：

$$
V = V_a + V_b + V_c \tag{5-68}
$$

$$
V_a = \frac{1}{2} z_1^2 + \frac{1}{2} z_2^2 + \frac{1}{2} z_3^2 \tag{5-69}
$$

$$V_b = \frac{1}{2k_3}\int_{t-T}^{t}\widetilde{p}^2(\mu)\,\mathrm{d}\mu \tag{5-70}$$

$$V_c = \frac{1}{2}\widetilde{\beta}^{\mathrm{T}}\Gamma^{-1}\widetilde{\beta} \tag{5-71}$$

首先对 V_a 求导，并结合式（5-49）、式（5-61）和式（5-64）有

$$\begin{aligned}\dot{V}_a &= z_1\dot{z}_1 + z_2\dot{z}_2 + z_3\dot{z}_3 \\ &= z_1(-k_1z_1 + z_2) + z_3(-k_4z_3) + z_2[\beta z_3 - \beta k_2z_2 - z_1 + \beta a_{2s2} - \widetilde{\beta}a_{2a} + \widetilde{p}(t)] \\ &= -k_1z_1^2 - k_2z_2^2\beta - k_4z_3^2 + \beta z_2z_3 + \beta z_2a_{2s2} - z_2\widetilde{\beta}a_{2a} + z_2\widetilde{p}\end{aligned} \tag{5-72}$$

由于

$$\left(\frac{1}{2}\beta z_2 - z_3\right)^2 = \frac{1}{4}\beta^2z_2^2 - \beta z_2z_3 + z_3^2 \geqslant 0 \tag{5-73}$$

因而有

$$\beta z_2z_3 \leqslant \frac{1}{4}\beta^2z_2^2 + z_3^2 \leqslant \frac{1}{4}\beta_{\max}^2z_2^2 + z_3^2 \tag{5-74}$$

将式（5-74）代入式（5-72）可得

$$\begin{aligned}\dot{V}_a &= -k_1z_1^2 - k_2z_2^2\beta - k_4z_3^2 + \beta z_2z_3 + \beta z_2a_{2s2} - z_2\widetilde{\beta}a_{2a} + z_2\widetilde{p} \\ &\leqslant -k_1z_1^2 - k_2z_2^2\beta + \frac{1}{4}\beta_{\max}^2z_2^2 - (k_4-1)z_3^2 + \beta z_2a_{2s2} - z_2\widetilde{\beta}a_{2a} + z_2\widetilde{p} \\ &\leqslant -k_1z_1^2 - k_2z_2^2\beta_{\min} + \frac{1}{4}\beta_{\max}^2z_2^2 - (k_4-1)z_3^2 + \beta z_2a_{2s2} - z_2\widetilde{\beta}a_{2a} + z_2\widetilde{p} \\ &\leqslant -k_1z_1^2 - \left(k_2\beta_{\min} - \frac{1}{4}\beta_{\max}^2\right)z_2^2 - (k_4-1)z_3^2 + \beta z_2a_{2s2} - z_2\widetilde{\beta}a_{2a} + z_2\widetilde{p}\end{aligned} \tag{5-75}$$

接下来对 V_b 求导

$$\dot{V}_b = \frac{1}{2k_3}[\widetilde{p}^2(t) - \widetilde{p}^2(t-T)] \tag{5-76}$$

利用引理5-2并令 $n=1$，有

$$\begin{aligned}\dot{V}_b &= \frac{1}{2k_3}[-2k_3z_2\widetilde{p}(t) - k_3^2z_2^2] \\ &= -z_2\widetilde{p}(t) - \frac{1}{2}k_3z_2^2\end{aligned} \tag{5-77}$$

然后求 V_c 的导数

$$\dot{V}_c = \widetilde{\beta}^{\mathrm{T}}\Gamma^{-1}\dot{\widetilde{\beta}} \tag{5-78}$$

将式（5-75）、式（5-77）及式（5-78）求和可得

$$\begin{aligned}\dot{V} \leqslant& -k_1z_1^2 - \left(k_2\beta_{\min} - \frac{1}{4}\beta_{\max}^2\right)z_2^2 - (k_4-1)z_3^2 + \\ &\beta z_2a_{2s2} - z_2\widetilde{\beta}a_{2a} - \frac{1}{2}k_3z_2^2 + \widetilde{\beta}^{\mathrm{T}}\Gamma^{-1}\dot{\widetilde{\beta}}\end{aligned} \tag{5-79}$$

由式（5-46）、式（5-59），式（5-79）第4、5、7项满足

$$\begin{cases} -z_2\widetilde{\beta}a_{2a}+\widetilde{\beta}^{\mathrm{T}}\Gamma^{-1}\dot{\widetilde{\beta}}=\widetilde{\beta}^{\mathrm{T}}[\Gamma^{-1}\mathrm{Proj}_{\widetilde{\beta}}(\Gamma a_{2a}z_2)-a_{2a}z_2]\leqslant 0 \\ \beta z_2 a_{2s2}\leqslant 0 \end{cases} \tag{5-80}$$

式（5-79）可进一步写成

$$\begin{aligned} \dot{V} &\leqslant -k_1z_1^2-\left(k_2\beta_{\min}-\frac{1}{4}\beta_{\max}^2\right)z_2^2-(k_4-1)z_3^2-\frac{1}{2}k_3z_2^2 \\ &\leqslant -k_1z_1^2-\left(k_2\beta_{\min}+\frac{1}{2}k_3-\frac{1}{4}\beta_{\max}^2\right)z_2^2-(k_4-1)z_3^2 \end{aligned} \tag{5-81}$$

考虑式（5-65）条件，对于任意 $z_1^2+z_2^2+z_3^2\neq 0$，有 $\dot{V}<0$。因此，当 $t\to\infty$ 时，$z_1\to 0$。定理5-1证毕。

5.3.4 仿真研究

本节通过仿真验证所设计下肢外骨骼液压驱动系统控制器的性能。系统模型式（5-5）参考状态为液压缸活塞杆位置 $x_{1d}=x_{pd}$，而外骨骼液压控制系统最终目标是跟踪参考角度 θ_d。

仿真首先将外骨骼参考角度 θ_d 按式（5-16）关系转换成液压缸活塞杆参考位置 $x_{1d}=x_{pd}$。外骨骼参考轨迹 θ_d 给定为：$\theta_d=\frac{\pi}{4}\sin(2\pi t)+\frac{3}{4}\pi$，与之对应的液压缸活塞杆参考位置 x_{1d} 仿真如图5-7所示。可以看出，仿真结果与理论一致，参考轨迹 θ_d 与液压缸活塞杆参考位置 $x_{1d}=x_{pd}$ 为一一对应关系。仿真所使用液压驱动系统参数与表5-1一致。

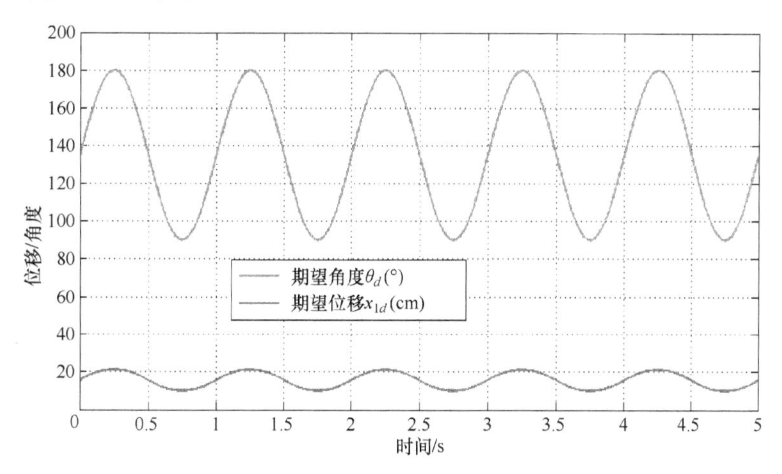

图5-7 外骨骼参考轨迹与活塞杆参考位置对应图

液压缸活塞杆等效力 $F(t)=10\sin(2\pi t)+20\cos(2\pi t)+30$，仿真参数设定为 $k_1=100$，$k_2=100$，$k_3=100$，$k_4=10$，$\beta_{\min}=0.01$，$\beta_{\max}=0.2$，$\Gamma=2\times10^{-10}$。跟踪控制仿真结果及其跟踪误差分别如图5-8与图5-9所示。

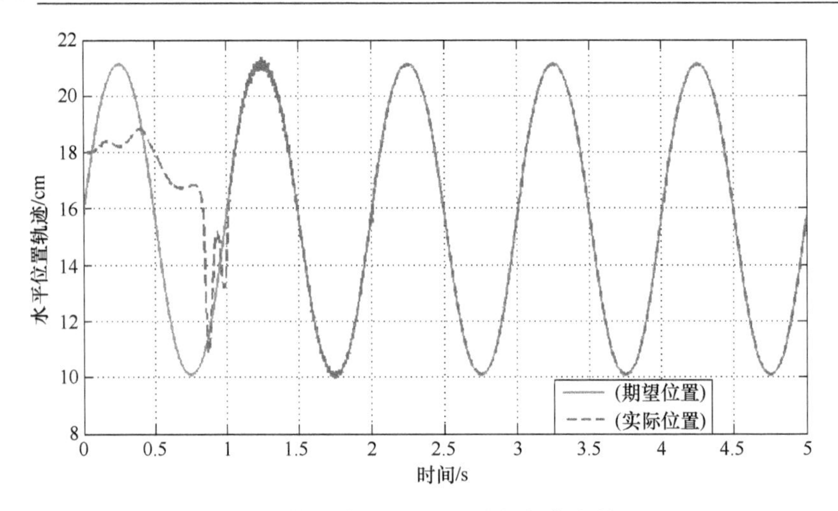

图 5-8　外骨骼液压驱动系统控制仿真效果

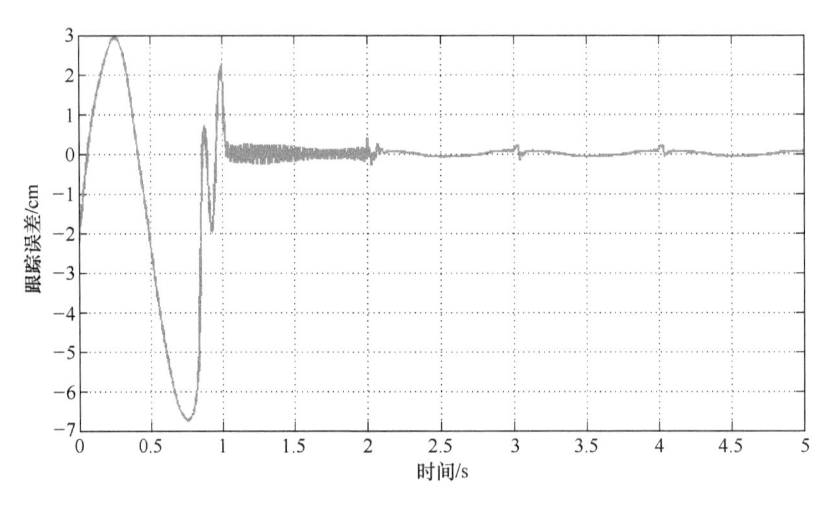

图 5-9　外骨骼液压驱动系统跟踪误差

从图 5-8 与图 5-9 可以看出，在第一个周期内跟踪误差较大，这是因为在第一周期重复学习控制律还处于学习阶段，没有前一周期的初始值，即第一周期时 $\hat{p}(t)=0$。从第二周期开始，系统跟踪误差迅速收敛，随着时间进一步推移，学习律收敛效果更加明显。仿真表明，所设计的外骨骼液压驱动系统重复学习控制器是可行、稳定的。

5.3.5　小结

本节研究了下肢负重外骨骼液压驱动器的轨迹跟踪控制问题。由于人体的周期性运动，主要考虑施加到液压驱动器活塞杆上的等效质量 m 为未知常数，并且活塞杆上的等效力 $F(t)$ 为周期已知的未知周期函数情形，采用反步法设计了一种自适应鲁棒控制和重复学习控制相结合的非线性控制器。通过严格的分析，保证了所提出的控制方案的学习收敛性，仿真结果验证了该算法的有效性。

5.4　基于干扰观测器的外骨骼液压驱动关节滑模控制

5.4.1　引言

在本章的前几节中，详细介绍了液压驱动外骨骼的采样控制和自适应反步控制。本节提出了一种基于干扰观测器的外骨骼液压驱动关节滑模控制，采用重复学习控制（RLC）、神经网络、滑模控制来进行控制器设计。

RLC 是执行周期性跟踪任务或控制具有周期特性系统的有效方法。它已成功应用于各个领域，如多智能体系统[25]、脉宽调制逆变器[26]和机器人操纵器[27]。通过采用分散的重复学习控制器，本章参考文献［28］实现了对照明系统光颜色和强度的周期参考信号的跟踪。本章参考文献［29］考虑了海上井架起重机的自适应轨迹跟踪控制，其中未知的周期性外部干扰和控制力通过重复学习机制进行估计。本章参考文献［30］为永磁步进电机设计了一个重复学习控制器以跟踪周期性转子位置。本章参考文献［31］、［32］为机器人系统提出了复合学习控制方法，考虑了基于最小二乘和基于神经网络的方法。由于患者的肢体借由外骨骼的关节重复运动而进行康复治疗，那么假设人机交互动态为周期性是合理的。在本节中，RLC 将被用来学习康复外骨骼的周期性动态，即人机交互力。

建模不确定性和外部干扰阻碍会影响控制系统的性能。为了解决这些非线性问题，已设计了许多方法[33]。神经网络被用来估计未知的车身质量，以及重构不确定拉格朗日系统的动力学模型[34]。自适应模糊系统被用来处理主动悬架系统的不确定性[35]，并补偿机器人操纵器的未知动态[36]。本章参考文献［37］采用贝叶斯估计来获取人机系统的人体阻抗。本章参考文献［38］为机器人操纵器设计了非线性干扰观测器，可用于逼近诸如未知摩擦、参数不确定性和干扰等非线性问题。本章参考文献［39］对基于非线性干扰观测器的控制和相关技术做了更详细的描述。另一个影响系统性能的非线性问题是输入饱和。当控制器的计算值小于执行器的下限或大于上限时，就会发生输入饱和。这可能导致较大的跟踪误差，甚至损害偏瘫肢体。对于输入饱和问题，已研究了多种技术来处理[40]。本章参考文献［41］针对具有参数不确定性和输入饱和的直流电机，开发了饱和自适应鲁棒控制器，其中通过引入可变增益饱和函数来避免输入饱和。本章参考文献［42］提出了神经网络来补偿拉格朗日系统的标称控制输入与实际输入之间的差异。受本章参考文献［38］的启发，本节设计了基于非线性干扰观测器的自适应神经控制器，以处理康复外骨骼系统的不确定性和输入饱和。

由于采用了切换控制策略，滑模控制（Sliding Mode Control，SMC）具有对系统不确定性和干扰不敏感的固有特性[43]，确保了外骨骼系统的鲁棒性和稳定性。本章参考文献［44］提出了一种鲁棒积分滑模控制器，用于处理有界动态不确定性，并应用于上肢外骨骼进行被动训练。本章参考文献［45］应用一种新的滑模控制器来控制一个7自由度的外骨骼，模糊系统被用来提高控制性能。本章参考文献［46］研究了外骨骼的鲁棒控制设计，通过将滑模观测器集成到闭环系统中来提供速度。本章参考文献［47］提出了自适应滑模控制器来解决非完整轮式移动机器人的轨迹跟踪问题，其中用递归小波神经网络来逼近模型不确定性。本章参考文献［48］为具有柔性执行的可穿戴软外骨骼研究了一种滑模支配控制器，采用模糊系统来减轻滑模控制器的抖动问题。

本节旨在解决液压驱动系统下的康复外骨骼的轨迹跟踪问题。采用反步法提出了基于干扰观测器的神经滑模重复学习控制器。为了减轻滑模控制器的抖动问题，还引入了 sigmoid 函数以替代传统的符号函数。通过设计的控制方案，同时解决了建模不确定性、未知人机交互力、输入约束和外部干扰等问题，确保了系统的鲁棒性。最后采用李雅普诺夫方法验证了闭环控制系统的稳定性。

5.4.2 控制器设计

引理 5-3[49] 使 $G(t)$，$\hat{G}(t)$，$\widetilde{G}(t)$，$h(t)\in R$，并假设下列关系成立

$$\begin{cases} G(t)=G(t-N) \\ \widetilde{G}(t)=G(t)-\hat{G}(t) \\ \hat{G}(t)=\hat{G}(t-N)+h(t) \end{cases} \tag{5-82}$$

其中，$\int_{t-N}^{t}\widetilde{G}^2(\mu)\mathrm{d}\mu$ 的导数是 $-2\widetilde{G}(t)h(t)-h^2(t)$。

引理 5-4 考虑连续光滑有界函数 $F(t)$，$\forall t\in[t_1,t_2]$ 如果 $F(t)$ 满足 $\|F(t)\|\leqslant\eta$，其中 η 为正常数，则 $F(t)$ 关于时间的导数 $\dot{F}(t)$ 是有界的。

证明：利用微分中值定理，可知 $\forall[a,b]\subseteq[t_1,t_2]$，存在一个点 $c\in[a,b]$，使得 $\dot{F}(c)=[F(b)-F(a)]/(b-a)$。注意，当 $-2\eta\leqslant F(b)-F(a)\leqslant 2\eta$，其中 $\|F(t)\|\leqslant\eta$ 时，$\dot{F}(c)$ 的有界性得到保证。由于 $c\in[a,b]\subseteq[t_1,t_2]$，可得 $\dot{F}(t)$ 有界 $\forall t\in[t_1,t_2]$。

引理 5-5 对于常数 $k>0$，未知变量 $A\in R$ 和 $B\in R$，$\frac{1}{2}A^2+\frac{k^2}{2}B^2\geqslant kAB$ 成立。

证明：由于 $\left(\frac{A}{\sqrt[2]{2}}-\frac{kB}{\sqrt[2]{2}}\right)^2\geqslant 0$，可以得到 $\frac{1}{2}A^2-kAB+\frac{k^2}{2}B^2\geqslant 0$，因此，可得 $\frac{1}{2}A^2+\frac{k^2}{2}B^2\geqslant kAB$。

假设 5-1 康复外骨骼建模的不确定性、外部干扰、未知的人机交互力以及由执行器饱和引起的控制器误差都是有界的。期望的训练轨迹和误差变量是光滑且可微的。

假设 5-2　重复学习方案的学习误差以一个正常数为界，即 $|\tilde{f}_2(t)|<\varepsilon$，其中 $\varepsilon>0$ 是上界。

图 5-1 在外骨骼的机械大腿和机械小腿之间安装了一个液压驱动系统，用于为外骨骼提供力。液压驱动系统由高压油驱动，通过伺服阀调节，而伺服阀则由适当的输入电流 I 调节。使用牛顿第二定律分析康复训练期间作用在液压驱动系统上的力，外骨骼的力平衡方程式为

$$M\ddot{V}_p = P_1A_1 - P_2A_2 - c\dot{x}_\mathrm{p} - F_d(t) - F_i(t) \tag{5-83}$$

式中，M 是活塞杆上的质量；x_p 是气缸的位置；P_1 和 A_1 分别是大腔室内活塞的压力和面积；P_2 和 A_2 是小腔室内对应的压力和面积；c 是黏性摩擦系数；F_d是未知的外部干扰；F_i是人机交互力。

由于液压驱动系统是由高压油驱动的，因此液压腔室的压力动态被描述为[50]

$$\begin{cases}\dot{P}_1=\dfrac{\beta_e}{V_{01}+A_1x_\mathrm{p}}[Q_1-A_1\dot{x}_\mathrm{p}-Q_{LI}(t)-Q_{LEb}(t)]\\ \dot{P}_2=\dfrac{\beta_e}{V_{02}-A_2x_\mathrm{p}}[A_2\dot{x}_\mathrm{p}-Q_2+Q_{LI}(t)-Q_{LEs}(t)]\end{cases} \tag{5-84}$$

式中，β_e 是液压油的有效体积模量；V_{01} 和 V_{02} 分别是大腔室和小腔室的初始体积；Q_1 和 Q_2 是两个腔室的流量；$Q_{LI}(t)$ 是液压回路的未知内部泄漏；$Q_{LEb}(t)$ 和 $Q_{LEs}(t)$ 分别是大腔室和小腔室的未知外部泄漏。

当使用具有线性流量增益特性的比例阀时，流速 Q_1 和 Q_2 可以假定与输入电流 I 正相关。

$$Q_1=\begin{cases}kI,\dot{x}_\mathrm{p}>0\\ \gamma kI,\dot{x}_\mathrm{p}<0\end{cases},\quad Q_2=\begin{cases}\dfrac{k}{\gamma}I,\dot{x}_\mathrm{p}>0\\ kI,\dot{x}_\mathrm{p}<0\end{cases} \tag{5-85}$$

式中，k 是伺服阀的流量/信号增益；$\gamma \triangleq A_1/A_2$ 是液压缸的流量因子。一般来说，阀的输入电流的幅度 I 受其物理饱和的限制，可以表示为

$$I=S(u)=\begin{cases}I_{\max}\mathrm{sign}(u), & |u|\geqslant I_{\max}\\ u, & |u|<I_{\max}\end{cases} \tag{5-86}$$

式中，$I_{\max}$是阀门执行器的最大值；u 是设计的控制律；sign(*) 是开关函数，其定义如下

$$\mathrm{sign}(*)=\begin{cases}1, & 若>0\\ 0, & 若*=0\\ -1, & 若*<0\end{cases} \tag{5-87}$$

考虑系统动态方程式（5-83）~式（5-85）以及执行器饱和公式（5-86），若将状态变量定义如下 $x_1=x_\mathrm{p}$，$x_2=\dot{x}_\mathrm{p}$，$x_3=(P_1A_1-P_2A_2)/M$，液压康复外骨骼状态空间模型可表示为

$$\begin{cases}\dot{x}_1 = x_2 \\ \dot{x}_2 = x_3 - \dfrac{c}{M}x_2 - f_1(t) - f_2(t) \\ \dot{x}_3 = f_3(x_1, x_2) + f_4(x_1)\varphi(u) + f_5(t) \\ y = x_1\end{cases} \tag{5-88}$$

其中

$$f_1(t) = \frac{F_d(t)}{M},\ f_2(t) = \frac{F_i(t)}{M} \tag{5-89}$$

$$f_3(x_1, x_2) = -\frac{A_1^2\beta_e x_2}{M(V_{01} + A_1 x_1)} - \frac{A_2^2\beta_e x_2}{M(V_{02} - A_2 x_1)} \tag{5-90}$$

$$f_4(x_1) = \frac{A_1\beta_e k}{M(V_{01} + A_1 x_1)} + \frac{A_2\beta_e k}{M\tau(V_{02} - A_2 x_1)} \tag{5-91}$$

$$f_5(t) = -\frac{A_1\beta_e[Q_{LI}(t) + Q_{LEb}(t)]}{M(V_{01} + A_1 x_1)} - \frac{A_2\beta_e[Q_{LI}(t) - Q_{LEs}(t)]}{M(V_{02} - A_2 x_1)} \tag{5-92}$$

$$\varphi(u) = \begin{cases} S(u), \dot{x}_1 > 0 \\ \gamma S(u), \dot{x}_1 < 0 \end{cases} \tag{5-93}$$

备注 5-1 从临床角度来看，外骨骼机械关节在康复治疗期间是缓慢移动的，以确保受伤肢体的安全。因此，本书合理地忽略了外骨骼腿部的旋转动力学。通过使用牛顿第二定律结合液压驱动系统的平移动力学，在式（5-83）中构建了外骨骼的模型。此外，考虑了活塞杆的摩擦、外骨骼腿与患者肢体之间的交互力以及外部干扰，使模型尽可能地接近真实系统。

备注 5-2 在康复治疗期间，患者的残疾肢体借助外骨骼关节移动以重复追踪特定的训练轨迹，这种重复运动不可避免地会导致系统模型中的周期性动态。在不失一般性的前提下，假设人机交互力 $F_i(t)$ 是周期性的，并且其周期等于训练轨迹的周期。由于质量 M 是常数，因此系统模型［见式（5-89）］中的 $f_2(t)$ 始终是周期性的。在数学上，它可以表达为

$$f_2(t) = f_2(t - N) \tag{5-94}$$

式中，$N > 0$，是已知的训练轨迹的周期。

在康复治疗期间，患者的残疾肢体通过外骨骼关节移动以追踪给定的训练轨迹，这是通过跟踪外骨骼关节的期望角度来实现的。然而，在系统模型［见式（5-88）］中，系统的输出是 x_1，它表示阀门位置 x_p。从图 5-1 中可以看出，外骨骼关节角度记为 θ，被分为 3 个部分，

$$\theta = \theta_1 + \theta_2(x_1) + \theta_3 \tag{5-95}$$

式中，θ_1 和 θ_3 是与长度 $l_i(i = 1, \cdots, 4)$ 相关的常数；$\theta_2(x_1)$ 由余弦定理确定，其取决于活塞位置 x_1。

$$\theta_2(x_1)=\arccos\frac{l_5^2+l_6^2-(l_7+x_1)^2}{2l_5l_6} \tag{5-96}$$

式中，$l_i(i=1,\cdots,3)$是常数。

控制目标是为康复外骨骼关节设计一个神经滑模重复学习控制器，使其能够跟踪期望的轨迹，同时减轻非线性的影响并保持系统的稳定性。从式（5-95）和式（5-96）可得出结论，外骨骼角度 θ 在式（5-88）中由活塞位置 x_1 唯一确定，因此，完成控制任务等同于跟踪活塞的期望位置 $x_{1d}\triangleq x_{pd}$。

备注 5-3　对于图 5-1 所示的液压系统，当外骨骼机械关节运作时，关节角度 θ_1 和 θ_3 的值是已知的常数。此外，它们可以通过以下反正切函数计算。

$$\theta_1=\arctan\frac{l_1}{l_2},\theta_3=\arctan\frac{l_4}{l_3} \tag{5-97}$$

根据反步法进行控制器设计。

步骤 1　定义误差变量

$$e_i=x_i-\alpha_{i-1} \tag{5-98}$$

式中，$i=1,\cdots,3,\alpha_0=x_{1d}$表示通过期望关节角度转换的期望活塞位置；$\alpha_1$ 和 α_2 是虚拟输入，稍后再进行设计。

e_1 关于时间的微分：

$$\dot{e}_1=\dot{x}_1-\dot{x}_{1d}=x_2-\dot{x}_{1d}=e_2+\alpha_1-\dot{x}_{1d} \tag{5-99}$$

选择一个如下的李雅普诺夫函数：

$$V_1=\frac{1}{2}e_1^2 \tag{5-100}$$

它关于时间的微分是

$$\dot{V}_1=e_1\dot{e}_1=e_1(e_2+\alpha_1-\dot{x}_{1d}) \tag{5-101}$$

可以将虚拟控制器 α_1 设计为

$$\alpha_1=-k_1e_1+\dot{x}_{1d} \tag{5-102}$$

式中 k_1（$k_1>0$）是控制器增益，将式（5-101）代入式（5-102）得到

$$\dot{V}_1=-k_1e_1^2+e_1e_2 \tag{5-103}$$

式（5-103）右边的第一项是负定的，第二项将在后面考虑。

步骤 2　将 e_2 对时间微分，并考虑式（5-95）的第二行，得到

$$\begin{aligned}\dot{e}_2&=\dot{x}_2-\dot{\alpha}_1\\&=x_3-\frac{c}{M}x_2-f_1(t)-f_2(t)-\dot{\alpha}_1\\&=e_3+\alpha_2-\frac{c}{M}x_2-f_1(t)-f_2(t)-\dot{\alpha}_1\end{aligned} \tag{5-104}$$

由于非周期外部干扰$f_1(t)$是未知的，设计了一个干扰观测器来估计它。此外，为了消除 α_1 的时间推导的重复计算，将复合扰动定义为

$$D_1 = -[f_1(t) + \dot{\alpha}_1] \tag{5-105}$$

根据引理5-4和假设5-1，有

$$|D_1| \leqslant \eta \tag{5-106}$$

式中，η 是一个未知的正常数。为了估计 D_1，引入一个辅助变量如下：

$$E_1 = D_1 - k_{D1}e_2 \tag{5-107}$$

其中 $k_{D1} > 0$ 为正增益。对 E_1 求导，对式（5-104）和式（5-105）积分，可得

$$\dot{E}_1 = \dot{D}_1 - k_{D1}\left[e_3 + \alpha_2 - \frac{c}{M}x_2 - f_2(t) + D_1\right] \tag{5-108}$$

为了实现对 D_1 的估计，首先给出 E_1 的估计规律

$$\dot{\hat{E}}_1 = -k_{D1}\left[e_3 + \alpha_2 - \frac{c}{M}x_2 - \hat{f}_2(t) + \hat{D}_1\right] \tag{5-109}$$

其中式（5-114）定义了 $\hat{f}_2(t)$。受到式（5-107）的启发，可得 D_1 的估计值为

$$\hat{D}_1 = \hat{E}_1 + k_{D1}e_2 \tag{5-110}$$

将估计误差定义为 $\widetilde{D}_1 = D_1 - \hat{D}_1$ 和 $\widetilde{E}_1 = E_1 - \hat{E}_1$，可得

$$\widetilde{E}_1 = E_1 - \hat{E}_1 = D_1 - \hat{D}_1 = \widetilde{D}_1 \tag{5-111}$$

考虑式（5-108）和式（5-109），$\widetilde{D}_1$ 的微分可以计算出为

$$\dot{\widetilde{D}}_1 = \dot{E}_1 - \dot{\hat{E}}_1 = \dot{D}_1 - k_{D1}[\widetilde{D}_1 - \widetilde{f}_2(t)] \tag{5-112}$$

其中 $\widetilde{f}_2(t) = f_2(t) - \hat{f}_2(t)$。虚拟控制率 α_2 被设计为

$$\alpha_2 = -k_2e_2 - e_1 + \frac{c}{M}x_2 - \hat{D}_1 + \hat{f}_2 \tag{5-113}$$

式中，$\hat{f}_2$ 是具有更新律的重复学习方案。

$$\begin{cases} \hat{f}_2(t) = \hat{f}_2(t-N) + k_{f2}e_2, k_{f2} > 0,\ t > N \\ \hat{f}_2(t) = 0,\ \forall \in [0, N] \end{cases} \tag{5-114}$$

将式（5-113）代入式（5-114）得到

$$\dot{e}_2 = -k_2e_2 - e_1 + e_3 + \widetilde{D}_1 - \widetilde{f}_2(t) \tag{5-115}$$

考虑第二个李雅普诺夫函数为

$$V_2 = V_1 + \frac{1}{2}e_2^2 + \frac{1}{2}\widetilde{D}_1^2 + \frac{1}{2k_{f2}}\int_{t-N}^{t}\widetilde{f}_2^2(\xi)\mathrm{d}\zeta \tag{5-116}$$

利用引理5-3，并考虑式（5-112）和式（5-115），V_2关于时间的导数为

$$\begin{aligned}
\dot{V}_2 &= \dot{V}_1 + e_2\dot{e}_2 + \widetilde{D}_1\dot{\widetilde{D}}_1 + \frac{1}{2k_{f2}}[-2\widetilde{f}_2(-k_{f2}e_2) - (k_{f2}e_2)^2] \\
&= \dot{V}_1 + e_2[-k_2e_2 - e_1 + e_3 + \widetilde{D}_1 - \widetilde{f}_2(t)] + \\
&\quad \widetilde{D}_1\{\dot{D}_1 - k_{D1}[\widetilde{D}_1 - \widetilde{f}_2(t)]\} + \\
&\quad \frac{1}{2k_{f2}}(2k_{f2}\widetilde{f}_2e_2 - k_{f2}^2e_2^2) \\
&= -k_1e_1^2 + e_1e_2 - k_2e_2^2 - e_1e_2 + e_2e_3 + e_2\widetilde{D}_1 -
\end{aligned}$$

$$e_2\widetilde{f}_2(t)+\widetilde{D}_1[\dot{D}_1-k_{D1}\widetilde{D}_1+k_{D1}\widetilde{f}_2(t)]+$$
$$\widetilde{f}_2(t)e_2-\frac{k_{f2}}{2}e_2^2$$
$$=-k_1e_1^2-k_2e_2^2-\frac{k_{f2}}{2}e_2^2+e_2e_3+e_2\widetilde{D}_1+$$
$$\widetilde{D}_1[\dot{D}_1-k_{D1}\widetilde{D}_1+k_{D1}\widetilde{f}_2(t)] \tag{5-117}$$

步骤 3　在这一步中引入了一种滑模控制方案。滑模曲面设计为

$$s=e_3=x_3-\alpha_2 \tag{5-118}$$

由式（5-88）第三行可知，s 关于时间的导数为

$$\dot{s}=f_3(x_1,x_2)+f_4(x_1)\varphi(u)+f_5(t)-\dot{\alpha}_2 \tag{5-119}$$

定义标称控制输入和饱和输入之间的误差为 $\delta(u)\triangleq\varphi(u)-u$，可得

$$\dot{s}=f_3(x_1,x_2)+f_4(x_1)\delta(u)+f_4(x_1)u+f_5(t)-\dot{\alpha}_2 \tag{5-120}$$

由于 $\delta(u)$ 是未知的，而液压系统的泄漏，即 $Q_{LI}(t)$、$Q_{LEb}(t)$、$Q_{LEs}(t)$，是不可测量的。控制器中采用了 RBF 神经网络（RBF-NN）来近似这些不确定性，并消除对 α_2 导数的重复计算。基于神经网络的滑模控制器为

$$u=\frac{1}{f_4(x_1)}[-e_2-k_3e_3-f_3(x_1,x_2)-\hat{\Theta}^{\mathrm{T}}\Phi(Z)-\zeta H(s)] \tag{5-121}$$

式中，$k_3>0$ 是控制增益；$\hat{\Theta}$ 是 RBF-NN 的权重；$\Phi(Z)$ 是基函数。$\hat{\Theta}^{\mathrm{T}}\Phi(Z)$ 用于近似 $\Theta^{*\mathrm{T}}\Phi(Z)$。

$$\Theta^{*\mathrm{T}}\Phi(Z)+\mu(Z)=f_4(x_1)\delta(u)+f_5(t)-\dot{\alpha}_2 \tag{5-122}$$

式中，Z 是 RBF-NN 的输入变量，$Z=[x_1,x_2,e_1,e_2,s,\alpha_2]$；$\mu(Z)$ 是估计误差。RBF-NN 的更新法则给出如下：

$$\dot{\hat{\Theta}}=\Gamma[\Phi(Z)s-\xi\hat{\Theta}] \tag{5-123}$$

式中，Γ 是一个正定的控制增益；ξ 是一个微小的常数，$\xi>0$。

将式（5-121）代入式（5-120），并考虑式（5-122），滑模曲面的时间导数可以重写为

$$\begin{aligned}\dot{s}&=-e_2-k_3e_3-\hat{\Theta}^{\mathrm{T}}\Phi(Z)-\zeta H(s)+\Theta^{*\mathrm{T}}\Phi(Z)+\mu(Z)\\&=-e_2-k_3e_3-\widetilde{\Theta}^{\mathrm{T}}\Phi(Z)-\zeta H(s)+\mu(Z)\end{aligned} \tag{5-124}$$

式中，$\widetilde{\Theta}$ 是 NN 的权重误差，$\widetilde{\Theta}\triangleq\hat{\Theta}-\Theta^*$；$\zeta$ 是滑模控制增益，$\zeta>0$；$H(s)$ 是用于减少抖动效应的 Sigmoid 函数。

$$H(s)=\frac{2}{1+e^{-bs}}-1 \tag{5-125}$$

考虑第三个增广的李雅普诺夫函数为

$$V_3=V_2+\frac{1}{2}s^2+\frac{1}{2}\widetilde{\Theta}^{\mathrm{T}}\Gamma^{-1}\widetilde{\Theta} \tag{5-126}$$

对式（5-126）进行微分得到

$$\begin{aligned}\dot{V}_3 &= \dot{V}_2 + s\dot{s} + \widetilde{\Theta}^{\mathrm{T}}\Gamma^{-1}\dot{\widetilde{\Theta}} \\ &= \dot{V}_2 + s\dot{s} + \widetilde{\Theta}^{\mathrm{T}}\Gamma^{-1}(\dot{\hat{\Theta}} - \dot{\Theta}^*) \\ &= \dot{V}_2 + s\dot{s} + \widetilde{\Theta}^{\mathrm{T}}\Gamma^{-1}\dot{\hat{\Theta}}\end{aligned} \tag{5-127}$$

将式（5-117）、式（5-118）、式（5-123）、式（5-124）代入式（5-127）就得到

$$\begin{aligned}\dot{V}_3 &= -k_1e_1^2 - k_2e_2^2 - \frac{k_{f2}}{2}e_2^2 + e_2e_3 + e_2\widetilde{D}_1 + \\ &\quad \widetilde{D}_1[\dot{D}_1 - k_{D1}\widetilde{D}_1 + k_{D1}\widetilde{f}_2(t)] + \\ &\quad e_3[-e_2 - k_3e_3 - \widetilde{\Theta}^{\mathrm{T}}\Phi(Z) - \zeta H(s) + \mu(Z)] + \\ &\quad \widetilde{\Theta}^{\mathrm{T}}\Gamma^{-1}\Gamma[\Phi(Z)e_3 - \xi\hat{\Theta}] \\ &= -k_1e_1^2 - k_2e_2^2 - \frac{k_{f2}}{2}e_2^2 - k_3e_3^2 - k_{D1}\widetilde{D}_1^2 + \\ &\quad \widetilde{D}_1\dot{D}_1 + k_{D1}\widetilde{D}_1\widetilde{f}_2(t) + e_2\widetilde{D}_1 + \\ &\quad e_3\mu(Z) - \widetilde{\Theta}^{\mathrm{T}}\xi\hat{\Theta} - e_3\zeta H(s)\end{aligned} \tag{5-128}$$

应用引理5-5，可得

$$\widetilde{D}_1\dot{D}_1 \leqslant \frac{1}{2}\widetilde{D}_1^2 + \frac{1}{2}\dot{D}_1^2 \tag{5-129}$$

$$k_{D1}\widetilde{D}_1\widetilde{f}_2(t) \leqslant \frac{1}{2}\widetilde{D}_1^2 + \frac{k_{D1}^2}{2}\widetilde{f}_2(t)^2 \tag{5-130}$$

$$e_2\widetilde{D}_1 \leqslant \frac{1}{2}e_2^2 + \frac{1}{2}\widetilde{D}_1^2 \tag{5-131}$$

$$e_3\mu(Z) \leqslant \frac{1}{2}e_3^2 + \frac{1}{2}\mu(Z)^2 \tag{5-132}$$

$$\begin{aligned}-\widetilde{\Theta}^{\mathrm{T}}\hat{\Theta} &= -\widetilde{\Theta}^{\mathrm{T}}(\widetilde{\Theta} + \Theta^*) = -\widetilde{\Theta}^{\mathrm{T}}\widetilde{\Theta} - \widetilde{\Theta}^{\mathrm{T}}\Theta^* \\ &\leqslant -\widetilde{\Theta}^{\mathrm{T}}\widetilde{\Theta} + \frac{1}{2}(\widetilde{\Theta}^{\mathrm{T}}\widetilde{\Theta} + \Theta^{*\mathrm{T}}\Theta^*) \\ &\leqslant -\frac{1}{2}\widetilde{\Theta}^{\mathrm{T}}\widetilde{\Theta} + \frac{1}{2}\Theta^{*\mathrm{T}}\Theta^* -\end{aligned} \tag{5-133}$$

$$e_3\rho H(s) \leqslant \frac{1}{2}e_3^2 + \frac{1}{2}\zeta^2 \tag{5-134}$$

考虑式（5-106）、式（5-129）、式（5-134），并应用假设5-2，式（5-128）可改写为

$$\begin{aligned}\dot{V}_3 &\leqslant -k_1e_1^2 - \left(k_2 + \frac{k_{f2}}{2} - \frac{1}{2}\right)e_2^2 - (k_3 - 1)s^2 - \\ &\quad \left(k_{D1} - \frac{3}{2}\right)\widetilde{D}_1^2 - \frac{1}{2}\xi(\|\widetilde{\Theta}\|^2 - \|\Theta^*\|^2) + \\ &\quad \frac{1}{2}\eta^2 + \frac{1}{2}\varepsilon^2 + \frac{1}{2}\mu(Z)^2 + \frac{1}{2}\zeta^2 \\ &\leqslant -\rho V_3 + C\end{aligned} \tag{5-135}$$

其中

$$\rho = \min\left\{2k_1, 2k_2 + k_{f2} - 1, 2k_3 - 2, 2k_{D1} - 3, \frac{\xi}{\lambda_{\max}(\Gamma^{-1})}, 1\right\} \tag{5-136}$$

$$C = \frac{1}{2}\eta^2 + \frac{1}{2}\varepsilon^2 + \frac{1}{2}\mu(Z)^2 + \frac{1}{2}\zeta^2 + \frac{1}{2}\|\Theta^*\|^2 \tag{5-137}$$

为了确保闭环系统的稳定性，选择的参数满足 $k_1 > 0$，$k_2 > 0$，$2k_2 + k_{f2} - 1 > 0$，$k_3 > 1$，$k_{D1} > \frac{3}{2}$。

5.4.3 稳定性分析

所提出的控制方案的控制策略如图 5-10 所示。从上述分析可以得出结论，闭环系统中涉及的误差变量，$e_i(i=1,\cdots,3)$、$\widetilde{D}_1$、$\widetilde{f}_2$ 和 $\widetilde{\Theta}$ 是半全局有界的。为了研究它们的界限，将式（5-135）乘以 $e^{\rho t}$。

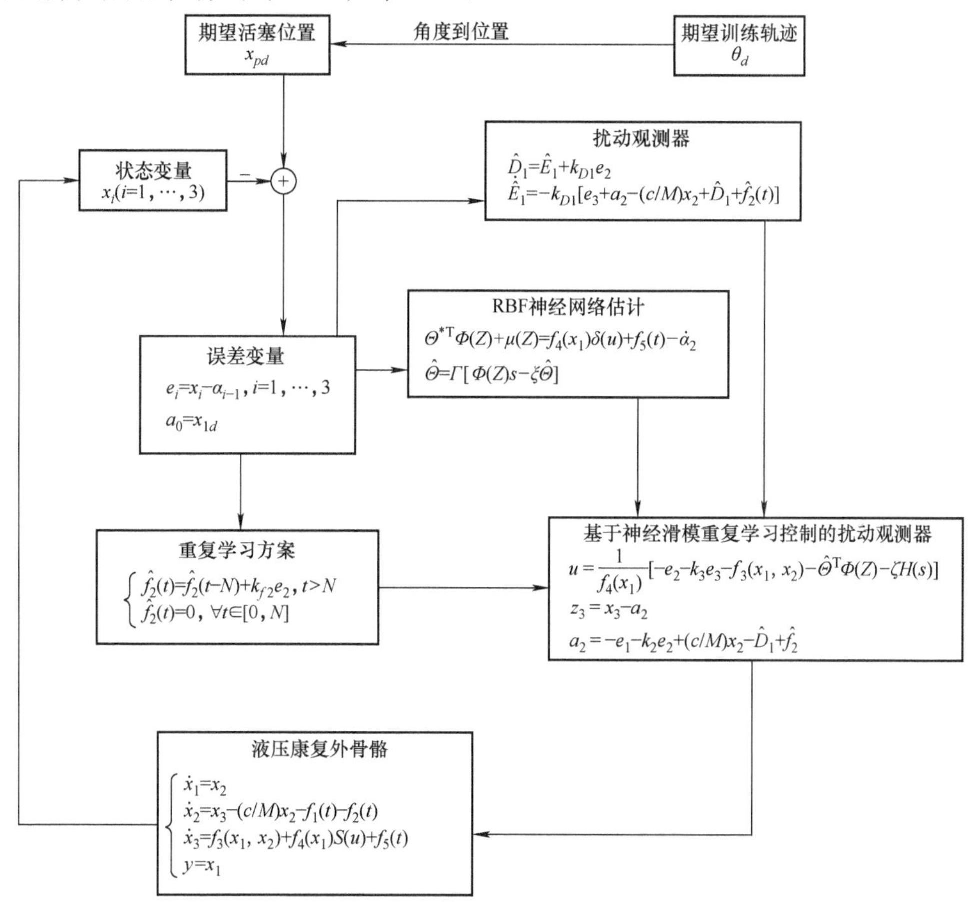

图 5-10　基于干扰观测器的神经滑模重复学习控制策略图

$$\frac{\mathrm{d}}{\mathrm{d}t}[V_3(t)e^{\rho t}] \leqslant Ce^{\rho t} \tag{5-138}$$

将上述不等式积分得到

$$V_3(t) \leqslant \left[V_3(0) - \frac{C}{\rho}\right]e^{-\rho t} + \frac{C}{\rho} \leqslant V_3(0) + \frac{C}{\rho} \tag{5-139}$$

考虑到 e_1 可得

$$\frac{1}{2}e_1^2 \leqslant V_3(0) + \frac{C}{\rho},\ |e_1| \leqslant \sqrt{2\left[V_3(0) + \frac{C}{\rho}\right]} \tag{5-140}$$

类似地，可以得到

$$|e_i| \leqslant \sqrt{2\left[V_3(0) + \frac{C}{\rho}\right]},\ i = 2,3 \tag{5-141}$$

$$|\widetilde{D}_1| \leqslant \sqrt{2\left[V_3(0) + \frac{C}{\rho}\right]},\ |\widetilde{\Theta}| \leqslant \sqrt{\frac{2\left[V_3(0) + \frac{C}{\rho}\right]}{\lambda_{\min}(\Gamma^{-1})}} \tag{5-142}$$

$$|\widetilde{f}_2| \leqslant \left|\sqrt[3]{3k_{f2}\left[V_3(0) + \frac{C}{\rho}\right] + \widetilde{f}_2^3(0)}\right| \tag{5-143}$$

定理 5-2 考虑到建模不确定性、未知的人机交互力、输入约束和外部干扰存在的情况下，对液压康复外骨骼［见式（5-88）］进行分析。在所提出的神经滑模重复学习控制器［见式（5-121）］、学习更新律［见式（5-114）］和设计的干扰观测器［见式（5-110）］的作用下，相关的闭环系统信号 $e_i(i=1,\cdots,3)$、$\widetilde{D}_1$、$\widetilde{f}_2$ 和 $\widetilde{\Theta}$ 在式（5-140）~式（5-143）中给出的条件下是半全局有界的。

5.4.4 仿真研究

在本节中，通过仿真演示了所提出的控制方案的有效性。为了便于仿真过程，需要在实现控制器之前将期望角度 θ_d 转换为期望活塞位置 x_{pd}。期望的训练轨迹给出为 $\theta_d = 0.24\sin(\pi t) + 0.36\sin(2\pi t) + \frac{\pi}{2}$。外骨骼关节的机械长度分别为 $l_1 = 5\text{cm}$，$l_2 = 25\text{cm}$，$l_3 = 8\text{cm}$，$l_4 = 6\text{cm}$，$l_7 = 12\text{cm}$。根据式（5-95）和式（5-96），在图 5-11 出了转换结果。虚线为以下仿真中的参考轨迹。

液压驱动系统的参数如下：活塞杆上的质量 $M = 16\text{kg}$，黏性摩擦系数 $c = 1000\text{N/(m/s)}$，有效体积模量 $\beta_e = 9\times10^8\text{N/m}^2$，两个腔室的活塞面积分别为 $A_1 = 8.2\text{cm}^2$ 和 $A_2 = 8.2\text{cm}^2$，流量/信号增益 $k = 0.95$，两个腔室的初始体积分别为 $V_{01} = 92\text{cm}^2$ 和 $V_{02} = 7\text{cm}^3$。

外部干扰为 $F_d(t) = 2\sin(2\pi t) + 4\cos(2\pi t) + 5\text{rand}(1) + 3$，未知的人机交互力选择为 $F_i(t) = 3\sin(\pi t) + 4\cos(\pi t) + 3$。液压回路的泄漏是

$$\begin{cases} Q_{LI}(t) = 0.3\pi\sin(1.5\pi t) + 0.5 \\ Q_{LEb}(t) = 0.5\sin(1.2\pi t) + 1.5 \\ Q_{LEs}(t) = 1.6\cos(0.5\pi t) + 0.8 \end{cases} \tag{5-144}$$

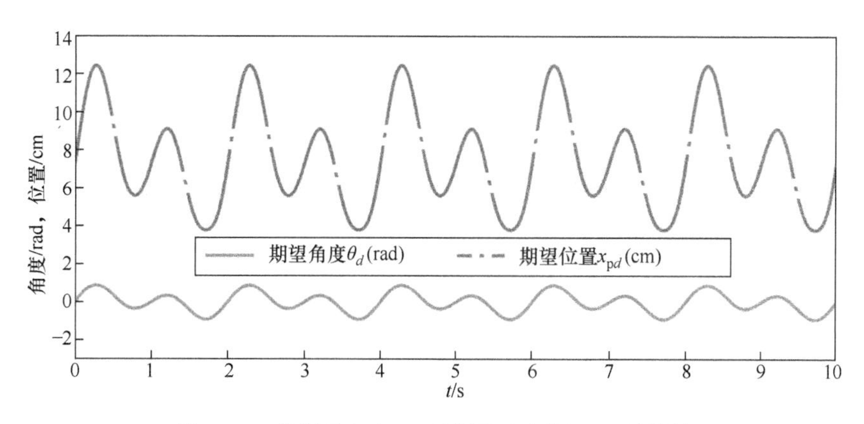

图 5-11　从所需角度 θ_d 到所需活塞位置 x_{pd}的转换

初始活塞位置给定为 $x_1=7.2$，而速度 $\dot{x}_1=0$。为了说明所提控制器的跟踪性能，在仿真中考虑了以下 3 种情况。

情况 1　使用常规 PID 控制器，参数为 $k_p=26$、$k_i=2.1$ 和 $k_d=3.2$。

情况 2　基于干扰观测器的滑模控制器。扰动选择为式（5-110），控制器选择为式（5-121），但不应用神经网络和重复学习方案。控制参数选择为 $k_1=17$、$k_2=30$、$k_3=10$、$k_{D1}=3.7$。

情况 3　测试所提出的控制器。扰动选择为式（5-110），控制器选择为式（5-121），重复学习方案选择为式（5-114），其周期 $N=2\mathrm{s}$。RBF-NN 节点数量为 12，控制增益 Γ 选择为 120，初始权重 $\widetilde{\Theta}$ 设置为 0。控制器的最大电流设置为 35mA，参数设置为 $k_1=25$、$k_2=28$、$k_3=15$、$k_{f2}=2.6$、$k_{D1}=3.3$。

上述 3 种情况的控制性能分别显示在图 5-12～图 5-14 中。观察这 3 个仿真图，可以得出所有 3 种控制器都成功跟踪到了期望的活塞位置。

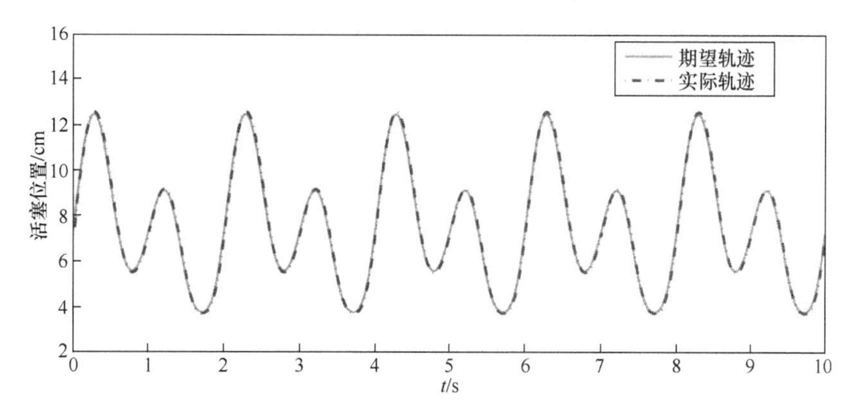

图 5-12　案例 1 的跟踪性能

控制器的跟踪误差如图 5-15 所示，PID 控制器保持了稳态误差，最大振幅为

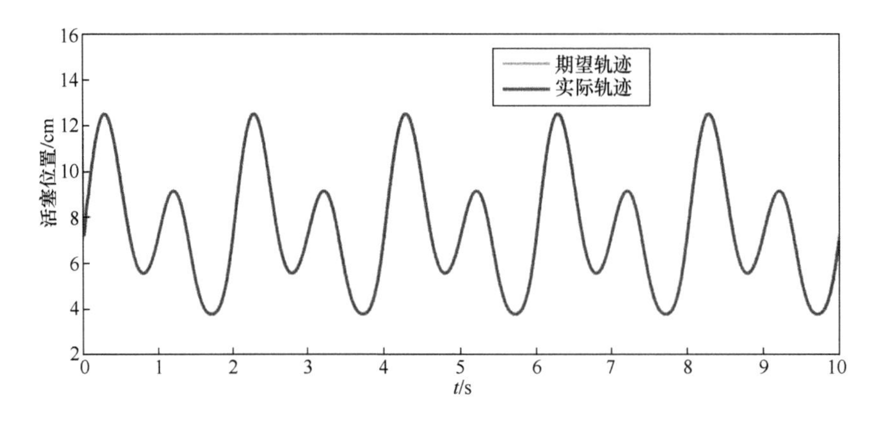

图 5-13　案例 2 的跟踪性能

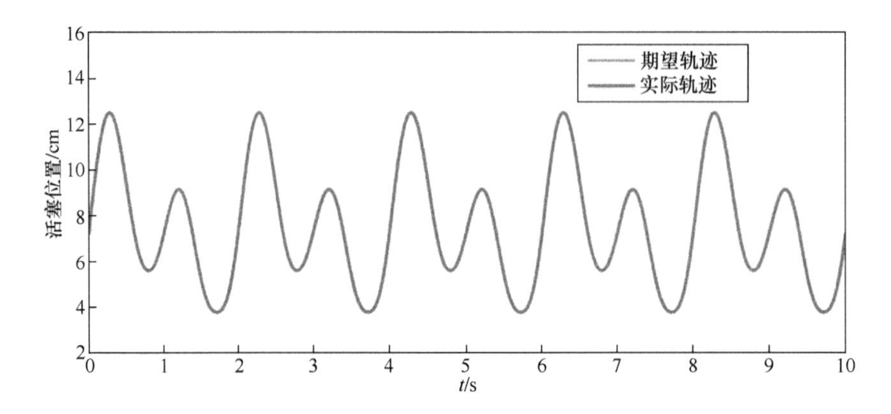

图 5-14　案例 3 的跟踪性能

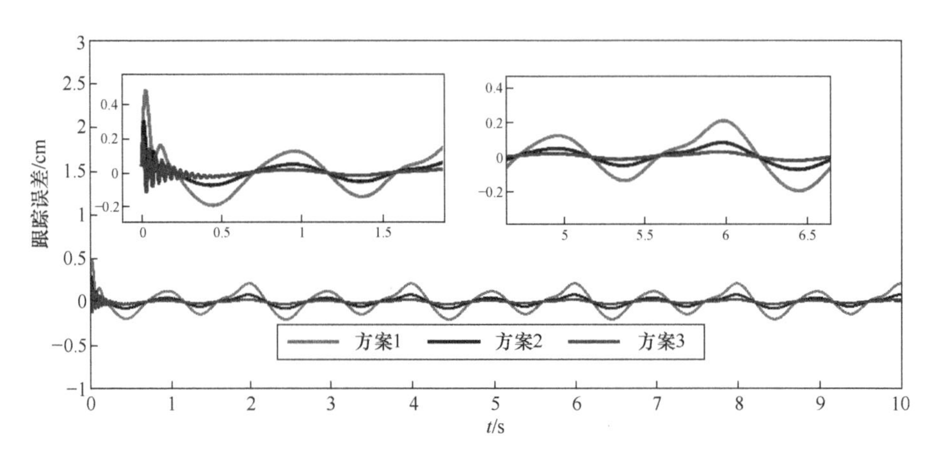

图 5-15　比较控制器的跟踪误差（彩图见彩插）

0.2。由于观测器对未知非线性的补偿，情况 2 和情况 3 的误差均小于 PID 控制器的误差。此外，通过神经滑模重复学习控制方案，所提出的控制器的性能优于情况 2。图 5-16 是添加了额外干扰的仿真图，可以看出由于神经网络的非线性逼近和重复学习定律的学习能力，所提出的控制器具有更强的鲁棒性。

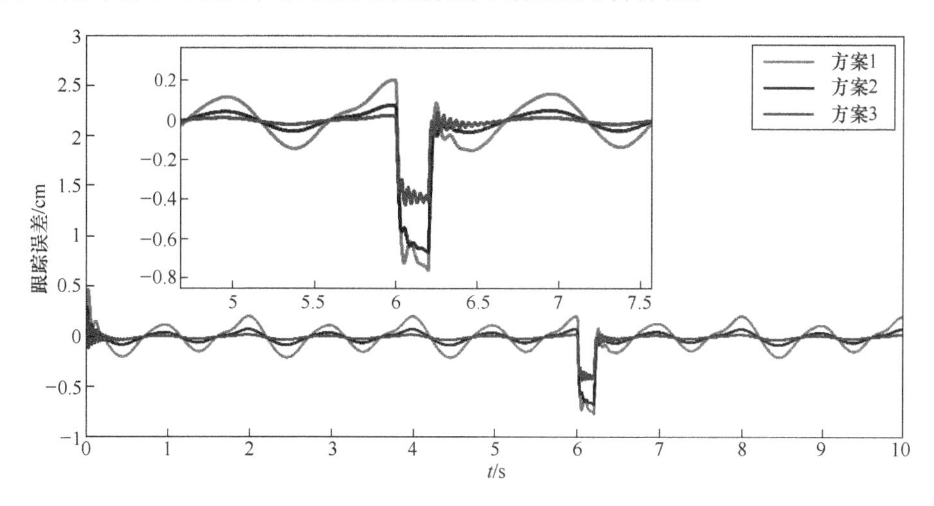

图 5-16　比较控制器的抗扰性（彩图见彩插）

控制方案的控制信号显示在图 5-17 中。可以看出，控制器的输出与伺服阀的最大电流不冲突。在式（5-125）中使用 S 型函数减轻了一般滑模控制器的抖动问题。D_1 的观测器结果显示在图 5-18 中。尽管不知道外部干扰和虚拟输入的导数，但可以通过利用非线性观测器来适当估计它们。

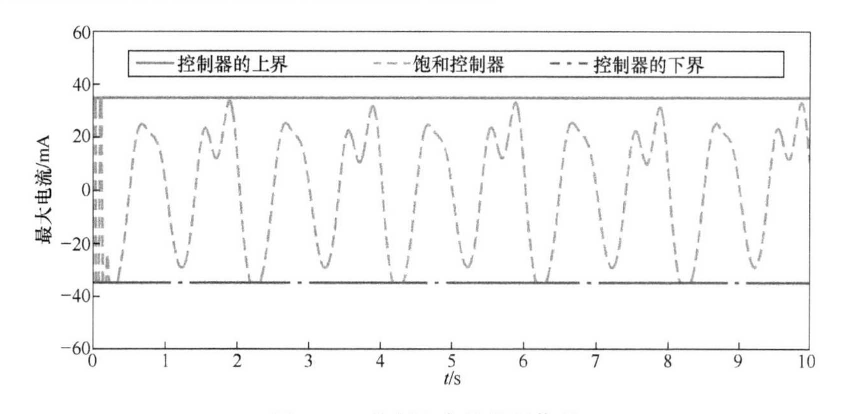

图 5-17　控制方案的控制信号

5.4.5　小结

本节提出了一种用于康复外骨骼的神经滑模重复学习控制器，该控制器受到建模不确定性、人机交互力、输入饱和和外部干扰的影响。为了改善控制性能并增强

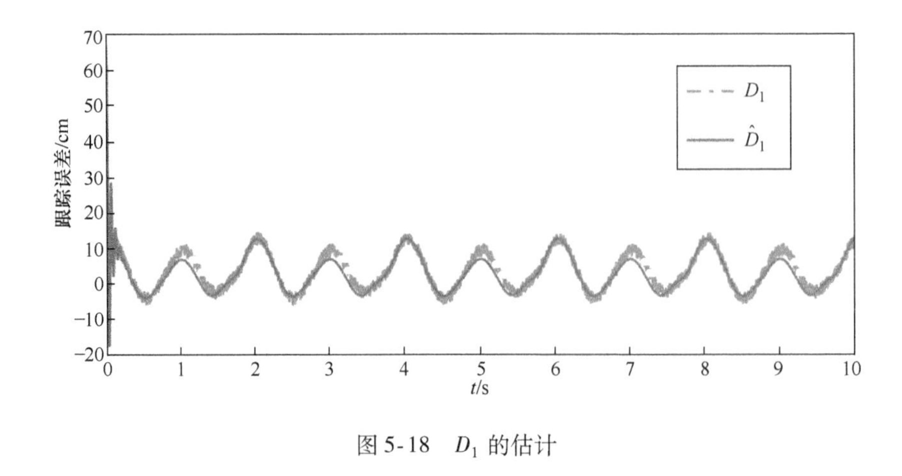

图 5-18 D_1 的估计

系统的鲁棒性，提出了一种重复学习方案，用于学习由重复康复训练引起的周期性人机交互力，并设计了干扰观测器将其集成到控制器中以估计外部干扰。采用李雅普诺夫方法证明了闭环系统的有界性。比较仿真结果表明，所提出的控制方案具有令人满意的效果。

5.5 外骨骼液压驱动系统输出反馈重复学习控制

5.5.1 引言

前面章节主要针对液压驱动系统在未知周期参数情况下的轨迹跟踪问题，提出了相应的控制方法。在康复治疗过程中，外骨骼系统除了周期参数未知外，还存在大量的不确定性，例如外部干扰、作用在液压活塞上的等效力以及由复杂的内泄漏和参数偏差引起的建模不准确。

近年来，液压驱动系统的控制得到了广泛的研究。Yao 等人提出了具有恒定未知惯性负载的单杆液压驱动系统的高性能鲁棒运动控制，该控制器同时考虑参数变化和难以建模的非线性[51]。Kaddissi 等人提出了电液伺服系统的辨识和实时控制[52]。上述方法都需要完整的状态反馈。由于成本和空间限制，并不总是能测量液压驱动系统的所有状态。此外，测量噪声与速度和压力测量相关，会降低状态反馈控制的性能[53]。Ali 等人提出了一种连续离散时间观测器来估计不可测量的状态和不确定性[54]。Guo 等人和 Yao 等人通过扩张状态观测器估计不可测量的状态和不确定性[55,56]。康复外骨骼中的液压驱动系统与上述所有系统有很大不同，许多康复治疗是可重复的任务，而液压驱动系统通常受到周期性/重复性的不确定性影响[57]。

作为一种处理重复性控制任务或具有周期性特征系统的有效学习型控制器，重复学习控制（RLC）已广泛应用于机器人操作手、磁盘驱动器、铸钢工艺、LED

光跟踪和电源变换器等领域[58-63]。本节针对康复外骨骼液压驱动系统的控制问题，提出了一种重复学习扩张状态观测器（RLESO），用于估计不可测量的系统状态、不匹配建模不确定性、外部干扰和周期性未知量。通过反步技术和RLESO，设计了一种输出反馈非线性控制器，以执行液压驱动系统的控制任务。注意，在观测器和控制器设计部分中包含了重复学习方案，以提高输出跟踪性能。

5.5.2 扩张状态观测器

除了液压驱动系统动力学的非线性特性外，液压系统还存在大量的不确定性，故将式（5-1）和式（5-2）重写为[64]

$$m\ddot{x}_{\mathrm{p}}=P_1(x_{\mathrm{p}},\dot{x}_{\mathrm{p}})A_1-P_2(x_{\mathrm{p}},\dot{x}_{\mathrm{p}})A_2+F_d(t)-F(t) \tag{5-145}$$

$$\begin{cases}\dot{P}_1=\dfrac{\beta_e}{V_{01}+A_1x_{\mathrm{p}}}[Q_1-A_1\dot{x}_{\mathrm{p}}-Q_{l1}(t)]\\ \dot{P}_2=\dfrac{\beta_e}{V_{02}+A_2x_{\mathrm{p}}}[-Q_2+A_2\dot{x}_{\mathrm{p}}+Q_{l2}(t)]\end{cases} \tag{5-146}$$

式中，$F_d(t)$是外部扰动和摩擦；$Q_{l1}(t)$和$Q_{l2}(t)$分别是由复杂的内泄漏、无杆腔和有杆腔参数偏差引起的时变建模误差。

通过引入状态变量$x_1=x_{\mathrm{p}}$，$x_2=\dot{x}_{\mathrm{p}}$，$x_3=(P_1A_1-P_2A_2)/m$，结合式（5-145）和式（5-146）可将其简化模型在状态空间中表示为

$$\begin{cases}\dot{x}_1=x_2\\ \dot{x}_2=x_3+d(t)-p(t)\\ \dot{x}_3=f_1(x_1,x_2)+b(x_1)u+s_1(t)+s_2(t)\end{cases} \tag{5-147}$$

其中

$$d(t)=\frac{F_d(t)}{m},\ p(t)=\frac{F(t)}{m} \tag{5-148}$$

$$f_1(x_1,x_2)=-\frac{A_1^2\beta_ex_2}{m(V_{01}+A_1x_1)}-\frac{A_2^2\beta_ex_2}{m(V_{02}-A_2x_1)} \tag{5-149}$$

$$b(x_1)=\frac{A_1\beta_eK}{m(V_{01}+A_1x_1)}+\frac{A_2\beta_eK}{m\gamma(V_{02}-A_2x_1)} \tag{5-150}$$

$$s_1(t)=\frac{\beta_eA_1Q_{l1}(t)}{m(V_{01}+A_1x_1)},s_2(t)=\frac{\beta_eA_2Q_{l2}(t)}{m(V_{02}-A_2x_1)} \tag{5-151}$$

$$u=\begin{cases}i,\dot{x}_1>0\\ \gamma i,\dot{x}_1<0\end{cases} \tag{5-152}$$

备注5-4 由于康复外骨骼腿部的重复运动，可以合理假设作用在液压驱动系统的外部干扰力$F_d(t)$和等效力$F(t)$具有一定的重复性特征。此外，$F_d(t)$和$F(t)$中通常还包含一些非周期性部分。因此，将$F_d(t)$和$F(t)$分为周期性部分和非周期性部分是合理的。因此，在系统式（5-148）中，第一项$d(t)$是非周期性部分，

第二项 $p(t)$ 是周期性部分。则存在一个常数 $T>0$，使得 $P(t)=P(t-T)$。

为了估计式（5-147）中液压驱动系统的建模不确定性 $s_1(t)+s_2(t)$，定义了一个状态变量 x_4 及其导数，分别为 $x_4=s_1(t)+s_2(t)$，$\dot{x}_4=g(t)$。系统式（5-147）可以用一个增广模型来描述为

$$\begin{cases}\dot{x}_1=x_2\\ \dot{x}_2=x_3+d(t)-p(t)\\ \dot{x}_3=f_1(x_1,x_2)+b(x_1)u+s_1(t)+s_2(t)\\ \dot{x}_4=g(t)\end{cases} \tag{5-153}$$

由于康复外骨骼的重复性特征，应将重复性非线性 $p(t)$ 视为液压系统中的主要不确定性，并应在观测器和控制器设计中进行处理和补偿。为了解决这一问题，本节通过重复学习方案设计了一种 RLESO。为了便于观测器和控制器的设计，需要以下假设和引理。

假设 5-3[56]　扰动项 $d(t)$、$p(t)$ 和建模不确定性项 $g(t)$ 分别受 $|d(t)|_{\max}$、$|p(t)|_{\max}$ 和 $|g(t)|_{\max}$ 的上界限制。函数 $f_1(x_1,x_2)$ 是关于 x_1 和 x_2 的 Lipschitz 函数。

引理 5-6[65]　设 $P(t)$、$\hat{P}(t)$、$\tilde{P}(t)$、$f(t)\in R$，并假设以下关系成立

$$\begin{cases}P(t)=P(t-T)\\ \tilde{P}(t)=P(t)-\hat{P}(t)\\ \hat{P}(t)=\hat{P}(t-T)+f(t)\end{cases} \tag{5-154}$$

则 $\int_{t-T}^{t}\tilde{P}^2(\mu)\mathrm{d}\mu$ 的导数为

$$-2\tilde{P}f(t)-f^2(t) \tag{5-155}$$

设 $x=[x_1,x_2,x_3,x_4]^{\mathrm{T}}$，扩张状态空间模型式（5-153）可重写为

$$\begin{cases}\dot{x}=Ax+B(x)u+f(x)+D(t)\\ y=Cx\end{cases} \tag{5-156}$$

其中

$$\begin{cases}A=\begin{bmatrix}0&1&0&0\\0&0&1&0\\0&0&0&1\\0&0&0&0\end{bmatrix}\\ B(x)=[0\quad 0\quad b(x_1)\quad 0]^{\mathrm{T}}\\ f(x)=[0\quad -p(t)\quad f_1(x_1,x_2)\quad 0]^{\mathrm{T}}\\ D(t)=[0\quad d(t)\quad 0\quad g(t)]^{\mathrm{T}}\\ C=[1\quad 0\quad 0\quad 0]^{\mathrm{T}}\end{cases} \tag{5-157}$$

除了不可测状态 x_2，x_3 和扩张状态 x_4 外，观测器还需要估计重复非线性 $p(t)$

以改善系统性能。设 $\hat{x}$，$\hat{p}(t)$ 分别为 x，$p(t)$ 的估计值，$\tilde{x}$，$\tilde{p}(t)$ 为估计误差，定义为 $\tilde{x} \triangleq x-\hat{x}$ 和 $\tilde{p}_o(t)=(t)-\hat{p}_o(t)$。受本章参考文献［66］高增益观测器和重复学习方案的启发，将 RLESO 设计为

$$\dot{\hat{x}}=A\hat{x}+B(x)u+f(\hat{x})+H(x_1-\hat{x}_1) \tag{5-158}$$

其中

$$\begin{cases}f(\hat{x})=[0 \quad -\hat{p}(t) \quad f_1(x_1,\hat{x}_2) \quad 0]^{\mathrm{T}}\\ \hat{p}_o(t)=\hat{p}_o(t-T)+k_o(x_1-\hat{x}_1),t>T\\ \hat{p}_o(t)=p_0,t<T\\ H=[\alpha\Phi_1 \quad \alpha^2\Phi_2 \quad \alpha^3\Phi_3 \quad \alpha^4\Phi_4]^{\mathrm{T}}\\ \Phi_i=\dfrac{4!}{i!\,(4-i)!},i=1,2,\cdots,4\end{cases} \tag{5-159}$$

式中，H 是观测器增益；α 是观测器带宽，$\alpha>0$。由式（5-156）和式（5-158）可得状态估计误差为

$$\dot{\tilde{x}}=A\tilde{x}+[f(x)-f(\hat{x})]+D(t)-H\tilde{x}_1 \tag{5-160}$$

如果定义缩放估计误差为 $\delta_i \triangleq \tilde{x}_i/\alpha^{i-1}$，$i=1$，$2$，$\cdots$，$4$，则式（5-160）可改写如下

$$\dot{\delta}=\alpha A_\delta\delta+B_2\frac{d(t)-\tilde{p}_o(t)}{\alpha}+B_3\frac{\tilde{f}_1}{\alpha^2}+B_4\frac{g(t)}{\alpha^3} \tag{5-161}$$

其中

$$\begin{cases}\delta=[\delta_1 \quad \delta_2 \quad \delta_3 \quad \delta_4]^{\mathrm{T}}\\ A_\delta=\begin{bmatrix}-4&1&0&0\\-6&0&1&0\\-4&0&0&1\\-1&0&0&0\end{bmatrix}\\ B_2=[0 \quad 1 \quad 0 \quad 0]^{\mathrm{T}}\\ B_3=[0 \quad 0 \quad 1 \quad 0]^{\mathrm{T}}\\ B_4=[0 \quad 0 \quad 0 \quad 1]^{\mathrm{T}}\\ \tilde{f}_1=f_1(x_1,x_2)-f_1(x_1,\hat{x}_2)\end{cases} \tag{5-162}$$

5.5.3　输出反馈控制器设计

本节基于 RLESO 中的式（5-158）提出了一种输出反馈控制器，用于下肢康复外骨骼中液压驱动系统的轨迹跟踪。采用李雅普诺夫方法分析闭环系统的稳定性。接下来，采用反步法设计输出反馈控制器。

第一步：定义 3 个误差

$$\begin{cases} z_1 = x_1 - x_{1d} \\ z_2 = x_2 - a_1 \\ z_3 = x_3 - a_2 \end{cases} \tag{5-163}$$

式中，x_{1d}是期望轨迹；a_1 和 a_2 是待设计的虚拟控制输入。对 z_1 求导有

$$\begin{aligned} \dot{z}_1 &= x_2 - \dot{x}_{1d} \\ &= z_2 + a_1 - \dot{x}_{1d} \end{aligned} \tag{5-164}$$

设虚拟控制信号 a_1 为

$$a_1 = \dot{x}_{1d} - k_1 z_1 \tag{5-165}$$

则

$$\dot{z}_1 = -k_1 z_1 + z_2 \tag{5-166}$$

第二步：a_2 的设计应该使 z_2 稳定。考虑状态空间模型式（5-153），并对 z_2 求导得

$$\begin{aligned} \dot{z}_2 &= \dot{x}_2 - \dot{a}_1 \\ &= x_3 + d(t) - p(t) - \ddot{x}_{1d} + k_1 \dot{z}_1 \\ &= x_3 + d(t) - p(t) - \ddot{x}_{1d} + k_1 (x_2 - \dot{x}_{1d}) \end{aligned} \tag{5-167}$$

将式（5-163）的第三行代入式（5-167）可得

$$\dot{z}_2 = z_3 + a_2 - \ddot{x}_{1d} + k_1 x_2 - k_1 \dot{x}_{1d} + d(t) - p(t) \tag{5-168}$$

基于 RLESO 的式（5-158），虚拟控制输入 a_2 为

$$a_2 = a_{2a} + a_{2s} + a_{2p} \tag{5-169}$$

其中

1）a_{2a}是一个基于在线状态观测的反馈补偿项

$$a_{2a} = \ddot{x}_{1d} - k_1 \hat{x}_2 + k_1 \dot{x}_{1d} \tag{5-170}$$

2）a_{2s}是系统的鲁棒反馈稳定项

$$a_{2s} = -k_2 (\hat{x}_2 - a_1) \tag{5-171}$$

3）a_{2p}是周期性不确定性的重复学习律

$$a_{2p} = \hat{p}(t) \tag{5-172}$$

其中

$$\begin{cases} \hat{p}(t) = \hat{p}(t-T) + k_3 (\hat{x}_2 - a_1) \\ \hat{p}(t) = 0, \ \forall t \in [-T, 0] \end{cases} \tag{5-173}$$

将式（5-169）代入式（5-168）可得

$$\begin{aligned} \dot{z}_2 &= z_3 + k_1 \tilde{x}_2 + d(t) - \tilde{p}(t) - k_2 (\hat{x}_2 - a_1) \\ &= z_3 + k_1 \tilde{x}_2 + d(t) - \tilde{p}(t) - k_2 (x_2 - \tilde{x}_2 - a_1) \\ &= z_3 + k_1 \tilde{x}_2 + d(t) - \tilde{p}(t) - k_2 (z_2 - \tilde{x}_2) \\ &= z_3 - k_2 z_2 + (k_1 + k_2) \tilde{x}_2 + d(t) - \tilde{p}(t) \\ &= z_3 - k_2 z_2 + (k_1 + k_2) \alpha \delta_2 + d(t) - \tilde{p}(t) \end{aligned} \tag{5-174}$$

第三步：对 z_3 求导

$$
\begin{aligned}
\dot{z}_3 &= \dot{x}_3 - \dot{a}_2 \\
&= x_4 + f_1(x_1, x_2) + b(x_1)u - (\dot{a}_{2cal} + \dot{a}_{2inc})
\end{aligned} \tag{5-175}
$$

式中，$\dot{a}_{2cal}$、$\dot{a}_{2inc}$分别是可计算项和不可计算项，并可表达为

$$
\dot{a}_{2cal} = \frac{\partial a_2}{\partial t} + \frac{\partial a_2}{\partial x_1}\hat{x}_2 + \frac{\partial a_2}{\partial \hat{x}_2}\dot{\hat{x}}_2 \quad \dot{a}_{2inc} = \frac{\partial a_2}{\partial x_1}\widetilde{x}_2 \tag{5-176}
$$

将控制输入 u 设计为

$$
u = \frac{1}{b(x_1)}[-f_1(x_1, \hat{x}_2) - \hat{x}_4 + \dot{a}_{2cal} - k_4(\hat{x}_3 - a_2)] \tag{5-177}
$$

将控制律式（5-177）代入式（5-175）可得

$$
\begin{aligned}
z_3 &= \widetilde{x}_4 + \widetilde{f}_1 - \dot{a}_{2inc} - k_3(\hat{x}_3 - a_2) \\
&= \widetilde{x}_4 + \widetilde{f}_1 - \dot{a}_{2inc} - k_3(x_3 - \widetilde{x}_3 - a_2) \\
&= -k_3 z_3 + k_3\alpha^2\delta_3 + \alpha^3\delta_4 + \widetilde{f}_1 - \alpha\delta_2\frac{\partial a_2}{\partial x_1}
\end{aligned} \tag{5-178}
$$

5.5.4　稳定性分析

1. 扩张状态观测器稳定性分析

误差动态式（5-161）中同时存在非线性误差$[\widetilde{f}_1, \widetilde{p}_o(t)]$和未知非线性$[d(t), g(t)]$。因此，收敛性分析分为两部分。

首先，考虑非线性误差$\widetilde{f}_1$ 和 $\widetilde{p}_o(t)$的性能。因此，缩放估计误差为

$$
\dot{\delta} = \alpha A_\delta\delta + B_2\frac{-\widetilde{p}_o(t)}{\alpha} + B_3\frac{\widetilde{f}_1}{\alpha^2} \tag{5-179}
$$

由于 A_δ 是 Hurwitz 矩阵，因此存在一个正定矩阵 p 和单位矩阵 I，使得

$$
A_\delta^{\mathrm{T}}P + PA_\delta = -I \tag{5-180}
$$

根据假设5-3，由于$f_1(x_1, x_2)$是关于 x_1 和 x_2 的 Lipschitz 函数，即存在一些常数 c_1，c_2 使得

$$
|f_1(x_1, x_2) - f_1(x_1, \hat{x}_2)| \leqslant c_1|\delta_1| + c_2|\delta_2| \leqslant (c_1 + c_2)\|\delta\| \tag{5-181}
$$

其中，$\|\delta\| = \sqrt{\delta_1^2 + \delta_2^2 + \cdots + \delta_4^2}$。从式（5-159）可得

$$
\begin{aligned}
\widetilde{p}_o(t) &= p(t) - \hat{p}(t) = p(t) - p_0 - \sum_{i=1}^{n} k_o\widetilde{x}_1 \\
&\leqslant |p(t)|_{\max} - p_0 - \sum_{i=1}^{n} k_o\widetilde{x}_1
\end{aligned} \tag{5-182}
$$

其中，n 表示第 n 个周期。如果选择 $p_0 = |p(t)|_{\max}$，则

$$
\begin{aligned}
\widetilde{p}_o(t) &\leqslant \sum_{i=1}^{n} k_o|\widetilde{x}_1| \\
&\leqslant c_3|\widetilde{x}_1|
\end{aligned} \tag{5-183}
$$

选取李雅普诺夫函数为

$$V_1(t) = \delta^{\mathrm{T}}P\delta + \frac{\lambda_2}{\alpha k_o}\int_{t-T}^{t}\tilde{p}_o^2(\mu)\mathrm{d}\mu \tag{5-184}$$

其中，$\lambda_2 = \|PB_2\|$。对 V_1 求导，并结合式（5-180）有

$$\dot{V}_1(t) = -\alpha\|\delta\|^2 - \frac{2\delta^{\mathrm{T}}PB_2\tilde{p}_o(t)}{\alpha} + \frac{2\delta^{\mathrm{T}}PB_3\tilde{f}_1}{\alpha^2} + \frac{\lambda_2}{\alpha k_o}[-\tilde{p}_o^2(t) - \tilde{p}_o^2(t-T)] \tag{5-185}$$

结合引理 5-6 和观测器式（5-159）可得

$$\begin{aligned}
\dot{V}_1(t) &= -\alpha\|\delta\|^2 - \frac{2\delta^{\mathrm{T}}PB_2\tilde{p}_o(t)}{\alpha} + \frac{2\delta^{\mathrm{T}}PB_3\tilde{f}_1}{\alpha^2} + \frac{\lambda_2}{\alpha k_o}[-2\tilde{p}_o(t)k_o\tilde{x}_1 - k_o^2\tilde{x}_1^2] \\
&= -\alpha\|\delta\|^2 - \frac{2\delta^{\mathrm{T}}PB_2\tilde{p}_o(t)}{\alpha} + \frac{2\delta^{\mathrm{T}}PB_3\tilde{f}_1}{\alpha^2} - \frac{2\lambda_2\tilde{p}_o(t)\tilde{x}_1}{\alpha} - \frac{\lambda_2 k_o}{\alpha}\tilde{x}_1^2 \\
&\leqslant -\alpha\|\delta\|^2 - \frac{2\|\delta\|\lambda_2 c_3|\tilde{x}_1|}{\alpha} + \frac{2\lambda_3(c_1+c_2)\|\delta\|^2}{\alpha^2} + \frac{2\lambda_2 c_3|\tilde{x}_1|\|\delta\|}{\alpha} - \frac{\lambda_2 k_o}{\alpha}\tilde{x}_1^2 \\
&\leqslant -\alpha\|\delta\|^2 + \frac{2\lambda_3(c_1+c_2)\|\delta\|^2}{\alpha^2} + \frac{4\lambda_2 c_3\|\delta\|^2}{\alpha} - \frac{\lambda_2 k_o}{\alpha}\tilde{x}_1^2 \\
&= \left[-\alpha + \frac{2\lambda_3(c_1+c_2)}{\alpha^2} + \frac{4\lambda_2 c_3}{\alpha}\right]\|\delta\|^2 - \frac{\lambda_2 k_o}{\alpha}\tilde{x}_1^2
\end{aligned} \tag{5-186}$$

其中，观测器满足

$$-\alpha + \frac{2\lambda_3(c_1+c_2)}{\alpha^2} + \frac{4\lambda_2 c_3}{\alpha} < 0 \tag{5-187}$$

则 $\dot{V}_1(t) \leqslant 0$，式（5-179）中的估计误差渐近收敛。其次，解决了未知非线性 $d(t)$ 和 $g(t)$，则缩放估计误差为

$$\begin{aligned}
\dot{\delta} &= \alpha A_\delta\delta + B_2\frac{d(t)}{\alpha} + B_4\frac{g(t)}{\alpha^3} \\
&\leqslant \alpha A_\delta\delta + B_2\frac{\alpha^2|d(t)|}{\alpha^3} + B_4\frac{g(t)}{\alpha^3} \\
&\leqslant \alpha A_\delta\delta + B_5\frac{h(t)}{\alpha^3}
\end{aligned} \tag{5-188}$$

其中，$B_5 = B_2 + B_4$，$h(t) = \sqrt{(\alpha^2|d(t)|)^2 + g^2(t)}$。求解式（5-188）可得

$$\delta \leqslant e^{\alpha A_\delta t}\delta(0) + \int_0^t e^{\alpha A_\delta(t-\tau)}B_5\frac{h(t)}{\alpha^3}\mathrm{d}\tau \tag{5-189}$$

$$\omega(t) = \int_0^t e^{\alpha A_\delta(t-\tau)}B_5\frac{h(t)}{\alpha^3}\mathrm{d}\tau \tag{5-190}$$

由于 $d(t)$ 和 $g(t)$ 都是有界的，可以推断 $h(t) \leqslant h(t)_{\max}$，以及

$$|\omega_i(t)| \leqslant \frac{h(t)_{\max}}{\alpha^3}(|A_\delta^{-1}B_5|_i + |A_\delta^{-1}e^{\alpha A_\delta t}B_5|_i) \tag{5-191}$$

由式（5-161）可得以下结果：

$$A_\delta^{-1} = \begin{bmatrix} 0 & 0 & 0 & -1 \\ 1 & 0 & 0 & -4 \\ 0 & 1 & 0 & -6 \\ 0 & 0 & 1 & -4 \end{bmatrix} \tag{5-192}$$

将A_δ^{-1}代入式（5-191）的第一项中可得

$$A_\delta^{-1}B_5 = [-1 \quad -4 \quad -5 \quad -4]^{\mathrm{T}} \tag{5-193}$$

其中，$|A_\delta^{-1}B_5|<8$。由于A_δ是Hurwitz矩阵，存在有限时间$T_1>0$使得

$$|[e^{\alpha A_\delta t}]|_{ij} \leqslant \frac{1}{\alpha^3} \tag{5-194}$$

对于所有$t>T_1, i,j=1,2,3$可得

$$|[A_\delta^{-1}e^{\alpha A_\delta t}B_5]|_i \leqslant \frac{9}{\alpha^3} \tag{5-195}$$

结合式（5-191）、式（5-194）和式（5-195）可得

$$|\omega_i(t)| \leqslant \frac{8h(t)_{\max}}{\alpha^3} + \frac{9h(t)_{\max}}{\alpha^6} \tag{5-196}$$

令$\delta_t(0)=|\delta_1(0)|+|\delta_2(0)|+\cdots+|\delta_4(0)|$，由式（5-194）可得

$$|[e^{\alpha A_\delta t}\delta(0)]|_i \leqslant \frac{\delta_t(0)}{\alpha^3} \tag{5-197}$$

对于所有$t>T_1$，由式（5-189）可得

$$|\delta_i(t)| \leqslant |[e^{\alpha A_\delta t}\delta(0)]_i| + |\omega_i(t)| \tag{5-198}$$

令$\tilde{x}_{\mathrm{sum}}(0)=|\tilde{x}_1(0)|+|\tilde{x}_2(0)|+\cdots+|\tilde{x}_4(0)|$。结合$\delta_i \triangleq \tilde{x}_i/\alpha^{i-1}$，$i=1,2,\cdots,4$和式（5-196）~式（5-198）可得

$$|\tilde{x}_i(t)| \leqslant \frac{\tilde{x}_t(0)}{\alpha^3} + \frac{8h(t)_{\max}}{\alpha^{4-i}} + \frac{9h(t)_{\max}}{\alpha^{7-i}} = v_i \tag{5-199}$$

对于所有$t>T_1, i,j=1,2,3$。因此，可以通过增加α来保证估计误差$\tilde{x}_i$的有界性。根据上述分析，可以看出RLESO中的式（5-158）是稳定的，通过增加α来任意减小估计误差。

2. 输出反馈控制器稳定性分析

在稳定性分析之前，定义以下已知常数

$$\begin{cases}\varepsilon_1 = -\dfrac{\lambda_2 k_o}{\alpha},\varepsilon_2 = \dfrac{2\lambda_2}{\alpha} \\ \varepsilon_3 = -\left[\alpha - \dfrac{2\lambda_3(c_1+c_2)}{\alpha^2} - \dfrac{2\lambda_2 c_3}{\alpha}\right] \\ \varepsilon_4 = (k_1+k_2)\alpha,\varepsilon_5 = c_3,\varepsilon_6 = k_3\alpha^2 \\ \varepsilon_7 = \alpha^3,\varepsilon_8 = c_1,\varepsilon_9 = c_2 + \alpha\left|\dfrac{\partial a_2}{\partial x_1}\right| \\ \rho = \dfrac{1}{2}|d(t)|^2_{\max} + \dfrac{4\lambda_4^2|g(t)|^2_{\max}}{\alpha^6}\end{cases} \tag{5-200}$$

在式（5-163）中定义的跟踪误差 $z=[z_1,z_2,z_3]$，缩放估计误差 δ 和观测器误差 $\tilde{p}_o$ 都是在式（5-207）意义上有界。

定理 5-3 在假设 5-3 下，考虑式（5-153）中康复外骨骼的液压驱动系统增广模型，结合 RLESO 的式（5-158）和输出反馈重复学习控制器的式（5-177），如果适当选择增益 k_1、k_2、k_3、k_4 和观测器带宽 α，使得

$$-\alpha + \frac{2\lambda_3(c_1+c_2)}{\alpha^2} + \frac{4\lambda_2 c_3}{\alpha} < 0 \tag{5-201}$$

以下矩阵是正定的

$$\Psi = \begin{bmatrix} k_1 & -\frac{1}{2} & 0 & 0 & 0 & 0 & 0 & 0 \\ -\frac{1}{2} & k_2 & -\frac{1}{2} & -\frac{\varepsilon_5}{2} & -\frac{\varepsilon_4}{2} & 0 & 0 & -1 \\ 0 & -\frac{1}{2} & k_3 & -\frac{\varepsilon_8}{2} & -\frac{\varepsilon_9}{2} & -\frac{\varepsilon_6}{2} & -\frac{\varepsilon_7}{2} & 0 \\ 0 & -\frac{\varepsilon_5}{2} & -\frac{\varepsilon_8}{2} & -\varepsilon_1 & 0 & 0 & 0 & -\frac{\varepsilon_2}{2} \\ 0 & -\frac{\varepsilon_4}{2} & -\frac{\varepsilon_9}{2} & 0 & -\varepsilon_3 & 0 & 0 & 0 \\ 0 & 0 & -\frac{\varepsilon_6}{2} & 0 & 0 & -\varepsilon_3 & 0 & 0 \\ 0 & 0 & -\frac{\varepsilon_7}{2} & 0 & 0 & 0 & -\varepsilon_3 & 0 \\ 0 & 0 & 0 & -\frac{\varepsilon_2}{2} & 0 & 0 & 0 & -\varepsilon_3 \end{bmatrix} \tag{5-202}$$

该证明基于李雅普诺夫理论，选取李雅普诺夫函数为

$$V(t) = \frac{1}{2}z^{\mathrm{T}}z + \frac{1}{2}\delta^{\mathrm{T}}P\delta + \frac{\lambda_2}{\alpha k_o}\int_{t-T}^{t}\widetilde{p}_o^2(\mu)\,\mathrm{d}\mu \tag{5-203}$$

对式（5-203）求导可得

$$\begin{aligned}
\dot{V}(t) =& z_1(-k_1z_1+z_2)+\\
& z_2[z_3-k_2z_2+(k_1+k_2)\alpha\delta_2+d(t)-\widetilde{p}(t)]+\\
& z_3\left[-k_3z_3+k_3\alpha^2\delta_3+\alpha^3\delta_4+\widetilde{f}_1-\alpha\delta_2\frac{\partial a_2}{\partial x_1}\right]-\\
& \alpha\|\delta\|^2-\frac{2\delta^{\mathrm{T}}PB_2\widetilde{p}_o^2(t)}{\alpha}+\frac{2\delta^{\mathrm{T}}PB_3\widetilde{f}_1}{\alpha^2}+\\
& \frac{\lambda_2}{\alpha k_o}[-\widetilde{p}_o^2(t)-\widetilde{p}_o^2(t-T)]+2\delta^{\mathrm{T}}PB_4\frac{g(t)}{\alpha^3}\\
=& -k_1z_1^2+z_1z_2+z_2z_3-k_2z_2^2+(k_1+k_2)z_2\alpha\delta_2+\\
& z_2d(t)-z_2\widetilde{p}-k_3z_3^2+k_3z_3\alpha^2\delta_3+z_3\alpha^3\delta_4+\\
& z_3\widetilde{f}-z_3\alpha\delta_2\frac{\partial a_2}{\partial x_1}-\alpha\|\delta\|^2-\frac{2\delta^{\mathrm{T}}PB_2\widetilde{p}_o(t)}{\alpha}+\\
& \frac{2\delta^{\mathrm{T}}PB_3\widetilde{f}_1}{\alpha^2}+\frac{\lambda_2}{\alpha k_o}[-\widetilde{p}_o^2(t)-\widetilde{p}_o^2(t-T)]+2\delta^{\mathrm{T}}PB_4\frac{g(t)}{\alpha^3}\\
\leqslant& -k_1z_1^2-k_2z_2^2-k_3z_3^2+\varepsilon_1\delta_1^2+\varepsilon_2|\widetilde{p}_o(t)||\delta_1|+\\
& \varepsilon_3\|\delta\|^2+|z_1||z_2|+|z_2||z_3|+\varepsilon_4|z_2||\delta_2|+\\
& \varepsilon_5|z_2||\delta_1|+\varepsilon_6|z_3||\delta_3|+\varepsilon_7|z_3||\delta_4|+\varepsilon_8|z_3||\delta_1|+\\
& \varepsilon_9|z_3||\delta_2|+\rho\\
=& -\chi^{\mathrm{T}}\psi\chi+\rho
\end{aligned} \tag{5-204}$$

其中

$$\chi = [\,|z_1| \quad |z_2| \quad |z_3| \quad |\delta_1| \quad |\delta_2| \quad |\delta_3| \quad |\delta_4| \quad |\widetilde{p}_o|\,]^{\mathrm{T}} \tag{5-205}$$

则

$$\begin{aligned}
\dot{V}(t) &\leqslant -\lambda_{\min}(\psi)(\|z\|^2+\|\delta\|^2+\|\widetilde{p}_o\|^2)+\rho\\
&\leqslant -\lambda_{\min}(\psi)\left[\|z\|^2+\frac{\delta^{\mathrm{T}}P\delta}{\lambda_{\max}(P)}+\frac{1}{T}\int_{t-T}^{t}\widetilde{p}_o^2(\mu)\,\mathrm{d}\mu\right]+\rho\\
&\leqslant -\eta V(t)+\rho
\end{aligned} \tag{5-206}$$

式中，$\eta=2\lambda_{\min}(\psi)\min\left(1,\frac{\delta^{\mathrm{T}}P\delta}{\lambda(P)_{\mathrm{mox}}},\frac{1}{T}\right)$；$\lambda_{\min}$和$\lambda_{\max}$分别是矩阵的最小和最大特征值。由式（5-206）可得

$$0 \leqslant V(t) \leqslant \frac{\rho}{\eta} + \left[V(0) - \frac{\rho}{\eta} \right] e^{-\eta t} \tag{5-207}$$

因此李雅普诺夫函数式（5-203），z、δ 和 $\tilde{p}_o$ 都是有界的。

备注 5-5 由式（5-207）可知，估计误差 δ 是有界的，跟踪误差 $x_1 - x_{1d}$，即 z_1 也是有界的。

$$\lim_{t \to \infty} z_1^2 \leqslant \lim_{t \to \infty} 2\left(\frac{\rho}{\eta} + \left[V(0) - \frac{\rho}{\eta} \right] e^{-\eta t} \right) \leqslant \frac{2\rho}{\eta} \tag{5-208}$$

5.5.5 仿真研究

在本节中，通过仿真验证所提出的 RLESO 和 OFRC（Output Feedback Repetitive Controller，输出反馈重复控制器）的有效性。值得注意的是，康复外骨骼的液压驱动系统控制目标是驱动外骨骼腿部跟踪所需的训练轨迹。在状态空间模型［见式（5-153）］中，x_1 表示液压活塞的位移。因此，在控制器控制之前，需要将给定的期望轨迹 θ_d 转换到 x_{1d}。由式（5-13）~式（5-15）和图 5-1 中的关系，可得式（5-16）所示的转换关系。

参考轨迹 θ_d 给定为：$\theta_d = \frac{\pi}{4}\sin(2\pi t) + \frac{3}{4}\pi$，等效力设定为 $F(t) = 100\sin(2\pi t) + 200\cos(2\pi t) + 300$，由随机函数组成的扰动给定为 $d(t) = 8\text{rand}(1)\sin(2\pi t) + 2\cos(2\pi t)$，时变建模误差 Q_{l1t} 和 Q_{l2t} 分别选取为 $Q_{l1t} = 0.2\text{rand}(1)\sin(2\pi t) + 2.5$ 和 $Q_{l2t} = 0.2\text{rand}(1)\cos 2\pi t + 3$。液压驱动系统参数与表 5-1 相同。控制增益 $k_1 = 50$，$k_2 = 300$，$k_3 = 100$，$k_4 = 200$，重复观测器增益 $k_o = 20$，RLESO 的带宽 $\alpha = 1800$。

输出反馈重复学习控制器的跟踪误差如图 5-19 所示。从图中可以看出，尽管干扰和建模误差中都存在随机项，但随着时间的推移，跟踪误差仍然是有界的。

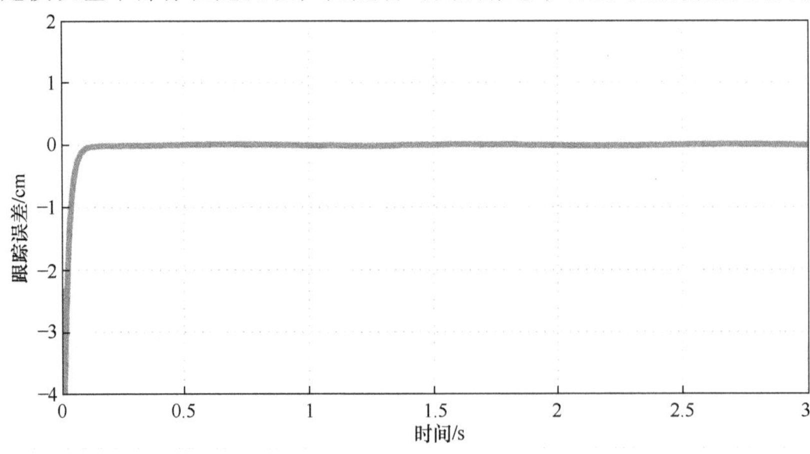

图 5-19 所提出控制器的跟踪误差

RLESO 的估计结果可以由图 5-20 ~ 图 5-22 所示，表明了 RLESO 在估计不可测系统状态、建模不匹配的不确定性、外部干扰和周期性未知量方面的能力。

为了进一步研究 RLESO 和 OFRC 的性能，还比较了观测器和控制方案与没有重复学习方案的观测器和控制方案。相关的跟踪误差和估计结果如图 5-23 和图 5-24所示。从这两张图中可以得出结论，如果没有将重复学习方案集成到观测器和控制器设计中，随着时间的推移，跟踪误差无法进一步减小。此外，与图 5-22相比，图 5-24 中的估计精度有所下降。

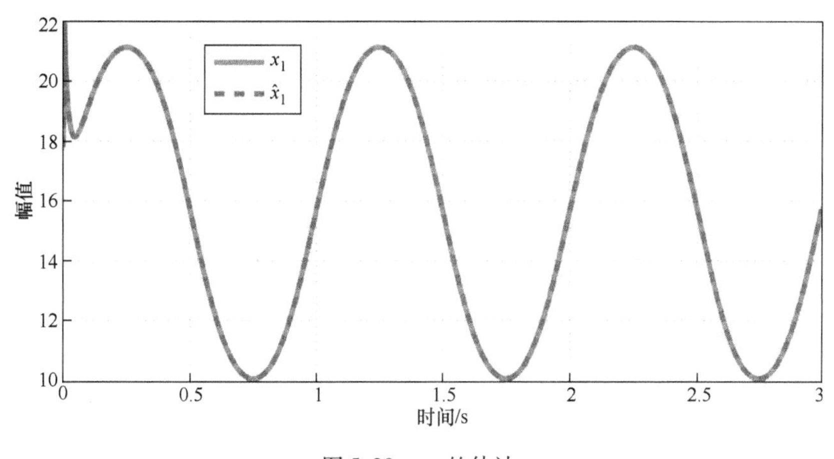

图 5-20　x_1 的估计

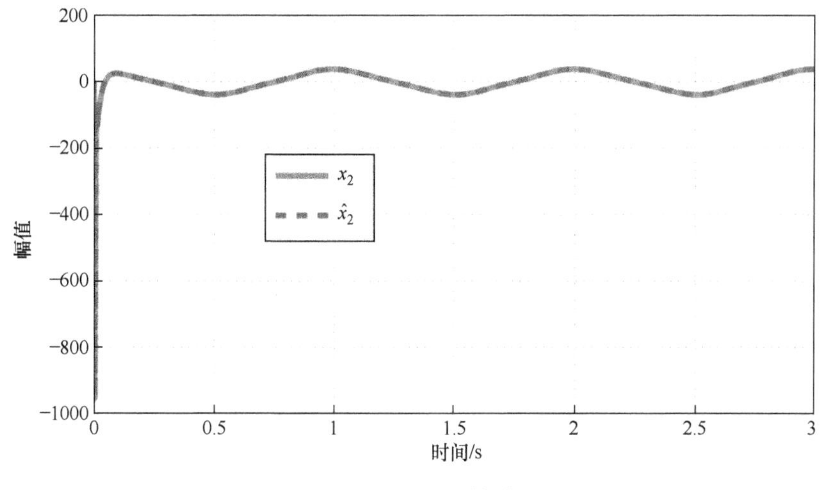

图 5-21　x_2 的估计

5.5.6　小结

本节解决了康复外骨骼液压驱动系统的输出反馈控制问题。由于康复治疗的特点，液压驱动系统的重复运动总是与建模不匹配的不确定性和外部干扰相关联。通

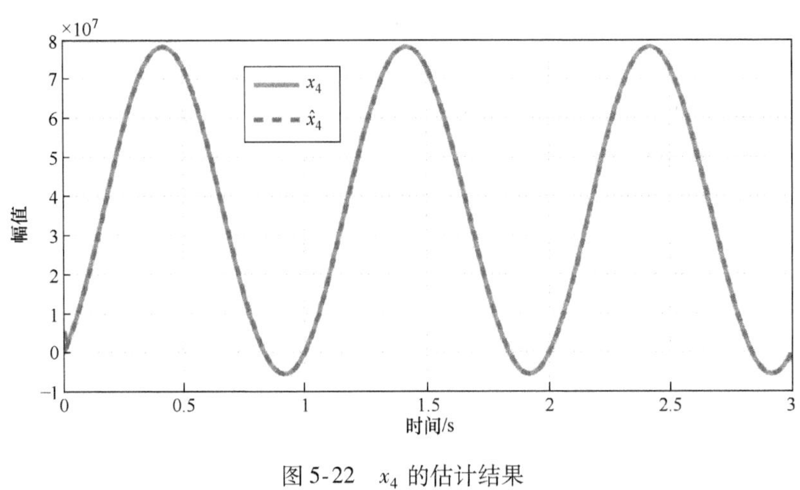

图 5-22　x_4 的估计结果

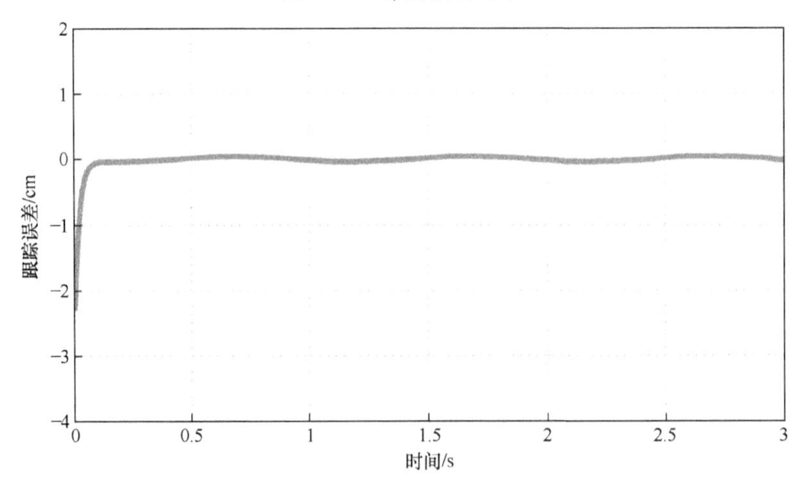

图 5-23　无 RLC 的跟踪误差

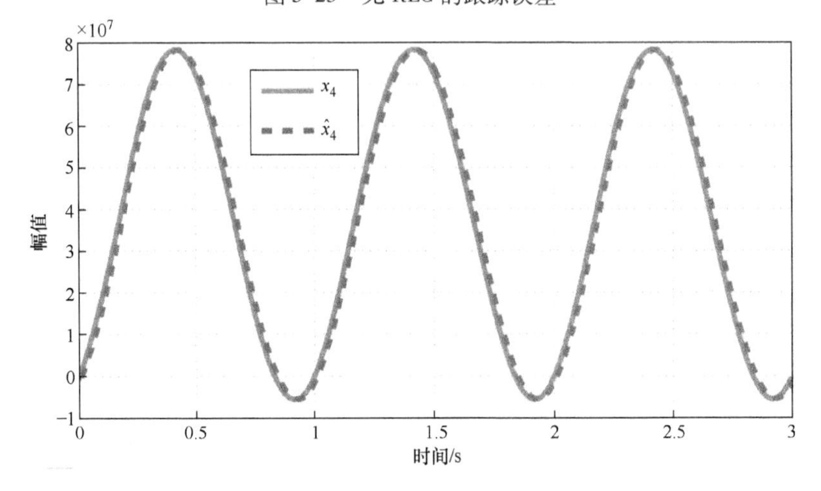

图 5-24　观测器中不含重复学习控制方案的 x_4 估计结果

过将重复学习方法设计在观测器中，提出了一种 RLESO 来估计不可测量的状态、建模不准确性和重复不确定性。同时，提出了基于 RLESO 和反步技术的输出反馈重复学习控制器来执行跟踪任务。仿真结果表明，所提出的 RLESO 和 OFRC 在康复治疗中表现出良好的跟踪性能。

5.6　本章总结

本章主要针对液压驱动系统在外骨骼应用中的轨迹跟踪控制问题。首先，针对施加到液压驱动器活塞杆上的等效质量和等效力均为周期函数的情况，设计了重复学习采样控制器。针对施加到液压驱动器活塞杆上的等效质量为未知常数，并且活塞杆上的等效力为周期已知的未知周期函数情形，采用反步法设计了一种自适应鲁棒控制与重复学习控制（RLC）相结合的非线性控制器。然后，针对康复外骨骼，提出了一种神经滑模重复学习控制器，改善了控制性能并增强了控制系统的鲁棒性。最后，针对液压驱动器的不确定性因素和干扰，设计了输出反馈重复学习控制器。

参考文献

[1] Yao J, Jiao Z, Ma D. A practical nonlinear adaptive control of hydraulic servomechanisms with periodic-like disturbances [J]. IEEE/ASME Transactions on mechatronics, 2015, 20 (6): 2752-2760.

[2] Li K, Sadighi A, Sun Z. Active motion control of a hydraulic free piston engine [J]. IEEE/ASME Transactions on Mechatronics, 2013, 19 (4): 1148-1159.

[3] Kim W, Won D, Tomizuka M. Flatness-based nonlinear control for position tracking of electro-hydraulic systems [J]. IEEE/ASME Transactions on Mechatronics, 2014, 20 (1): 197-206.

[4] Lin Y, Shi Y, Burton R. Modeling and robust discrete-time sliding-mode control design for a fluid power electrohydraulic actuator (EHA) system [J]. IEEE/ASME Transactions on Mechatronics, 2011, 18 (1): 1-10.

[5] Wang X, Sun X, Li S, et al. Output feedback domination approach for finite-time force control of an electrohydraulic actuator [J]. IET Control Theory & Applications, 2012, 6 (7): 921-934.

[6] Guan C, Pan S. Nonlinear adaptive robust control of single-rod electro-hydraulic actuator with unknown nonlinear parameters [J]. IEEE Transactions on Control Systems Technology, 2008, 16 (3): 434-445.

[7] Yao B, Bu F, Reedy J, et al. Adaptive robust motion control of single-rod hydraulic actuators: theory and experiments [J]. IEEE/ASME Transactions on Mechatronics, 2000, 5 (1): 79-91.

[8] Mintsa H A, Venugopal R, Kenne J P, et al. Feedback linearization-based position control of an electrohydraulic servo system with supply pressure uncertainty [J]. IEEE Transactions on Control Systems Technology, 2011, 20 (4): 1092-1099.

[9] Ahn K K, Nam D N C, Jin M. Adaptive backstepping control of an electrohydraulic actuator [J].

IEEE/ASME Transactions on Mechatronics, 2014, 19 (3): 987-995.

[10] Kaddissi C, Kenne J P, Saad M. Identification and real-time control of an electrohydraulic servo system based on nonlinear backstepping [J]. IEEE/ASME Transactions on Mechatronics, 2007, 12 (1): 12-22.

[11] Guo K, Wei J, Fang J, et al. Position tracking control of electro-hydraulic single-rod actuator based on an extended disturbance observer [J]. Mechatronics, 2015, 27: 47-56.

[12] Nakkarat P, Kuntanapreeda S. Observer-based backstepping force control of an electrohydraulic actuator [J]. Control Engineering Practice, 2009, 17 (8): 895-902.

[13] Xu B, Shen J, Liu S, et al. Research and development of electro-hydraulic control valves oriented to industry 4.0: a review [J]. Chinese Journal of Mechanical Engineering, 2020, 33: 1-20.

[14] Nešić D, Teel A R, Kokotović P V. Sufficient conditions for stabilization of sampled-data nonlinear systems via discrete-time approximations [J]. Systems & Control Letters, 1999, 38 (4-5): 259-270.

[15] Nesic D, Angeli D. Integral versions of ISS for sampled-data nonlinear systems via their approximate discrete-time models [J]. IEEE Transactions on Automatic Control, 2002, 47 (12): 2033-2037.

[16] Nesic D, Teel A R. A framework for stabilization of nonlinear sampled-data systems based on their approximate discrete-time models [J]. IEEE Transactions on Automatic Control, 2004, 49 (7): 1103-1122.

[17] Yu J, Shi P, Yu H, et al. Approximation-based discrete-time adaptive position tracking control for interior permanent magnet synchronous motors [J]. IEEE Transactions on Cybernetics, 2014, 45 (7): 1363-1371.

[18] Postoyan R, Ahmed-Ali T, Lamnabhi-Lagarrigue F. Robust backstepping for the Euler approximate model of sampled-data strict-feedback systems [J]. Automatica, 2009, 45(9): 2164-2168.

[19] Malik F M, Malik M B, Munawar K. Sampled-data state feedback stabilization of a class of nonlinear systems based on Euler approximation [J]. Asian Journal of Control, 2011, 13 (1): 186-197.

[20] Huang D, Xu J X, Hou Z. A discrete-time periodic adaptive control approach for parametric-strict-feedback systems [C] //Proceedings of the 48h IEEE Conference on Decision and Control (CDC) held jointly with 2009 28th Chinese Control Conference. IEEE, 2009: 6620-6625

[21] Xu L, Yao B. Adaptive robust precision motion control of linear motors with negligible electrical dynamics: theory and experiments [J]. IEEE/ASME Transactions on Mechatronics, 2001, 6 (4): 444-452.

[22] Yao B, Tomizuka M. Smooth robust adaptive sliding mode control of manipulators with guaranteed transient performance [J]. Journal of Dynamic Systems, 1996.

[23] Yao B, Bu F, Chiu G T C. Non-linear adaptive robust control of electro-hydraulic systems driven by double-rod actuators [J]. International Journal of Control, 2001, 74 (8): 761-775.

[24] Yao B. Desired compensation adaptive robust control [J]. Journal of Dynamic Systems, Measurement, and Control, 2009, 131 (6): 0610011-0610017.

[25] Huang D, Xu J X, Yang S, et al. Observer based repetitive learning control for a class of nonlinear systems with non-parametric uncertainties [J]. International Journal of Robust and Nonlinear Control, 2015, 25 (8): 1214-1229.

[26] Chen J, Li J, et al. T-S fuzzy model-based adaptive repetitive learning consensus control of high-order multiagent systems with imprecise communication topology structure [J]. International Journal of Adaptive Control and Signal Processing, 2019, 33 (6): 926-942.

[27] Zhou K, Wang D. Digital repetitive learning controller for three-phase CVCF PWM inverter [J]. IEEE Transactions on Industrial Electronics, 2001, 48 (4): 820-830.

[28] Kasac J, Novakovic B, Majetic D, et al. Passive finite-dimensional repetitive control of robot manipulators [J]. IEEE Transactions on Control Systems Technology, 2008, 16 (3): 570-576.

[29] Scalzi S, Bifaretti S, Verrelli C M. Repetitive learning control design for LED light tracking [J]. IEEE Transactions on Control Systems Technology, 2014, 23 (3): 1139-1146.

[30] Qian Y, Fang Y, Lu B. Adaptive repetitive learning control for an offshore boom crane [J]. Automatica, 2017, 82: 21-28.

[31] Verrelli C M, Tomei P, Salis V, et al. Repetitive learning position control for full order model permanent magnet step motors [J]. Automatica, 2016, 63: 274-286.

[32] Guo K, Pan Y, Yu H. Composite learning robot control with friction compensation: A neural network-based approach [J]. IEEE Transactions on Industrial Electronics, 2018, 66 (10): 7841-7851.

[33] Guo K, Pan Y, Zheng D, et al. Composite learning control of robotic systems: A least squares modulated approach [J]. Automatica, 2020, 111: 108612.

[34] Noor R A M, Ahmad Z, Don M M, et al. Modelling and control of different types of polymerization processes using neural networks technique: A review [J]. The Canadian Journal of Chemical Engineering, 2010, 88 (6): 1065-1084.

[35] Castillo O, Melin P. A review on interval type-2 fuzzy logic applications in intelligent control [J]. Information Sciences, 2014, 279: 615-631.

[36] Liu Y J, Zeng Q, Tong S, et al. Adaptive neural network control for active suspension systems with time-varying vertical displacement and speed constraints [J]. IEEE Transactions on Industrial Electronics, 2019, 66 (12): 9458-9466.

[37] Guo K, Zheng D D, Li J. Optimal bounded ellipsoid identification with deterministic and bounded learning gains: design and application to euler-lagrange systems [J]. IEEE Transactions on Cybernetics, 2021, 52 (10): 10800-10813.

[38] Li H, Zhang Z, Yan H, et al. Adaptive event-triggered fuzzy control for uncertain active suspension systems [J]. IEEE Transactions on Cybernetics, 2018, 49 (12): 4388-4397.

[39] Yu X, He W, Li H, et al. Adaptive fuzzy full-state and output-feedback control for uncertain robots with output constraint [J]. IEEE Transactions on Systems, Man, and Cybernetics: Systems, 2020, 51 (11): 6994-7007.

[40] Yu X, He W, Li Y, et al. Bayesian estimation of human impedance and motion intention for human-robot collaboration [J]. IEEE Transactions on Cybernetics, 2019, 51 (4): 1822-1834.

[41] Canale M. Robust control from data in presence of input saturation [J]. International Journal of Robust and Nonlinear Control: IFAC-Affiliated Journal, 2004, 14 (11): 983-997.

[42] Matsuda Y, Ohse N. Simultaneous design of control systems with input saturation [J]. International Journal of Innovative Computing, Information and Control, 2008, 4 (9): 2205-2219.

[43] Li Z, Chen J, Zhang G, et al. Adaptive robust control for DC motors with input saturation [J]. IET Control Theory & Applications, 2011, 5 (16): 1895-1905.

[44] He W, Sun Y, Yan Z, et al. Disturbance observer-based neural network control of cooperative multiple manipulators with input saturation [J]. IEEE Transactions on Neural Networks and Learning Systems, 2019, 31 (5): 1735-1746.

[45] Yang C, Huang D, He W, et al. Neural control of robot manipulators with trajectory tracking constraints and input saturation [J]. IEEE Transactions on Neural Networks and Learning Systems, 2020, 32 (9): 4231-4242.

[46] Yueneng Y, Ye Y A N. Backstepping sliding mode control for uncertain strict-feedback nonlinear systems using neural-network-based adaptive gain scheduling [J]. Journal of Systems Engineering and Electronics, 2018, 29 (3): 580-586.

[47] Riani A, Madani T, Benallegue A, et al. Adaptive integral terminal sliding mode control for upper-limb rehabilitation exoskeleton [J]. Control Engineering Practice, 2018, 75: 108-117.

[48] Rahmani M, Rahman M H. An upper-limb exoskeleton robot control using a novel fast fuzzy sliding mode control [J]. Journal of Intelligent & Fuzzy Systems, 2019, 36 (3): 2581-2592.

[49] Mefoued S, Belkhiat D E C. A robust control scheme based on sliding mode observer to drive a knee-exoskeleton [J]. Asian Journal of Control, 2019, 21 (1): 439-455.

[50] Park B S, Yoo S J, Park J B, et al. Adaptive neural sliding mode control of nonholonomic wheeled mobile robots with model uncertainty [J]. IEEE Transactions on Control Systems Technology, 2008, 17 (1): 207-214.

[51] Yao B, Bu F, Reedy J, et al. Adaptive robust motion control of single-rod hydraulic actuators: theory and experiments [J]. IEEE/ASME Transactions on Mechatronics, 2000, 5 (1): 79-91.

[52] Kaddissi C, Kenne J P, Saad M. Identification and real-time control of an electrohydraulic servo system based on nonlinear backstepping [J]. IEEE/ASME Transactions on Mechatronics, 2007, 12 (1): 12-22.

[53] Kim W, Won D, Shin D, et al. Output feedback nonlinear control for electro-hydraulic systems [J]. Mechatronics, 2012, 22 (6): 766-777.

[54] Ali S A, Christen A, Begg S, et al. Continuous-discrete time-observer design for state and disturbance estimation of electro-hydraulic actuator systems [J]. IEEE Transactions on Industrial Electronics, 2016, 63 (7): 4314-4324.

[55] Guo Q, Zhang Y, Celler B G, et al. Backstepping control of electro-hydraulic system based on extended-state-observer with plant dynamics largely unknown [J]. IEEE Transactions on Industrial Electronics, 2016, 63 (11): 6909-6920.

[56] Yao J, Jiao Z, Ma D. Extended-state-observer-based output feedback nonlinear robust control of hydraulic systems with backstepping [J]. IEEE Transactions on Industrial Electronics, 2014, 61 (11): 6285-6293.

[57] Lu R, Li Z, Su C Y, et al. Development and learning control of a human limb with a rehabilitation exoskeleton [J]. IEEE Transactions on Industrial Electronics, 2014, 7 (61): 3776-3785.

[58] Xu J X, Yan R. On repetitive learning control for periodic tracking tasks [J]. IEEE Transactions on Automatic Control, 2006, 51 (11): 1842-1848.

[59] Sun M, Ge S S, Mareels I M Y. Adaptive repetitive learning control of robotic manipulators without the requirement for initial repositioning [J]. IEEE Transactions on Robotics, 2006, 22 (3): 563-568.

[60] Hamada Y, Otsuki H. Repetitive learning control system using disturbance observer for head positioning control system of magnetic disk drives [J]. IEEE Transactions on Magnetics, 1996, 32 (5): 5019-5021.

[61] Manayathara T J, Tsao T C, Bentsman J. Rejection of unknown periodic load disturbances in continuous steel casting process using learning repetitive control approach [J]. IEEE Transactions on Control Systems Technology, 1996, 4 (3): 259-265.

[62] Scalzi S, Bifaretti S, Verrelli C M. Repetitive learning control design for LED light tracking [J]. IEEE Transactions on Control Systems Technology, 2014, 23 (3): 1139-1146.

[63] Zhou K, Wang D. Digital repetitive learning controller for three-phase CVCF PWM inverter [J]. IEEE Transactions on Industrial Electronics, 2001, 48 (4): 820-830.

[64] Merritt H E. Hydraulic control systems, [M]. New York: Wiley, 1967.

[65] Xu J X, Yan R. Synchronization of chaotic systems via learning control [J]. International Journal of Bifurcation and Chaos, 2005, 15 (12): 4035-4041.

[66] Khalil H K, Praly L. High-gain observers in nonlinear feedback control [J]. International Journal of Robust and Nonlinear Control, 2013, 24 (6): 993-1015.

第 6 章　受非线性约束的外骨骼机器人控制技术

本章介绍了受非线性约束的外骨骼机器人控制技术。首先介绍了两种常用的约束方法。其次，针对含干扰和未建模不确定性的液压驱动外骨骼机器人，介绍了一种受输出约束的自适应控制技术。然后，针对含有流量泄漏、外部干扰等多种非线性不确定性问题，介绍了一种外骨骼液压驱动关节输出约束容错控制技术。最后，针对具有阀门死区和输出约束的液压膝关节外骨骼系统，介绍了一种受死区约束的神经网络控制技术。

6.1　液压驱动外骨骼系统的约束问题

由于实际物理器件限制、系统运行性能要求以及安全要求，大多数实际系统都会有关于系统输入、输出以及状态的约束条件，因为一旦某些约束被破坏，将导致系统性能的急剧下降甚至发生灾难性事故，而这也驱动了近几十年来约束控制的极大发展。在一些工程实践中，有一些做法是在控制设计阶段忽略约束要求，而是在后期利用人工干预以及经验通过诸如结构设计、更改系统运行条件以及其他试凑型工程做法来满足约束要求，但这种做法不能保证每次都能成功。一个更加一般和根本性的做法是在控制设计阶段将约束考虑进问题描述中，然后设计合适的控制器来从理论上保证约束满足，以及其他需要的稳定性和性能特性。

基于（障碍李雅普诺夫函数）BLF[1] 的约束控制方法通过李雅普诺夫控制设计思想能在不需要求解系统显示解的情况下实现约束满足，因而相比较计算量较低，尤其是针对高阶不确定非线性系统。同传统定义在全局空间的李雅普诺夫函数相比，如 QLF、iLF，BLF 只定义在目标约束空间，且当函数参数接近于某个界限时函数值会趋近于无穷，即当 $x \to \pm k_c$，$V(x) \to \infty$，其中 $k_c \in R^+$。目前常用的是一类 log 型 BLF[1]

$$V(x) = \frac{1}{2}\log\frac{k_c^2}{k_c^2 - x^2} \tag{6-1}$$

其中 $x(t) = \{x \in R \mid -k_c < x(t) < k_c\}$，$x(t) \in \Omega_x$ 显然，$V(x)$ 只能定义在受限空间 Ω_x。与 log 型相对的是一类 tan 型 BLF[2]：

$$V(x) = \frac{k_c}{\pi}\tan^2\left(\frac{\pi x}{2k_c}\right) \tag{6-2}$$

由函数特性可知，上述 tan 型函数在 $x(t) \rightarrow \pm k_c$ 时，有 $V(z) \rightarrow \infty$。采用式（6-1）与式（6-2），基于精确模型的约束控制设计以及基于线性参数化假设的约束自适应控制设计被相应提出用以控制输出约束非线性系统、状态约束非线性系统。针对具有函数不确定性的系统，结合 log 型 BLF，自适应神经网络控制方法也被提出用于一类具有输出约束的输出反馈非线性系统[3]。

6.2　受输出约束的液压驱动外骨骼自适应控制

6.2.1　引言

出于安全或者实际物理器件等因素的限制，很多实际系统的某些关键指标无论在暂态或者稳态时都只能运行在某个特定范围之内。比如在电力系统中，在某处突然发生系统故障或者未知扰动时，若控制器设计不当，系统功率角误差会暂时增长到一个极大值，但是这个极短时间的“越界”就可能引起一连串事故甚至是发电机解列[4]；再比如，在人与机器人物理交互领域中，无论是机器人末端执行器与人的躯干直接物理接触或是人体直接穿戴，在交互运动过程中，机器人末端执行器位置或者关节角都必须被限制在一定范围内以保证人体的安全[5,6]。另外，这些约束条件本质上也是一种系统非线性，在原有系统非线性的基础上也进一步加大了控制的难度。

上述这些物理约束条件会映射到控制系统设计中的某个或多个变量约束，其中输入约束是指控制执行器只能提供有限范围的控制信号；输出约束或状态约束则是出于对系统运行性能以及安全等因素考虑，对某些关键变量的运行区域提出限制。如果设计的控制系统没有考虑这些约束条件，则可能整个系统失去稳定，如 20 世纪的切尔诺贝利核电站的灾难性事故，其中一个重要原因就是未考虑控制系统的约束[7]。

为了处理输出约束，已经提出了许多方法。在本章参考文献［8］中，提出了一种鲁棒自适应控制方案，用于解决摩擦和死区非线性问题。为了处理机器人的未知参数和约束动力学问题，本章参考文献［9］提出了一种用于力跟踪的视觉非线性鲁棒控制器。针对系统中的时变未知参数和不确定函数，本章参考文献［10］中为移动机器人设计了一种输出反馈自适应控制器。本章参考文献［11］为了克服运动表面与机器人车轮之间的约束作用，提出了一种障碍李雅普诺夫函数设计。

本节还采用基于障碍李雅普诺夫函数的控制方案来处理康复外骨骼的输出约束。首先给出了系统建模和控制问题的表述，接着讨论了使用障碍李雅普诺夫函数进行控制器设计和相关系统的收敛性分析，然后进行了数值模拟，以验证所提出的控制器的有效性，最后给出结论。

6.2.2 控制器设计

如果将状态变量定义为 $x_1 = x_p$，$x_2 = \dot{x}_p$，$x_3 = (P_1A_1 - P_2A_2)/m$，那么由式（5-1）~式（5-4）组成的整个系统可以表示为

$$\begin{cases} \dot{x}_1 = x_2 \\ \dot{x}_2 = x_3 + d(t) \\ \dot{x}_3 = f_1(x_1, x_2) + b(x_1)u + s(t) \end{cases} \tag{6-3}$$

其中

$$d(t) = \frac{F_d(t)}{m} \tag{6-4}$$

$$f_1(x_1, x_2) = -\frac{A_1^2\beta_e x_2}{m(V_{01} + A_1x_1)} - \frac{A_2^2\beta_e x_2}{m(V_{02} - A_2x_1)} \tag{6-5}$$

$$b(x_1) = \frac{A_1\beta_e K_\nu}{m(V_{01} + A_1x_1)} + \frac{A_2\beta_e K_\nu}{m\gamma(V_{02} - A_2x_1)} \tag{6-6}$$

$$s(t) = \frac{\beta_e A_1 Q_{l1}(t)}{m(V_{01} + A_1x_1)} + \frac{\beta_e A_2 Q_{l2}(t)}{m(V_{02} - A_2x_1)} \tag{6-7}$$

$$u = \begin{cases} i, \dot{x}_1 > 0 \\ \gamma i, \dot{x}_1 < 0 \end{cases} \tag{6-8}$$

在康复训练过程中，下肢外骨骼需要运动功能障碍的人腿执行专业医生给出期望的康复轨迹，因此控制系统需要改变液压执行器的阀门电流，使得外骨骼关节的液压执行器能够驱动外骨骼跟踪期望轨迹。从图 5-1 可以看出，外骨骼关节角度，用 $\bar{\theta}$ 表示，可以写为

$$\bar{\theta} = \theta_1 + \theta(x_1) + \theta_2 \tag{6-9}$$

式中，θ_1 和 θ_2 是由机械结构确定的，可以通过使用以下公式计算得到

$$\begin{cases} \theta_1 = \arctan \dfrac{l_1}{l_2} \\ \theta_2 = \arctan \dfrac{l_4}{l_3} \end{cases} \tag{6-10}$$

式中，$l_i(i = 1, \cdots, 4)$是图 5-1 中显示的连杆长度。此外，$\theta(x_1)$是与活塞位移 x_1 相关的常数，可以通过式（6-11）计算得出

$$\theta(x_1) = \arccos \frac{l_5^2 + l_6^2 - (l_7 + x_1)^2}{2l_5l_6} \tag{6-11}$$

式中，l_7 是活塞的长度；l_5 和 l_6 在图 5-1 中已定义。

下肢康复外骨骼的控制任务可以描述为：给定目标轨迹 θ_d 和期望的约束条件，控制目标是设计一个有界控制器 u，使得外骨骼下肢的输出轨迹 $\theta(x_1)$能够跟踪目

标轨迹 θ_d，并且保证轨迹跟踪误差有界。需要注意的是，下肢外骨骼的输出轨迹 $\theta(x_1)$是由液压执行器的输出 x_1 唯一确定的。因此，我们可以通过对 x_1 的控制来实现我们的目标。

步骤 1　下面进行控制器设计，首先定义 3 个误差如下：

$$\begin{cases} e_1 = x_1 - x_{1d} \\ e_2 = x_2 - \alpha_1 \\ e_3 = x_3 - \alpha_2 \end{cases} \tag{6-12}$$

其中，x_{1d}是液压执行器的期望位置，$x_{1d} \triangleq x_{\mathrm{pd}}$；$\alpha_1$ 和 α_2 是待设计的虚拟控制输入。对 e_1 求时间导数：

$$\dot{e}_1 = x_2 - \dot{x}_{1d} = e_2 + \alpha_1 - \dot{x}_{1d} \tag{6-13}$$

选择虚拟输入 α_1 为

$$\alpha_1 = -k_1 e_1 + \dot{x}_{1d} \tag{6-14}$$

其中，$k_1 > 0$ 为正增益。将式（6-14）代入式（6-13）得到

$$\dot{e}_1 = -k_1 e_1 + e_2 \tag{6-15}$$

步骤 2　通过对 e_2 求时间导数，并考虑状态空间模型［见式(6-3)］的第二行，可得

$$\begin{aligned} \dot{e}_2 &= \dot{x}_2 - \dot{\alpha}_1 \\ &= x_3 + d(t) - \dot{\alpha}_1 \\ &= e_3 + \alpha_2 + d(t) - \dot{\alpha}_1 \end{aligned} \tag{6-16}$$

接下来设计 α_2 为

$$\alpha_2 = \alpha_{2n} + \alpha_{2m} \tag{6-17}$$

式中，α_{2n}是基于径向基函数的神经网络控制器：

$$\alpha_{2n} = -\hat{W}_d^{\mathrm{T}} H(X_d) \tag{6-18}$$

神经网络更新律设计为

$$\dot{\hat{W}}_d = \boldsymbol{\Phi}_d [H(X_d) e_2 - \sigma_d \hat{W}_d] \tag{6-19}$$

式中，$\hat{W}_d$ 是神经网络的权重向量；$\boldsymbol{\Phi}_d$ 是一个正定增益矩阵；$H(X_d)$是基函数向量；X_d 是神经网络的输入向量；$\sigma_d(\sigma_d > 0)$是一个小常数。$\hat{W}_d^{\mathrm{T}} H(X_d)$被用来近似 $W_d^{*\mathrm{T}} H(X_d)$

$$W_d^{*\mathrm{T}} H(X_d) = d(t) + \varepsilon_d \tag{6-20}$$

式中，$W_d^{*\mathrm{T}}$ 是理想权重；ε_d 是神经网络的逼近误差；$X_d = [x_1, x_2, \alpha_1, \dot{\alpha}_1]^{\mathrm{T}}$。

α_{2m}是一个反馈稳定项：

$$\alpha_{2m} = -k_2 e_2 + \dot{\alpha}_1 - \frac{e_1}{k_a^2 - e_1^2} \tag{6-21}$$

式中，$k_2 > 0$，是正增益；$k_a > 0$，是输出约束的跟踪误差边界。将式（6-18）和式（6-21）代入式（6-16）得到

$$
\begin{aligned}
\dot{e}_2 &= e_3 + \alpha_2 + d(t) - \dot{\alpha}_1 \\
&= -\hat{W}_d^{\mathrm{T}} H(X_d) - k_2 e_2 + \dot{\alpha}_1 - \frac{e_1}{k_a^2 - e_1^2} + e_3 + d(t) - \dot{\alpha}_1 \\
&= -k_2 e_2 + e_3 - \frac{e_1}{k_a^2 - e_1^2} + W_d^{*\mathrm{T}} H(X_d) - \varepsilon_d - \hat{W}_d^{\mathrm{T}} H(X_d) \\
&= -k_2 e_2 + e_3 - \frac{e_1}{k_a^2 - e_1^2} - \widetilde{W}_d^{\mathrm{T}} H(X_d) - \varepsilon_d
\end{aligned} \tag{6-22}
$$

式中，$\widetilde{W}_d$ 是权重误差，$\widetilde{W}_d = \hat{W}_d - W_d^*$。

步骤 3　计算 e_3 的时间导数，并考虑状态空间模型［见式(6-3)］的第三行，可以得到

$$
\begin{aligned}
\dot{e}_3 &= \dot{x}_3 - \dot{\alpha}_2 \\
&= f_1(x_1, x_2) + b(x_1)u + s(t) - \dot{\alpha}_2
\end{aligned} \tag{6-23}
$$

设计控制器 u 为

$$
u = \frac{1}{b(x_1)}\left[-f_1(x_1, x_2) + \dot{\alpha}_2 - k_3 e_3 - \hat{W}_s^{\mathrm{T}} H(X_s)\right] \tag{6-24}
$$

神经网络更新律 $\hat{W}_s$ 为

$$
\dot{\hat{W}}_s = \Phi_s\left[H(X_s) e_3 - \sigma_s \hat{W}_s\right] \tag{6-25}
$$

式中，$k_3 > 0$，是正增益；$\hat{W}_s$ 是神经网络的权重向量；Φ_s 是一个正定增益矩阵；$H(X_s)$是径向基函数向量；X_s 是神经网络的输入向量；$\sigma_s > 0$，是一个小常数。$\hat{W}_s^{\mathrm{T}} H(X_s)$被用来近似 $\hat{W}_s^{*\mathrm{T}} H(X_s)$

$$
W_s^{*\mathrm{T}} H(X_s) = s(t) + \varepsilon_s \tag{6-26}
$$

式中，$W_s^{*\mathrm{T}}$ 是理想权重；ε_s 是神经网络的逼近误差；$X_s = [x_1, x_2, x_3, \alpha_1, \dot{\alpha}_1, \alpha_2, \dot{\alpha}_2]^{\mathrm{T}}$。将式（6-24）和式（6-25）代入式（6-23），可以得到

$$
\begin{aligned}
\dot{e}_3 &= f_1(x_1, x_2) + s(t) - \dot{\alpha}_2 - f_1(x_1, x_2) + \\
&\quad \dot{\alpha}_2 - k_3 e_3 - \hat{W}_s^{\mathrm{T}} H(X_s) \\
&= -k_3 e_3 + W_s^{*\mathrm{T}} H(X_s) - \varepsilon_s - \hat{W}_s^{\mathrm{T}} H(X_s) \\
&= -k_3 e_3 - \widetilde{W}_s^{\mathrm{T}} H(X_s) - \varepsilon_s
\end{aligned} \tag{6-27}
$$

式中，$\widetilde{W}_s = \hat{W}_s - W_s^*$。

以上分析可总结为如下定理。

定理 6-1　考虑具有控制方案［见式（6-18）和式（6-21）式（6-24）］和更新律公式参考此处［见式(6-19)和式(6-25)］的液压康复外骨骼系统［见式(6-3)］，如果参数满足 $k_i > 0(i = 1, 2)$，并且 $k_3 > 1$，那么闭环系统的信号是有界的，并且达到了渐近跟踪，即当 $t \to \infty$ 时，$x_1 \to x_{1d}$。此外，跟踪误差 $e_i(i = 1, 2, 3)$和权重 $\widetilde{W}_d$ 和 $\widetilde{W}_s$ 自动收敛到紧集 Θ_{e_i}，$i = 1, 2, 3$，$\Theta_{\widetilde{W}_d}$和 $\Theta_{\widetilde{W}_s}$，分别定义为

$$\begin{cases}\Theta_{e_1}=\{e_1\in R,\|e_1\|\leqslant\sqrt{k_a^2(1-e^{-B})}\}\\ \Theta_{e_2}=\{e_2\in R,\|e_2\|\leqslant\sqrt{B}\}\\ \Theta_{e_3}=\{e_3\in R,\|e_3\|\leqslant\sqrt{B}\}\\ \Theta_{\widetilde{W}_d}=\left\{\widetilde{W}_d\in R^n,\|\widetilde{W}_d\|\leqslant\sqrt{\dfrac{B}{\lambda_{\min}(\Phi_d^{-1})}}\right\}\\ \Theta_{\widetilde{W}_s}=\left\{\widetilde{W}_s\in R^n,\|\widetilde{W}_s\|\leqslant\sqrt{\dfrac{B}{\lambda_{\min}(\Phi_s^{-1})}}\right\}\end{cases}\tag{6-28}$$

其中 $B=2\left(V(0)+\dfrac{C}{\mu}\right)$，$\mu$ 和 C 在式（6-44）和式（6-45）中定义。

6.2.3　稳定性分析

引入以下引理以便证明定理6-1。

引理6-1[12]　对于任意正常数向量 $h\in R^n$，对于在区间 $x\in R^n$ 的任意向量 $|x|<|h|$，以下不等式成立：

$$\ln\frac{h^{\mathrm{T}}h}{h^{\mathrm{T}}h-x^{\mathrm{T}}x}\leqslant\frac{x^{\mathrm{T}}x}{h^{\mathrm{T}}h-x^{\mathrm{T}}x}\tag{6-29}$$

引理6-2[13]　如果李雅普诺夫函数 $V(x)$ 在初始条件 $V(0)$ 有界，且 $V(X)$ 是正定且连续的，则 $V(X)$ 有界，如果

$$\dot{V}(x)=-\mu V_0(x)+C\tag{6-30}$$

其中，$u>0$，且 $C>0$。

定理6-1的证明，设计增广障碍李雅普诺夫函数（BLF）如下：

$$V(t)=V_1(t)+V_2(t)\tag{6-31}$$

其中

$$V_1=\frac{1}{2}\ln\left(\frac{k_a^2}{k_a^2-e_1^2}\right)+\frac{1}{2}e_2^2+\frac{1}{2}e_3^2\tag{6-32}$$

$$V_2=\frac{1}{2}\widetilde{W}_d^{\mathrm{T}}\Phi_d^{-1}\widetilde{W}_d+\frac{1}{2}\widetilde{W}_s^{\mathrm{T}}\Phi_s^{-1}\widetilde{W}_s\tag{6-33}$$

步骤1　计算 V_1 的时间导数：

$$\dot{V}_1(t)=\frac{e_1\dot{e}_1}{k_a^2-e_1^2}+e_2\dot{e}_2+e_3\dot{e}_3\tag{6-34}$$

将式（6-15）、式（6-22）和式（6-27）代入式（6-34）得到

$$\begin{aligned}\dot{V}_1(t) =& \frac{e_1(-k_1e_1+e_2)}{k_a^2-e_1^2}+e_2\Big[-k_2e_2+\\ &e_3-\frac{e_1}{k_a^2-e_1^2}-\hat{W}_d^{\mathrm{T}}H(X_d)-\varepsilon_d\Big]+\\ &e_3[-k_3e_3-\hat{W}_s^{\mathrm{T}}H(X_s)-\varepsilon_s]\\ =& -\frac{k_1e_1^2}{k_a^2-e_1^2}+\frac{e_1e_2}{k_a^2-e_1^2}-k_2e_2^2+e_2e_3-\\ &\frac{e_1e_2}{k_a^2-e_1^2}-e_2\widetilde{W}_d^{\mathrm{T}}H(X_d)-e_2\varepsilon_d-\\ &k_3e_3^2-e_3\widetilde{W}_s^{\mathrm{T}}H(X_s)-e_3\varepsilon_s\\ =& -\frac{k_1e_1^2}{k_a^2-e_1^2}-k_2e_2^2-k_3e_3^2+e_2e_3-\\ &e_2\widetilde{W}_d^{\mathrm{T}}H(X_d)-e_3\widetilde{W}_s^{\mathrm{T}}H(X_s)-e_2\varepsilon_d-e_3\varepsilon_s\end{aligned} \tag{6-35}$$

步骤 2　计算 V_2 的时间导数：

$$\dot{V}_2=\widetilde{W}_d^{\mathrm{T}}\boldsymbol{\Phi}_d^{-1}\dot{\widetilde{W}}_d+\widetilde{W}_s^{\mathrm{T}}\boldsymbol{\Phi}_s^{-1}\dot{\widetilde{W}}_s \tag{6-36}$$

由神经网络更新律[见式(6-19)和式(6-25)]可得

$$\begin{cases}\dot{\widetilde{W}}_d=\dot{\hat{W}}_d-\dot{W}_d^*=\dot{\hat{W}}_d=\boldsymbol{\Phi}_d[H(X_d)e_2-\sigma_d\hat{W}_d]\\ \dot{\widetilde{W}}_s=\dot{\hat{W}}_s-\dot{W}_s^*=\dot{\hat{W}}_s=\boldsymbol{\Phi}_d[H(X_s)e_3-\sigma_s\hat{W}_s]\end{cases} \tag{6-37}$$

将式（6-37）代入式（6-36）得

$$\begin{aligned}\dot{V}_2 =& \widetilde{W}_d^{\mathrm{T}}\boldsymbol{\Phi}_d^{-1}\{\boldsymbol{\Phi}_d[H(X_d)e_2-\sigma_d\hat{W}_d]\}+\\ &\widetilde{W}_s^{\mathrm{T}}\boldsymbol{\Phi}_s^{-1}\{\boldsymbol{\Phi}_s[H(X_s)e_3-\sigma_s\hat{W}_s]\}\\ =& e_2\widetilde{W}_d^{\mathrm{T}}H(X_d)+e_3\widetilde{W}_s^{\mathrm{T}}H(X_s)-\\ &\sigma_d\widetilde{W}_d^{\mathrm{T}}\hat{W}_d-\sigma_s\widetilde{W}_s^{\mathrm{T}}\hat{W}_s\end{aligned} \tag{6-38}$$

最后，结合式（6-35）和式（6-38），可得

$$\begin{aligned}\dot{V}(t) =& -\frac{k_1e_1^2}{k_a^2-e_1^2}-k_2e_2^2-k_3e_3^2+e_2e_3-e_2\widetilde{W}_d^{\mathrm{T}}H(X_d)-e_3\widetilde{W}_s^{\mathrm{T}}H(X_s)-e_2\varepsilon_d-\\ &e_3\varepsilon_s+e_2\widetilde{W}_d^{\mathrm{T}}H(X_d)+e_3\widetilde{W}_s^{\mathrm{T}}H(X_s)-\sigma_d\widetilde{W}_d^{\mathrm{T}}\hat{W}_d-\sigma_s\widetilde{W}_s^{\mathrm{T}}\hat{W}_s\\ =& -\frac{k_1e_1^2}{k_a^2-e_1^2}-k_2e_2^2-k_3e_3^2+e_2e_3-e_2\varepsilon_d-e_3\varepsilon_s-\sigma_d\widetilde{W}_d^{\mathrm{T}}\hat{W}_d-\sigma_s\widetilde{W}_s^{\mathrm{T}}\hat{W}_s\end{aligned} \tag{6-39}$$

因为

$$\begin{cases}-\widetilde{W}^{\mathrm{T}}\hat{W}=-\widetilde{W}^{\mathrm{T}}(\widetilde{W}+W^*)=-\widetilde{W}^{\mathrm{T}}\widetilde{W}-\widetilde{W}^{\mathrm{T}}W^*\\ -\widetilde{W}^{\mathrm{T}}W^*\leqslant\frac{1}{2}(\widetilde{W}^{\mathrm{T}}\widetilde{W}+W^{*\mathrm{T}}W^*)\end{cases} \tag{6-40}$$

表示

$$-\widetilde{W}^{\mathrm{T}}\hat{W}\leqslant-\frac{1}{2}\widetilde{W}^{\mathrm{T}}\widetilde{W}+\frac{1}{2}W^{*\mathrm{T}}W^{*} \tag{6-41}$$

注意

$$e_2e_3-e_2\varepsilon_d-e_3\varepsilon_s\leqslant e_2^2+e_3^2+\frac{1}{2}\varepsilon_d^2+\frac{1}{2}\varepsilon_s^2 \tag{6-42}$$

将式（6-41）和式（6-42）代入式（6-39）并应用引理6-1，得到

$$\begin{aligned}\dot{V}(t)\leqslant&-\ln\frac{k_1k_a^2}{k_a^2-c_1^2}-(k_2+1)e_2^2-(k_3-1)e_3^2+\\&\frac{1}{2}\varepsilon_d^2+\frac{1}{2}\varepsilon_s^2-\sigma_d\frac{1}{2}(\|\widetilde{W}_d\|^2-\|W_d^*\|^2)-\\&\sigma_s\frac{1}{2}(\|\widetilde{W}_s\|^2-\|W_s^*\|^2)\\\leqslant&-\mu V(t)+C\end{aligned} \tag{6-43}$$

其中

$$\mu=\min\left\{2k_1,2(k_2+1),2(k_3-1),\frac{\sigma_d}{\lambda_{\max}(\Phi_d^{-1})},\frac{\sigma_s}{\lambda_{\max}(\Phi_s^{-1})}\right\} \tag{6-44}$$

$$C=\frac{1}{2}\varepsilon_d^2+\frac{1}{2}\varepsilon_s^2+\|W_d^*\|^2+\|W_s^*\|^2 \tag{6-45}$$

接下来考虑系统误差的有界性。将式（6-43）乘以 $e^{\mu t}$得到

$$\frac{\mathrm{d}}{\mathrm{d}t}[V(t)e^{\mu t}]\leqslant Ce^{\mu t} \tag{6-46}$$

将上述不等式进行积分，可以得到

$$V(t)\leqslant\left(V(0)-\frac{C}{\mu}\right)e^{-\mu t}+\frac{C}{\mu}\leqslant V(0)+\frac{C}{\mu} \tag{6-47}$$

因此，对于 e_1，有

$$\frac{1}{2}\ln\left(\frac{k_a^2}{k_a^2-e_1^2}\right)\leqslant V(0)+\frac{C}{\mu} \tag{6-48}$$

$$\|e_1\|\leqslant\sqrt{k_a^2(1-e^{-B})} \tag{6-49}$$

对于 e_2、e_3、$\widetilde{W}_d$ 和 $\widetilde{W}_s$，同样地可以得到

$$\|e_2\|\leqslant\sqrt{B},\quad\|e_3\|\leqslant\sqrt{B} \tag{6-50}$$

$$\|\widetilde{W}_d\|\leqslant\sqrt{\frac{B}{\lambda_{\min}(\Phi_d^{-1})}},\quad\|\widetilde{W}_s\|\leqslant\sqrt{\frac{B}{\lambda_{\min}(\Phi_s^{-1})}} \tag{6-51}$$

证明完毕。

6.2.4 仿真研究

本节通过仿真验证了控制方案的有效性。系统[见式(6-3)]的液压执行器的参数见表6-1。系统的初始位置给定为 $x_1(0)=1.2$ 和 $\dot{x}_1(0)=0$。期望轨迹给定为 $x_{1d}=1.2+0.1\sin(2\pi t)$。外部干扰 $F_d(t)$ 由高斯白噪声组成。选择时变建模误差 Q_{l1} 和 Q_{l2} 分别为 $Q_{l1}=\sin(t)+0.7$ 和 $Q_{l2}=0.6-\sin(t)$。输出约束边界设置为$k_a=0.01$。

表6-1 仿真参数

符号	值	符号	值
m	10kg	K_v	0.95L/(min · mA)
β_e	$1.2\times10^9\text{N/m}^2$	l_1	8cm
A_1	$7\times10^{-4}\text{m}^2$	l_2	30cm
A_2	$5\times10^{-4}\text{m}^2$	l_3	6cm
γ	A_1/A_2	l_4	5cm
V_{01}	$105\times10^{-6}\text{m}^3$	l_7	15cm
V_{02}	$5\times10^{-6}\text{m}^3$		

选择一个具有8个节点的神经网络径向基函数来近似干扰和未建模的不确定性。控制参数选取为 $k_1=0$，$k_2=5$，$k_3=10$，$\Phi_d=35I$，$\Phi_s=50I$，$\sigma_d=\sigma_s=0.05$，初始权重 $\hat{W}_d=\hat{W}_s=0$。提出的控制方案跟踪性能如图6-1所示。可以看出系统输出

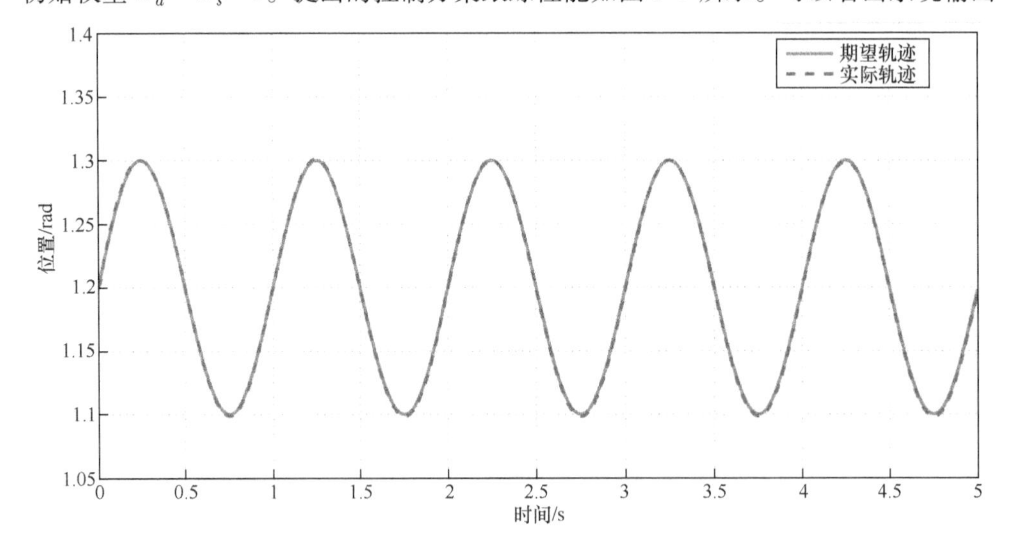

图6-1 控制器的跟踪性能

x_1 成功跟踪了期望轨迹 x_{1d}。为了进一步研究所提出的控制方案的性能，将受约束的控制器与不受约束的控制器进行了比较。比较结果如图 6-2 所示，利用障碍李雅普诺夫函数，本节所提出控制器的跟踪误差没有超出预先设定的约束边界。

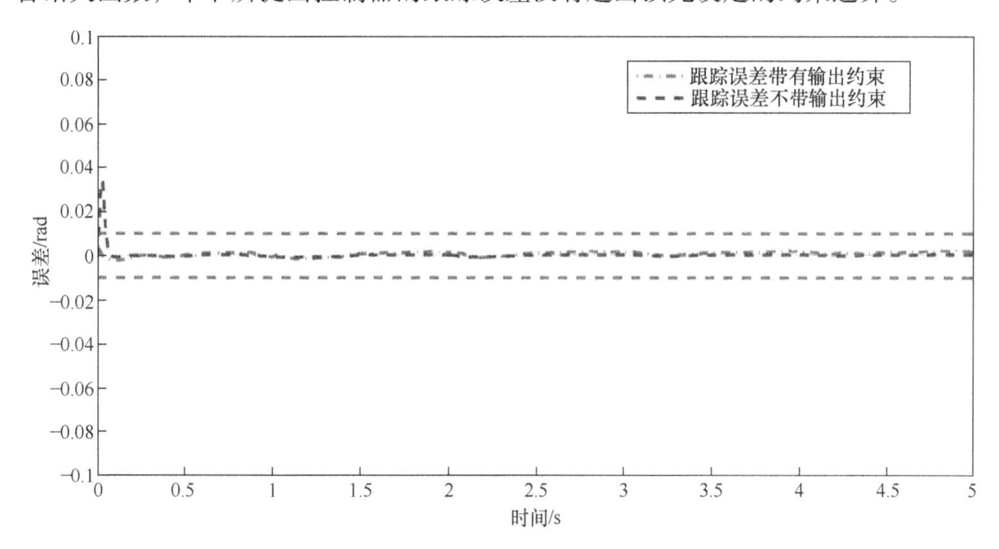

图 6-2　本节提出的受约束控制器和无约束控制器的跟踪误差（彩图见彩插）

6.2.5　小结

本节研究了液压执行器驱动的康复外骨骼轨迹跟踪控制，并考虑了输出约束。通过使用反步方法，设计了一个非线性控制器来处理干扰和未建模的不确定性。数值仿真结果表明，所提出的控制方案具有良好的跟踪性能，并且限制在约束边界内。进一步的工作包括实现具有输入饱和的液压外骨骼控制方案。

6.3　外骨骼液压驱动关节输出约束容错控制

6.3.1　引言

随着对精度和安全性要求的提高，机器人外骨骼的轨迹跟踪控制一直是一个具有挑战性的研究课题。一般来说，机器人外骨骼的跟踪性能主要受到以下两方面的影响：①复杂动力学；②执行器故障。因此，研究机器人外骨骼的容错跟踪控制仍然是一个具有挑战性的问题。

本章参考文献［14］在三相 PMSM 驱动器上提出了自适应容错控制，其中容错参考电流可以在没有故障检测的情况下使用。在本章参考文献［15］中，研究受到输入饱和和干扰影响的航天器基于故障估计的姿态控制。本章参考文献［16］

针对具有干扰和输入饱和的航天器，研究了基于故障估计的姿态控制，通过建立有限时间滑模控制器来确保容错性能。本章参考文献［17］提出了基于分层结构的跟踪控制，并设计了基于边缘计算的自适应容错控制器以处理双向交互作用。本章参考文献［18］利用重设设定点的方法通过解决线性矩阵不等式来设计协作容错控制器。尽管自适应容错控制的开发和应用在工业制造、燃气发动机、给水系统、航空发动机、风力涡轮机和水下车辆等领域受到了大量关注[19]，但对具有电液驱动器的外骨骼的研究和探索仍然很少。本节考虑并处理了外骨骼机器人的有效性损失和偏差故障，以便可以进行稳定安全的康复治疗。

在电液驱动器中普遍存在的建模不确定性和外部干扰不可避免地降低了康复外骨骼的控制性能。得益于神经网络的强大逼近能力，近年来已广泛应用于处理非线性不确定系统[20]。Li 等人研究了非线性互连系统的自适应跟踪控制问题，并构建了一个固定时间神经控制结构来识别未知的不确定性[21]。本章参考文献［22］研究了二阶非线性系统的终端滑模控制，利用多个隐藏层递归神经网络来提高动态逼近性能。本章参考文献［23］中提出了用于时滞永磁同步电机的漏斗动态表面控制。通过 RBF 神经网络逼近了永磁同步电机的多个未知不确定性。本章参考文献［24］解决了模块化机器人的运动学模型识别和运动控制问题，提出了一种基于动态Elman网络的新型快速学习神经结构，用于识别机器人的非线性运动学模型。本章参考文献［25］通过引入参数相关的转换，为无传感器感应电机设计了一个非线性参数化观测器。在本章参考文献［26］中为领导者-跟随者多智能体系统设计了分布式自适应输出观测器。本章参考文献［27］解决了具有多源不确定干扰的非线性系统的抗干扰控制问题，观测器与控制器分开设计，利用了部分信息来逼近干扰。本章参考文献［28］研究了一类受异构干扰影响的随机系统的自适应控制，并提出了自适应非线性干扰观测器来估计非谐波干扰。

本节关注的是具有电液驱动器的康复外骨骼的容错轨迹跟踪控制。与现有研究[21,26,28]不同的是，本节考虑了执行器故障，以确保康复治疗的安全性。此外，还将干扰观测器纳入控制器以提高康复效果。

6.3.2 外骨骼执行器故障模型

当外骨骼经历长期持续的康复训练时，可能会发生意外的执行器故障，使得伺服阀的实际控制输入 u 不等于设计的控制输入 u_c。考虑的执行器故障描述为

$$u = h(t_h, t)u_c + \delta(t_\delta, t) \tag{6-52}$$

式中，u_c 是需要设计的指令控制输入；$h(t_h, t)$是健康指示器，表示执行器的有效性；$\delta(t_\delta, t)$是阀门输入的不可控部分；t_h 和 t_δ 是执行器故障发生的时间点。考虑整个系统［见式(5-1)～式(5-3)，式(6-52)］，并将状态变量定义为$[x_1, x_2, x_3]^{\mathrm{T}} \triangleq [y_p, \dot{y}_p, (P_1A_1 - P_2A_2)/m]^{\mathrm{T}}$，则康复外骨骼关节的状态空间模型如下所示

$$\begin{cases}\dot{x}_1 = x_2\\ \dot{x}_2 = x_3 - \dfrac{c}{m}x_2 - g_1(t) - g_2(t)\\ \dot{x}_3 = g_3(x_1,x_2) + g_4(x_1)hu_c + g_5(t) + \delta(t_\delta,t)\\ y = x_1\end{cases} \tag{6-53}$$

其中

$$g_1(t) = \frac{f_e(t)}{m}, g_2(t) = \frac{f_h(t)}{m} \tag{6-54}$$

$$g_3(x_1,x_2) = -\frac{S_1^2\beta_e\dot{y}_p}{m(V_1 + S_1y_p)} - \frac{S_2^2\beta_e\dot{y}_p}{m(V_2 - S_2y_p)} \tag{6-55}$$

$$g_4(x_1) = \frac{S_1\beta_e k_s}{m(V_1 + S_1y_p)} + \frac{S_2\beta_e k_s}{m\rho(V_2 - S_2y_p)} \tag{6-56}$$

$$g_5(t) = -\frac{S_1\beta_e[Q_{li}(t) + \Delta_{le1}(t)]}{m(V_1 + S_1y_p)} - \frac{S_2\beta_e[Q_{li}(t) - \Delta_{le2}(t)]}{m(V_2 - S_2y_p)} \tag{6-57}$$

备注 6-1　执行器故障［见式（6-52）］被广泛应用于科学研究中。健康指示器 $h(t_h,t)$ 被视为乘性系数，而 $d(t_d,t)$ 被视为加性或偏置故障。如果 $h(t_h,t)=1$ 且 $d(t_d,t)=0$，则执行器完全健康。如果 $h(t_h,t)<1$，则执行器遭受有效性损失。

备注 6-2　为了确保系统可控性，健康指示器 $h(t_h,t)$ 满足 $0<h(t_h,t)\leqslant 1$。同时，加性故障是有界的，即存在 $\bar{\delta}>0$，使得对于所有 $t\in(0,+\infty)$，都有 $\delta<\bar{\delta}<+\infty$。

6.3.3　容错控制器设计

外骨骼机械腿通过移动患者的受伤肢体来进行康复治疗。因此，外骨骼机械腿需要尽可能准确地跟踪给定的训练轨迹，通过调节伺服系统的控制输入 u_c。在系统［见式(6-53)］中，输出是连杆的位移 y_p，而不是关节轨迹 θ。在设计控制器之前，应通过几何变换来解决这个问题。从图 5-1 中可以看出，外骨骼关节角 θ 被分为 3 个角度

$$\theta = \theta_2(x_1) + \theta_1 + \theta_3 \tag{6-58}$$

式中，θ_1 和 θ_3 是常数，由 l_1 到 l_4 的机械参数确定，而 θ_2 则直接与连杆的位移 y_p 和机械参数 l_5、l_6 和 l_7 相关，如下所示

$$\theta_2(y_p) = \arccos\frac{l_6^2 + l_5^2 - (y_p + l_7)^2}{2l_6l_5} \tag{6-59}$$

其中，$l_i, i=5,\cdots,7$ 是已知的机械长度。

将式（6-58）和式（6-59）与图 5-1 结合起来，关节角 θ 完全由 y_p 决定。这意味着通过跟踪系统状态 x_1 可以实现跟踪给定的康复轨迹。因此，本节康复外骨骼与 EHA（电动液压执行器）的控制目标是设计一个容错控制器，使杆的位移 y_p 能够跟踪期望的位移 y_{pd}。为了便于控制器的设计，引入了以下引理和假设。

引理 6-3 对于元素 $b_i>0$ 和 $c\in R^n$ 的向量 $b\in R^n$，如果 $|c|<|b|$，那么以下关系成立

$$\ln\frac{b^{\mathrm{T}}b}{b^{\mathrm{T}}b-c^{\mathrm{T}}c}\leqslant\frac{c^{\mathrm{T}}c}{b^{\mathrm{T}}b-c^{\mathrm{T}}c} \tag{6-60}$$

引理 6-4 如果一个光滑连续的函数 $N(t)$ 有界，满足 $\|N(t)\|\leqslant n$，对于 $t\in[t_1,t_2]$，$N(t)$ 的导数 $\dot{N}(t)$ 始终是有界的。

证明 根据微分中值定理，存在 $n\in[n_1,n_2]$ 使得 $\dot{N}(n)=[N(n_2)-N(n_1)]/(n_2-n_1)$ 对于所有 $[n_1,n_2]\in[t_1,t_2]$。同时，由于 $\|N(t)\|\leqslant n$，则 $-2n\leqslant N(n_2)-N(n_1)\leqslant 2n$；因此，$\dot{N}(t)$ 是有界的。由于 $n\in[n_1,n_2]\in[t_1,t_2]$。所以 $\dot{N}(t)$ 在 $t\in[t_1,t_2]$ 是有界的。

假设 6-1 对于具有 EHA 的外骨骼，未知的外部干扰 $f_h(t)$ 是有界的，即存在 $\bar{f}_e>0$ 和 $\bar{f}_h>0$，使得当 $t\geqslant 0$ 时，$|f_e(t)|\leqslant\bar{f}_e$ 和 $|f_h(t)|\leqslant\bar{f}_h$。此外，期望的康复轨迹是连续、光滑且有界的。

备注 6-3 给定一个期望的康复轨迹 θ_d，可以通过 $\theta_2(y_{\mathrm{pd}})=\theta_d-\theta_1+\theta_3$ 和式(6-59) 计算出期望轨迹 y_{pd}。此外，由于机械参数 $l_1,\cdots,l_7$ 为正数，所以 θ_d 和 y_{pd} 之间的一一对应是得到保证的。

在本节中，通过应用反步法，设计了具有 EHA 的康复外骨骼的容错控制方案。神经网络和干扰观测器被整合到外骨骼控制器中，用于处理未知建模参数、人-机器人交互和外部干扰。同时，引入了一个障碍李雅普诺夫函数（BLF）来构建自适应容错控制器，以确保误差约束。

反步法是一种用于构造不可约子系统稳定控制的递归结构方法。基于李雅普诺夫定理，为每个子系统设计一个中间虚拟控制器，然后将其“外推”到整个系统，从而设计系统的整体控制律。反步控制器的设计通过以下步骤进行。

步骤 1 定义 3 个误差变量，如下所示

$$\begin{cases}e_1=x_1-y_{\mathrm{pd}}\\ e_2=x_2-\mu_1\\ e_3=x_3-\mu_2\end{cases} \tag{6-61}$$

式中，y_{pd} 是活塞杆的期望位移，可以通过几何转换［见式(6-58)和式(6-59)］以及期望的关节角 θ_d 唯一计算得出；μ_1 和 μ_2 是待设计的中间虚拟控制律。第一个误差变量 e_1 的时间导数为

$$\dot{e}_1=\dot{x}_1-\dot{y}_{\mathrm{pd}}=x_2-\dot{p}_{\mathrm{pd}}=e_2+\mu_1-\dot{y}_{\mathrm{pd}} \tag{6-62}$$

为了应对误差约束，选择如下的障碍李雅普诺夫函数

$$V_1=\frac{1}{2}\ln\left(\frac{k_c^2}{k_c^2-e_1^2}\right) \tag{6-63}$$

式中，k_c 是误差约束的正容限。对 V_1 进行微分，有

$$\dot{V}_1(t)=\frac{e_1\dot{e}_1}{k_c^2-e_1^2}=\frac{e_1(e_2+\mu_1-\dot{y}_{pd})}{k_c^2-e_1^2} \tag{6-64}$$

将 u_1 设计为

$$\mu_1=-k_1e_1+\dot{y}_{pd} \tag{6-65}$$

将 $k_1>0$ 设计为控制参数。结合式（6-64）和式（6-65），得到

$$\dot{V}_1(t)=-\frac{k_1e_1^2}{k_c^2-e_1^2}+\frac{e_1e_2}{k_c^2-e_1^2} \tag{6-66}$$

步骤 2　计算 e_2 的时间导数，并使用式（6-53）中的 $\dot{x}_2$，得到

$$\begin{aligned}\dot{e}_2&=\dot{x}_2-\dot{\mu}_1\\&=x_3-g_1(t)-\frac{c}{m}x_2-g_2(t)-\dot{\mu}_1\\&=e_3+\mu_2-g_1(t)-\frac{c}{m}x_2-g_2(t)-\dot{\mu}_1\end{aligned} \tag{6-67}$$

在子系统［见式（6-67）］中，由于外部扰动 $f_e(t)$ 和人-机器人交互力 $f_h(t)$ 不可测量，$g_1(t)$ 和 $g_2(t)$ 不可用。同时，虚拟信号 u_1 的时间导数会导致“微分爆炸”问题。因此，本节开发了一个非线性干扰观测器来处理它。定义

$$F=-g_1(t)-g_2(t)-\dot{\mu}_1 \tag{6-68}$$

进一步简化式（6-67）为

$$\dot{e}_2=e_3+\mu_2-\frac{c}{m}x_2+F \tag{6-69}$$

利用引理 6-4 和假设 6-1，可以得出

$$|\dot{F}|\leqslant\varepsilon \tag{6-70}$$

其中，$\varepsilon>0$。为了设计干扰观测器，构造辅助变量 $\mathscr{L}$ 如下

$$\mathscr{L}=F-k_oe_2 \tag{6-71}$$

其中，$k_o>0$。对 $\mathscr{L}$ 进行微分得到

$$\dot{\mathscr{L}}=\dot{F}-k_0\left[e_3-\frac{c}{m}x_2+\mu_2+F\right] \tag{6-72}$$

在计算 F 的值之前，设计如下更新律来估计 $\mathscr{L}$：

$$\dot{\hat{\mathscr{L}}}=-k_0\left[e_3-\frac{c}{m}x_2+\mu_2+\hat{F}\right] \tag{6-73}$$

$\hat{F}$ 用于估计 F。根据式（6-71），$\hat{F}$ 的设计如下

$$\hat{F}=\hat{\mathscr{L}}+k_oe_2 \tag{6-74}$$

定义 $\widetilde{F}=F-\hat{F}$ 和 $\widetilde{\mathscr{L}}=\mathscr{L}-\hat{\mathscr{L}}$，可以得出

$$\widetilde{\mathscr{L}}=F-k_0e_2-(\hat{F}-k_0e_2)=F-\hat{F}=\widetilde{F} \tag{6-75}$$

对 $\widetilde{F}$ 求时间导数

$$\dot{\widetilde{F}}=\dot{\widetilde{\mathscr{L}}}=\dot{\mathscr{L}}-\dot{\hat{\mathscr{L}}}=\dot{F}-k_0\widetilde{F} \tag{6-76}$$

为了使子系统[见式(6-67)]收敛，虚拟信号 μ_2 设计为

$$\mu_2 = -\frac{e_1}{k_c^2 - e_1^2} - k_2 e_2 + \frac{c}{m} x_2 - \hat{F} \tag{6-77}$$

其中，k_2 是一个正控制参数。基于式（6-77），式（6-69）可以重写为

$$\dot{e}_2 = -\frac{e_1}{k_c^2 - e_1^2} - k_2 e_2 + e_3 + \widetilde{F} \tag{6-78}$$

设计李雅普诺夫函数为

$$V_2 = V_1 + \frac{1}{2} e_2^2 + \frac{1}{2} \widetilde{F}^2 \tag{6-79}$$

V_2 的时间导数是

$$\dot{V}_2 = \dot{V}_1 + e_2 \dot{e}_2 + \widetilde{F} \dot{\widetilde{F}} \tag{6-80}$$

考虑到式（6-66）~式（6-78）和式（6-80），可以简化为

$$\begin{aligned} \dot{V}_2 &= -\frac{k_1 e_1^2}{k_c^2 - e_1^2} + \frac{e_1 e_2}{k_c^2 - e_1^2} + \\ &\quad e_2\left(-k_2 e_2 - \frac{e_1}{k_c^2 - e_1^2} + e_3 + \widetilde{F}\right) + \\ &\quad \widetilde{F}(\dot{F} - k_0 \widetilde{F}) \\ &= -\frac{k_1 e_1^2}{k_c^2 - e_1^2} - k_2 e_2^2 + e_2 e_3 + e_2 \widetilde{F} + \\ &\quad \widetilde{F}(\dot{F} - k_0 \widetilde{F}) \end{aligned} \tag{6-81}$$

步骤 3　为了设计命令控制输入 u_c，求 e_3 的时间导数

$$\begin{aligned} \dot{e}_3 &= \dot{x}_3 - \dot{\mu}_2 \\ &= g_3(x_1, x_2) + g_4(x_1) h u_c + g_5(t) + \delta(t_\delta, t) - \dot{\mu}_2 \end{aligned} \tag{6-82}$$

在上述公式中，$g_5(t)$是未知的，因为流量泄漏 $Q_{li}(t)$、$\Delta_{le1}(t)$和 $\Delta_{le2}(t)$无法测量。考虑到加性故障 $\delta(t_\delta, t)$是未知的，以及 $\dot{\mu}_2$ 的“微分爆炸”，设计径向基函数神经网络来近似它们

$$\Psi^{*\mathrm{T}} \Omega(X) = -g_5(t) - \delta(t_\delta, t) + \mu_2 - \pi(X) \tag{6-83}$$

式中，X 是神经网络的输入参数，$X = [x_1^{\mathrm{T}}, x_2^{\mathrm{T}}, e_1^{\mathrm{T}}, e_2^{\mathrm{T}}, \mu_2]$；$\Omega(X)$是回归基函数向量；$\Psi^*$ 是理想权重；$\pi(X)$是逼近误差。神经网络的更新律为

$$\dot{\hat{\Psi}} = -\Xi[\Omega(X) e_3 + \lambda \hat{\Psi}] \tag{6-84}$$

式中，$\hat{\Psi}$ 是 Ψ^* 的估计值；Ξ 是一个正定常数矩阵；λ 是一个正小常数。引入一个中间辅助控制器 γ

$$\gamma = k_3 e_3 + g_3(x_1, x_2) - \hat{\Psi}^{\mathrm{T}} \Omega(X) \tag{6-85}$$

令 $\eta = h^{-1}$，提出容错控制器如下

$$\begin{cases} u_c = -g_4(x_1)^{-1}\hat{\eta}\gamma \\ \dot{\eta} = e_3\gamma - \epsilon\eta \end{cases} \tag{6-86}$$

其中，ϵ 是一个正参数。定义 $\widetilde{\Psi}=\hat{\Psi}-\Psi^*$，子系统［见式（6-82）］可以简化为

$$\begin{aligned} \dot{e}_3 &= g_3(x_1,x_2) + g_4(x_1)lu_c + g_5(t) + \delta(t_\delta,t) - \dot{\mu}_2 \\ &= g_3(x_1,x_2) + g_4(x_1)h(-g_4(x_1)^{-1}\hat{\eta}\gamma) + \\ &\quad \gamma - k_3e_3 - g_3(x_1,x_2) + \dot{\Psi}^{\mathrm{T}}\Omega(X) + \\ &\quad g_5(t) + \delta(t_\delta,t) - \dot{\mu}_2 \\ &= g_3(x_1,x_2) + g_4(x_1)h(-g_4(x_1)^{-1}\hat{\eta}\gamma) + \\ &\quad \gamma - k_3e_3 - g_3(x_1,x_2) + \hat{\Psi}^{\mathrm{T}}\Omega(X) - \\ &\quad \Psi^{*\mathrm{T}}\Omega(X) - \pi(X) \\ &= -l\hat{\eta}\gamma + \gamma - k_3e_3 + \widetilde{\Psi}^{\mathrm{T}}\Omega(X) - \pi(X) \end{aligned} \tag{6-87}$$

6.3.4　稳定性分析

令 $\widetilde{\eta}=\hat{\eta}-\eta$，并设计第三个李亚普诺夫函数

$$V_3 = V_2 + \frac{1}{2}e_3^2 + \frac{1}{2}h\widetilde{\eta}^2 \tag{6-88}$$

对 V_3 求导，并使用式（6-86）和式（6-87），可得

$$\begin{aligned} \dot{V}_3 &= \dot{V}_2 + e_3\dot{e}_3 + h\widetilde{\eta}\dot{\hat{\eta}} \\ &= \dot{V}_2 + e_3[-h\hat{\eta}\gamma + \gamma - k_3e_3 + \widetilde{\Psi}^{\mathrm{T}}\Omega(X) - \\ &\quad \pi(X)] + h\widetilde{\eta}(e_3\gamma - \epsilon\eta) \end{aligned} \tag{6-89}$$

由于 $-e_3h\hat{\eta}\gamma+e_3\gamma+h\widetilde{\eta}e_3\gamma=0$，式（6-89）可以重写为

$$\begin{aligned} \dot{V}_3 &= \dot{V}_2 - k_3e^2e_3 + e_3\widetilde{\Psi}^{\mathrm{T}}\Omega(X) - \\ &\quad e_3\pi(X) - h\widetilde{\eta} - \epsilon\eta \end{aligned} \tag{6-90}$$

设计第四个李雅普诺夫函数如下

$$V_4 = V_3 + \frac{1}{2}\widetilde{\Psi}^{\mathrm{T}}\Xi^{-1}\widetilde{\Psi} \tag{6-91}$$

对上式求导得

$$\begin{aligned} \dot{V}_4 &= \dot{V}_3 + \widetilde{\Psi}^{\mathrm{T}}\Xi^{-1}\dot{\widetilde{\Psi}} \\ &= \dot{V}_3 + \widetilde{\Psi}^{\mathrm{T}}\Xi^{-1}(\dot{\hat{\Psi}} - \dot{\Psi}^*) \\ &= \dot{V}_3 + \widetilde{\Psi}^{\mathrm{T}}\Xi^{-1}\dot{\hat{\Psi}} \end{aligned} \tag{6-92}$$

结合式（6-81）、式（6-84）和式（6-90），得到

$$
\begin{aligned}
\dot{V}_4 &= \dot{V}_3 + \widetilde{\Psi}^{\mathrm{T}}\Xi^{-1}\dot{\hat{\Psi}} \\
&= \dot{V}_2 - e_2e_3 - k_3e_3^2 + e_3\widetilde{\Psi}^{\mathrm{T}}\Omega(X) - e_3\pi(X) - \\
&\quad h\widetilde{\eta}\epsilon\hat{\eta} + \widetilde{\Psi}^{\mathrm{T}}\Xi^{-1}(-\Xi(\Omega(X)e_3 + \lambda\hat{\Psi})) \\
&= \dot{V}_2 - e_2e_3 - k_3e_3^2 - e_3\pi(X) - h\widetilde{\eta}\epsilon\hat{\eta} + \widetilde{\Psi}^{\mathrm{T}}\lambda\hat{\Psi} \\
&= -\frac{k_1e_1^2}{k_c^2 - e_1^2} - k_2e_2^2 + e_2e_3 + e_2\widetilde{F} + \widetilde{F}(\dot{F} - k_0\widetilde{F}) - \\
&\quad e_2e_3 - k_3e_3^2 - e_3\pi(X) - h\widetilde{\eta}\epsilon\hat{\eta} + \widetilde{\Psi}^{\mathrm{T}}\lambda\hat{\Psi} \\
&= -\frac{k_1e_1^2}{k_2^2 - e_1^2} - k_2e_2^2 - k_3e_3^2 - k_0\widetilde{F}^2 + e_2\widetilde{F} + \widetilde{F}\dot{F} - \\
&\quad e_3\pi(X) - h\widetilde{\eta}\epsilon\hat{\eta} + \widetilde{\Psi}^{\mathrm{T}}\lambda\hat{\Psi}
\end{aligned} \tag{6-93}
$$

对于式（6-93），有以下关系成立

$$
\begin{cases}
e_2\widetilde{F} \leqslant \dfrac{1}{2}e_2^2 + \dfrac{1}{2}\widetilde{F}^2 \\
\widetilde{F}\dot{F} \leqslant \dfrac{1}{2}\widetilde{F}^2 + \dfrac{1}{2}|\dot{F}|^2 \\
-e_3\pi \leqslant \dfrac{1}{2}e_3^2 + \dfrac{1}{2}\pi^2 \\
-\widetilde{\eta}\epsilon\hat{\eta} \leqslant -\widetilde{\eta}\epsilon(\widetilde{\eta} + \eta) \\
\qquad \leqslant -\epsilon\widetilde{\eta}^2 + \dfrac{1}{2}\epsilon\widetilde{\eta}^2 + \dfrac{1}{2}\epsilon\eta^2 \\
\qquad \leqslant -\dfrac{1}{2}\epsilon\widetilde{\eta}^2 + \dfrac{1}{2}\epsilon\eta^2
\end{cases} \tag{6-94}
$$

$$
\begin{aligned}
-\widetilde{\Psi}^{\mathrm{T}}\hat{\Psi} &= -\widetilde{\Psi}^{\mathrm{T}}(\widetilde{\Psi} + \Psi^*) \\
&= -\widetilde{\Psi}^{\mathrm{T}}\widetilde{\Psi} - \widetilde{\Psi}^{\mathrm{T}}\Psi^* \\
&\leqslant -\widetilde{\Psi}^{\mathrm{T}}\widetilde{\Psi} + \frac{1}{2}(\widetilde{\Psi}^{\mathrm{T}}\widetilde{\Psi} + \Psi^{*\mathrm{T}}\Psi^*) \\
&\leqslant -\frac{1}{2}\widetilde{\Psi}^{\mathrm{T}}\widetilde{\Psi} + \frac{1}{2}\Psi^{*\mathrm{T}}\Psi^*
\end{aligned} \tag{6-95}
$$

采用引理6-3 和式（6-70），得到

$$
\begin{aligned}
\dot{V}_4 &\leqslant -k_1\ln\left(\frac{k_c^2}{k_c^2 - e_1^2}\right) - \left(k_2 - \frac{1}{2}\right)e_2^2 - \left(k_3 - \frac{1}{2}\right)e_3^2 - \\
&\quad (k_o - 1)\widetilde{F}^2 - \frac{1}{2}\epsilon h\widetilde{\eta}^2 - \frac{1}{2}\lambda\|\widetilde{\Psi}\|^2 + \\
&\quad \frac{1}{2}\varepsilon^2 + \frac{1}{2}\pi^2 + \frac{1}{2}h\epsilon\eta^2 + \frac{1}{2}\lambda\Psi^{*\mathrm{T}}\Psi^* \\
&\leqslant -\omega V_4 + B
\end{aligned} \tag{6-96}
$$

其中

$$\omega=\min\left\{2k_1,2k_2-1,2k_3-1,2k_d-1,\epsilon,\frac{\lambda}{\tau_{\max}(\Xi^{-1})}\right\} \tag{6-97}$$

$$B=\frac{1}{2}\varepsilon^2+\frac{1}{2}\pi^2+\frac{1}{2}h\epsilon\eta^2+\frac{1}{2}\lambda\Psi^{*\mathrm{T}}\Psi^{*} \tag{6-98}$$

为了保证系统的稳定性，选择参数 $k_1>0$，$k_2>1/2$，$k_3>1/2$，$k_o>1/2$。然后通过以下方式解决系统误差的有界性问题。将式（6-96）乘以 $\mathrm{e}^{\omega t}$，得到

$$\frac{\mathrm{d}}{\mathrm{d}t}[V_4(t)\mathrm{e}^{\omega t}]\leqslant B\mathrm{e}^{\omega t} \tag{6-99}$$

对式（6-99）进行积分得到

$$V_4(t)\leqslant\left[V_4(0)-\frac{B}{\omega}\right]\mathrm{e}^{-\omega t}+\frac{B}{\omega}\leqslant V_4(0)+\frac{B}{\omega} \tag{6-100}$$

对于 e_1，得到

$$\frac{1}{2}\ln\left(\frac{k_c^2}{k_c^2-e_1^2}\right)\leqslant V_4(0)+\frac{B}{\omega} \tag{6-101}$$

$$|e_1|\leqslant\sqrt{k_c^2\left(1-e^{\left[2\left(V_4(0)+\frac{B}{\omega}\right]\right.}\right)} \tag{6-102}$$

同样对于 e_2，e_3，$\tilde{\eta}$，$\tilde{F}$ 和 $\tilde{\Psi}$，得到

$$|e_2|\leqslant\sqrt{2\left[V_4(0)+\frac{B}{\omega}\right]},\quad |e_3|\leqslant\sqrt{2\left[V_4(0)+\frac{B}{\omega}\right]} \tag{6-103}$$

$$|\tilde{\eta}|\leqslant\sqrt{\frac{2\left[V_4(0)+\frac{B}{\omega}\right]}{h^{-1}}} \tag{6-104}$$

$$|\tilde{F}|\leqslant\sqrt{2\left(V_4(0)+\frac{B}{\omega}\right)},\quad \|\tilde{\Psi}\|\leqslant\sqrt{\frac{2\left[V_4(0)+\frac{B}{\omega}\right]}{\lambda_{\min}(\Xi_h^{-1})}} \tag{6-105}$$

本节提出的电液驱动康复外骨骼的控制结构如图6-3所示，根据以上描述，可得定理6-2。

定理6-2 考虑到电液驱动康复外骨骼［见式（6-53）］遇到的建模不确定性、外部干扰、人机交互、流量泄漏和输出约束，所提出的容错控制律［见式（6-86）］、神经更新律［见式（6-84）］和非线性观测器［见式（6-73）］可以确保闭环信号 e_2，e_3，$\tilde{\eta}$，$\tilde{F}$ 和 $\tilde{\Psi}$ 的半全局一致有界性。此外，误差变量的边界如式（6-102）到式（6-105）所示。

6.3.5 仿真研究

在本部分中，通过仿真研究验证了所提出的控制策略的有效性。外骨骼机械系统的参数见表6-2。康复的期望轨迹给定为 $\theta_d=43.2\cos(\pi t)/\pi+64.8\sin(2\pi t)/\pi+90$。由于

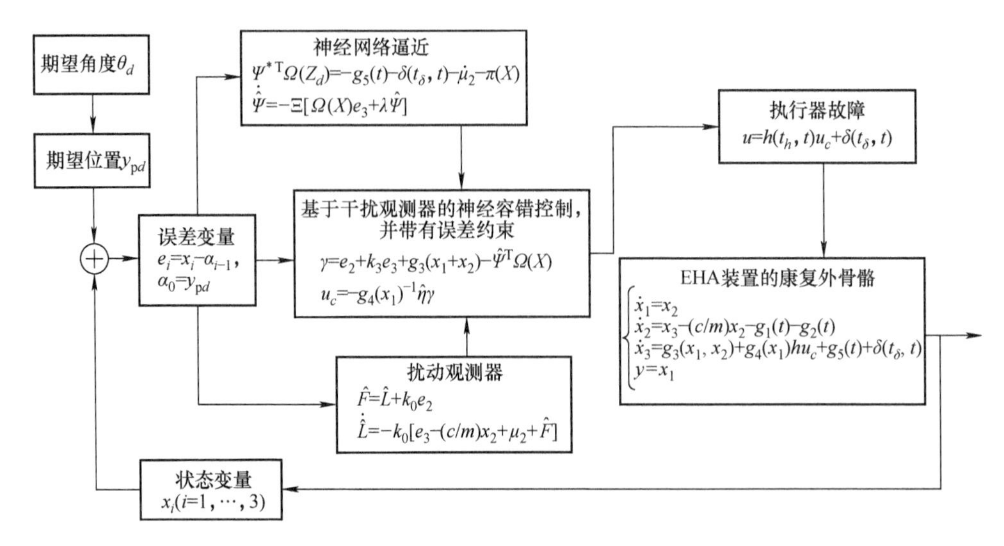

图 6-3　本节提出的控制结构

外骨骼 EHA［见式（6-53）］的状态变量是活塞杆位移，因此在控制器之前需要进行几何变换［见式（6-58）和式（6-59）］以获取所需的活塞杆位移。几何变换如图 6-4 所示。以下仿真的控制目标是跟踪所需的活塞杆位移 y_{pd}（实线）。

表 6-2　外骨骼机械系统的参数

描述	符号	数值
l_1	机械长度 1	6cm
l_2	机械长度 2	26cm
l_3	机械长度 3	7cm
l_4	机械长度 4	5cm
l_7	机械长度 7	13cm
m	作用于活塞杆的等效载荷	15kg
c	组合摩擦系数	950
S_1	无杆腔的活塞面积	7cm^2
S_2	有杆腔的活塞面积	3cm^2
β_e	有效体积模量	9×10^4N/cm^2
ρ	面积比率	S_1/S_2
k_s	阀流量/信号增益	0.95
V_1	无杆腔的初始体积	85cm^3
V_2	有杆腔的初始体积	6.5cm^3

外骨骼外部干扰为 $f_e(t)=1.5\sin(2\pi t)+0.5\cos(\pi t)+2$。而人-外骨骼相互作

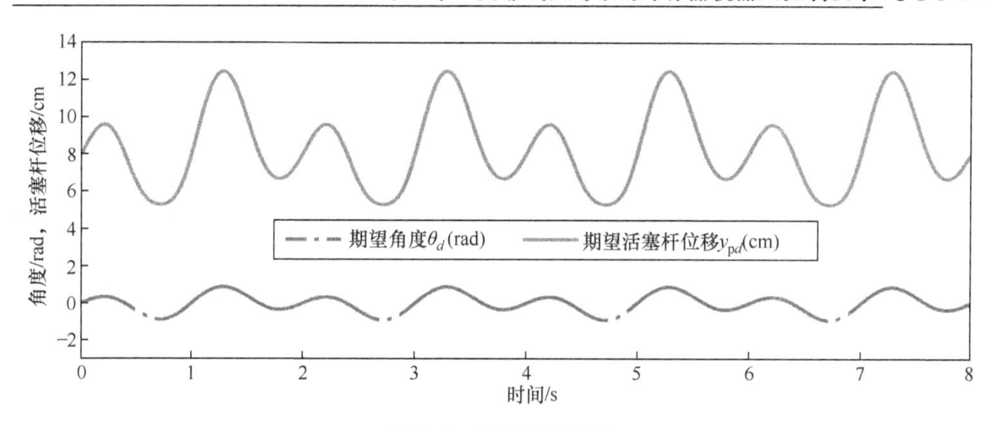

图 6-4　几何变换曲线

用力为 $f_h(t)=2\sin(2\pi t)+3\cos(\pi t)+1.5$。误差约束设置为 $k_c=0.05$。外骨骼电液执行器的未知泄漏是

$$\begin{cases}Q_{li}(t)=0.2\pi\sin(2.5\pi t)+1.5\mathrm{rad}(1)\\\Delta_{le1}(t)=1.2\sin(1.5\pi t)+2\mathrm{rand}(1)\\\Delta_{le2}(t)=2\cos(\pi t)+\mathrm{rand}(1)\end{cases}\tag{6-106}$$

执行器故障假设发生在 $t_h=2$ 和 $t_\delta=4$，持续时间均为 1s。健康指标和偏差故障如下所示

$$h=\begin{cases}0.4,2\leqslant t\leqslant 3\\1,0<t<2,3<t\end{cases}\quad\delta=\begin{cases}5,4\leqslant t\leqslant 5\\0,0<t<4,5<t\end{cases}\tag{6-107}$$

为验证本节所提出的控制器，采用了具有 11 个节点的 RBF NN。NN 的输入为 $X=[x_1^{\mathrm{T}},x_2^{\mathrm{T}},e_1^{\mathrm{T}},e_2^{\mathrm{T}},\mu_2]$。网络增益矩阵设置为 $\Xi=\mathrm{diag}[30]_{11\times 11}$，初始权重为 $\hat{\Psi}(0)=[0]_{11\times 1}^{\mathrm{T}}$。选择的控制参数为 $k_1=60$，$k_2=20$，$k_3=1.5$ 和 $k_o=20$。状态的初始值为 $x=[8,0,0]$。所提出的控制器响应如图 6-5 ~ 图 6-7 所示。

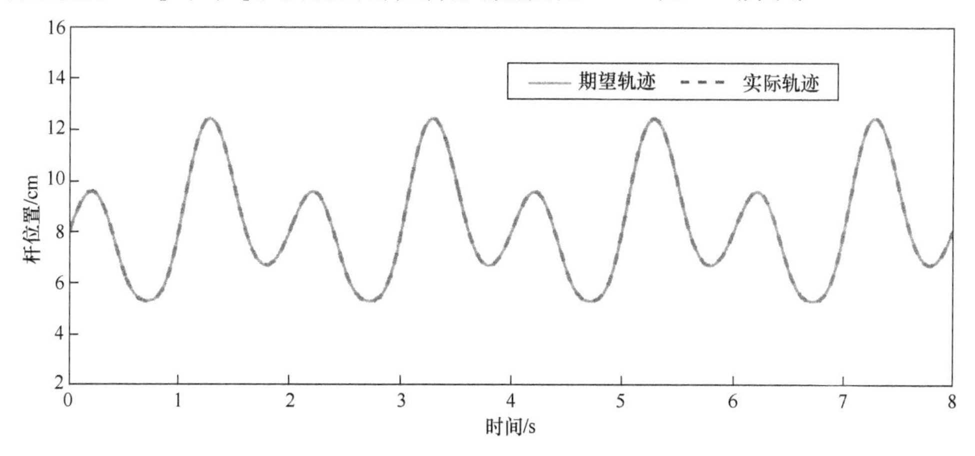

图 6-5　位置跟踪曲线

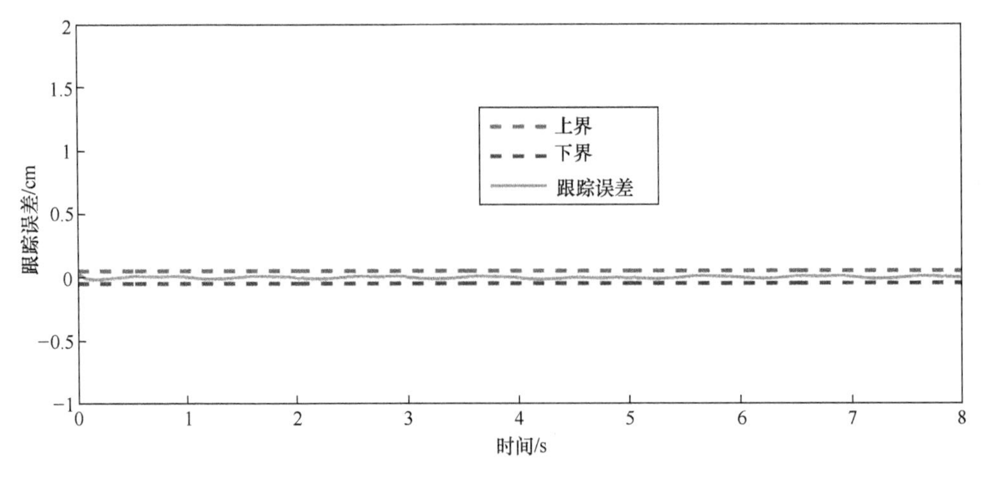

图 6-6　跟踪误差曲线

图 6-4 显示了所需的杆位置 y_{pd} 和实际杆位置 y_p 的曲线。很明显，通过所提出的控制方案实现了杆位置的轨迹跟踪。图 6-6 展示了跟踪误差和误差约束的边界。通过使用障碍李雅普诺夫函数，误差约束没有被违反。图 6-7 显示了命令控制器和实际控制器。乘性故障发生在 $t=2$，在 $t=3$ 消失，偏差故障发生在 $t=4$，在 $t=5$ 消失。这些图表表明，尽管系统面临建模不确定性、未知的人机交互、外部干扰和执行器故障等困难，所提出的控制方案仍然达到了控制目标。

为了进一步研究控制器的有效性，进行了另外一个比较仿真，去除了容错机制。控制器的跟踪响应如图 6-8 所示。看起来，即使没有容错机制的帮助，位移跟踪也实现了。然而，从图 6-9 可以看出，在 $2 \leqslant t \leqslant 3$ 期间，跟踪性能有所下降，甚至在 $4 \leqslant t \leqslant 5$ 时超出了约束边界。这是因为控制器在执行器故障发生时无法正确调整其输出。

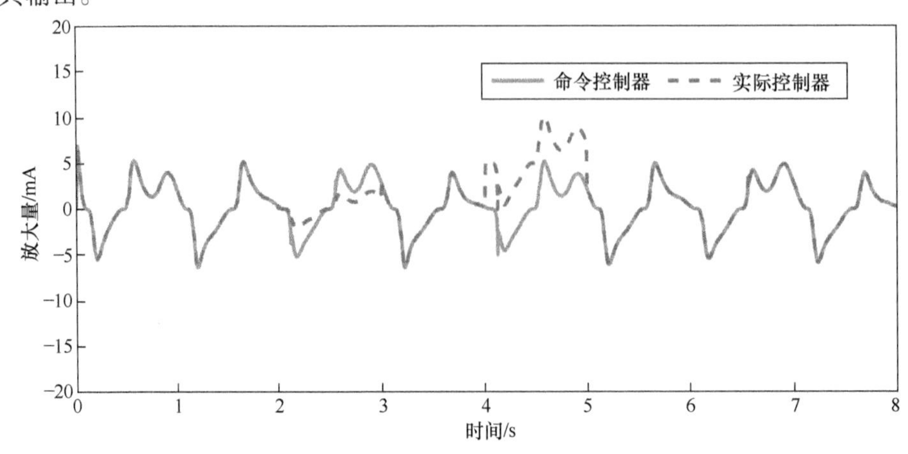

图 6-7　命令控制器和实际控制器

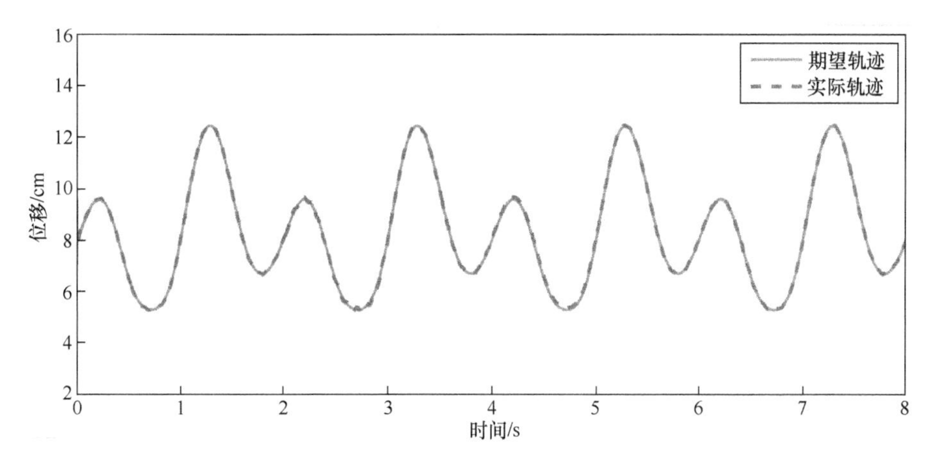

图 6-8　无容错机制的位移跟踪曲线

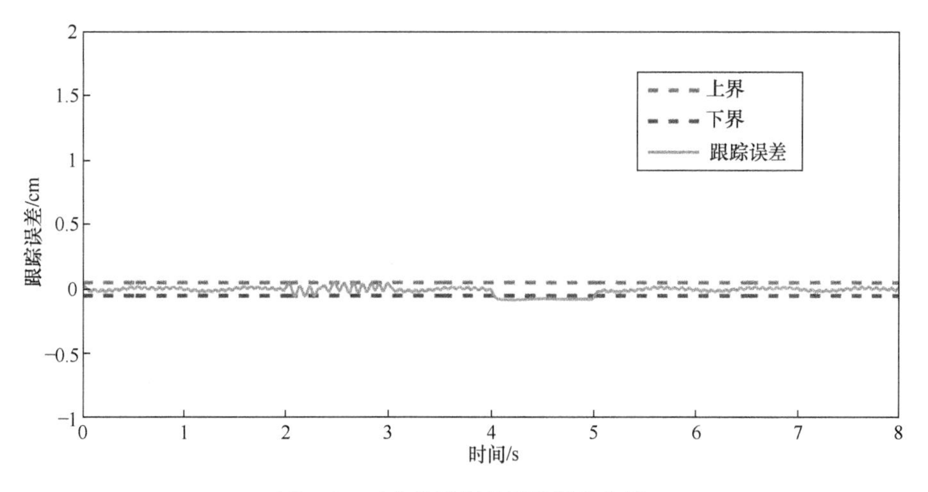

图 6-9　无容错机制的跟踪误差曲线

6.3.6　小结

本节研究了一种具有复杂非线性的康复外骨骼的容错轨迹跟踪控制。非线性不确定性包括 EHA 的流量泄漏、外部干扰、人体外骨骼相互作用、误差约束和执行器故障。外骨骼系统的不确定性和未知扰动由神经网络和非线性观测器处理。基于障碍李雅普诺夫函数，提出了一种具有保证跟踪性能的自适应容错控制策略，以提高人机系统的安全性。比较数值模拟表明，尽管执行器故障发生，但所提出的控制策略具有令人满意的性能。

6.4 受死区约束的外骨骼液压驱动器神经网络控制

6.4.1 引言

前面章节分别针对康复外骨骼的输出约束和执行器故障问题提出了相应的控制方法。然而，除了输出约束和执行器故障外，未知的阀门死区效应和系统不确定性也是影响康复外骨骼系统稳定性的一个重要因素。本章参考文献［29］提出了一种直接/间接自适应鲁棒控制方案，通过参数估计来处理液压机械臂的阀门死区。本章参考文献［30］和本章参考文献［31］通过逆补偿处理死区的非线性问题，这种方法会使控制波动，导致控制器速率超出正常范围[32]。此外，神经网络（NN）等智能控制方法由于其通用逼近性质，对于具有死区和不确定性的系统也适用。本章参考文献［33］提出了一种改进的神经网络来逼近液压系统的死区。本章参考文献［34］考虑了机器人的位置跟踪问题，不确定性和输入死区都由 RBF 神经网络逼近。

外部干扰可能会给外骨骼带来不确定性，导致人机系统不稳定，甚至穿戴者会面临安全问题[35]。本章参考文献［36］中提出了欠驱动机器人系统的滑模控制方法，为高阶干扰观测器选择了一个最优增益矩阵，提高其估计性能。本章参考文献［37］中针对具有部分解耦干扰系统的故障估计问题，设计了未知输入观测器来解耦部分干扰，减弱无法解耦的干扰。

由于固有的物理限制，输出约束是外骨骼的另一个关键问题[38]。本章参考文献［39］中利用不变集理论来处理执行器约束。障碍李雅普诺夫函数（BLF）首次在本章参考文献［40］中提出，用于解决输出约束问题，并受到了关注[41,42]。

本节关注的是不确定液压膝关节外骨骼的控制设计，包括阀门死区、未建模动力学、外部干扰和输出约束。利用 RBF 神经网络逼近未知的阀门死区，避免了局部参数线性化。结合 BLF 控制，设计了一种干扰观测器，消除外部干扰和交互力的影响，解决了虚拟控制律的时间导数带来计算爆炸问题。

6.4.2 执行器死区模型

考虑活塞杆上的外部扰动、综合阻尼和黏性摩擦，液压驱动器力平衡方程式（5-1）改写为

$$m\ddot{x}_p = P_1(x_p,\dot{x}_p)A_1 - P_2(x_p,\dot{x}_p)A_2 - c\dot{x}_p - F_d(t) - F_e(t) \tag{6-108}$$

式中，c 是活塞杆上的综合阻尼和黏性摩擦系数；$F_d(t)$ 是作用在活塞杆上的外部扰动；$F_e(t)$ 是施加到液压缸活塞杆上的等效力。

由于液压缸外泄不可忽略，改写式（5-2）为

$$\begin{cases}\dot{P}_1 = \dfrac{\beta_e}{V_{01} + A_1 x_p}[Q_1 - A_1\dot{x}_p - Q_{li}(t) - Q_{le1}(t)] \\ \dot{P}_2 = \dfrac{\beta_e}{V_{02} - A_2 x_p}[-Q_2 + A_2\dot{x}_p + Q_{li}(t) - Q_{le2}(t)]\end{cases} \tag{6-109}$$

式中，$Q_{le1}(t)$和$Q_{le2}(t)$分别是两个腔室外部流动泄漏量；$Q_{li}(t)$是气缸内流量泄漏量。

将状态变量定义为$x_1 \triangleq x_p$，$x_2 \triangleq \dot{x}_p$，$x_3 \triangleq (P_b A_1 - P_s A_2)/m$，结合式（6-108）和式（6-109），系统的状态空间形式如下

$$\begin{cases}\dot{x}_1 = x_2 \\ \dot{x}_2 = x_3 - \dfrac{c}{m}x_2 - f_d(t) - f_e(t) \\ \dot{x}_3 = f(x_1, x_2) + g(x_1)B(u) + h(t)\end{cases} \tag{6-110}$$

其中

$$f_d(t) = \frac{F_d(t)}{m}, f_e(t) = \frac{F_e(t)}{m} \tag{6-111}$$

$$f(x_1, x_2) = -\frac{A_1^2\beta_e x_2}{m(V_{01} + A_1 x_1)} - \frac{A_2^2\beta_e x_2}{m(V_{02} - A_2 x_1)} \tag{6-112}$$

$$g(x_1) = \frac{A_1\beta_e k_v}{m(V_{01} + A_1 x_1)} + \frac{A_2\beta_e k_v}{m\tau(V_{02} - A_2 x_1)} \tag{6-113}$$

$$h(t) = -\frac{A_1\beta_e[Q_{li}(t) + Q_{le1}(t)]}{m(V_{01} + A_1 x_1)} - \frac{A_2\beta_e[Q_{li}(t) - Q_{le2}(t)]}{m(V_{02} - A_2 x_1)} \tag{6-114}$$

$$B(u) = \begin{cases}E(u), \dot{x}_1 > 0 \\ \tau E(u), \dot{x}_1 < 0\end{cases} \tag{6-115}$$

通常，由于阀芯运动导致的实际孔口开度 x_n 可以建模为控制电压指令 u 到具有死区的阀门的静态映射[29]。如图6-10所示，液压阀的死区非线性可以表示为

$$x_n = E(u) = \begin{cases}u - \bar{b}, & u \geqslant \bar{b} \\ 0, & -\underline{b} < u < \bar{b} \\ u + \underline{b}, & u \leqslant -\underline{b}\end{cases} \tag{6-116}$$

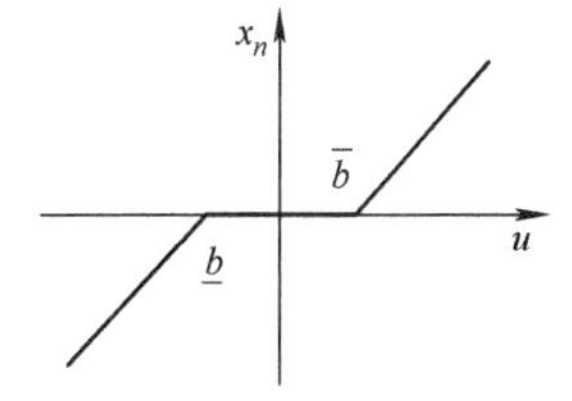

图6-10 液压阀的死区非线性

式中，$\bar{b}$ 和 $\underline{b}$ 分别是正、负阀芯位移时的未知死区宽度。

根据式（6-9）和式（6-11），可以从图5-1中得出结论：液压外骨骼的关节角度 θ 可以由杆位移 x_1 唯一计算得出，反之亦然。因此，外骨骼的控制目标可以转化为跟踪期望的杆位移，实现 x_1 和 θ 之间的一一映射。以下假设和引理用于辅助控制设计。

假设6-2 未知外部干扰$f_d(t)$和等效力$f_e(t)$是有界的，即存在常数$\bar{f}_d \in R^+$和$\bar{f}_e \in R^+$，使得$|f_d(t)| \leqslant \bar{f}_d$且$|f_e(t)| \leqslant \bar{f}_e, \forall t \in [0, +\infty]$。

假设 6-3 期望轨迹是已知的、连续的且有界的。

引理 6-5 考虑连续光滑函数 $\Theta(t)$，若$\varrho_1 \leqslant \|\Theta(t)\| \leqslant \varrho_2$，$\forall t \in [t_1, t_2]$，则$\dot{\Theta}(t)$有界。

证明：根据拉格朗日中值定理，得出 $\Theta(t) - \Theta(0) = \dot{\Theta}(\varepsilon)t$，其中 $\varepsilon \in (t_0, t_1)$。由于$\varrho_1 \leqslant \|\Theta(t)\| \leqslant \varrho_2$ 和$\varrho_1 - \varrho_2 \leqslant \Theta(t) - \Theta(0) \leqslant \varrho_2 - \varrho_1$ 是有界的，可推导出$\dot{\Theta}(\varepsilon)$也是有界的。

引理 6-6[43] 对于任意正定常数向量 $s \in R^n$ 和 $x \in R^n$，如果满足 $|x| < |s|$，则以下不等式成立：

$$\ln \frac{s^{\mathrm{T}} s}{s^{\mathrm{T}} s - x^{\mathrm{T}} x} \leqslant \frac{x^{\mathrm{T}} x}{s^{\mathrm{T}} s - x^{\mathrm{T}} x} \tag{6-117}$$

引理 6-7[44] 对于具有径向基函数 $\Pi_i(\hat{X}_h) = \exp[-(\hat{X}_h - b_i)^{\mathrm{T}}(\hat{X}_h - b_i)]/[c_i^2]$的神经网络，如果输入向量 $\hat{X}_h = X_h - \bar{r}\overline{M}$，其中 $\bar{r}$ 是一个正常数，$\overline{M}$ 是一个有界向量，则以下关系成立：

$$\Pi(\hat{X}_h) = \Pi(X_h) + \bar{r}\Pi_t \tag{6-118}$$

式中，Π_t 是一个有界向量函数。

备注 6-4 外骨骼的期望轨迹是穿戴者的关节角度，可以通过安装在人体腿部的角度传感器来测量。此外，人的关节角度不可能突然改变。因此，假设 6-3 是合理的。

备注 6-5 液压执行器功率密度比大，可提供较大的作用力，易于安装在外骨骼中。液压外骨骼可用于康复和步行辅助。本节重点关注液压外骨骼的控制设计。外骨骼的用途可以由穿戴者合理选择。

6.4.3 状态反馈方法

控制器设计采用反步法，共分为 3 个步骤。

步骤 1 定义如下形式的状态误差

$$\begin{cases} z_1 = x_1 - x_{1d} \\ z_2 = x_2 - \alpha_1 \\ z_3 = x_3 - \alpha_2 \end{cases} \tag{6-119}$$

式中，$x_{1d} \triangleq x_{pd}$是通过式（6-9）和式（6-11）一对一映射关系将期望的关节角度转换为期望的杆位移；α_1 和 α_2 是虚拟控制器。对 z_1 求导可得

$$\dot{z}_1 = \dot{x}_1 - \dot{x}_{1d} = x_2 - \dot{x}_{1d} = z_2 + \alpha_1 - \dot{x}_{1d} \tag{6-120}$$

障碍李雅普诺夫函数设为

$$V_1 = \frac{1}{2}\ln\left(\frac{k_b^2}{k_b^2 - z_1^2}\right) \tag{6-121}$$

式中，$k_b(k_b > 0)$是输出约束边界。V_1 求导可得

$$\dot{V}_1(t) = \frac{z_1 \dot{z}_1}{k_b^2 - z_1^2} = \frac{z_1(z_2 + \alpha_1 - \dot{x}_{1d})}{k_b^2 - z_1^2} \tag{6-122}$$

设计 α_1 为

$$\alpha_1 = -k_1 z_1 + \dot{x}_{1d} \tag{6-123}$$

式中，$k_1(k_1>0)$是控制增益。将式（6-123）代入式（6-122）可得

$$\dot{V}_1(t) = -\frac{k_1 z_1^2}{k_b^2 - z_1^2} + \frac{z_1 z_2}{k_b^2 - z_1^2} \tag{6-124}$$

步骤 2　对 z_2 求导，并结合系统动力学方程可得

$$\begin{aligned}\dot{z}_2 &= \dot{x}_2 - \dot{\alpha}_1 \\ &= x_3 - \frac{c}{m}x_2 - f_d(t) - f_e(t) - \dot{\alpha}_1 \\ &= z_3 + \alpha_2 - \frac{c}{m}x_2 - f_d(t) - f_e(t) - \dot{\alpha}_1\end{aligned} \tag{6-125}$$

由于外部干扰$f_d(t)$和交互力$f_e(t)$是未知的，因此设计了一个干扰观测器来进行估计。令

$$D = -[f_d(t) + f_e(t) + \dot{\alpha}_1] \tag{6-126}$$

式（6-125）可改写为

$$\dot{z}_2 = z_3 + \alpha_2 - \frac{c}{m}x_2 + D \tag{6-127}$$

由假设 6-2 和引理 6-5 可得

$$|\dot{D}| \leqslant \eta \tag{6-128}$$

其中，$\eta>0$，是一个正常数。引入以下辅助变量$\mathscr{I}$便于观测器的设计

$$\mathscr{I} = D - k_d z_2 \tag{6-129}$$

对$\mathscr{I}$求导，结合式（6-127）可得

$$\dot{\mathscr{I}} = \dot{D} - k_d\left(z_3 + \alpha_2 - \frac{c}{m}x_2 + D\right) \tag{6-130}$$

为了估计 D，首先需要估计辅助变量$\mathcal{J}$。根据式（6-130），用$\hat{\mathcal{J}}$表示$\mathscr{I}$的估计值，更新律为

$$\dot{\hat{\mathscr{I}}} = -k_d\left[z_3 + \alpha_2 - \frac{c}{m}x_2 + \hat{D}\right] \tag{6-131}$$

式中，$\hat{D}$ 是 D 的估计值。$\hat{D}$ 计算如下

$$\hat{D} = \hat{\mathscr{I}} + k_d z_2 \tag{6-132}$$

令 $D = D - \hat{D}$ 和$\mathscr{I} = \mathscr{I} - \hat{\mathscr{I}}$可得

$$\tilde{\mathscr{I}} = D - k_d z_2 - (\hat{D} - k_d z_2) = D - \hat{D} = \tilde{D} \tag{6-133}$$

对 $\tilde{D}$ 求导可得

$$\dot{\tilde{D}} = \dot{\tilde{\mathscr{I}}} = \dot{\mathscr{I}} - \dot{\hat{\mathscr{I}}} = \dot{D} - k_d\tilde{D} \tag{6-134}$$

设计虚拟控制器 α_2 为

$$\alpha_2 = -k_2 z_2 - \frac{z_1}{k_h^2 - z_1^2} - \hat{D} + \frac{c}{m}x_2 \tag{6-135}$$

式中，$k_2>0$，是正控制增益。将式（6-135）代入式（6-127）可得

$$\dot{z}_2 = -k_2 z_2 - \frac{z_1}{k_b^2 - z_1^2} + z_3 + \widetilde{D} \tag{6-136}$$

定义第二个李雅普诺夫函数为

$$V_2 = V_1 + \frac{1}{2}z_2^2 + \frac{1}{2}\widetilde{D}^2 \tag{6-137}$$

对 V_2 求导得

$$\dot{V}_2 = \dot{V}_1 + z_2\dot{z}_2 + \widetilde{D}\dot{\widetilde{D}} \tag{6-138}$$

将式（6-124）、式（6-134）和式（6-136）代入式（6-138）得

$$\begin{aligned}\dot{V}_2 &= -\frac{k_1 z_1^2}{k_b^2 - z_1^2} + \frac{z_1 z_2}{k_b^2 - z_1^2} + \widetilde{D}(\dot{D} - k_d\widetilde{D}) + z_2\left(-k_2 z_2 - \frac{z_1}{k_b^2 - z_1^2} + z_3 + \widetilde{D}\right) \\ &= -\frac{k_1 z_1^2}{k_b^2 - z_1^2} - k_2 z_2^2 + z_2 z_3 + z_2\widetilde{D} + \widetilde{D}(\dot{D} - k_d\widetilde{D})\end{aligned} \tag{6-139}$$

步骤3　z_3 的导数为

$$\begin{aligned}\dot{z}_3 &= \dot{x}_3 - \dot{\alpha}_2 \\ &= f(x_1,x_2) + g(x_1)E(u) + h(t) - \dot{\alpha}_2 \\ &= f(x_1,x_2) + g(x_1)u + g(x_1)\delta u + h(t) - \dot{\alpha}_2\end{aligned} \tag{6-140}$$

式中，$\delta u = B(u) - u$，是死区误差。由于 δu 和 $h(t)$ 是未知的，为了避免计算 α_2 的导数，采用径向基函数神经网络对它们进行逼近。控制器 u 设计为

$$u = \frac{1}{g(x_1)}[-k_3 z_3 - f(x_1,x_2) - \hat{W}_h^{\mathrm{T}}\Pi(X_h)] \tag{6-141}$$

式中，$k_3>0$，是正增益。神经网络 $\hat{W}_h$ 的更新律为

$$\dot{\hat{W}}_h = \Phi_h[\Pi(X_h)z_3 - \sigma_h\hat{W}_h] \tag{6-142}$$

式中，$\hat{W}_h$ 是神经网络的权重向量；Φ_h 是正定增益矩阵；$\Pi(X_h)$是引理6-7 中定义的基函数向量；X_h 是神经网络的输入向量；$\sigma_h(>0)$是极小常数。$\hat{W}_h^{*\mathrm{T}}\Pi(X_h)$用于逼近 $W_h^{*\mathrm{T}}\Pi(X_h)$。

$$W_h^{*\mathrm{T}}\Pi(X_h) = g(x_1)\delta u + h(t) - \dot{\alpha}_2 + \epsilon_h \tag{6-143}$$

式中，$W_h^{*\mathrm{T}}$ 是理想的神经网络权重；ϵ_h 是神经网络的逼近误差；$X_h = [x_1,x_2,z_1,\dot{z}_1,\alpha_1,\alpha_2]^{\mathrm{T}}$。将式（6-141）和式（6-143）代入式（6-140）可得

$$\begin{aligned}\dot{z}_3 &= -k_3 z_3 + W_h^{*\mathrm{T}}\Pi(X_h) - \epsilon_h - \hat{W}_h^{\mathrm{T}}\Pi(X_h) \\ &= -k_3 z_3 - \widetilde{W}_h^{\mathrm{T}}\Pi(X_h) - \epsilon_h\end{aligned} \tag{6-144}$$

其中 $\widetilde{W}_h = \hat{W}_h - W_h^*$。定义第三个李雅普诺夫函数为

$$V_3 = V_2 + \frac{1}{2}z_3^2 + \frac{1}{2}\widetilde{W}_h^{\mathrm{T}}\Phi_h^{-1}\widetilde{W}_h \tag{6-145}$$

对 V_3 求导得

$$\begin{aligned}\dot{V}_3 &= \dot{V}_2 + z_3\dot{z}_3 + \widetilde{W}_h^{\mathrm{T}}\Phi_h^{-1}\dot{\widetilde{W}}_h \\ &= \dot{V}_2 + z_3\dot{z}_3 + \widetilde{W}_h^{\mathrm{T}}\Phi_h^{-1}(\dot{\hat{W}}_h - \dot{W}_h^*) \\ &= \dot{V}_2 + z_3\dot{z}_3 + \widetilde{W}_h^{\mathrm{T}}\Phi_h^{-1}\dot{\hat{W}}_h\end{aligned} \tag{6-146}$$

结合式（6-139）、式（6-142）和式（6-144）可得

$$\begin{aligned}\dot{V}_3 =& -\frac{k_1 z_1^2}{k_b^2 - z_1^2} - k_2 z_2^2 + z_2 z_3 + z_2\widetilde{D} + \widetilde{D}(\dot{D} - k_d\widetilde{D}) + z_3[-k_3 z_3 - \widetilde{W}_h^{\mathrm{T}}\Pi(X_h) - \epsilon_h] + \\ & \widetilde{W}_h^{\mathrm{T}}\Phi_h^{-1}\{\Phi_h[\Pi(X_h)z_3 - \sigma_h\hat{W}_h]\} \\ =& -\frac{k_1 z_1^2}{k^2 - z^2} - k_2 z_2^2 - k_3 z_3^2 + z_2\widetilde{D} + \widetilde{D}\dot{D} - k_d\widetilde{D}^2 + z_2 z_3 - z_3\epsilon_h - \widetilde{W}_h^{\mathrm{T}}\sigma_h\hat{W}_h\end{aligned} \tag{6-147}$$

结合引理6-6、式（6-128）以及以下等式

$$\begin{cases} z_2\widetilde{D} \leqslant \dfrac{1}{2}Z_2^2 + \dfrac{1}{2}\widetilde{D}^2 \\ \widetilde{D}\dot{D} \leqslant \dfrac{1}{2}\widetilde{D}^2 + \dfrac{1}{2}|\dot{D}|^2 \\ z_2 z_3 - z_3\epsilon_h \leqslant \dfrac{1}{2}z_2^2 + z_3^2 + \dfrac{1}{2}\epsilon_h^2 \\ -\widetilde{W}_h^{\mathrm{T}}\hat{W}_h = -\widetilde{W}_h^{\mathrm{T}}(\widetilde{W}_h + W_h^*) = -\widetilde{W}_h^{\mathrm{T}}\widetilde{W}_h - \widetilde{W}_h^{\mathrm{T}}W_h^* \\ \qquad \leqslant -\widetilde{W}_h^{\mathrm{T}}\widetilde{W}_h + \dfrac{1}{2}(\widetilde{W}_h^{\mathrm{T}}\widetilde{W}_h + W_h^{*\mathrm{T}}W_h^*) \\ \qquad \leqslant -\dfrac{1}{2}\widetilde{W}_h^{\mathrm{T}}\widetilde{W}_h + \dfrac{1}{2}W_h^{*\mathrm{T}}W_h^* \end{cases} \tag{6-148}$$

可得

$$\begin{aligned}\dot{V}_3 &\leqslant -k_1\ln\left(\frac{k_b^2}{k_b^2 - z_1^2}\right) - (k_2 - 1)z_2^2 - (k_3 - 1)z_3^2 + \frac{1}{2}\epsilon_h^2 - (k_d - 1)\widetilde{D}^2 - \\ &\quad \frac{1}{2}\sigma_h(\|\widetilde{W}_h\|^2 - \|W_h^*\|^2) + \frac{1}{2}|\eta|^2 \\ &\leqslant -\rho_s V_3 + C_s\end{aligned} \tag{6-149}$$

其中

$$\rho_s = \min\left\{2k_1, 2k_2 - 2, 2k_3 - 2, 2k_d - 2, \frac{\sigma_h}{\lambda_{\max}(\Phi_h^{-1})}\right\} \tag{6-150}$$

$$C_s = \frac{1}{2}\epsilon_h^2 + \frac{1}{2}|\eta|^2 + \frac{1}{2}\sigma_h\|W_h^*\|^2 \tag{6-151}$$

为确保系统的稳定性，参数的选择应满足以下条件：$k_1>0$，$k_2>1$，$k_3>1$，$k_d>1$。将式（6-151）乘以 $e^{\rho_s t}$ 得

$$\frac{\mathrm{d}}{\mathrm{d}t}[V_3(t)e^{\rho_s t}]\leqslant C_s e^{\rho_s t} \tag{6-152}$$

因此，对于 z_1 有

$$\frac{1}{2}\ln\left(\frac{k_b^2}{k_b^2-z_1^2}\right)\leqslant V_3(0)+\frac{C_s}{\rho_s} \tag{6-153}$$

$$|z_1|\leqslant\sqrt{k_b^2\left(1-e^{\left[2\left(V_3(0)+\frac{C_s}{\rho_s}\right)\right]}\right)} \tag{6-154}$$

对于 z_2，z_3，$\widetilde{W}_h$ 和 $\widetilde{D}$ 同样可得

$$|z_2|\leqslant\sqrt{2\left[V_3(0)+\frac{C_s}{\rho_s}\right]},|z_3|\leqslant\sqrt{2\left[V_3(0)+\frac{C_s}{\rho_s}\right]} \tag{6-155}$$

$$|\widetilde{D}|\leqslant\sqrt{2\left[V_3(0)+\frac{C_s}{\rho_s}\right]},\|\widetilde{W}_h\|\leqslant\sqrt{\frac{2\left[V_3(0)+\frac{C_s}{\rho_s}\right]}{\lambda_{\min}(\Phi_h^{-1})}} \tag{6-156}$$

基于干扰观测器的状态反馈控制方法如图 6-11 所示。状态反馈控制的主要结果可总结为如下定理。

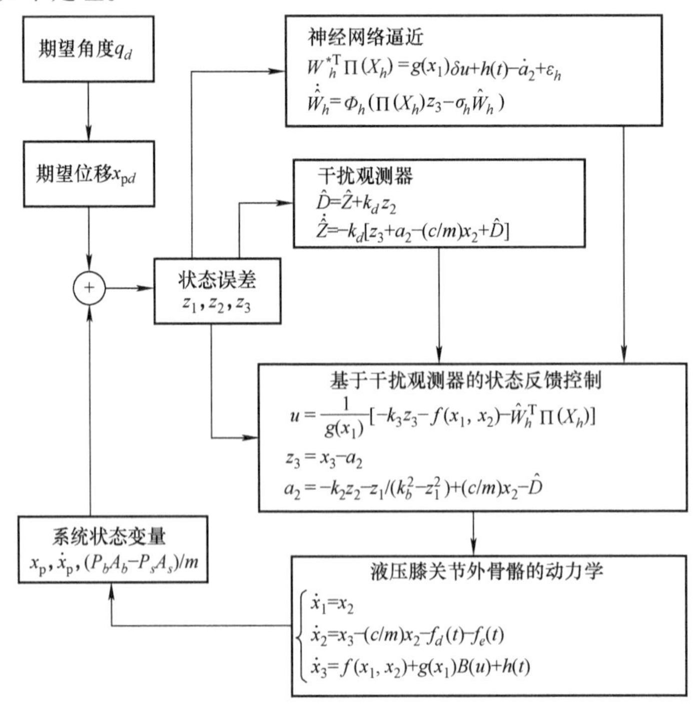

图 6-11　基于干扰观测器的状态反馈控制方法

定理 6-3　考虑存在未知阀门死区、泄漏、外部扰动和输出约束的液压外骨骼系统［见式（6-110）］，提出的状态反馈 RBF 神经网络控制律［见式（6-141）］、神经网络更新律［见式（6-142）］和干扰观测器［见式（6-131）］可以保证闭环信号 z_1，z_2，z_3，$\widetilde{D}$ 和 $\widetilde{W}_h$ 在假设6-2 和假设6-3 下半全局一致有界。此外，误差变量将收敛到由式（6-154）到式（6-156）定义的紧集。

6.4.4　输出反馈方法

状态反馈控制器需要所有状态变量 x_i 的信息，包括杆件的位移及其速度。但速度 x_2 并不容易直接测量。在本节中，提出了一种高增益观测器来估计 x_2，并讨论了涉及的膝关节外骨骼的输出反馈控制问题。根据本章参考文献［45］，x_2 的估计值设计为 $\hat{x}_2 = \dfrac{\omega_2}{\varepsilon}$，其中 ω_2 描述为

$$\begin{aligned} \varepsilon\dot{\omega}_1 &= \omega_2 \\ \varepsilon\dot{\omega}_2 &= -\beta_1\omega_2 - \omega_1 + x_1 \end{aligned} \tag{6-157}$$

式中，ε 是一个极小常数。

根据本章参考文献［45］，存在正常数 n_t 和 γ_1，使得当 $t > n_t$ 时，有 $|\widetilde{x}_2| < \varepsilon\gamma_1$。$\widetilde{x}_2$ 是状态估计误差，定义为

$$\begin{aligned} \widetilde{x}_2 &= x_2 - \frac{\omega_2}{\varepsilon} = (x_2 - \alpha_1) - \left(\frac{\omega_2}{\varepsilon} - \alpha_1\right) \\ &= z_2 - \hat{z}_2 = \widetilde{z}_2 \end{aligned} \tag{6-158}$$

根据状态反馈控制中的反步设计方法，式（6-127）可重写为

$$\dot{z}_2 = z_3 + \alpha_2 - \frac{c}{m}\hat{x}_2 + D \tag{6-159}$$

辅助干扰观测器的辅助变量定义为

$$\mathscr{I}_{\mathrm{hgo}} = D - k_d\hat{z}_2 \tag{6-160}$$

对 $\mathscr{I}_{\mathrm{hgo}}$ 求导可得

$$\dot{\mathscr{I}}_{\mathrm{hgo}} = \dot{D} - k_d\left[z_3 + \alpha_2 - \frac{c}{m}\hat{x}_2 + D\right] \tag{6-161}$$

更新律设计如下

$$\dot{\hat{\mathscr{I}}}_{\mathrm{hgo}} = -k_d\left[z_3 + \alpha_2 - \frac{c}{m}\hat{x}_2 + \hat{D}\right] \tag{6-162}$$

因此，未知的复合扰动 $\hat{D}$ 可计算为

$$\hat{D} = \dot{\hat{\mathscr{I}}}_{\mathrm{hgo}} + k_d\hat{z}_2 \tag{6-163}$$

令 $\widetilde{D} = D - \hat{D}$ 和 $\widetilde{\mathscr{I}}_{\mathrm{hgo}} = \mathscr{I}_{\mathrm{hgo}} - \hat{\mathscr{I}}_{\mathrm{hgo}}$ 可得

$$\widetilde{\mathscr{I}}_{\mathrm{hgo}} = D - k_d\hat{z}_2 - (\hat{D} - k_d\hat{z}_2) = D - \hat{D} = \widetilde{D} \tag{6-164}$$

虚拟控制器 α_2 设计为

$$\alpha_2 = -k_2\hat{z}_2 - \frac{z_1}{k_b^2 - z_1^2} - \hat{D} + \frac{c}{m}\hat{x}_2 \tag{6-165}$$

式中，$k_2>0$，是正控制增益。将式（6-165）代入式（6-159）可得

$$\dot{z}_2 = -k_2\hat{z}_2 - \frac{z_1}{k_b^2 - z_1^2} + z_3 + \widetilde{D} \tag{6-166}$$

对 z_3 求导可得

$$\begin{aligned}\dot{z}_3 &= f(x_1,x_2) + g(x_1)B(u) + h(t) - \dot{\alpha}_2 \\ &= f(x_1,\hat{x}_2) + f(x_1,\widetilde{x}_2) + g(x_1)u + g(x_1)\delta u + h(t) - \dot{\alpha}_2\end{aligned} \tag{6-167}$$

设计输出反馈控制器和神经网络更新律为

$$u = \frac{1}{g(x_1)}[-k_3 z_3 - f(x_1,\hat{x}_2) - \hat{W}_h^{\mathrm{T}}\Pi(\hat{X}_h)] \tag{6-168}$$

$$\dot{\hat{W}}_h = \Phi_h[\Pi(\hat{X}_h)z_3 - \sigma_h\hat{W}_h] \tag{6-169}$$

其中 $\hat{X}_h = [x_1,\hat{x}_2,z_1,\dot{z}_1,\alpha_1,\alpha_2]^{\mathrm{T}}$。$\hat{W}_h^{\mathrm{T}}\Pi(\hat{X}_h)$用于逼近 $W_h^{*\mathrm{T}}\Pi(X_h)$

$$W_h^{*\mathrm{T}}\Pi(X_h) = f(x_1,\widetilde{x}_2) + g(x_1)\delta u + h(t) - \dot{\alpha}_2 + \epsilon_h \tag{6-170}$$

结合第二个李雅普诺夫函数得

$$V_4 = V_1 + \frac{1}{2}z_2^2 + \frac{1}{2}z_3^2 + \frac{1}{2}\widetilde{D}^2 + \frac{1}{2}\widetilde{W}_h^{\mathrm{T}}\Phi_h^{-1}\widetilde{W}_h \tag{6-171}$$

式（6-171）求导有

$$\dot{V}_4 = \dot{V}_1 + z_2\dot{z}_2 + z_3\dot{z}_3 + \widetilde{D}\dot{\widetilde{D}} + \widetilde{W}_h^{\mathrm{T}}\Phi_h^{-1}\dot{\widetilde{W}}_h \tag{6-172}$$

将式（6-124）、式（6-159）、式（6-165）和式（6-167）到式（6-170）代入式（6-172）得

$$\begin{aligned}\dot{V}_4 &= -\frac{k_1 z_1^2}{k_b^2 - z_1^2} + \frac{z_1 z_2}{k_b^2 - z_1^2} + z_2\left[z_3 + \left(-k_2\hat{z}_2 - \frac{z_1}{k_b^2 - z_1^2} - \hat{D} + \frac{c}{m}\hat{x}_2\right) - \frac{c}{m}\hat{x}_2 + D\right] + \\ &\quad z_3[-k_3 z_3 + W_h^{*\mathrm{T}}\Pi(X_h) - \epsilon_h - \hat{W}_h^{\mathrm{T}}\Pi(\hat{X}_h)] + \widetilde{D}(\dot{D} - k_d\widetilde{D}) + \\ &\quad \widetilde{W}_h^{\mathrm{T}}\Phi_h^{-1}\{\Phi_h[\Pi(\hat{X}_h)z_3 - \sigma_h\hat{W}_h]\} \\ &= -\frac{k_1 z_1^2}{k_b^2 - z_1^2} - k_2 z_2\hat{z}_2 - k_3 z_3^2 + z_2\widetilde{D} + z_2 z_3 - z_3\epsilon_h + \widetilde{D}\dot{D} - k_d\widetilde{D}^2 + \\ &\quad z_3[W_h^{*\mathrm{T}}\Pi(X_h) - \hat{W}_h^{\mathrm{T}}\Pi(\hat{X}_h)] + \widetilde{W}_h^{\mathrm{T}}[\Pi(\hat{X}_h)z_3 - \sigma_h\hat{W}_h]\end{aligned} \tag{6-173}$$

将 $\hat{z}_2 = z_2 - \widetilde{z}_2$ 代入上述方程并应用引理6-7，可重写为

$$\dot{V}_4 = -\frac{k_1 z_1^2}{k_b^2 - z_1^2} - k_2 z_2(z_2 - \widetilde{z}_2) - k_3 z_3^2 + z_2\widetilde{D} + z_2 z_3 - z_3\epsilon_h + \widetilde{D}\dot{D} - k_d\widetilde{D}^2 +$$

$$\widetilde{W}_h^{\mathrm{T}}[\Pi(\hat{X}_h)z_3-\sigma_h\hat{W}_h]+z_3\{W_h^{*\mathrm{T}}[\Pi(\hat{X}_h)-\bar{r}\Pi_t]-\hat{W}_h^{\mathrm{T}}\Pi(\hat{X}_h)\}$$

$$=-\frac{k_1z_1^2}{k_b^2-z_1^2}-k_2z_2^2-k_3z_3^2+k_2z_2\widetilde{z}_2+z_2\widetilde{D}+z_2z_3-z_3\epsilon_h+\widetilde{D}\dot{D}-k_d\widetilde{D}^2+$$

$$\widetilde{W}_h^{\mathrm{T}}[\Pi(\hat{X}_h)z_3-\sigma_h\hat{W}_h]+z_3[-\widetilde{W}_h^{\mathrm{T}}\Pi(\hat{X}_h)-W_h^{*\mathrm{T}}\bar{r}\Pi_t]$$

$$=-\frac{k_1z_1^2}{k_b^2-z_1^2}-k_2z_2^2-k_3z_3^2-k_d\widetilde{D}^2+k_2z_2\widetilde{z}_2+z_2z_3-z_3\epsilon_h+z_2\widetilde{D}+$$

$$\widetilde{D}\dot{D}-\widetilde{W}_h^{\mathrm{T}}\sigma_h\widetilde{W}_h-z_3W_h^{*\mathrm{T}}\bar{r}\Pi_t \tag{6-174}$$

结合引理6-6、式（6-128）和以下关系式

$$k_2z_2\widetilde{z}_2+z_2z_3-z_3\epsilon_h\leqslant z_2^2+\frac{1}{2}k_2^2\widetilde{z}_2^2+z_3^2+\frac{1}{2}\epsilon_h^2$$

$$z_2\widetilde{D}+\widetilde{D}\dot{D}\leqslant\frac{1}{2}z_2^2+\widetilde{D}^2+\frac{1}{2}|\dot{D}|^2-$$

$$\widetilde{W}_h^{\mathrm{T}}\hat{W}_h\leqslant-\frac{1}{2}\widetilde{W}_h^{\mathrm{T}}\widetilde{W}_h+\frac{1}{2}W_h^{*\mathrm{T}}W_h^{*}-$$

$$z_3W_h^{*\mathrm{T}}\bar{r}\Pi_t\leqslant\frac{1}{2}z_3^2+\frac{1}{2}\|\bar{r}\Pi_t\|^2\|W_h^{*\mathrm{T}}\|^2 \tag{6-175}$$

结合式（6-158）中的 $\widetilde{x}_2=\widetilde{z}_2$ 和 $|\widetilde{x}_2|<\varepsilon\gamma_1$ 可得

$$\dot{V}_4\leqslant-k_1\ln\left(\frac{k_b^2}{k_b^2-z_1^2}\right)-\left(k_2-\frac{3}{2}\right)z_2^2-\left(k_3-\frac{3}{2}\right)z_3^2-(k_d-1)\widetilde{D}^2-$$

$$\frac{1}{2}\sigma_h\|\widetilde{W}_h\|^2+\frac{1}{2}\epsilon_h^2+\frac{1}{2}|\eta|^2+\frac{1}{2}k_2^2\varepsilon^2\gamma_1^2+\frac{\sigma_h+\bar{r}^2\|\Pi_t\|^2}{2}\|\widetilde{W}_h\|^2$$

$$\leqslant-\rho_oV_3+C_o \tag{6-176}$$

其中

$$\rho_o=\min\left\{2k_1,2k_2-3,2k_3-3,2k_d-2,\frac{\sigma_h}{\lambda_{\max}(\Phi_h^{-1})}\right\} \tag{6-177}$$

$$C_o=\frac{1}{2}\epsilon_h^2+\frac{1}{2}|\eta|^2+\frac{1}{2}k_2^2\varepsilon^2\gamma_1^2+\frac{\sigma_h+\bar{r}^2\|\Pi_t\|^2}{2}\|W_h^*\|^2 \tag{6-178}$$

为确保系统的稳定性，参数的选择应满足以下条件：$k_1>0$，$k_2>\frac{3}{2}$，$k_3>\frac{3}{2}$，$k_d>1$。类似式（6-152）到式（6-156）的证明过程，也可得 $V_4,z_i,i=1,2,3$，$\widetilde{D}$ 和 $\widetilde{W}_h$ 的结果如下

$$V_4(t)\leqslant\left(V_4(0)-\frac{C_o}{\rho_o}\right)e^{-\rho_o t}+\frac{C_o}{\rho_o}\leqslant V_4(0)+\frac{C_o}{\rho_o} \tag{6-179}$$

$$|z_1|\leqslant\sqrt{k_b^2\left\{1-e^{\left[2\left(V_4(0)+\frac{C_o}{\rho_o}\right)\right]}\right\}} \tag{6-180}$$

$$|z_2|\leqslant\sqrt{2\left[V_4(0)+\frac{C_o}{\rho_o}\right]},\ |z_3|\leqslant\sqrt{2\left[V_4(0)+\frac{C_o}{\rho_o}\right]} \tag{6-181}$$

$$|\widetilde{D}|\leqslant\sqrt{2\left[V_4(0)+\frac{C_o}{\rho_o}\right]},\ \|\widetilde{W}_h\|\leqslant\sqrt{\frac{2\left[V_4(0)+\frac{C_o}{\rho_o}\right]}{\lambda_{\min}(\Phi_h^{-1})}} \tag{6-182}$$

基于干扰观测器的输出反馈控制策略如图 6-12 所示。因此，可以得出以下关于输出反馈控制的定理。

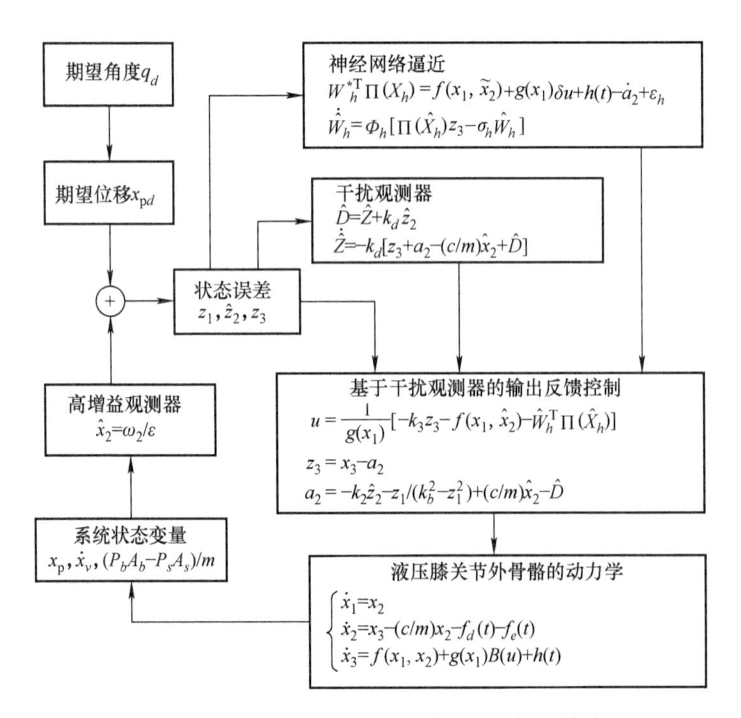

图 6-12　基于干扰观测器的输出反馈控制策略

定理 6-4　考虑存在未知阀门死区、泄漏、外部扰动和输出约束的液压外骨骼系统［见式（6-110)］，提出的状态反馈 RBF 神经网络控制律［见式（6-168)］、神经网络更新律［见式（6-169)］和干扰观测器［见式（6-162)］可以保证闭环信号 z_1, z_2, z_3，$\widetilde{D}$ 和 $\widetilde{W}_h$ 在假设 6-2 和假设 6-3 下半全局一致有界。此外，误差变量将收敛到由式（6-180）~式（6-182）定义的紧集。

备注 6-6　若 $C_o=0$，则系统指数稳定。$C_o=\frac{1}{2}\epsilon_h^2+\frac{1}{2}|\eta|^2+\frac{1}{2}k_2^2\varepsilon^2\gamma_1^2+\frac{\sigma_h+\bar{r}^2\|\Pi_t\|^2}{2}\|W_h^*\|^2$，其中 k_2 和 σ_h 是稳定系统的控制参数，ϵ_h 由神经网络逼近误差组成，η 是扰动的界。由于存在二次项，它们相关的信号都是有界且正的。因此，系统是稳定的，而不是渐近稳定的。

6.4.5　仿真研究

本节进行仿真研究，以说明所提控制器的有效性。首先，根据一对一映射，将期望的关节角度转换为期望的杆件位移。期望的关节角度选择 $q_d=0.6\pi/4\sin(2\pi t)\times180/\pi+90$。外骨骼机械杆的长度设定为 $d_1=5\text{cm}$，$d_2=25\text{cm}$，$d_3=8\text{cm}$，$d_4=6\text{cm}$，活塞杆的长度设定为 $d_5=12\text{cm}$。通过求解方程式（6-9）和式（6-11)，可以在图 6-12 中展示期望关节与期望活塞杆之间的映射关系。在以下仿真中，图 6-13中的期望活塞杆曲线（实线）将用作系统［见式（6-110)］的期望轨迹。

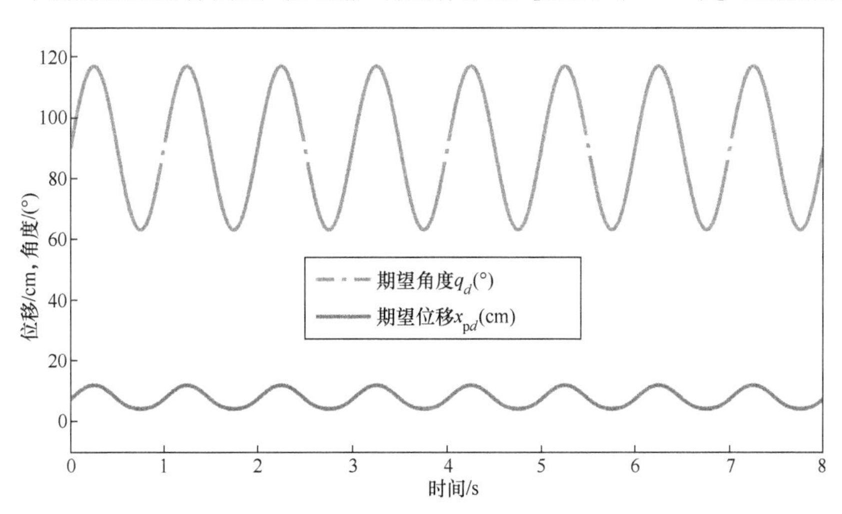

图 6-13　期望关节角度和期望活塞杆位移量

液压系统的参数见表 6-3。外部干扰和交互力相关项分别选择为 $f_d(t)=0.5+1.2\sin(2\pi t)+2\cos(2\pi t)+3\text{rand}(1)$ 和 $f_e=2\sin(2\pi t)+8\cos(2\pi t)+1$。输出约束选择为 $k_b=0.05$。未知的阀门死区设定为 $\underline{b}=\bar{b}=1.5$。

表 6-3 外骨骼液压系统的参数

符号	值	符号	值
m	10kg	γ	7/3
c	1000	β_e	0.9×10^9N/m
A_b	7cm^2	V_b	92cm^3
A_s	3cm^2	V_s	7cm^3

为了验证所提控制器的有效性，我们考虑了状态反馈控制［见式（6-141）］、输出反馈控制［见式（6-168）］以及在输出约束下未使用干扰观测器的两种控制器。控制参数选择为 $k_1=20$，$k_2=60$，$k_3=100$，$k_d=5$。采用 11 个节点的 RBF 神经网络，中心在输入范围［-1.5，1.5］内均匀分布。初始权重 $\hat{W}_h$ 设置为零，参数 $\Phi_h=120$，$\sigma_h=0.01$。高增益观测器的参数选择为 $\varepsilon=0.002$，$\omega_1(0)=\omega_2(0)=0$。

上述控制方案的跟踪性能如图 6-14 所示。从图中可以得出结论，4 个控制器都在不违反预定义的约束的情况下成功地跟踪了期望的杆位移。这主要依赖于这样一个事实，即当 BLF 的参数接近设定的约束时，BLF 将增加到无穷大。控制器的跟踪误差如图 6-15 所示。由于控制器的所有状态已知，因此状态反馈控制的跟踪误差最小。因为控制器无法获得杆件位移的速度，所以输出反馈控制的跟踪误差较大。如果没有干扰观测器，这两个控制器的跟踪性能会大大下降，这是因为扰动的影响没有得到很好的处理。

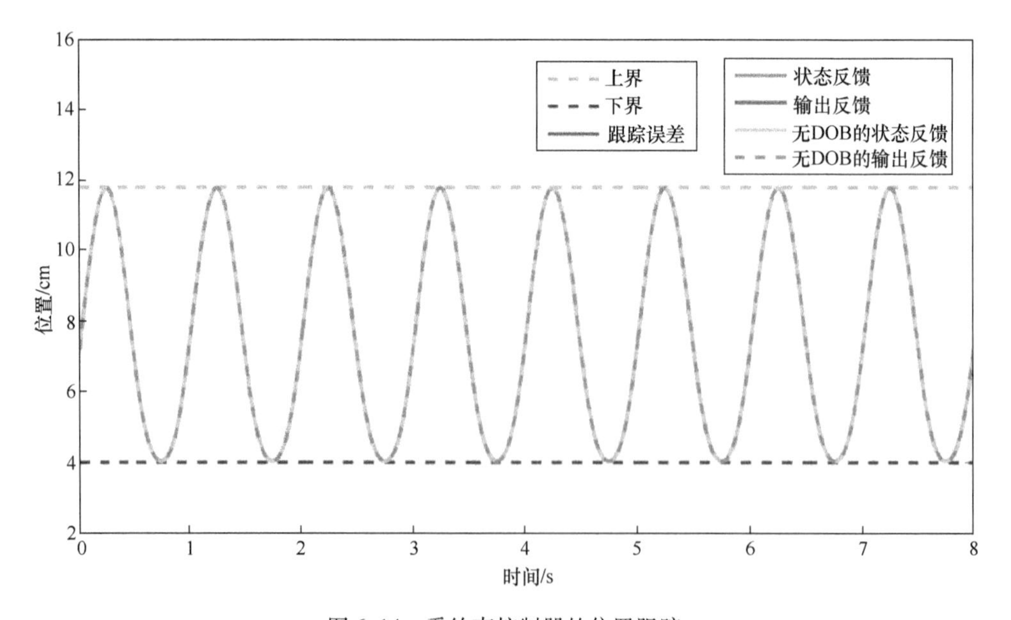

图 6-14 受约束控制器的位置跟踪

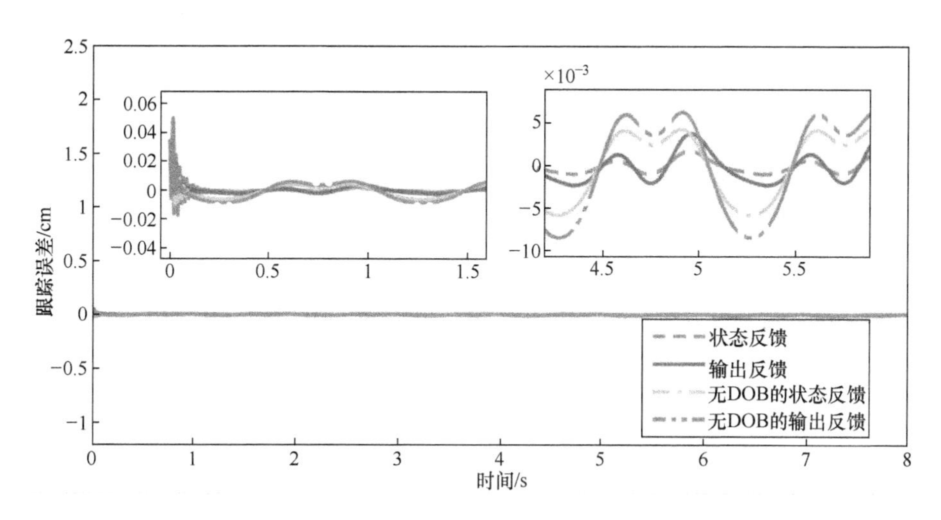

图6-15　受约束控制器的跟踪误差曲线

在仿真中使用相同的参数，研究了状态反馈和输出反馈在没有输出约束的情况下的跟踪性能。虽然图6-16中的轨迹跟踪似乎已经实现，但如图6-17所示，在稳定之前两个控制器的跟踪误差都违反了输出约束。这表明控制器没有使用BLF方法，输出约束无法得到保证。

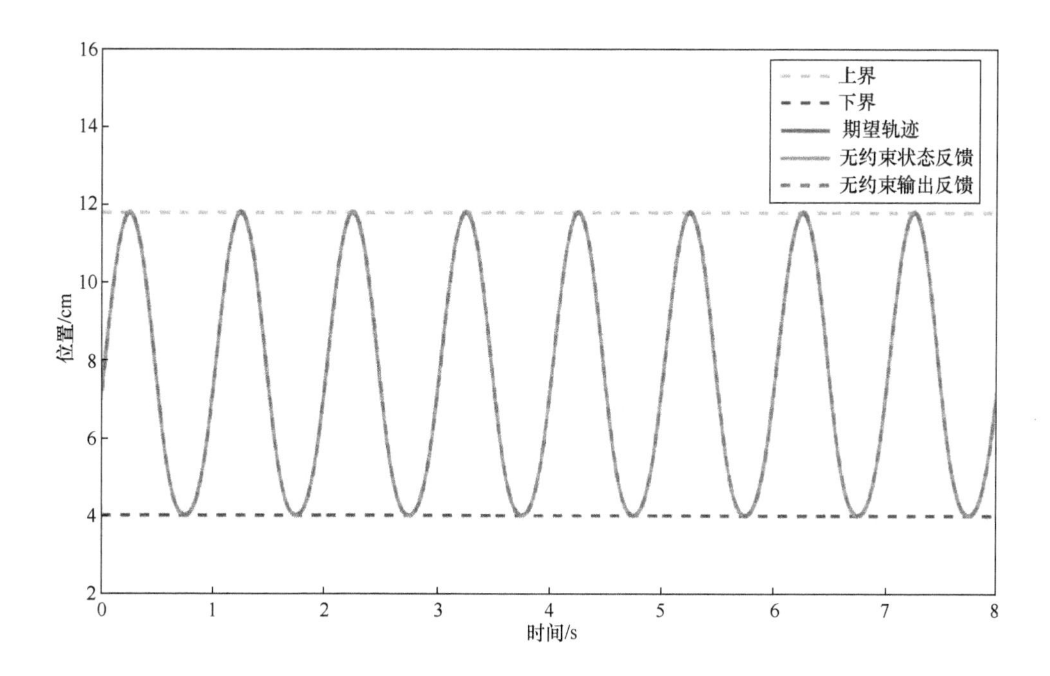

图6-16　无约束控制器的位置跟踪

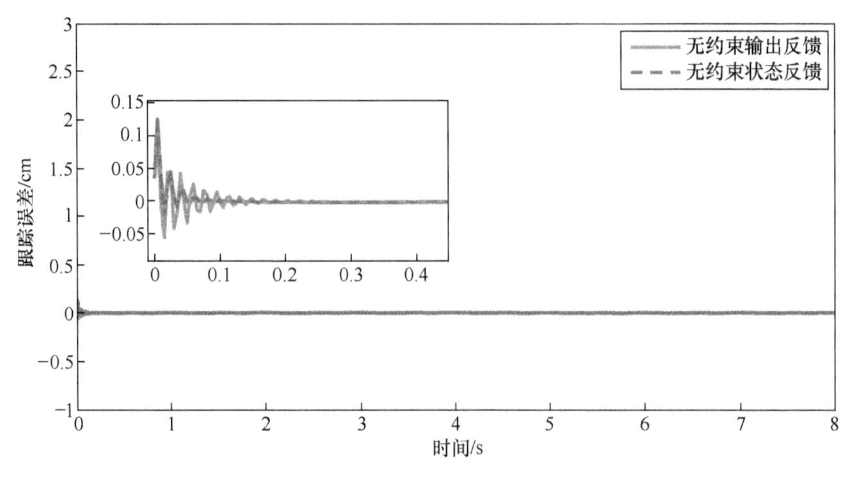

图 6-17　无约束控制器的跟踪误差

6.4.6　小结

本节提出了一种基于干扰观测器的 RBF 神经网络控制方法，用于具有阀门死区和输出约束的液压膝关节外骨骼系统。设计了状态反馈和输出反馈两种控制器，并对其进行了测试。比较仿真结果表明，所提出的约束控制方案在轨迹跟踪和干扰抑制方面具有良好的性能。

6.5　本章总结

本章介绍了受非线性约束的外骨骼机器人控制技术。首先，针对含干扰和未建模不确定性的液压驱动外骨骼机器人，介绍了一种受输出约束的自适应控制技术。其次，针对含有流量泄漏、外部干扰等多种非线性不确定性问题，介绍了一种外骨骼液压驱动关节输出约束容错控制技术。最后，针对具有阀门死区和输出约束的液压膝关节外骨骼系统，介绍了一种受死区约束的神经网络控制技术。

参 考 文 献

[1] Tee K P, Ge S S, Tay E H. Barrier Lyapunov functions for the control of output-constrained nonlinear systems [J]. Automatica, 2009, 45 (4): 918-927.

[2] Tang Z L, Tee K P, He W. Tangent barrier Lyapunov functions for the control of output-constrained nonlinear systems [J]. IFAC Proceedings Volumes, 2013, 46 (20): 449-455.

[3] Ren B, Ge S S, Tee K P, et al. Adaptive neural control for output feedback nonlinear systems using a barrier Lyapunov function [J]. IEEE Transactions on Neural Networks, 2010, 21 (8): 1339-1345.

[4] Strezoski V C. New scaling concept in power system analysis [J]. IEE Proceedings-Generation, Transmission and Distribution, 1996, 143 (5): 399-406.

[5] Tee K P, Yan R, Li H. Adaptive admittance control of a robot manipulator under task space constraint [C]. IEEE International Conference on Robotics and Automation, 2010: 5181-5186.

[6] 胡进，侯增广，陈翼雄，等. 下肢康复机器人及其交互控制方法 [J]. 自动化学报，2014，40 (11): 2377-2390.

[7] Stein G. Respect the unstable [J]. IEEE Control Systems Magazine, 2003, 23 (4): 12-25.

[8] Han S I, Lee J M. Output-tracking-error-constrained robust positioning control for a nonsmooth nonlinear dynamic system [J]. IEEE Transactions on Industrial Electronics, 2014, 61 (12): 6882-6891.

[9] Cheah C C, Hou S P, Zhao Y, et al. Adaptive vision and force tracking control for robots with constraint uncertainty [J]. IEEE/ASME Transactions on Mechatronics, 2009, 15 (3): 389-399.

[10] Li Z, Yang Y, Li J. Adaptive motion/force control of mobile under-actuated manipulators with dynamics uncertainties by dynamic coupling and output feedback [J]. IEEE Transactions on Control Systems Technology, 2009, 18 (5): 1068-1079.

[11] Marquez H J. Nonlinear control systems analysis and design [M]. New Jersey: John Wiley & Sons, 2003.

[12] Xu J X, Yan R. Synchronization of chaotic systems via learning control [J]. International Journal of Bifurcation and Chaos, 2005, 15 (12): 4035-4041.

[13] Zhao Z, He W, Ge S S. Adaptive neural network control of a fully actuated marine surface vessel with multiple output constraints [J]. IEEE Transactions on Control Systems Technology, 2013, 22 (4): 1536-1543.

[14] Ge S S, Wang C. Adaptive neural control of uncertain MIMO nonlinear systems [J]. IEEE Transactions on Neural Networks, 2004, 15 (3): 674-692.

[15] Shi P, Wang X, Meng X, et al. Adaptive fault-tolerant control for open-circuit faults in dual three-phase PMSM drives [J]. IEEE Transactions on Power Electronics, 2022, 38 (3): 3676-3688.

[16] Zhang X, Zhou Z. Integrated fault estimation and fault tolerant attitude control for rigid spacecraft with multiple actuator faults and saturation [J]. IET Control Theory & Applications, 2019, 13 (15): 2365-2375.

[17] Wang Z, Wang G. Temperature fault-tolerant control system of CSTR with coil and jacket heat exchanger based on dual control and fault diagnosis [J]. Journal of Central South University, 2017, 24 (3): 655-664.

[18] Liu C, Jiang B, Zhang K, et al. Hierarchical structure-based fault-tolerant tracking control of multiple 3-DOF laboratory helicopters [J]. IEEE Transactions on Systems, Man, and Cybernetics: Systems, 2021, 52 (7): 4247-4258.

[19] Ren Y, Fang Y, Wang A, et al. Collaborative operational fault tolerant control for stochastic distribution control system [J]. Automatica, 2018, 98: 141-149.

[20] Amin A A, Hasan K M. A review of fault tolerant control systems: advancements and applications

[J]. Measurement, 2019, 143: 58-68.

[21] Jin L, Li S, Hu B, et al. A survey on projection neural networks and their applications [J]. Applied Soft Computing, 2019, 76: 533-544.

[22] Li Y, Zhang J, Xu X, et al. Adaptive fixed-time neural network tracking control of nonlinear interconnected systems [J]. Entropy, 2021, 23 (9): 1152.

[23] Fei J, Chen Y, Liu L, et al. Fuzzy multiple hidden layer recurrent neural control of nonlinear system using terminal sliding-mode controller [J]. IEEE Transactions on Cybernetics, 2021, 52 (9): 9519-9534.

[24] Li M, Li S, Zhang J, et al. Neural adaptive funnel dynamic surface control with disturbance-observer for the pmsm with time delays [J]. Entropy, 2022, 24 (8): 1028.

[25] Sun X. Kinematics model identification and motion control of robot based on fast learning neural network [J]. Journal of Ambient Intelligence and Humanized Computing, 2020, 11 (12): 6145-6154.

[26] Chen J, Huang J. Application of adaptive observer to sensorless induction motor via parameter-dependent transformation [J]. IEEE Transactions on Control Systems Technology, 2018, 27 (6): 2630-2637.

[27] Cai H, Huang J. Output based adaptive distributed output observer for leader-follower multiagent systems [J]. Automatica, 2021, 125: 109413.

[28] Wei X, Chen N, Li W. Composite adaptive disturbance observer-based control for a class of nonlinear systems with multisource disturbance [J]. International Journal of Adaptive Control and Signal Processing, 2013, 27 (3): 199-208.

[29] Mohanty A, Yao B. Integrated direct/indirect adaptive robust control of hydraulic manipulators with valve deadband [J]. IEEE/ASME Transactions on Mechatronics, 2010, 16 (4): 707-715.

[30] Lu Z, Zhang J, Xu B, et al. Deadzone compensation control based on detection of micro flow rate in pilot stage of proportional directional valve [J]. ISA Transactions, 2019, 94: 234-245.

[31] Deng H, Luo J, Duan X, et al. Adaptive inverse control for gripper rotating system in heavy-duty manipulators with unknown dead zones [J]. IEEE Transactions on Industrial Electronics, 2017, 64 (10): 7952-7961.

[32] Sheng J, Sun J Q. Sliding control accounting for hardware limitation of mechanical actuators with deadzone [J]. Journal of Sound and Vibration, 2003, 266 (4): 905-911.

[33] Tsai C H, Chuang H T. Deadzone compensation based on constrained RBF neural network [J]. Journal of the Franklin Institute, 2004, 341 (4): 361-374.

[34] He W, Huang B, Dong Y, et al. Adaptive neural network control for robotic manipulators with unknown deadzone [J]. IEEE Transactions on Cybernetics, 2017, 48 (9): 2670-2682.

[35] Li Z, Su C Y, Wang L, et al. Nonlinear disturbance observer-based control design for a robotic exoskeleton incorporating fuzzy approximation [J]. IEEE Transactions on Industrial Electronics, 2015, 62 (9): 5763-5775.

[36] Huang J, Ri S, Fukuda T, et al. A disturbance observer based sliding mode control for a class of underactuated robotic system with mismatched uncertainties [J]. IEEE Transactions on Automatic

Control, 2019, 64 (6): 2480-2487.

[37] Gao Z, Liu X, Chen M Z Q. Unknown input observer-based robust fault estimation for systems corrupted by partially decoupled disturbances [J]. IEEE Transactions on Industrial Electronics, 2015, 63 (4): 2537-2547.

[38] Chen C C, Sun Z Y. Output feedback finite-time stabilization for high-order planar systems with an output constraint [J]. Automatica, 2020, 114: 108843.

[39] Hu T, Lin Z. Control systems with actuator saturation: analysis and design [M]. Berlin: Springer Science & Business Media, 2001.

[40] Tee K P, Ge S S, Tay E H. Barrier Lyapunov functions for the control of output-constrained nonlinear systems [J]. Automatica, 2009, 45 (4): 918-927.

[41] Fu C, Yu J, Zhao L, et al. Barrier Lyapunov function-based adaptive fuzzy control for induction motors with iron losses and full state constraints [J]. Neurocomputing, 2018, 287: 208-220.

[42] Tee K P, Ge S S. Control of nonlinear systems with partial state constraints using a barrier Lyapunov function [J]. International Journal of Control, 2011, 84 (12): 2008-2023.

[43] Zhao Z, He W, Ge S S. Adaptive neural network control of a fully actuated marine surface vessel with multiple output constraints [J]. IEEE Transactions on Control Systems Technology, 2013, 22 (4): 1536-1543.

[44] Ge S S, Wang J. Robust adaptive neural control for a class of perturbed strict feedback nonlinear systems [J]. IEEE Transactions on Neural Networks, 2002, 13 (6): 1409-1419.

[45] Prasov A A, Khalil H K. A nonlinear high-gain observer for systems with measurement noise in a feedback control framework [J]. IEEE Transactions on Automatic Control, 2012, 58 (3): 569-580.

第7章 柔性关节下肢外骨骼控制技术

本章主要介绍了柔性关节外骨骼机器人控制技术。首先简单介绍了外骨骼的模型及其控制方法。其次介绍了一种基于奇异摄动的柔性关节下肢外骨骼自适应控制。然后针对未知动力学模型问题，介绍了一种柔性关节外骨骼模糊反演控制技术。最后针对具有外部干扰的柔性关节外骨骼系统，介绍了一种非线性干扰观测器。

7.1 柔性关节外骨骼

如今大多数外骨骼关节为刚性结构设计，其优点为强度高、支撑性好，缺点是人机交互安全性不高、难以适应使用者的不同阶段的需求和动作变化。柔性关节在外骨骼中的引入弥补了传统刚性关节的局限性，提高外骨骼的舒适性和安全性，使其更好地满足使用者个性化的需求。在外骨骼工作过程中，柔性关节的设计可以更好地模仿人体关节的运动特性，使得柔性关节外骨骼在与人类进行交互时更为自然和安全。本章专注于下肢康复外骨骼柔性关节控制的研究，以让外骨骼尽可能承担更多的复杂功能。

目前柔性关节外骨骼研究发展迅速，Rosales-Luengas[1]利用肌电图和压力足测量传感器实现了下肢外骨骼柔性关节的控制。Li[2]通过分析步行过程中的交叉步态，设计了一个双驱动柔性关节分时辅助外骨骼系统。Liu[3]开发了一种新型的柔性关节外骨骼机器人，通过Bowden线缆传递力和力矩来帮助柔性关节实现所需的运动。Xue[4]针对外骨骼柔性关节提出了一种改进的步态同步器，该同步器仅由髋关节角速度驱动，以同步步态相位并进一步估计外骨骼使用者的步态特征。He[5]开发了一种具有新型顺应性柔性踝关节的模块化轻量化下肢外骨骼，并通过运动学分析评估其运动性能。

本章基于上述分析启发，将系统性介绍和分析柔性关节外骨骼的模型和控制方法，外骨骼模型主要基于奇异摄动法和拉格朗日动力学，控制方法主要包括自适应控制法和模糊反演控制法。

接下来将对下肢外骨骼柔性关节的动力学进行建模分析，这是研究外骨骼柔性关节系统的前提，同时也为后续的控制算法研究奠定了理论基础。外骨骼的柔性关节是具有强耦合、高时变性的复杂非线性动力学系统。相比于普通的刚性关节外骨骼，在使用下肢外骨骼进行运动时柔性关节在外骨骼工作中起“承上启下”的重要作用，保证使用者的使用效果。这对柔性关节的人机交互安全性、定位和控制精度提出了更高的要求。

本节以 2 自由度的复外骨骼柔性关节为例，研究了柔性关节动力学建模所需的动力学、坐标转换等理论基础知识，最终建立了一个 2 自由度下肢外骨骼柔性关节动力学模型。

在 1987 年由 Spong 率先提出柔性关节机械臂模型，在后来柔性关节的控制方案中得到了广泛的应用。在此基础上，国内外研究人员在基于此模型上又提出了基于拉格朗日动力学的精确柔性关节模型、具有不确定干扰的柔性关节动力学建模等。本章的研究对象是由两个单连杆双惯性系统串联组成的下肢外骨骼柔性关节系统。在上述条件下，柔性关节动力学模型可以等效为如图 7-1 所示的模型。

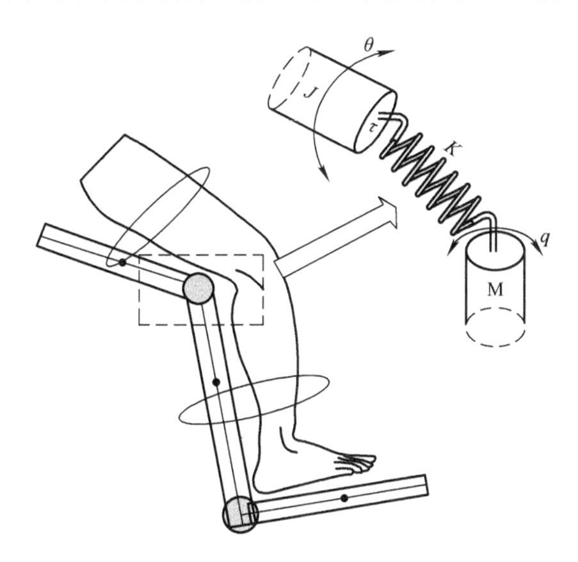

图 7-1　柔性关节动力学模型

对于 2 自由度下肢康复外骨骼柔性关节，定义以下坐标：θ 表示电机角度矢量，q 表示康复外骨骼连杆的角度矢量。且满足以下条件：

$$\tau = K(\theta - q) \tag{7-1}$$

利用拉格朗日方程推导得出电动机动能为

$$E_k = \frac{1}{2} J_k \dot{\theta}^2 \tag{7-2}$$

连杆动能为

$$E_l = \frac{1}{2} M_m \dot{q}^2 \tag{7-3}$$

式中，M_m 是连杆转动惯量。

柔性关节系统总动能为

$$E = E_k + E_l = \frac{1}{2} J_k \dot{\theta}^2 + \frac{1}{2} M_m \dot{q}^2 \tag{7-4}$$

将关节等效为线性阻尼弹簧，则关节的弹性势能为

$$E_p = \frac{1}{2} K(q - \theta)^2 \tag{7-5}$$

则拉格朗日量定义如下

$$L = E - E_p \tag{7-6}$$

整个系统的拉格朗日方程为

$$\begin{gathered} L = E - E_p \\ F = \frac{\mathrm{d}}{\mathrm{d}t} \frac{\partial L}{\partial \dot{q}} - \frac{\partial L}{\partial q} \end{gathered} \tag{7-7}$$

将 E 和 E_p 代入式（7-7），并且考虑柔性关节系统的离心力、科里奥利力、重力和外部扰动，那么柔性关节动力学模型可以描述为如下表达式：

$$\begin{gathered} J(\ddot{\theta}) + K(\theta - q) + \rho_2 = \tau \\ M_m(q)\ddot{q} + C(q, \dot{q})\dot{q} + G(q) + \rho_1 = K(\theta - q) \end{gathered} \tag{7-8}$$

式中，q 是康复外骨骼连杆的角度向量；θ 是电动机转子的角度向量；$M_m(q)$ 是康复外骨骼连杆的惯性矩阵；$C(q, \dot{q})$ 是离心力和科里奥利力矩阵；$G(q)$ 是重力矩阵；J 是电动机的惯性矩阵；K 是柔性刚度矩阵；τ 是电动机输出力矩即所需设计的控制器。$\rho = \rho_1 + \rho_2$ 代表了在实际工程应用中普遍存在的未知干扰，其中 ρ_1 为连杆侧扰动，ρ_2 为电动机侧扰动。

7.2 柔性关节外骨骼模型与控制方法

7.2.1 自适应方法

自适应控制方法[6]是一种针对具有非线性和不确定性的柔性关节系统的控制策略。该方法旨在通过动态地调整控制参数和策略，以适应系统内部和外部环境的变化，从而提高系统的稳定性、性能和鲁棒性。

这种控制方法通常基于现代控制理论和人工智能技术，如模糊逻辑控制[7]、神经网络控制[8]和模型预测控制[9]等。其中，模糊逻辑控制利用模糊集合和模糊规则来处理系统的不确定性，神经网络控制则通过学习系统的非线性映射关系来实现控制，而模型预测控制则利用系统的数学模型进行预测和优化。自适应控制方法

主要包括参数自适应控制和结构自适应控制两种方式。参数自适应控制通过在线估计和调整控制参数来适应系统的动态特性和环境变化，而结构自适应控制则根据系统的运行状态和性能需求，动态调整控制策略和模型结构。

总的来说，自适应控制方法能够有效应对柔性关节系统的复杂性和变化性，提高系统的控制性能和稳定性，因此在柔性关节控制外骨骼领域具有广泛的应用前景。

7.2.2　奇异摄动法

奇异摄动法原本是一种求解微分方程渐进解的常用方法，该方法基于 1904 年普朗特首次提出流体绕流问题中的边界层理论。目前中国各界学者对奇异摄动法的研究与发展做出了重大的贡献：如郭永怀利用变形坐标法推导出 PLK 法[10]，林家翘的解析特征线性法[11]、钱伟长的合成展开法[12]等。如图 7-2 所示为奇异摄动法求解过程，奇异摄动法是解决工程中非线性理论问题研究的重要工具之一，直到现在奇异摄动法的主要思想和理论在许多基础和应用研究中特别是力学中的控制动力学得到广泛且深入的应用。

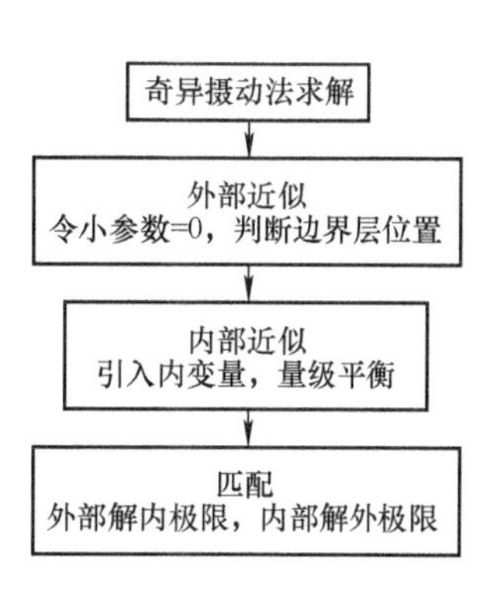

图 7-2　奇异摄动法求解过程

7.2.3　输入整形法

输入整形法是一种用于控制系统设计的方法，旨在通过合适的输入信号来改变系统的状态，使其达到所需的目标状态或输出。这种方法在柔性关节控制中常用于系统的振动抑制与补偿[13]。

在输入整形法中，首先需要定义系统的目标状态或输出，然后通过适当的输入信号来实现系统状态的改变，使系统逐渐趋近或达到目标状态。这些输入信号通常由具有特定形状和参数的函数构成，被称为整形函数或整形信号。输入整形法的核心思想是通过精心设计的整形函数来引导系统的状态变化，以实现所需的控制目标，在柔性关节振动抑制中整形函数起到重要作用[14]。这些整形函数可以是阶跃函数、斜坡函数、正弦函数等形式，根据系统的特性和控制需求选择合适的整形函数。使用输入整形法进行控制设计时，需要考虑系统的动态特性、稳定性要求以及外部扰动等因素，以确保设计的输入信号能够有效地引导系统达到期望的状态或输出。同时，还需要进行仿真和实验验证，调整整形函数的参数和形式，以优化控制性能和稳定性[15]。综上所述，输入整形法是一种灵活而有效的控制设计方法，在柔性关节控制领域应用极其广泛。

7.2.4 智能控制法

智能控制法是一种基于人工智能技术的控制方法，旨在提高系统的自主学习、自适应和智能化水平。它利用机器学习、模糊逻辑、遗传算法等技术，通过对系统的观测和反馈进行分析和学习，实现对复杂系统的自主控制和优化。

智能控制法的主要特点包括：自适应性[16]：智能控制法具有良好的自适应能力，能够根据系统的变化和环境的变化调整控制策略，适应不同的工作条件和要求；学习能力[17]：智能控制法可以通过对系统历史数据的学习，不断改进和优化控制算法，提高系统的性能和效率；多模态控制[18]：智能控制法能够同时处理多种控制模式，根据系统的工作状态和需求自动选择合适的控制策略；实时性[19]：智能控制法具有较快的响应速度和高效的计算能力，能够在实时性要求较高的应用中发挥优势。

智能控制法在工业自动化、机器人控制等领域有着广泛的应用。通过引入智能控制法，可以提高系统的自主性和智能化水平，提高生产效率，降低成本。

7.3 基于奇异摄动的柔性关节下肢外骨骼自适应控制

7.3.1 引言

本节利用奇异摄动法构建了一个下肢外骨骼的柔性关节动力学模型。此方法可以通过分解的快、慢两个子系统模型逼近原始系统模型，并通过忽略快尺度变量来降低整体系统的阶数。针对慢子系统设计了一个自适应滑模控制器，针对快子系统设计了一个速度差值反馈控制器，为后续章节中的控制器设计及仿真实验奠定了基础和提供了有效的理论支撑。

7.3.2 奇异摄动

正如上文所述奇异摄动法是柔性关节常用的控制方法之一。它通过两个子系统来近似原始系统，并通过忽略快速变量来降低系统的阶数。本节利用奇异摄动法将下肢康复外骨骼柔性关节系统分解为两个子系统：慢子系统和快子系统，慢子系统代表原系统的刚性部分，快子系统代表原系统的柔性部分。本节将针对这两个系统不同的特点分别设计两个子控制器，形成一个组合控制系统。定义 P 为线性弹簧的弹性力矩，可以得到如下表达式：

$$P = K(\theta - q) = \iota^{-2}K_1(\theta - q) \tag{7-9}$$

式中，$K = \iota^{-2}K_1$；ι 是一个足够小的常量。

将式（7-9）代入式（7-8）中可得

$$M_m(q)\ddot{q} + C(q,\dot{q})\dot{q} + G(q) + \rho_1 = P \tag{7-10}$$

$$\iota^2 J\ddot{P} + K_1 P = K_1(\tau - \rho_2 - J\ddot{q}) \tag{7-11}$$

本节设计的总控制器是慢子控制器和快子控制器的线性叠加。

$$\tau = \tau_s + \tau_f \tag{7-12}$$

式中，τ 是总控制器；τ_s 是慢子控制器；τ_f 是快子控制器。

定义传递参数 X 为

$$X = [P^{\mathrm{T}} \iota\dot{P}^{\mathrm{T}}]^{\mathrm{T}} \tag{7-13}$$

将 X 代入到式（7-11）中可得

$$\iota\dot{X} = \begin{bmatrix} 0 & I \\ -J^{-1}K_1 & 0 \end{bmatrix} + \begin{bmatrix} 0 \\ J^{-1}K_1 \end{bmatrix}(\tau - \rho_2 - J\ddot{q}). \tag{7-14}$$

令 $\iota = 0$ 可得

$$\overline{X} = [\overline{P}^{\mathrm{T}} \quad \iota\dot{P}^{\mathrm{T}}]^{\mathrm{T}} = \begin{bmatrix} I \\ 0 \end{bmatrix}(\tau - \rho_2 - J\ddot{q}) \tag{7-15}$$

式中，$\overline{P}$是期望弹性力矩，将式（7-15）代入式（7-10）中可得

$$M_m(q)\ddot{q} + C(q,\dot{q})\dot{q} + G(q) + \rho = \tau_s - J\ddot{q} \tag{7-16}$$

定义

$$y = [P_f^{\mathrm{T}} \quad \iota\dot{P}_f^{\mathrm{T}}]^{\mathrm{T}} = X - \overline{X} \tag{7-17}$$

式中，P_f 是弹性力矩跟踪误差，并且 $P_f = \overline{P} - P$。

在快时间尺度下：

$$\Psi = -\iota t \tag{7-18}$$

对式（7-17）进行求导并且代入式（7-14）和式（7-15）中得

$$\frac{\mathrm{d}y}{\mathrm{d}\Psi} = \begin{bmatrix} 0 & I \\ -J^{-1}K_1 & 0 \end{bmatrix} y + \begin{bmatrix} 0 \\ J^{-1}K_1 \end{bmatrix}\tau_f - \iota\dot{\overline{X}} \tag{7-19}$$

此时慢子（降阶）系统表达式为

$$\begin{cases} M(q)\ddot{q} + C(q,\dot{q})\dot{q} + G(q) = \tau_s + \rho \\ M(q) = M_m(q) + J \\ \rho = \rho_1 + \rho_2 \end{cases} \tag{7-20}$$

快子（边界层）系统表达式为

$$\iota\ddot{P}_f = -J^{-1}K_1 P_f + J^{-1}K_1 \tau_f \tag{7-21}$$

7.3.3　控制器设计

令 $x_1 = q$，$x_2 = \dot{q}$，重写式（7-20）为状态空间方程形式为

$$\begin{cases} \dot{x}_1 = x_2 \\ \dot{x}_2 = \tau_s - M(x_1)\dot{x}_2 - C(x_1, x_2)x_2 - G(x_1) - \rho \\ y = \dot{x}_1 \end{cases} \tag{7-22}$$

将式（7-22）重写为一般形式为

$$\begin{cases}\dot{x}_1 = x_2 \\ \dot{x}_2 = \tau_s + f_2(x) \\ y = \dot{x}_1\end{cases} \tag{7-23}$$

其中，$f_2(x) = -M(q)\ddot{q} - C(q,\dot{q})\dot{q} - G(q) - \rho$。

定义输出误差为

$$\begin{cases}e_1 = x_1 - \alpha_0 \\ e_2 = x_2 - \alpha_1\end{cases} \tag{7-24}$$

式中，$\alpha_0 = y_d$，且 α_0，α_1 为虚拟控制输入。

针对快子系统，将快速变量定义为弹性力矩跟踪误差：

$$Z_f = \overline{Z} - Z \tag{7-25}$$

式中，$\overline{Z}$是期望弹性扭矩，选择快子控制率如下：

$$\tau_f = -K_f(\dot{\theta} - q) \tag{7-26}$$

式中，K_f 是正定增益函数定义如下：

$$\frac{\mathrm{d}Z_f}{\mathrm{d}\tau_f} = -(K_f + 1)Z_f \tag{7-27}$$

选择如下李雅普诺夫函数：

$$V = \frac{1}{2}Z_f^2 \tag{7-28}$$

对式（7-28）求导可得

$$\dot{V}_f = Z_f\dot{Z}_f = -(K_f + 1)Z_f^2 < 0 \tag{7-29}$$

自此证明了快子系统的稳定性。

对于慢子系统，采用反步法推导得出自适应滑模控制器。为了使提出的自适应滑模控制器具有更好的控制效果，提出了一个非线性饱和函数，通过选择不同的参数 G 来获取期望误差，从而降低跟踪难度，提高跟踪准确性：

$$g(e) = \begin{cases}G\sin\dfrac{\pi}{2G} & |e| < G \\ e & |e| \geqslant G\end{cases} \tag{7-30}$$

定义系统误差［见式（7-24）］与非线性积分滑模面：

$$\begin{cases}e_1 = x_1 - \alpha_0 \\ s_1 = e_1 + \kappa\int g(e_1)\mathrm{d}t\end{cases} \tag{7-31}$$

式中，κ 是常数，$\kappa > 0$，且求导之后可得

$$\begin{cases}\dot{e}_1 = x_2 - \dot{\alpha}_0 \\ \dot{s}_1 = x_2 - \dot{\alpha}_0 + \kappa g(e_1)\end{cases} \tag{7-32}$$

构造以下李雅普诺夫函数：

$$V_1 = \frac{1}{2}s_1^{\mathrm{T}}s_1 \tag{7-33}$$

对 V_1 进行求导可得其一阶导数为

$$\begin{aligned}\dot{V}_1 &= s_1[x_2 - \alpha_0 + \kappa g(e_1)] \\ &= s_1[e_2 + \alpha_1 - \dot{\alpha}_0 + \kappa g(e_1)]\end{aligned} \tag{7-34}$$

其中 e_2 由式（7-24）定义，虚拟变量 α_1 由式（7-35）给出：

$$\alpha_1 = \dot{\alpha}_0 - \kappa g(e_1) - k_1 s_1 \tag{7-35}$$

在传统滑模系统结构中系统的状态响应可以分为趋近模态和滑动模态这两个部分。趋近模态是指系统状态在滑模面附近缓慢靠近滑模面的趋近行为。当系统状态离开滑模面一定的距离时，系统将进入趋近模态，此时所构造的控制律会引导系统状态朝着滑模面靠近。滑动模态是指系统状态在滑模面上保持稳定的状态的行为。一旦系统状态进入滑模面，滑模控制律会控制系统状态尽量稳定在滑模面上，而不是离开滑模面。

在控制律将系统状态引导向滑模面靠近这一过程中，外界干扰和系统自身的参数不稳定性对系统状态影响很大。而外部干扰和系统的自身参数所拥有的鲁棒性只存在于滑动模态这一状态，并不存在趋近模态中。为了解决这一困扰，本节采用全局滑模变结构方法：在滑模切换函数中引入一项非线性连续函数，抵消趋近模态所带给系统状态的影响，压缩系统处在趋近模态的时间，使系统一开始就进入滑动状态。从而使系统的全局响应拥有鲁棒性，本节滑模控制器框图如图 7-3 所示。

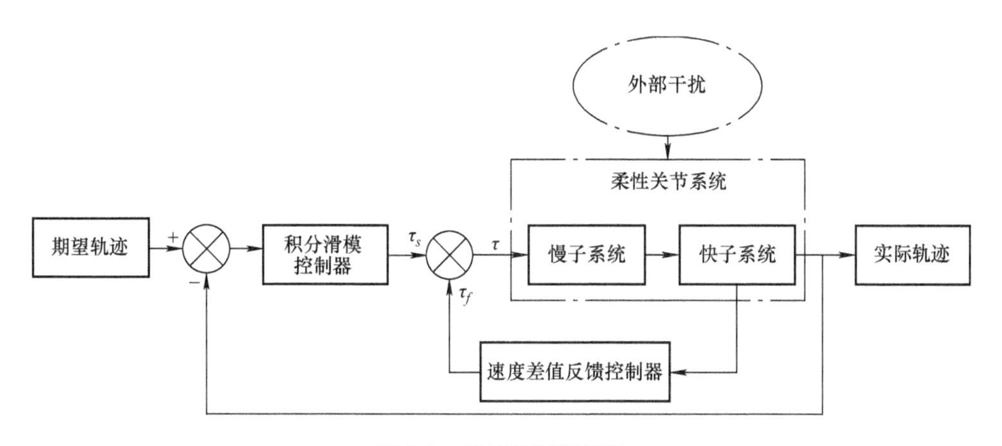

图 7-3　滑模控制器框图

设计全局线性滑模面为

$$\begin{cases} s = c_1 s_1 + s_2 + c(t)[c_1 s_1(0) + s_2(0)] \\ c(t) = \mathrm{diag}(\exp(-\phi_1 t), \exp(-\phi_1 t), \cdots \exp(-\phi_1 t)), c(t) > 0 \end{cases} \tag{7-36}$$

根对滑模面表达式求导可以得出

$$\begin{aligned}\dot{s}_2 &= \dot{x}_2 - \dot{\alpha}_1 \\ &= M(q)^{-1}[\tau_s - C(q,q)\dot{q} - G(q)] - \dot{\alpha}_1\end{aligned} \tag{7-37}$$

根据奇异摄动理论，总控制器为快、慢子控制器的线性叠加，所以可以得到

$$\tau_s = u - \tau_f \tag{7-38}$$

那么由式（7-37）和式（7-38）可得

$$\dot{s}_2 = M(q)^{-1}[u - \tau_f - C(q,q)\dot{q} - G(q)] - \dot{\alpha}_1 \tag{7-39}$$

根据式（7-39），慢子控制律 $\overline{u}$ 设计如下：

$$\begin{aligned}\overline{u} &= C(q,q)\dot{q} + G(q) + \dot{c}(t)[c_1\dot{s}_1(0) + \dot{s}_2(0)] + \\ &\quad \tau_f + M(q)\left[\dot{\alpha} - c_1 s_1 - \frac{s}{\|s\|^2}(s_1^{\mathrm{T}} s_2)\right]\end{aligned} \tag{7-40}$$

定义以下李雅普诺夫函数：

$$V_2 = V_1 + \frac{1}{2}s^{\mathrm{T}}s \tag{7-41}$$

对式（7-41）求导可得

$$\begin{aligned}\dot{V}_2 &= -k_1 s_1^2 + s^{\mathrm{T}}[M(q)^{-1} - \|M(q)^{-1}\|] \\ &\leqslant -k_1 s_1^2 + 3\|s^{\mathrm{T}}\|\|M(q)^{-1}\|\xi \\ &\leqslant 0\end{aligned} \tag{7-42}$$

接下来将证明整个柔性关节系统的稳定性，设计闭环系统总李雅普诺夫函数为

$$V = V_s + V_f \tag{7-43}$$

其时间导数为

$$\dot{V} = \dot{V}_s + \dot{V}_f = -(K_f+1)z_f^2 + [-k_1 s_1^2 - s^{\mathrm{T}}M(q)^{-1}\xi] \leqslant 0 \tag{7-44}$$

证毕。

7.3.4 仿真研究

为了验证本节所设计的非线性干扰观测器和控制器的有效性，本节运用 Matlab 仿真软件进行在线理论仿真实验。在本节中，考虑一个具有 2 自由度的下肢康复外骨骼柔性关节模型进行系统仿真模拟。该外骨骼柔性关节参数矩阵 $M_m(q)$、$C(q,\dot{q})$、g 和 $G(q)$ 分别定义如下：

$$\begin{cases} M_m(q) = \begin{bmatrix} M_{11} & M_{12} \\ M_{21} & M_{22} \end{bmatrix} \\ C(q,\dot{q}) = \begin{bmatrix} C_{11} & C_{12} \\ C_{21} & C_{22} \end{bmatrix} \\ G(q) = [G_{11} \quad G_{21}]^{\mathrm{T}} \end{cases} \tag{7-45}$$

$$g = 9.8 \tag{7-46}$$

惯性矩阵 $M_m(q)$ 中四个元素向量具体表达式如下：

$$\begin{cases} M_{11}=0.1+.001\cos q_2 \\ M_{12}=0.01\sin q_2 \\ M_{21}=0.01\sin q_2 \\ M_{22}=0.1 \end{cases} \tag{7-47}$$

离心力和科里奥利力力矩矩阵 $C(q,\dot{q})$ 中各元素具体表达式如下：

$$\begin{cases} C_{11}=-0.05\sin q_2\dot{q}_2 \\ C_{12}=0.005\cos q_2\dot{q}_2 \\ C_{21}=0.005\cos q_2\dot{q}_2 \\ C_{22}=0.005\cos q_2\dot{q}_2 \end{cases} \tag{7-48}$$

重力力矩矩阵 $G(q)$ 中各元素具体表达式如下：

$$\begin{cases} G_{11}=0.01g\cos(q_1+q_2) \\ G_{21}=0.01g\cos(q_1+q_2) \end{cases} \tag{7-49}$$

关节期望轨迹设置为：$R_1=\sin(t)\,\text{rad}$ 和 $R_2=\cos(t)\,\text{rad}$。

主要参数选择为

$$\begin{cases} k_1=\begin{bmatrix}10 & 0\\0 & 10\end{bmatrix}, c_1=\begin{bmatrix}10 & 0\\0 & 10\end{bmatrix} \\ k_f=\begin{bmatrix}10 & 0\\0 & 10\end{bmatrix}, \lambda=\begin{bmatrix}1 & 0\\0 & 1\end{bmatrix}, G=0.01 \end{cases} \tag{7-50}$$

将关节初始位置和速度设置为

$$\begin{bmatrix} q_1 & \dot{q}_1 & q_2 & \dot{q}_2 \\ \theta_1 & \dot{\theta}_1 & \theta_2 & \dot{\theta}_2 \end{bmatrix}=\begin{bmatrix} 11 & 0 & 0 & 0 \\ 11 & 0 & 0 & 0 \end{bmatrix}\text{rad} \tag{7-51}$$

如下为本节所提方法对柔性关节机械臂的控制的仿真结果。图 7-4 和图 7-5 分

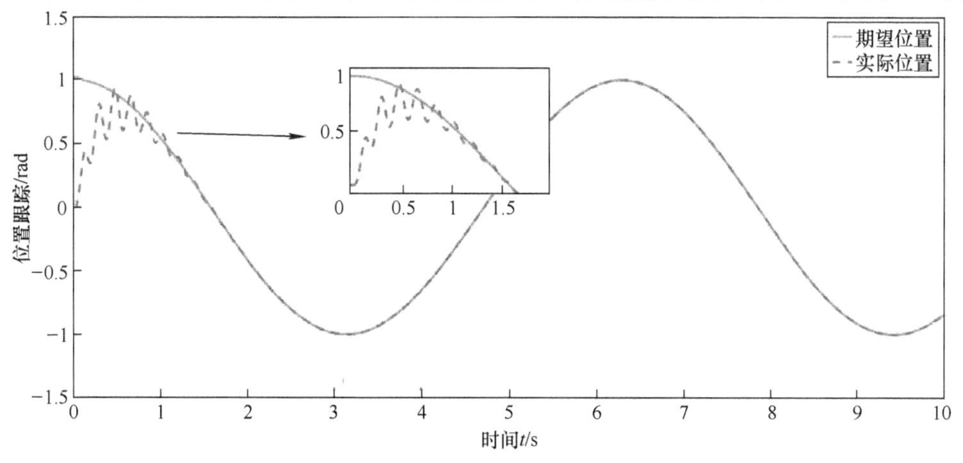

图 7-4　柔性关节 1 位置跟踪图

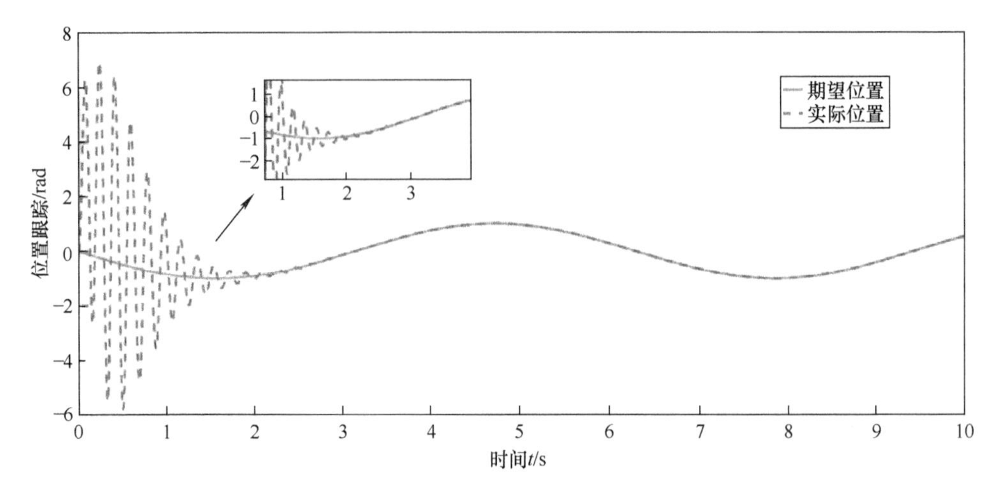

图 7-5　柔性关节 2 位置跟踪图

别为关节 1 和关节 2 的轨迹跟踪图，图 7-6、图 7-7 分别为关节 1 和关节 2 的速度跟踪图。不难发现在 0.8s 左右便能在较大的初始误差且发生柔性振动的情况下跟踪上预定轨迹，这显示了本节所设计控制器的有效性。

从图 7-6 和图 7-7 中可以清楚地看出速度误差能在 1s 时间内快速衰减并趋于 0rad/s 达到误差可控状态。图 7-6 中关节 1 速度跟踪存在一定的上下波动，但都处于一个极小的可控误差范围内，在之后的时间内都稳定跟踪预定轨迹。图 7-7 中关节 2 的速度误差在 2s 趋于 0rad/s 且相对关节 1 来说更加稳定，由此可见本节所设计的控制器对柔性关节的速度跟踪控制具有一定的有效性。

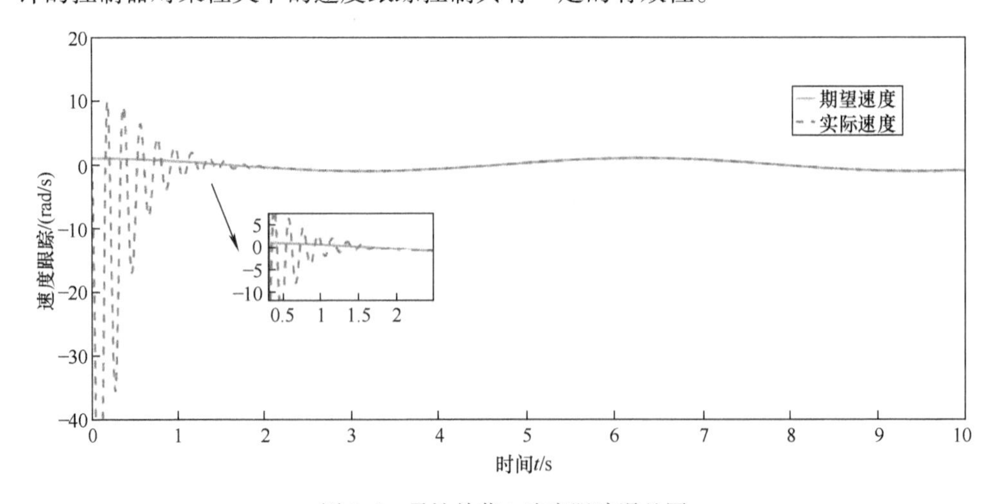

图 7-6　柔性关节 1 速度跟踪误差图

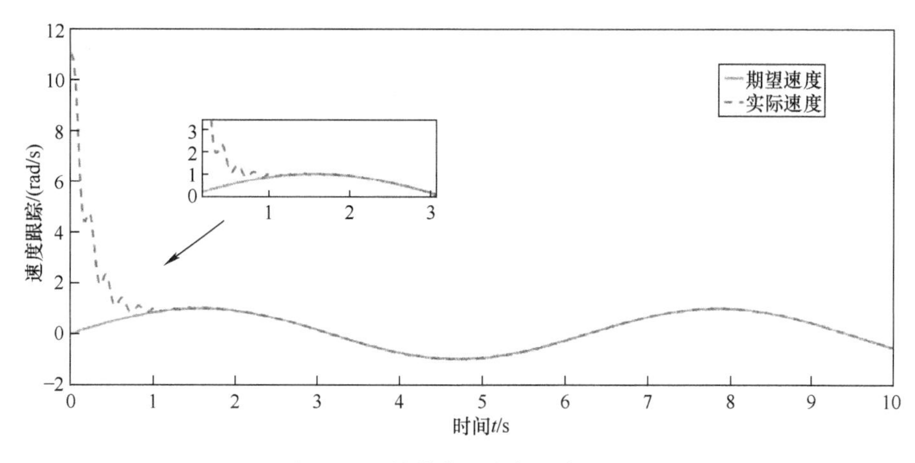

图7-7 柔性关节2速度跟踪误差图

但是从图7-4至图7-7可以看出，在0~2s时，柔性关节系统在误差收敛时还是发生了比较明显的柔性振动，这种柔性振动会使关节速度和位置的控制精度下降，从而降低了人机交互的安全性，这体现出了本节所设计控制器的局限性。

7.3.5 小结

本节针对外骨骼柔性关节的控制问题，在奇异摄动法对柔性关节的分解下，为慢子系统构造了一个自适应滑模控制器，快子系统则采用速度差值反馈控制器，并对以上设计所构成的总控制器组合进行了仿真验证。仿真结果反映出了该控制器对关节柔性振动的抑制起到了一定的作用，且构造的积分滑模控制器能迅速、精确地对预设轨迹进行跟踪，且柔性关节振动基本在误差范围以内。此外针对整个系统给出了详细严谨的稳定性证明，理论分析和仿真结果验证了本书所设计的控制器的有效性和方法可行性。关于完全消除柔性振动，让柔性关节在初始快时间尺度下能够更快速、准确和平滑地跟踪上预定轨迹的问题，将在后续工作中将设计出解决方案。

7.4 柔性关节外骨骼模糊反演控制

7.4.1 引言

在上一节中已经设计了一个由滑模控制器、速度差值反馈控制器和非线性干扰观测器组成的柔性关节控制器组合。仿真结果证明了该组合控制方法对柔性关节拥有良好的控制效果，该方法的前提是外骨骼柔性关节的动力学模型是已知的。但是在外骨骼实际工作环境中，柔性关节某些动力学模型是无法精确测得的，而且由于测量误差及各种外部干扰的影响，造成整个控制系统的稳定性和抗扰能力降低。针对上述问题，书中拟用模糊逻辑系统来逼近柔性关节慢子系统中的未知动力学，同时利用积分流形的概念设计快子系统控制器，构造一个震颤抑制滑模控制器抑制快时间尺度下关节产生的柔性振动，进而优化系统控制效果，提升系统的鲁棒性，进一步保证柔性关节控制系统的稳定性，最终提高外骨骼人机交互的安全性和控制精度。

7.4.2 模糊控制器设计

与传统控制方法相比，使用滑模控制器与非线性干扰观测器的组合虽然使系统的快速收敛能力和抗扰性能都有很大的改善，但是外骨骼柔性关节是一个复杂的动力学系统，上述组合控制中有些参数无法在线调整，当系统误差较大或外部干扰较强时难以满足控制要求，进而无法得到最佳的控制效果。

模糊控制是一种基于模糊逻辑的控制方法。其原理是将现场人员的实践经验总结为模糊规则和模糊集合并应用到控制系统中，实现对系统的实时控制。与其他传统的精确数学模型不同，模糊控制使用模糊集合来表示系统输入和输出之间的关系，以及总结的模糊规则来定义系统的控制策略。模糊控制并不依赖于控制对象的数学模型，因此被广泛应用在复杂的工业控制中。

图 7-8 为模糊控制原理框图。由原理框图可知，模糊控制系统主要由模糊化、模糊推理、解模糊和知识库四大部分组成，各部分具体功能如下：

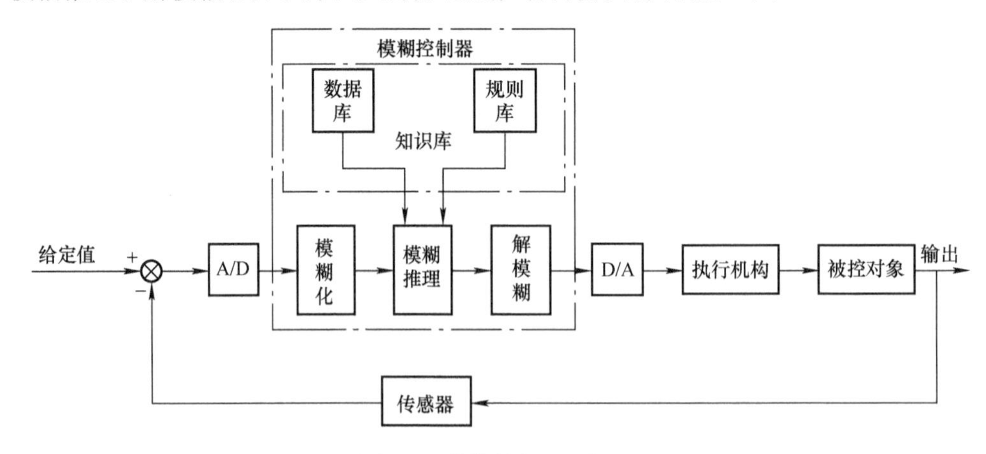

图 7-8　模糊控制原理框图

（1）模糊化

将输入变量（例如温度、速度等）通过模糊化函数映射到模糊集合上，这些集合常用于描述模糊的概念（例如对应的上文温度、速度的“冷”“热”和“快”“慢”）模糊化函数通常由隶属函数构成，这些函数描述了输入变量属于每个集合的程度大小。

（2）模糊推理

模糊推理是整个模糊控制器的核心。其推理机制是通过模糊规则和模糊化的输入变量来确定输出变量的模糊集合。常见的推理方法包括最大最小法、加权平均法等。这些方法根据规则的激活程度来确定输出的模糊集合，进而得到相应的模糊控制量。

（3）解模糊

将模糊推理中最终得到的模糊控制量转换为实际的控制信号或数值。具体步骤为：首先将模糊量经清晰化转化为在域值范围内的清晰量，其次再将清晰量通过尺度集合转变为实际输出的控制量。

（4）知识库

知识库通常包括数据库和规则库这两部分。数据库主要包括了模糊变量的隶属函数、模糊空间级数以及模糊规则因子等。规则库主要存放了根据控制专家的经验和现场实际操作人员的实践经验知识所总结的模糊规则。

柔性关节模糊控制器实现方法分为以下几个步骤：首先根据对柔性关节的操作经验总结为模糊规则，其次通过加上分析柔性关节系统的输入和输出形成一个完整的模糊数据库；然后选定输入输出物理量、隶属函数和模糊子集，确定模糊规则，最终设计出模糊控制器。模糊控制器设计的流程图如图7-9所示。

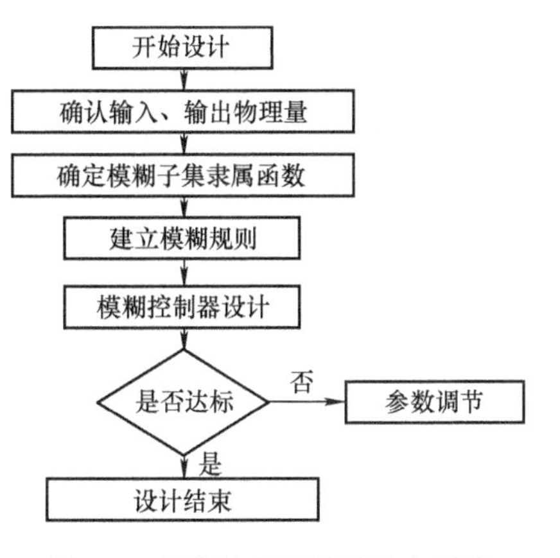

图7-9　模糊控制器设计的流程图

模糊控制的维数是依据单变量模糊控制器输入量的个数来确定。其中单变量二维模糊控制器能够比较准确地表现出非线性系统中输出变量的动态变化特性，相比于一维模糊控制器的控制效果更加稳定、可靠，同时维数大于二维会导致模糊规则过于复杂，因此二维模糊控制器被广泛使用，具体设计步骤如下：

（1）定义输入、输出模糊集

设计模糊控制器第一步为确定被控柔性关节系统的控制输入和输出。图7-10为二维模糊控制器的结构框图。取式（7-24）中输出误差 e 为控制输出，取式（7-24）中 α 和 $\dot{\alpha}$ 为输入 x 的两个分量，通过调节变量来减少系统偏差。

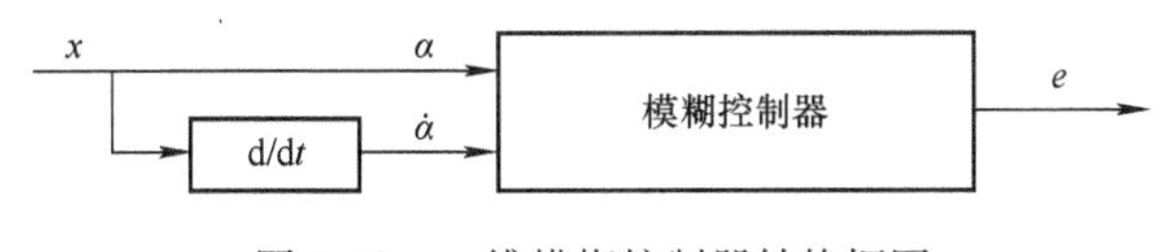

图7-10　二维模糊控制器结构框图

（2）定义隶属函数

在输入输出变量定义域中的每个点应该至少属于一个且至多不超过两个隶属函数的区域。为使隶属函数具有的代表性更强，在隶属函数间应有部分重叠（重叠率为 0.25 ~ 0.55）。常用的隶属函数有三角形、正态形、钟形、高斯形等，如图 7-11所示为偏差的三角形隶属函数。

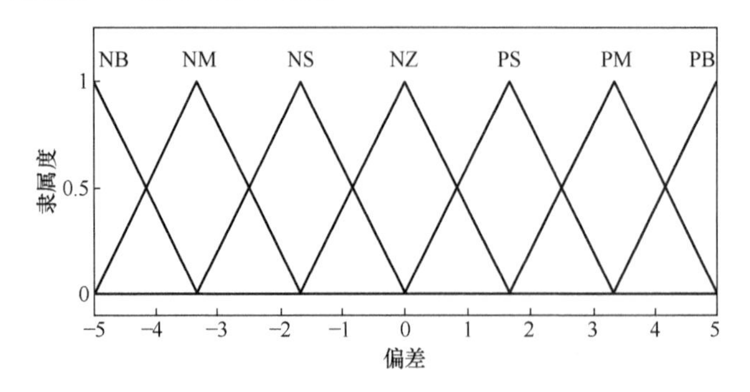

图 7-11　偏差的隶属函数

（3）解模糊

在模糊控制中，解模糊是其中的关键步骤。其作用是将模糊输出转换为确定性的输出，解模糊的步骤包括以下几种常见的方法：

1）最大隶属度法：选择模糊输出中隶属度最高的元素作为输出值，即 $v_0 = \max\mu_v(v), v \in V$。如果输出集合 V 中具有多个最高隶属度元素，则对所有最高隶属度元素取平均值：

$$u = \frac{1}{M}\sum_{i=1}^{M} X_i, X_i = \max_{x \in u}(\mu_N(X)) \tag{7-52}$$

式中，u 是模糊输出值；$\mu_N(X)$ 是模糊输出集合中的元素；M 为最高隶属度元素数量。最大隶属度法不考虑隶属函数的形状，因其计算简单并不适合在高精度控制下使用。

2）中心平均法：该方法为计算模糊输出的加权平均值，但使用输出隶属函数的中心值来进行加权，即

$$u = \frac{\int X\mu_N(X)\,\mathrm{d}X}{\int \mu_N(X)\,\mathrm{d}X} \tag{7-53}$$

当输出隶属函数是离散单点集时：

$$u = \frac{\sum X_i\mu_N(X_i)}{\sum \mu_N(X_i)} \tag{7-54}$$

3）系数加权平均法：该方法根据模糊输出的隶属度加权平均计算确定性输出

值，即

$$u = \frac{\int Xk(X)}{\int k(X)} \tag{7-55}$$

为了方便后续研究中控制器的理论推导，做出以下假设和引入以下引理。

假设 7-1[20] 期望轨迹 $y_d(t)$ 及其导数是已知的有界函数。

假设 7-2[21] 假设存在一个非负单调递增函数 $\psi_{i1}(\cdot),\psi_{i2}(\cdot)$ 满足以下条件：

$$\psi_{i1}(|x_i|)+\psi_{i2}(|b_m|)\geqslant 0 \tag{7-56}$$

式中，b_m 是正数且 $0<b_m<1$。

假设 7-3[21] 假设存在满足以下条件的李雅普诺夫函数 $V(b_m)$：

$$v_1(|b_m|)\leqslant V(b_m)\leqslant v_2(|b_m|)$$
$$\frac{\delta V(b_m)}{\delta b_m}\leqslant -c_0V(b_m)+\mu(|x_1|)+d_0 \tag{7-57}$$

式中，v_1、v_2 和 μ 属于 K_∞ 函数；c_0 和 d_0 是已知标量。

引理 7-1[21] 如果存在满足式（7-57）的李雅普诺夫函数 $V(b_m)$，则对于任意实数 $\bar{c}(0<\bar{c}<c_0)$、可导函数 $\bar{\mu}(x_1)\geqslant\mu(|x_1|)$、$T_0=T_0(\bar{c},r_0,b_m)$、$D(t)\geqslant 0$ 和 $t>0$ 存在如下信号的表达式：

$$\dot{r}=-\bar{c}r+\bar{\mu}(x_1(t))+d_0,r(0)=r_0 \tag{7-58}$$

使得当 $D(t)=0$ 时，对于所有 $t\geqslant T$ 有

$$V(t)\leqslant r(t)+D(t) \tag{7-59}$$

将非负可导函数 $\bar{\mu}(s)=s^2\mu_0(s^2)$ 代入式（7-58）可得

$$\dot{r}=-\bar{c}r+x_1^2\mu_0(|x_1^2|)+d_0,r(0)=r_0 \tag{7-60}$$

引理 7-2[22] 存在以下集合：

$$\Omega_{z_1}=\{z_1\mid |z_1|<0.8814v\},z\notin\Omega_{z_1} \tag{7-61}$$

对于任意 $z\notin\Omega_{z_1}$，不等式 $[1-2\leqslant\tanh^2(z_1/v)]\leqslant 0$ 成立。

引理 7-3[23] 对于任意 $\bar{\omega}\in R$ 和 $\ell>0$ 有

$$0\leqslant|\bar{\omega}|-\bar{\omega}\tanh\frac{\bar{\omega}}{\ell}\leqslant\delta\ell,\delta<0.2785 \tag{7-62}$$

引理 7-4[24] 若 $f(Z)$ 是定义为集合 Ω_Z 上的连续函数，则存在一个模糊逻辑系统 $W^{\mathrm{T}}S(Z)$，它可以将任何非线性连续函数逼近到所需的精度水平，使得

$$\sup_{x\in\Omega_Z}\left|f(Z)-W^{\mathrm{T}}S(Z)\right|\leqslant\varepsilon,\varepsilon>0 \tag{7-63}$$

式中，W 是理想的等权向量，$W=[\omega_1,\omega_2]^{\mathrm{T}}$；$S(Z)$ 是基函数向量表示为

$$S(Z)=\frac{[s_1(Z),s_2(Z)]^{\mathrm{T}}}{\sum_{i=1}^{N}s_i(Z)} \tag{7-64}$$

式中，N 是模糊规则数；$s_i(Z)$ 是高斯函数，表示如下：

$$s_i(Z)=\exp\left[\frac{-(Z-\varsigma_i)^{\mathrm{T}}(Z-\varsigma_i)}{\eta_i^2}\right],i=1,2 \tag{7-65}$$

式中，ς_i 是中心向量，$\varsigma_i=[\varsigma_{i1},\varsigma_{i2}]^{\mathrm{T}}$；$\eta_i$ 是高斯函数的宽度。

在上一节中，已经得到了一般形式的下肢康复外骨骼柔性关节状态空间方程，在此基础之上本节中的控制器将使用反步法进行推导。

本节控制目标之一是对于给定的期望信号 $y_d(t)$：$R^+\to R$，提出一种模糊自适应漏斗控制器保证跟踪误差 $e_1(t)=y(t)-y_d(t)$ 在规定的漏斗边界内变化。

漏斗定义为

$$F_f=\left\{(t,e_1)\in R^+\times R\ \middle|\ |e_1|<F_\psi\right\} \tag{7-66}$$

漏斗边界定义为

$$\partial F_f(t)=F_\psi(t).\ i,e,(t,e_1)\in F_\psi \tag{7-67}$$

其中 $F_\psi>0$，漏斗边界可以选择为任意连续、有界的正函数和其倒数。下面给出一个漏斗边界函数的示例：

$$F_\psi(t)=(\gamma_0-\gamma_\infty)e^{-\beta t}+\gamma_\infty \tag{7-68}$$

式中，γ_0 是漏斗边界函数的初始值；β 是指数函数的收敛速度；γ_0、γ_∞ 和 β 是正常数。且边界函数满足以下条件：

$$\lim_{t\to\infty}F_\psi(t)=\gamma_\infty \tag{7-69}$$

为了实现输出跟踪和规定性能的控制目标，引入了以下改进的输出误差转换：

$$\xi_1=\frac{e_1^2}{F_\psi{}^2-e_1^2} \tag{7-70}$$

改进的误差转换相比于直接利用系统输出误差可以更好地实现对系统的精确控制和调整，提高系统的响应速度、精度和鲁棒性。此外 ξ_1 对时间的导数为

$$\begin{aligned}\dot{\xi}_1&=\frac{1}{(F_\psi^2-e_1^2)^2}[2e_1\dot{e}_1(F_\psi^2-e_1^2)-e_1^2(2F_\psi\dot{F}_\psi-2e_1\dot{e}_1)]\\&=\frac{2}{(F_\psi^2-e_1^2)^2}(e_1\dot{e}_1F_\psi^2-e_1^2F_\psi\dot{F}_\psi)\\&=\frac{2F_\psi^2e_1}{(F_\psi^2-e_1^2)^2}\left(\dot{x}_1-\dot{y}_d-\frac{e_1\dot{F}_\psi}{F_\psi}\right)\\&=2\varGamma_1\left(x_2-\dot{y}_d-\frac{e_1\dot{F}_\psi}{F_\psi}\right)\end{aligned} \tag{7-71}$$

那么误差系统［见式（7-23）］可以转换为如下表达式：

$$\begin{cases}\dot{\xi}_1 = 2\Gamma_1\left(x_2 - \dot{y}_d - \dfrac{e_1\dot{F}_\psi}{F_\psi}\right) \\ \dot{e}_1 = x_2 - \dot{\alpha}_0 \\ \dot{e}_2 = f_2(x) + \tau_s - \dot{\alpha}_1 \\ y = x_1\end{cases} \tag{7-72}$$

第一步：从式（7-72）可得以下子系统：

$$\dot{\xi}_1 = 2\Gamma_1\left(+x_2 - \dot{y}_d - \frac{e_1\dot{F}_\psi}{F_\psi}\right) \tag{7-73}$$

构造如下李雅普诺夫函数：

$$V_1 = \frac{1}{4}\xi_1^2 + \frac{1}{\lambda_0}r + \frac{b_m}{2\Delta}\widetilde{\vartheta} \tag{7-74}$$

式中，λ_0 和 r 是正实数。

利用假设 7-2 和引理 7-1 中的式（7-60）可得

$$\begin{aligned}\dot{V}_1 &= \frac{1}{2}\xi_1\dot{\xi}_1 + \frac{1}{\lambda_0}\dot{r} + \frac{b_m}{r}\widetilde{\vartheta}\dot{\vartheta}^* \\ &= \Gamma_1\xi_1\left(x_2 - \dot{y}_d - \frac{e_1\dot{F}_\psi}{F_\psi}\right) - \frac{\bar{c}}{\lambda_0}r - \frac{b_m}{\Delta}\widetilde{\vartheta}\dot{\vartheta}^* + \frac{1}{\lambda_0}[x_1^2\mu_0(x_1^2) + d_0]\end{aligned} \tag{7-75}$$

且有如下不等式：

$$\begin{aligned}\dot{V}_1 \leqslant{} & \xi_1\left[\Gamma_1 x_2 - \Gamma_1\dot{y}_d - \Gamma_1\frac{e_1\dot{F}_\psi}{F_\psi} + \frac{x_1^2\mu_0(x_1^2)}{\lambda_0\xi_1}\right] + \\ & |\xi_1\Gamma_1|\psi_{11}(|x_1|) + |\xi_1\Gamma_1|\psi_{12}(|b_m|) + \frac{d_0}{\lambda_0} - \frac{\bar{c}}{\lambda_0}r - \frac{b_m}{\Delta}\widetilde{\vartheta}\dot{\vartheta}^*\end{aligned} \tag{7-76}$$

上式中的 $|\xi_1\Gamma_1|\psi_{11}(|x_1|)$ 和 $|\xi_1\Gamma_1|\psi_{12}(|b_m|)$ 是接下来需要进行处理的部分，利用引理 7-3 可得如下表达式：

$$\begin{aligned}&|\xi_1\Gamma_1|\psi_{11}(|x_1|) \\ &\leqslant \varepsilon'_{11} + \xi_1\Gamma_1\psi_{11}(|x_1|)\tanh\left(\frac{\xi_1\Gamma_1\psi_{11}(|x_1|)}{\varepsilon_{11}}\right) \\ &\leqslant \varepsilon'_{11} + \xi_1\Gamma_1\hat{\psi}_{11}(x_1)\varepsilon'_{11}\end{aligned} \tag{7-77}$$

其中 $\varepsilon'_{11} = 0.2785\varepsilon_{11}$，$\hat{\psi}_{11}(x_1) = \psi_{11}(|x_1|)\tanh\left(\dfrac{\xi_1\Gamma_1\psi_{11}(|x_1|)}{\varepsilon_{11}}\right)$。

$$\begin{aligned}&|\xi_1\Gamma_1|\psi_{12}(|b_m|) \\ &\leqslant \xi_1\Gamma_1\bar{\psi}_{12}(r) + \frac{1}{4}\xi_1^2\Gamma_1^2 + d_1(t) \\ &\leqslant \xi_1\Gamma_1\bar{\psi}_{12}(r)\tanh\left(\frac{\xi_1\Gamma_1\bar{\psi}_{12}(r)}{\varepsilon_{12}}\right) + \varepsilon'_{12} + \frac{1}{4}\xi_1^2\Gamma_1^2 + d_1(t) \\ &\leqslant \xi_1\Gamma_1\hat{\psi}_{12}(x_1, r) + \varepsilon'_{12} + \frac{1}{4}\xi_1^2\Gamma_1^2 + d_1(t)\end{aligned} \tag{7-78}$$

其中

$$\begin{cases}\varepsilon'_{12}=0.2785\varepsilon_{12}\\ d_1(t)=[\psi_{12}\circ\alpha_1^{-1}2D(t)]^2\\ \overline{\psi}_{12}(r)=\psi_{12}\circ\alpha_1^{-1}(2r)\\ \hat{\psi}_{12}(x_1,r)=\overline{\psi}_{12}(r)\tanh(\xi_1\Gamma_1\overline{\psi}_{12}(r)/\varepsilon_{12})\end{cases} \tag{7-79}$$

将式（7-78）和式（7-77）代入式（7-76）中可得

$$\dot{V}_1\leqslant\xi_1\left[\Gamma_1f_1+\Gamma_1x_2-\Gamma_1\dot{y}_d-\Gamma_1\frac{e_1\dot{F}_\psi}{F_\psi}+\frac{x_1^2\mu_0(x_1^2)}{\lambda_0\xi_1}\right]+ \\ \xi_1\Gamma_1\hat{\psi}_{11}(x_1)+\xi_1\Gamma_1\hat{\psi}_{12}(x_1,r)+\frac{d_0}{\lambda_0}-\frac{\bar{c}}{\lambda_0}r-\frac{b_m}{\Delta}\tilde{\vartheta}\dot{\vartheta}^*+\varepsilon'_{11}+\varepsilon'_{12} \tag{7-80}$$

式（7-80）中，$x_1^2\mu_0(x_1^2)/(\lambda_0\xi_1)$部分在$\xi_1=0$处是不连续的，因此模糊逻辑系统不能直接对其进行估计。然而这可以通过引入双曲正切函数$\tanh^2(\xi_1/v)$来避免这一情况的发生。那么式（7-80）可以改写为如下形式：

$$\dot{V}_1\leqslant\xi_1\Gamma_1\left[\Gamma_1(x_2-\dot{y}_d-\frac{e_1\dot{F}_\psi}{F_\psi})+\frac{2}{\xi_1}\tanh^2\left(\frac{\xi_1}{v}\right)\frac{x_1^2\mu_0(x_1^2)}{\lambda_0}\right]+ \\ \xi_1\Gamma_1\hat{\psi}_{11}(x_1)+\xi_1\Gamma_1\hat{\psi}_{12}(x_1,r)+\frac{d_0}{\lambda_0}-\frac{\bar{c}}{\lambda_0}r-\frac{b_m}{\Delta}\tilde{\vartheta}\dot{\vartheta}^*+ \\ \varepsilon'_{11}+\varepsilon'_{12}+\frac{1}{4}\xi_1^2\Gamma_1^2+d_1(t)+\left[1-2\tanh^2\left(\frac{\xi_1}{v}\right)\right]\frac{x_1^2\mu_0(x_1^2)}{\lambda_0} \\ =\xi_1\Gamma_1(\Gamma_1\alpha_1+\Gamma_1e_2+\overline{f})+\left[1-2\tanh^2\left(\frac{\xi_1}{v}\right)\right]\frac{x_1^2\mu_0(x_1^2)}{\lambda_0}+ \\ \frac{d_0}{\lambda_0}-\frac{\bar{c}}{\lambda_0}r-\frac{b_m}{r}\tilde{\vartheta}\dot{\vartheta}^*+\varepsilon'_{11}+\varepsilon'_{12}+d_1(t) \tag{7-81}$$

式（7-81）中$\overline{f}$的表达式为

$$\overline{f}_1=\Gamma_1f_1-\Gamma_1\dot{y}_d-\Gamma_1\frac{e_1\dot{F}_\psi}{F_\psi}+\Gamma_1\hat{\psi}_{11}(x_1)+ \\ \Gamma_1\hat{\psi}_{12}(x_1,r)+\frac{1}{4}\xi_1^2\Gamma_1^2+\frac{2}{\xi_1}\tanh^2\left(\frac{\xi_1}{v}\right)\frac{x_1^2\mu_0(x_1^2)}{\lambda_0} \tag{7-82}$$

根据引理7-4，模糊逻辑系统$W_1^{\mathrm{T}}S_1(Z_1)$可以用于近似未知函数$\overline{f}$，使得对于任意$\lambda>0$有如下表达式：

$$\overline{f}_1=W_1^{\mathrm{T}}S_1(Z_1)+\delta_1(Z_1),|\delta_1(Z_1)|<\lambda_1 \tag{7-83}$$

式中，$\delta_1(Z_1)$是近似误差。根据 Yong 不等式可得

$$\xi_1\overline{f}_1=\xi_1W_1^{\mathrm{T}}S_1(Z_1)+\xi_1\delta_1(Z_1) \\ \leqslant\frac{b_m}{2a_1^2}\xi_1^2\vartheta S_1^{\mathrm{T}}S_1+\frac{1}{2}a_1^2+b_m\xi_1^2+\frac{1}{2}\frac{\lambda_1^2}{b_m} \tag{7-84}$$

式中，ϑ是一个未知常数，其表达式为

$$\vartheta = \max\left\{\frac{1}{b_m}\|W_i\|^2, i = 1, 2.\right\} \tag{7-85}$$

根据式（7-84），接下来将虚拟控制输入信号 α_1 构造为如下形式：

$$\alpha_1(Z_1) = -\frac{(F_\psi^2 - e_1^2)e_1}{F_\psi^2}\left[k_1 + \frac{1}{2} + \frac{1}{2a_1^2}\vartheta^* S_1^{\mathrm{T}}(Z_1)S_1(Z_1)\right] \tag{7-86}$$

进而得出以下不等式：

$$\begin{aligned}
\xi_1\Gamma_1\alpha_1 &\leqslant -\xi_1 \frac{F_\psi^2 e_1}{(F_\psi^2 - e_1^2)^2}b_m \frac{(F_\psi^2 - e_1^2)e_1}{F_\psi^2}\left(k_1 + \frac{1}{2} + \frac{1}{2a_1^2}\vartheta^* S_1^{\mathrm{T}}S_1\right) \\
&= -b_m\xi_1 \frac{e_1^2}{(F_\psi^2 - e_1^2)^2}\left(k_1 + \frac{1}{2} + \frac{1}{2a_1^2}\vartheta^* S_1^{\mathrm{T}}S_1\right) \\
&= -b_m\xi_1^2\left(k_1 + \frac{1}{2} + \frac{1}{2a_1^2}\vartheta^* S_1^{\mathrm{T}}S_1\right) \\
&= -k_1 b_m\xi_1^2 - \frac{1}{2}b_m\xi_1^2 - \frac{b_m}{2a_1^2}\vartheta^* \xi_1^2 S_1^{\mathrm{T}}S_1
\end{aligned} \tag{7-87}$$

将式（7-87）和式（7-84）代入式（7-81）可得

$$\begin{aligned}
\dot{V}_1 \leqslant &-k_1 b_m\xi_1^2 + \frac{1}{2}\left(a_1^2 + \frac{\lambda_1^2}{b_m}\right) + \left[1 - 2\tanh^2\left(\frac{\xi_1}{v}\right)\right]\frac{x_1^2\mu_0(x_1^2)}{\lambda_0} + \\
&\varepsilon'_{11} + \varepsilon'_{12} + d_1(t) + \frac{d_0}{\lambda_0} - \frac{\bar{c}}{\lambda_0}r - \frac{b_m}{\Delta}\tilde{\vartheta}\left(\frac{\Delta}{2a_1^2}\xi_1^2 S_1^{\mathrm{T}}S_1 - \dot{\vartheta}^*\right) + \xi_1\Gamma_1 e_2
\end{aligned} \tag{7-88}$$

第二步：对式（7-24）中 e_2 和 α_1 求导可得

$$\begin{cases}
\dot{e}_2 = \dot{x}_2 - \dot{\alpha}_1 = f_2 + \tau_s - \dot{\alpha}_2 \\
\dot{\alpha}_1 = \dfrac{\partial\alpha_1}{\partial x_1}(f_1 + x_2) + \dfrac{\partial\alpha_1}{\partial r}\dot{r} + \displaystyle\sum_{k=0}^{1}\frac{\partial\alpha_1}{\partial y_d^{(k)}}y_d^{(k+1)} + \frac{\partial\alpha_1}{\partial\vartheta^*}\dot{\vartheta}^*
\end{cases} \tag{7-89}$$

构造李雅普诺夫函数如下：

$$V_2 = V_1 + \frac{1}{2}e_2^2 \tag{7-90}$$

对 V_2 求导可得

$$\dot{V}_2 = \dot{V}_1 + e_2\left[f_2 + \tau_s - \frac{\partial\alpha_1}{\partial x_1}(f_1 + x_2) - \sum_{k=0}^{1}\frac{\partial\alpha_1}{\partial y_d^{(k)}}y_d^{(k+1)} - \frac{\partial\alpha_1}{\partial\vartheta^*}\dot{\vartheta}^* - \frac{\partial\alpha_1}{\partial r}\dot{r}\right] \tag{7-91}$$

借助绝对值不等式和假设 7-2 可得

$$|e_2| \leqslant |e_2|\left[\psi_{21}(\bar{x}_2) + \left|\frac{\partial\alpha_1}{\partial x_1}\right|\psi_{11}(x_1)\right] + |e_2|\left[\psi_{22}(b_m) + \left|\frac{\partial\alpha_1}{\partial x_1}\right|\psi_{12}(b_m)\right] \tag{7-92}$$

接下来同样利用假设 7-2 和假设 7-3 可以得出以下不等式：

$$\begin{cases} |e_2|\left[\psi_{21}(\bar{x}_2) + \left|\dfrac{\partial\alpha_1}{\partial x_1}\right|\psi_{11}(x_1)\right] \leqslant e_2\hat{\psi}_{21}(\bar{x}_2,\vartheta^*,r) + \varepsilon'_{21} \\ |e_2|\left[\psi_{22}(|z|) + \left|\dfrac{\partial\alpha_1}{\partial x_1}\right|\psi_{12}(|z|)\right] \leqslant e_2\hat{\psi}_{22}(\bar{x}_2,\vartheta^*,r) + \varepsilon'_{22} + \\ \qquad \dfrac{e_2^2}{4}\left[1 + \left(\dfrac{\partial\alpha_1}{\partial x_1}\right)^2\right] + d_2(t) \end{cases} \tag{7-93}$$

其中：

$$\begin{cases} \hat{\psi}_{21}(\bar{x}_2,\vartheta^*,r) = \left(\psi_{21} + \left|\dfrac{\partial\alpha_1}{\partial x_1}\right|\psi_{11}\right)\tanh\left(e_2\dfrac{\left(\psi_{21} + \left|\dfrac{\partial\alpha_1}{\partial x_1}\right|\psi_{11}\right)}{\varepsilon_{21}}\right) \\ \hat{\psi}_{22}(\bar{x}_2,\vartheta^*,r) = \bar{\psi}_{22}(\bar{x}_2,\vartheta^*,r)\tanh\left(\dfrac{e_2\bar{\psi}_{22}(\bar{x}_2,\vartheta^*,r)}{\varepsilon_{22}}\right) \\ \bar{\psi}_{22}(\bar{x}_2,\vartheta^*,r) = \psi_{22}\circ\alpha_1^{-1} + \left|\dfrac{\partial\alpha_1}{\partial x_1}\right|\psi_{12}\circ\alpha_1^{-1}(2r) \\ d_i(t) = \sum\limits_{j=1}^{2}\left\{\psi_{j2}\circ\alpha_1^{-1}[2D(t)]\right\}^2 \\ \varepsilon'_{21} = 0.2785\varepsilon_{21} \\ \varepsilon'_{22} = 0.2785\varepsilon_{22} \end{cases} \tag{7-94}$$

构建自适应律 ϑ^* 如下：

$$\begin{aligned} \dot{\vartheta}^* &= \frac{\Delta}{2a_1^2}\xi_1^2 S_1^{\mathrm{T}}S_1 + \frac{\Delta}{2a_1^2}e_2^2 S_2^{\mathrm{T}}S_2 - \lambda\vartheta^*\frac{\partial\alpha_1}{\partial\vartheta^*}\dot{\vartheta}^* \\ &= \frac{\partial\alpha_1}{\partial\vartheta^*}\left(\frac{\Delta}{2a_1^2}\xi_1^2 S_1^{\mathrm{T}}S_1 + \frac{\Delta}{2a_1^2}e_2^2 S_2^{\mathrm{T}}S_2 - \lambda\vartheta^*\right) \end{aligned} \tag{7-95}$$

将式（7-88）、式（7-93）和式（7-95）代入式（7-91）中可得

$$\begin{aligned} \dot{V}_2 \leqslant & -k_1 b_m\xi_1^2 + \frac{1}{2}\left(a_1^2 + \frac{\lambda_1^2}{b_m}\right) + \left[1 - 2\tanh^2\left(\frac{\xi_1}{v}\right)\right]\frac{x_1^2\mu_0(x_1^2)}{\lambda_0} + \frac{d_0}{\lambda_0} - \frac{\bar{c}}{\lambda_0}r + \\ & \sum_{j=1}^{2}[\varepsilon'_{j1} + \varepsilon'_{j2} + d_j(t)] + e_2\Bigg\{f_2 + \tau_s + \xi_1\Gamma_1 + \hat{\psi}_{22}(\bar{x}_2,\theta^*,r) + \hat{\psi}_{21}(\bar{x}_2,\theta^*,r) - \\ & \frac{\partial\alpha_1}{\partial r}\dot{r} + \frac{e_2}{4}\left[1 + \left(\frac{\partial\alpha_1}{\partial x_1}\right)^2\right] - \sum_{k=0}^{1}\frac{\partial\alpha_1}{\partial y_d^{(k)}}y_d^{(k+1)} - \frac{b_m}{\Delta}\tilde{\vartheta}\left(\frac{\Delta}{2a_1^2}\xi_1^2 S_1^{\mathrm{T}}S_1 - \dot{\theta}^*\right) - \\ & \frac{\partial\alpha_1}{\partial x_1}x_2 - \frac{\partial\alpha_1}{\partial\theta^*}\left(\frac{\Delta}{2a_1^2}\xi_1^2 S_1^{\mathrm{T}}S_1 + \frac{\Delta}{2a_1^2}e_2^2 S_2^{\mathrm{T}}S_2 - \lambda\theta^*\right)\Bigg\} \end{aligned} \tag{7-96}$$

将上式化简后可得

$$\dot{V}_2 \leqslant -k_1 b_m \xi_1^2 + \frac{1}{2}\left(a_1^2 + \frac{\lambda_1^2}{b_m}\right) + \left[1 - 2\tanh^2\left(\frac{\xi_1}{v}\right)\right]\frac{x_1^2 \mu_0(x_1^2)}{\lambda_0} + \frac{d_0}{\lambda_0} - \frac{\bar{c}}{\lambda_0}r - \frac{b_m}{\Delta}\tilde{\vartheta}\left(\frac{\Delta}{2a_1^2}\xi_1^2 S_1^{\mathrm{T}} S_1 - \dot{\vartheta}^*\right) + \sum_{j=1}^{2}[\varepsilon'_{j1} + \varepsilon'_{j2} + d_j(t)] + e_2(\bar{f}_2 + \tau_s) \quad (7\text{-}97)$$

其中$\bar{f}_2$的表达式如下：

$$\bar{f}_2 = f_2 + \xi_1 \Gamma_1 + \psi_{22}(\bar{x}_2, \vartheta^*, r) - \frac{\partial \alpha_1}{\partial x_1}x_2 - \frac{\partial \alpha_1}{\partial \vartheta^*}\left(\frac{\Delta}{2a_1^2}\xi_1^2 S_1^{\mathrm{T}} S_1 + \frac{\Delta}{2a_1^2}e_2^2 S_2^{\mathrm{T}} S_2 - \lambda\vartheta^*\right) + \hat{\psi}_{21}(\bar{x}_2, \theta^*, r) + \frac{e_2}{4}\left[1 + \left(\frac{\partial \alpha_1}{\partial x_1}\right)^2\right] - \sum_{k=0}^{1}\frac{\partial \alpha_1}{\partial y_d^{(k)}}y_d^{(k+1)} - \frac{\partial \alpha_1}{\partial r}\dot{r} \quad (7\text{-}98)$$

类似步骤一中的过程，在 $\lambda > 0$ 时不确定性函数$\bar{f}_2$ 可以由模糊逻辑系统 $W_2^{\mathrm{T}} S_2(Z_2)$近似，进而得出如下表达式：

$$\begin{cases} \bar{f}_2 = W_2^{\mathrm{T}} S_2(Z_2) + \delta_2(Z_2), |\delta_2(Z_2)| \leqslant \lambda_2 \\ e_2 \bar{f}_2 = e_2 W_2^{\mathrm{T}} S_2(Z_2) + e_2 \delta_2(Z_2) \\ \qquad \leqslant \dfrac{b_m}{2a_2^2}e_2^2 \vartheta S_2^{\mathrm{T}} S_2 + \dfrac{1}{2}b_m e_2^2 + \dfrac{1}{2}\dfrac{\lambda_2^2}{b_m} \end{cases} \quad (7\text{-}99)$$

进而将慢子控制器设计为以下形式：

$$\tau_s = -\left(k_2 + \frac{1}{2}\right)e_2 - \frac{1}{2a_2^2}e_2 \vartheta^*\left(S_2^{\mathrm{T}} S_2 - \frac{1}{\vartheta^*}H^{\mathrm{T}} H \hat{a}_2^2\right) \quad (7\text{-}100)$$

然后可以得出如下不等式：

$$e_2 \tau_s \leqslant -k_2 b_m e_2^2 - \frac{1}{2}b_m e_2^2 - \frac{b_m}{2a_2^2}e_2^2 \vartheta^* S_2^{\mathrm{T}} S_2 \quad (7\text{-}101)$$

将式（7-101）和式（7-99）代入式（7-97）中可得

$$\dot{V}_2 \leqslant -k_1 b_m \xi_1^2 - k_2 b_m e_2^2 + \frac{1}{2}a_1^2 + \left[1 - 2\tanh^2\left(\frac{\xi_1}{v}\right)\right]\frac{x_1^2 \mu_0(x_1^2)}{\lambda_0} + \frac{d_0}{\lambda_0} - \frac{\bar{c}}{\lambda_0}r - \frac{b_m}{\Delta}\tilde{\vartheta}\left(\frac{\Delta}{2a_1^2}\xi_1^2 S_1^{\mathrm{T}} S_1 + \frac{\Delta}{2a_2^2}e_2^2 S_2^{\mathrm{T}} S_2 - \dot{\vartheta}^*\right) + \sum_{j=1}^{2}\left[\varepsilon'_{j1} + \varepsilon'_{j2} + \frac{\lambda_j^2}{b_m} + d_j(t)\right] \quad (7\text{-}102)$$

慢子系统控制总设计如下：

$$\begin{cases} \alpha_1(Z_1) = -\dfrac{(F_\psi^2 - e_1^2)e_1}{F_\psi^2}\left[k_1 + \dfrac{1}{2} + \dfrac{1}{2a_1^2}\vartheta^* S_1^{\mathrm{T}}(Z_1)S_1(Z_1)\right] \\ \tau_s = -\left(k_2 + \dfrac{1}{2}\right)e_2 - \dfrac{1}{2a_2^2}e_2 \vartheta^* S_2^{\mathrm{T}} S_2 \\ \dot{\vartheta}^* = \dfrac{\Delta}{2a_1^2}\xi_1^2 S_1^{\mathrm{T}} S_1 + \dfrac{\Delta}{2a_2^2}e_2^2 S_2^{\mathrm{T}} S_2 - \lambda\vartheta^* \end{cases} \quad (7\text{-}103)$$

在上一节中已经介绍过滑模控制的基本原理和优点。本节将在上一节的基础上，为了进一步抑制系统的柔性振动，利用积分流形[25]的概念推导快子系统控制器得到震颤抑制滑模控制器，将弹性力矩 P 定义为一个积分流形：

$$P=p'(q \quad \dot{q} \quad \theta \quad \dot{\theta} \quad \iota \quad \tau) \tag{7-104}$$

式中，p'是一个含有参数 q、θ、ι 和 τ 的光滑可导函数。p'以 ι 为幂的相应的泰勒级数展开式为

$$\begin{aligned}p'=&p'_0(q \quad \dot{q} \quad \theta \quad \dot{\theta} \quad \tau)+\iota p'_1(q \quad \dot{q} \quad \theta \quad \dot{\theta} \quad \tau)+\cdots+\\&\iota^n p'_n(q \quad \dot{q} \quad \theta \quad \dot{\theta} \quad \tau)+\cdots\end{aligned} \tag{7-105}$$

式（7-105）中 $p'_n(q \quad \dot{q} \quad \theta \quad \dot{\theta} \quad \tau)$是关于 ι 的展开，可以迭代计算并由关节柔性生成，并且在慢子系统中被忽略。将慢速变量定义为 $p''(q \quad \dot{q} \quad \theta \quad \dot{\theta} \quad \iota \quad \tau_s)$，当关节刚度系数 $K\to\infty$ 和 $\iota\to\infty$ 时，我们可以得到 $q\to\theta$、$p'\to p''$表示如下：

$$p'=p'_0(q \quad \dot{q} \quad \theta \quad \dot{\theta} \quad \tau)=p'' \tag{7-106}$$

根据式（7-106）中关于慢子系统的泰勒级数展开的高阶项，我们将快变量 N 设计如下：

$$N=P-p'' \tag{7-107}$$

当 $p'\to p''$时，可得

$$\iota\ddot{p}''=-J^{-1}K_1p''+J^{-1}K_1\tau_s \tag{7-108}$$

根据式（7-107）将式（7-108）进一步改写为

$$\iota\ddot{N}=-J^{-1}K_1N+J^{-1}K_1\tau_f \tag{7-109}$$

根据以上推导，我们将快子系统重写为

$$\iota\ddot{p}'_0=-J^{-1}K_1\ddot{p}'_0+J^{-1}K_1\tau'_f \tag{7-110}$$

其中 $\tau'_f=\tau_f-P-JK_1^{-1}\ddot{P}$。

为快子系统重新定义滑模面为

$$s_f=A_fN+\dot{N} \tag{7-111}$$

式中，A_f 是正常数对角矩阵，将式（7-111）代入式（7-110）中可得

$$\dot{s}_f=A_f\dot{N}+\ddot{P}+\iota^{-1}[J^{-1}K_1p'_0+J^{-1}K_1\tau'_f] \tag{7-112}$$

由上一节可知，滑动模式下的控制律切换不是瞬时完成的，并且滑动面通常不是严格已知，这是导致控制器出现振动和系统不稳定的重要原因。为了减少滑模控制器内部的抖振现象，趋近律[26]被重新设计为

$$\dot{s}_f=-\sigma\mathrm{sat}(s_f)+B_fs_f \tag{7-113}$$

式中，σ 和 B_f 是正常数对角矩阵；sat(·)是饱和函数。经过以上推导那么滑模控制律可设计为

$$\tau'_f=[A_f\dot{N}+\iota^{-1}J^{-1}K_1p'_0+\sigma\mathrm{sat}(s_f)-B_fs_f]\frac{\iota J^{-1}}{K_1} \tag{7-114}$$

结合式（7-107）、式（7-111）和式（7-112），可以推导得出震颤抑制滑模控制器为

$$\tau_f = \sigma' \mathrm{sat}(s_f) + K_p N + K_d \dot{N} \tag{7-115}$$

其中 $\sigma' = \iota K_1^{-1} J \sigma$，$K_p = \iota K_1^{-1} J A_f B_f$，$K_d = \iota K_1^{-1} J(A_f + B_f)$。

7.4.3　稳定性分析

在本节中，将利用李雅普诺夫理论对慢子系统和快子系统进行稳定性分析。

定理 7-1　在本章假设 7-1 到假设 7-3 成立并且未知函数 $\bar{f}$ 由具有有界近似误差的模糊逻辑系统来近似的前提下，如果跟踪误差 $e(t)$ 的初始条件满足 $e(0) < F_\psi(0)$，那么以下性质成立：

1）闭环系统中的所有信号都是半全局的、一致的和最终有界的。

2）输出跟踪误差 $e(t) = y(t) - y_d(t)$ 小于式（7-68）所给出的漏斗边界，且在跟踪期望轨迹 $y_d(t)$ 时，输出跟踪误差的瞬态和稳态期间都满足规定的性能。

由式（7-95）可得

$$\tilde{\vartheta}\vartheta^* \leqslant \tilde{\vartheta}(\vartheta - \tilde{\vartheta}) \leqslant -\frac{1}{2}\tilde{\vartheta}^2 + \frac{1}{2}\vartheta^2 \tag{7-116}$$

将式（7-116）代入式（7-102）中可得

$$\begin{aligned}\dot{V}_2 \leqslant & -k_1 b_m \xi_1^2 - k_2 b_m e_2^2 + \frac{1}{2}a_1^2 + \left[1 - 2\tanh^2\left(\frac{\xi_1}{v}\right)\right]\frac{x_1^2 \mu_0(x_1^2)}{\lambda_0} + \\ & \frac{d_0}{\lambda_0} - \frac{\bar{c}}{\lambda_0}r - \frac{\lambda b_m}{2\Delta}\tilde{\vartheta}^2 + \frac{\lambda b_m}{2\Delta}\vartheta^2 + \sum_{j=1}^{2}\left[\varepsilon'_{j1} + \varepsilon'_{j2} + \frac{\lambda_j^2}{b_m} + d_j(t)\right]\end{aligned} \tag{7-117}$$

将 D_j 定义为如下形式：

$$D_j = \varepsilon'_{j1} + \varepsilon'_{j2} + \frac{\lambda_j^2}{b_m} + d_j(t) \tag{7-118}$$

那么式（7-117）可以重写为如下表达式：

$$\begin{aligned}\dot{V}_2 \leqslant & -k_1 b_m \xi_1^2 - k_2 b_m e_2^2 + \frac{1}{2}a_1^2 + \left[1 - 2\tanh^2\left(\frac{\xi_1}{v}\right)\right]\frac{x_1^2 \mu_0(x_1^2)}{\lambda_0} + \\ & \frac{d_0}{\lambda_0} - \frac{\bar{c}}{\lambda_0}r - \frac{\lambda b_m}{2\Delta}\tilde{\vartheta}^2 + \frac{\lambda b_m}{2\Delta}\vartheta^2 + \sum_{j=1}^{2} D_j\end{aligned} \tag{7-119}$$

控制增益 k_1 和 k_2 定义为

$$k_1 = \frac{1}{4b_m}\Pi_1, k_2 = \frac{1}{2b_m}\Pi_2 \tag{7-120}$$

定义中间变量 A_0、B_0 为

$$\begin{cases} A_0 = \min[\Pi_1, \Pi_2, \bar{c}, \lambda] \\ B_0 = \dfrac{d_0}{\lambda_0} + \sum\limits_{j=1}^{2} D_j + \dfrac{\lambda b_m}{\Delta}\vartheta^2 \end{cases} \tag{7-121}$$

将式（7-121）代入式（7-119）可得

$$\dot{V}_2 \leqslant -A_0 V + B_0 + \left[1 - 2\tanh^2\left(\frac{\xi_1}{v}\right)\right]\frac{x_1^2\mu_0(x_1^2)}{\lambda_0} \tag{7-122}$$

令 $T=[1-2\tanh^2(\xi_1/v)]([x_1^2\mu_0(x_1^2)]/\lambda_0)$，很容易发现 T 值的正负取决于 ξ_1 的大小。因此考虑下面两种情况：

（1）当 $\xi_1 \in \Omega_{\xi_1} = \{\xi_1 \mid |\xi_1| < 0.8814v\}$时

从式（7-73）不难看出 x_1 和 ξ_1 都是有界的，并且 $\dot{y}_d$ 是给定的有界参考信号。由于$\mu_0(x_1^2)$是非负可导函数，那么 T 也是有界的，假设 c_0 为其边界，那么可以得出

$$\dot{V}_2 \leqslant -A_0 V + T_0 \tag{7-123}$$

式中，$T_0 = B_0 + c_0$，因此上式满足以下不等式：

$$0 \leqslant V_2 \leqslant \left[V(0) - \frac{T_0}{A_0}\right]e^{-A_0 t} + \frac{T_0}{A_0} \tag{7-124}$$

（2）当 $\xi_1 \notin \Omega_{\xi_1}$时

通过引理 4.2 和不等式$[x_1^2\mu_0(x_1^2)]/\lambda_0 \geqslant 0$ 可知

$$\left[1 - 2\tanh\left(\frac{\xi_1}{v}\right)\right]\frac{x_1^2\mu_0(x_1^2)}{\lambda_0} \leqslant 0 \tag{7-125}$$

因此式（7-123）可以简化为

$$\dot{V}_2 \leqslant -A_0 V + B_0 \tag{7-126}$$

接下来可以得到

$$0 \leqslant V_2(t) \leqslant \left[V(0) - \frac{B_0}{A_0}\right]e^{-A_0 t} + \frac{B_0}{A_0} \tag{7-127}$$

那么从式（7-124）和式（7-127）可推导得出

$$0 \leqslant V_2(t) \leqslant V(0)e^{-A_0 t} + \frac{T_0}{A_0} \leqslant V(0) + \frac{T_0}{A_0}, t > 0 \tag{7-128}$$

因此可以从式（7-128）得出结论：控制系统中所有闭环系统信号都是有界的。并且从 V_1 和式（7-128）中可以得出

$$\frac{1}{4}\xi_1^2 = \frac{1}{4}\frac{e_1^4}{(F_\psi^2 - e_1^2)^2} \leqslant V(0) + \frac{J_0}{A_0} \tag{7-129}$$

$$\left[1 - 4\left(V(0) + \frac{T_0}{A_0}\right)\right]e_1^4 \leqslant 4\left[V(0) + \frac{T_0}{A_0}\right](F_\psi^4 - 2F_\psi^2 e_1^2) \tag{7-130}$$

通过选择合适的初始条件和控制设计参数，可以得到以下结果：

$$\left[1 - 4\left(V(0) + \frac{J_0}{A_0}\right)\right] \geqslant 0 \tag{7-131}$$

从式（7-130）和式（7-131）可以推导得出

$$(F_\psi^4 - 2F_\psi^2 e_1^2) \geqslant 0 \tag{7-132}$$

那么可以很容易证明得到

$$|e_1| = |y - y_d| \leqslant \frac{F_\psi}{\sqrt{2}} < F_\psi \tag{7-133}$$

那么从以上推导过程可以得出的结论是：系统输出跟踪误差小于规定的漏斗边界，并且通过选择合适的设计参数，误差可以任意小。

针对快子系统稳定性分析研究，定义 $m_{\max}(\cdot)$ 和 $n_{\min}(\cdot)$ 分别为矩阵的最大奇异值和最大特征值。若以下不等式成立：

$$2n_{\min}(B_f)n_{\min}(A_f) - \frac{1}{4}m_{\max}^2(A_f) > 0 \tag{7-134}$$

那么当 $t\to\infty$ 时，$\|N\|$，$\|\dot{N}\|\to 0$，这表明系统误差是渐进收敛的。

定义如下的李雅普诺夫函数：

$$V_2 = \iota^{-1}\left[s_f^{\mathrm{T}} s_f + \frac{1}{2}(A_f N)^{\mathrm{T}}(A_f N)\right] \tag{7-135}$$

不难看出 V_2 是正定的。取 V_2 对快时间尺度 $\iota^{-1}t$ 下的导数得

$$\dot{V}_2 = 2s_f^{\mathrm{T}}\{A_f\dot{N} - K[(M^{-1} + J^{-1})N + J^{-1}\tau_f]\} + s_f^{\mathrm{T}}A_f\dot{N} - \dot{N}^{\mathrm{T}}A_f\dot{N} \tag{7-136}$$

将式（7-115）代入式（7-136）可得以下不等式

$$\dot{V}_2 \leqslant -2s_f^{\mathrm{T}}\sigma'\mathrm{sat}(s_f) - [s_f^{\mathrm{T}} \quad \dot{N}^{\mathrm{T}}]D_1[s_f^{\mathrm{T}} \quad \dot{N}^{\mathrm{T}}]^{\mathrm{T}} \tag{7-137}$$

其中：

$$D_1 = \begin{bmatrix} 2n_{\min}(B_f) & -\frac{1}{2}m_{\max}(A_f) \\ -\frac{1}{2}m_{\max}(A_f) & n_{\min}(A_f) \end{bmatrix} \tag{7-138}$$

为了保证 $\dot{V}_2$ 是负定的，同时考虑饱和函数 sat(·)的单调性，D_1 应该是正定的，即通过适当选择正定常数对角矩阵 A_f 和 B_f 来满足不等式（7-134）。因此，如果满足约束条件［见式（7-134）］，则快子系统是渐近稳定的。

7.4.4 仿真研究

本节通过 Matlab 仿真实验来验证我们所设计的模糊自适应漏斗控制器和震颤抑制滑模控制器的控制性能。仿真研究对象的动力学模型参数同上节一致，通过对一个 2 自由度下肢康复外骨骼柔性关节的仿真，分析下肢康复外骨骼柔性关节的动力学特性。

定义如下参数：

$$\begin{cases} \dot{z} = -z + x_1^2 + 1 \\ \alpha_1(|z|) = 0.5z^2 \\ \mu(|x_1|) = 2.5x_1^2 \\ c_0 = 1.25, d_0 = 0.875 \end{cases} \tag{7-139}$$

那么动态信号 $\dot{r}$ 表达式为

$$\dot{r} = -r + 2.5x_1^2 + 0.875 \tag{7-140}$$

定义模糊变量 Z_1，Z_2 为

$$\begin{cases} Z_1 = [\bar{x}_1, \bar{y}_d^{(1)\mathrm{T}}, r]^\mathrm{T} \\ Z_2 = [\bar{x}_2, \bar{y}_d^{(2)\mathrm{T}}, r, \vartheta^*]^\mathrm{T} \end{cases} \tag{7-141}$$

为了构建模糊自适应漏斗控制器，在区间 $[-10,10]$ 之间定义 11 个模糊集。本文选择高斯型隶属函数定义如下：

$$\mu F_i^j(x_i) = \mathrm{e}^{-0.5(x_i - c_j)^2}, 1 \leqslant i \leqslant 7, 1 \leqslant j \leqslant 11 \tag{7-142}$$

式中，$x_3 = y_d$；$x_4 = \dot{y}_d$；$x_5 = \ddot{y}_d$；$x_6 = r$；$x_7 = \vartheta^*$；$c_j = 10 - 2(j-1)$。

定义基函数向量为

$$\begin{cases} S_1^j = \dfrac{\mu F_1^j(x_1)\mu F_3^j(x_3)\mu F_5^j(x_5)\mu F_6^j(x_6)}{\sum_{j=1}^{11}[\mu F_1^j(x_1)\mu F_3^j(x_3)\mu F_5^j(x_5)\mu F_6^j(x_6)]} \\ S_2^j = \dfrac{\prod_{i=1}^{7}\mu F_i^j(x_i)}{\sum_{j=1}^{11}[\prod_{i=1}^{7}\mu F_i^j(x_i)]} \\ S_i(Z_i) = [S_i^1, S_i^2, \cdots, S_i^{11}]^\mathrm{T}, i = 1,2 \end{cases} \tag{7-143}$$

本节控制器主要参数见表 7-1。将初始期望轨迹信号设计为

$$y_{d_1} = \sin(t), y_{d_2} = \cos(t) \tag{7-144}$$

表 7-1 控制器主要参数

参数	数值	参数	数值
γ_0	10	γ_∞	0.5
k_1	30	k_2	2
a_1	1	a_2	2
λ	0.25	Δ	0.1
β	2	ε	2.5
Y_1	$\begin{bmatrix} 0 & 10 \\ -10 & 0 \end{bmatrix}$	Y_2	$\begin{bmatrix} 0 & 20 \\ -20 & 0 \end{bmatrix}$
H	$\begin{bmatrix} 55 & 0 \\ 0 & 55 \end{bmatrix}$	σ'	$\begin{bmatrix} 0.001 & 0 \\ 0 & 0.001 \end{bmatrix}$
A_f	$\begin{bmatrix} 400 & 0 \\ 0 & 400 \end{bmatrix}$	B_f	$\begin{bmatrix} 250 & 0 \\ 0 & 250 \end{bmatrix}$
K_p	$\begin{bmatrix} 1 & 0 \\ 0 & 1 \end{bmatrix}$	K_d	$\begin{bmatrix} 0.65 & 0 \\ 0 & 0.65 \end{bmatrix}$

为了验证柔性关节收敛速度，我们将初始关节角度和速度设置为

$$\begin{bmatrix} q_1 & \dot{q}_1 & q_2 & \dot{q}_2 \\ \theta_1 & \dot{\theta}_1 & \theta_2 & \dot{\theta}_2 \end{bmatrix} = \begin{bmatrix} 11 & 0 & 0 & 0 \\ 11 & 0 & 0 & 0 \end{bmatrix} \text{rad} \tag{7-145}$$

在图7-12中和图7-13中显示了2自由度柔性关节位置跟踪轨迹。如图所示，当位置误差较大时收敛速度非常快，在0.4s左右将位置误差控制在1rad内且未出现明显振动。并且随着轨迹误差变小收敛速度也变小并保持跟踪，很明显控制器达到了预期的效果。

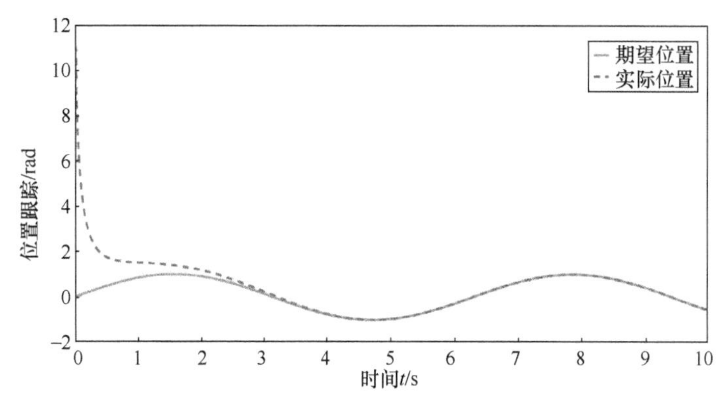

图7-12　柔性关节1位置跟踪图

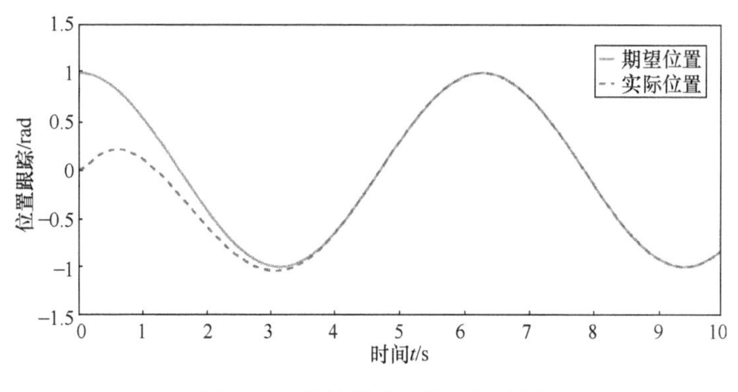

图7-13　柔性关节2位置跟踪图

如图7-14和图7-15所示，2自由度柔性关节的速度跟踪误差在1s迅速收敛衰减并趋近于零且未出现明显振动，在之后剩余时间都稳定跟踪。极小的速度误差和柔顺的速度控制提高了柔性关节人机交互的安全性，减少了柔性关节在工作过程中的柔性振动，符合最初的研究理念。

如图7-16所示，该图显示了2自由度柔性关节位置误差在模糊自适应漏斗内演化的过程。可以发现即使初始位置出现误差，模糊自适应漏斗控制器也能将位置误差快速地约束在漏斗边界内，证明了本节设计的模糊自适应漏斗控制器的有效性。综上所述，与上一节所设计的控制器相比，本节所设计的模糊自适应漏斗控制器（FFC）和震颤抑制滑模控制器（TMSC）组合在误差约束、收敛速度和柔性振动抑制方面的控制性能都有较大的提升。

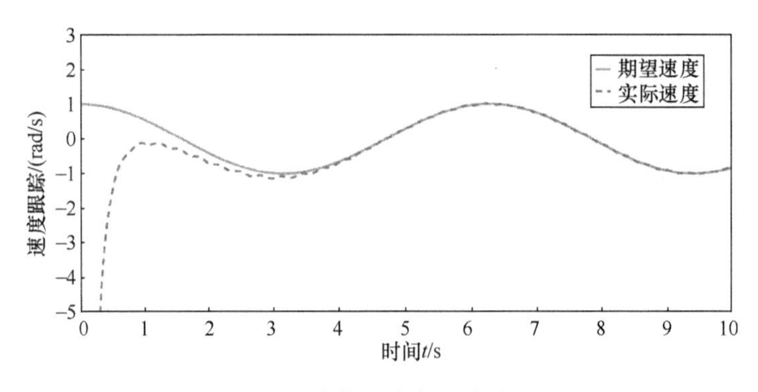

图 7-14　关节 1 速度跟踪误差图

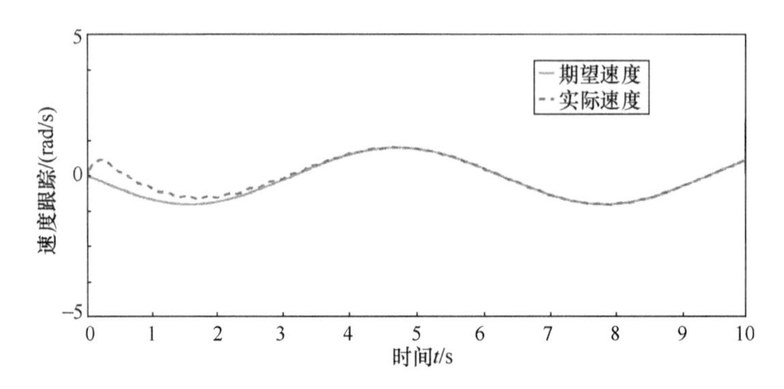

图 7-15　关节 2 速度跟踪误差图

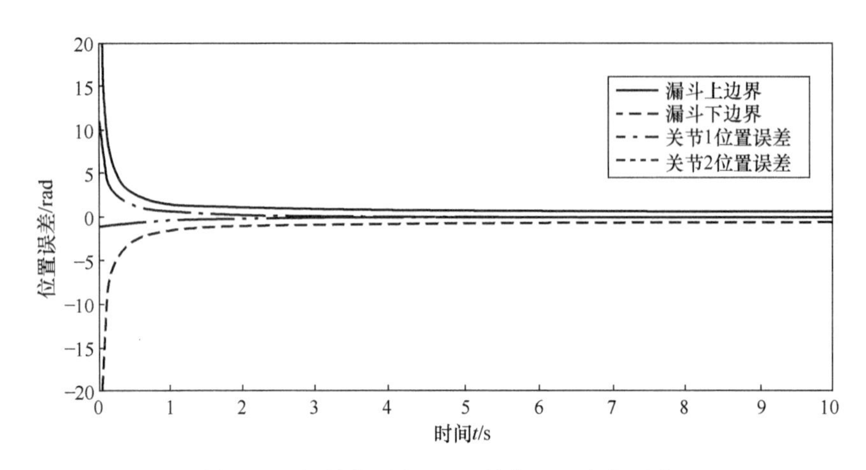

图 7-16　初始位置为 11rad 的位置跟踪误差图

7.4.5　小结

本节在上一节所研究的内容的基础上，考虑到外骨骼柔性关节在实际工作环境中部分动力学模型和人机交互力都是无法精确得到的情况，使用模糊逻辑系统来逼近未知动力学模型参数，以确保闭环系统中的所有信号都是半全局、一致的且最终有界的。对慢子系统提出了一种模糊自适应漏斗控制器和改进的漏斗误差变换，以实现控制跟踪误差的边界。针对快子系统，构造了在快时间尺度内完全抑制柔性振动的震颤抑制滑模控制器，以加快误差收敛速度和提高跟踪精度。并对系统的稳定性分析给出了详细的证明，最后仿真实验验证了理论结果。

7.5　基于观测器的外骨骼自适应控制

7.5.1　引言

在实际应用中下肢康复外骨骼柔性关节常受到未知干扰，因此本节提出了一种新型的非线性干扰观测器的组合。系统所受的外部未知干扰 ρ，采用符号函数进行近似处理，并由外生系统表示。未知干扰 ρ 的估计可以与系统总控制器分别设计引入。通过将非线性干扰观测器与积分滑模慢子控制器相结合，构造一个干扰观测器加积分滑模控制器的整体控制组合来补偿、估计未知干扰和对柔性关节系统进行控制，同时针对快子系统设计一个速度差值反馈控制器来抑制振动，实现闭环系统的渐进稳定性。

7.5.2　基于观测器的控制设计

柔性关节外骨骼在实际应用中会受到不同类型的干扰，这些干扰会对其性能产生负面的效果。因此为了达到规定的性能，必须采用某种形式的干扰抑制或抵消。例如：自适应控制[26]、预测控制[14]和滑模控制[15]等都是柔性关节常用的干扰抑制方法。以上常用的单一方法并不能满足本书对柔性关节控制精度的要求，所以在本节引入了积分滑模控制结合干扰观测器的控制组合方法来估计和抵消未知干扰从而提高柔性关节的控制精度。如图 7-17 所示，该框图为柔性关节应用干扰观测器抵消未知干扰的过程。

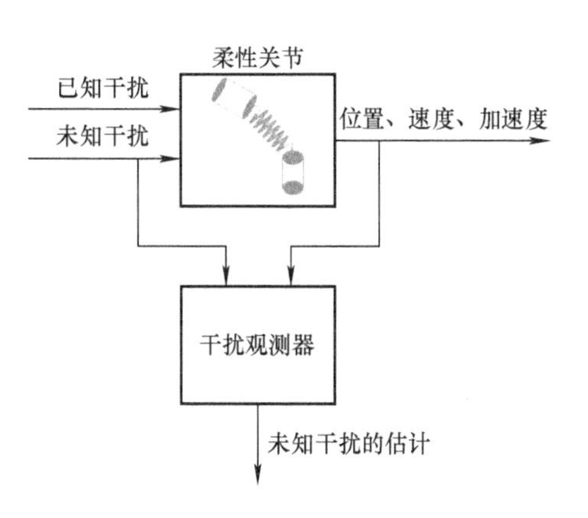

图 7-17　干扰观测器作用原理

干扰观测器主要的作用是将作用在柔性关节上的所有内部和外部未知干扰集中为一个扰动项，然后使用干扰观测器来估计这个未知项。干扰观测器的输出可以用于扰动的前馈补偿。由于这种补偿的前馈性质，干扰观测器可以在不使用数值较大的反馈增益的情况下提供快速、优异的跟踪性能和平滑的控制动作[27]。例如，干扰观测器可以用于独立的联合控制，其中联合耦合、负载变化和动态不确定性被统称为集中扰动项[28]。针对集中扰动项，干扰观测器和 H_∞ 控制[29]、终端滑模控制[30]和自适应分层抗扰动控制[31]的复合控制组合对干扰的抵消和抑制都有良好的表现。本书观测设计思路将延续前面所述的控制思想，将干扰观测器与系统控制器组合起来对柔性关节系统进行控制。且本书在原有的基础干扰观测器基础上，提出了一个改进的新型干扰观测器，形成一个观测器组合实现对整体外部干扰的抵消和补偿。

如图 7-18 所示，具体观测器设计原理包括以下六个关键步骤：

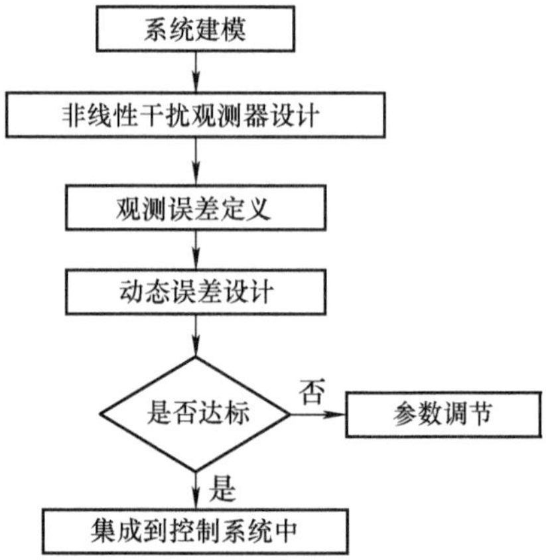

1）系统建模：首先需要对柔性关节系统进行建模分析，包括重要的系统动态和非线性扰动的特性。

2）非线性干扰观测器的设计：在确定柔性关节系统模型之后，我们需要依据系统非线性扰动的特点设计一个动态系统，用于估计系统的扰动。

3）观测误差定义：定义观测误差，即估计的扰动与实际扰动之间的差异。通常由某种误差函数实现（例如平方差或绝对误差）。

4）动态误差设计：根据观测误差的定义来设计动态误差，使得观测误差值呈收敛至零的状态（通常由滤波器或控制律来实现）。

5）参数调节：对于已经设计好的非线性干扰观测器，需要进行参数调节以确保其性能的稳定性和可靠性。

6）集成到控制系统中：将设计好的非线性干扰观测器集成到整个控制系统中，用于实时估计和补偿系统中的非线性扰动。

系统建模
非线性干扰观测器设计
观测误差定义
动态误差设计
是否达标
否
参数调节
是
集成到控制系统中

图 7-18　观测器设计步骤

上一节中，已经推导得出了一般形式的外骨骼柔性关节动力学模型。本节考虑动力学模型中的未知干扰，将设计一个新型干扰观测器组合[32]用于估计并抵消外骨骼柔性关节在运动过程中受到的外部扰动。

为了估计未知干扰 ρ，需做出以下假设：

假设 7-4　假设非线性系统［见式（7-23）］从扰动 ρ 到输出的相对程度为 $r_i(r_i>1)$，使得 $m_i(x)=\hat{L}\hat{L}_F^{r_i-1}x_i$ 在其运算区域内相对于 x 有界。其中 $\hat{L}$ 为 Lie 函数。

假设 7-5　ρ 表示在实际工程应用中普遍存在的未知干扰。

$$\begin{cases}\dot{a}_i(t)=Y_i a_i(t)\\ \rho=Ha_i(t)\end{cases}\tag{7-146}$$

式中，$a_i>0(i=1,2)$，是外生干扰系统的内部状态，$Y_i(i=1,2)$ 与 H 是系数矩阵。在许多情况下干扰可以被写为具有初始条件和未知参数的外生动力学系统。因此，外生动力学系统可以用来描述柔性关节在实际应用中的一些未知干扰和一些具有部分已知信息的干扰。上述中的系数矩阵 a_i 和 Y_i 可以写为如下形式：

$$Y_i=\begin{bmatrix}0 & a_i\\ -a_i & 0\end{bmatrix}\tag{7-147}$$

$$H=\begin{bmatrix}h & 0\\ 0 & h\end{bmatrix}\tag{7-148}$$

式中，$a_i>0$ 表示扰动频率；h 为常数。为了估计未知干扰 ρ，本文将设计如下基本干扰观测器：

$$\begin{cases}\dot{a}_1(t)=Y_1a_1(t)+l_1(x_1)(\dot{x}_1-x_2)\\ \dot{a}_2(t)=Y_2a_2(t)+l_2(x_2)\overline{F}_1\end{cases}\tag{7-149}$$

式中，$l_i(x_i)$ 是观测器的非线性增益函数，且函数 $\overline{F}_1$ 的表达式如下：

$$\overline{F}_1=\dot{x}_2+M^{-1}(x_1)[C(x_1,x_2)x_2+G(x_1)-\tau_s-\rho]\tag{7-150}$$

然而此基本干扰观测器由于需要状态的导数 $\dot{x}_i$，所以在柔性关节实际应用中的效果并不理想。

为了估计在具有控制输入的不同信道中进入系统的未知干扰 ρ，引入辅助向量来代替基本观测器的状态。在改进了基本观测器［见式（7-149）］之后，通过以下公式构造了一个新型非线性干扰观测器：

$$\begin{cases}\dot{g}_1(t)=Y_1g_1(t)+Y_1p_1(x_1)-l_1(x_1)x_2\\ \dot{g}_2(t)=[Y_2-l_2(x_2)M^{-1}(x_1)H]g_2+Y_2p_2(x_2)-l_2(x_2)\overline{F}_2\\ \hat{a}_i(t)=g_i(t)+p_i(x_i)\\ \rho=H\hat{a}_i(t)\end{cases}\tag{7-151}$$

函数 $\overline{F}_2$ 的表达式如下：

$$\overline{F}_2=M^{-1}(x_1)Hp_2(x_2)-M^{-1}(x_1)[C(x_1,x_2)x_2+G(x_1)-\tau_s-\rho]\tag{7-152}$$

其中 $\hat{a}_i(t)$，$(i=1,2)$ 是 a_i 的估计值，$g_i(t)\in\mathfrak{R}^{m\times1}$ 是非线性干扰观测器的辅助向量。$p_i(x_i)\in\mathfrak{R}^{m\times1}$ 是非线性函数，且非线性干扰观测器的增益函数 $l_i(x_i)$ 表达式如下：

$$l_i(x_i)=\frac{\partial p_i(x_i)}{\partial x_i}\tag{7-153}$$

定义非线性干扰观测器的估计误差为

$$\bar{e}_i = a_i(t) - \hat{a}_i(t) \tag{7-154}$$

根据以上公式，观测器动态误差可以写为以下形式：

$$\begin{cases} \dot{\bar{e}}_1 = (Y_1 - l_1 M^{-1} H)\bar{e}_1 \\ \dot{\bar{e}}_2 = (Y_2 - l_2 M^{-1} H)\bar{e}_2 \end{cases} \tag{7-155}$$

式（7-155）可总结为以下表达式：

$$\dot{\bar{e}} = (Y - lM^{-1}H)\bar{e} \tag{7-156}$$

其中

$$\begin{cases} \bar{e} = [e_1 \quad e_2]^{\mathrm{T}} \\ Y = \mathrm{diag}\{Y_1 \quad Y_2\} \\ l = \mathrm{diag}\{l_1(x_1) \quad l_2(x_2)\} \end{cases} \tag{7-157}$$

7.5.3 稳定性分析

在本节中需要设计一个连续的有界函数矩阵 $l(x)$，使得扰动估计误差系统［见式（7-156）］是渐进稳定的。基于假设 7-4，将函数 $p_i(x_i)$ 构造为以下形式：

$$p_i(x_i) = D_i \hat{L}_{\bar{F}}^{r_i - 1} x_i \tag{7-158}$$

式中，D_i 是观测器增益矩阵的分量，将式（7-158）代入式（7-153）可以得到

$$l_i(x_i) = D_i \frac{\partial \hat{L}_{\bar{F}}^{r_i - 1} x_i}{\partial x_i} \tag{7-159}$$

根据假设定义 $m_i(x)$：

$$m_i(x) = \hat{L}\hat{L}_{\bar{F}}^{r_i - 1} x_i = \frac{\partial \hat{L}_{\bar{F}}^{r_i - 1} x_i}{\partial x} \tag{7-160}$$

可以得到如下表达式：

$$l_i(x_i) = D_i m_i(x) \tag{7-161}$$

如果存在一个常数 $m_{0i} > 0$ 和一个有界非线性函数 $m_{ii}(x)$ 满足以下等式：

$$m_i(x) = m_{0i} + m_{ii}(x) \tag{7-162}$$

式中，m_{0i}是 $m_i(x)$ 的最小值且 $m_{ii}^2(x) \leqslant \overline{m}_{ii}^2$，$\overline{m}_{ii}$是一个已知常数。那么非线性观测器动态估计误差可以描述为以下等式：

$$\dot{\bar{e}} = [\overline{Y} - DN(x)H]\bar{e} \tag{7-163}$$

式中，D 是观测器增益矩阵的分量，且上式中各个参数的定义如下：

$$\begin{cases} \overline{Y} = Y - D\overline{M}H \\ D = \mathrm{diag}\{D_1, D_2\} \\ \overline{M} = \mathrm{diag}\{m_{01}, m_{02}\} \\ N(x) = \mathrm{diag}\{m_{11}(x), m_{22}(x)\} \\ l\overline{M}^{-1} = \widetilde{K}m(x) \end{cases} \tag{7-164}$$

定义以下矩阵

$$\widetilde{M} = \mathrm{diag}\{\widetilde{m}_{11}^{-1}, \widetilde{m}_{22}^{-1}\} \tag{7-165}$$

其中 $\widetilde{m}_{ii}^{-1}$ 是已知常数且有

$$|\widetilde{m}_{ii}| \geqslant |m_i(x)| \tag{7-166}$$

根据上式则以下不等式成立：

$$N(x)N^{\mathrm{T}}(x) \leqslant (\widetilde{M}^{-1})^2 \tag{7-167}$$

根据以上不等式则可以得到以下不等式。对于给定的矩阵 $\overline{M}$ 和 $\widetilde{M}$，如果存在矩阵 $I>0$ 和 Y 则满足：

$$\begin{bmatrix} Y^{\mathrm{T}}I + YI - H^{\mathrm{T}}\overline{M}^{\mathrm{T}}Y - Y\overline{M}H + H^{\mathrm{T}}H & Y \\ Y^{\mathrm{T}} & -\widetilde{M}^2 \end{bmatrix} < 0 \tag{7-168}$$

其中 $D = I^{-1}Y$，那么具有非线性观测器增益函数非线性干扰观测器［见式（7-151）］和扰动误差估计是渐近稳定的，证明如下：
考虑以下李雅普诺夫函数：

$$V(\bar{e}) = \bar{e}^{\mathrm{T}} I \bar{e} \tag{7-169}$$

通过对李雅普诺夫函数关于时间的微分可以得到

$$\begin{aligned} \dot{V}(\bar{e}) &= \dot{\bar{e}}^{\mathrm{T}} I \bar{e} + \bar{e}^{\mathrm{T}} I \dot{\bar{e}} \\ &= \bar{e}^{\mathrm{T}}\{\overline{Y}^{\mathrm{T}}I + I\overline{Y} + YN(x)N^{\mathrm{T}}(x)Y^{\mathrm{T}} + \\ &\quad H^{\mathrm{T}}H - [YN(x) + H^{\mathrm{T}}][YN(x) + H^{\mathrm{T}}]^{\mathrm{T}}\}\bar{e} \\ &\leqslant \bar{e}^{\mathrm{T}}[\overline{Y}^{\mathrm{T}}I + I\overline{Y} + Y(\widetilde{M}^{-1})2Y^{\mathrm{T}} + H^{\mathrm{T}}H]\bar{e} \\ &= \bar{e}^{\mathrm{T}}\Omega\bar{e} \end{aligned} \tag{7-170}$$

其中

$$\begin{aligned} \Omega = {} & \overline{Y}^{\mathrm{T}}I + I\overline{Y} + Y(\widetilde{M}^{-1})^2Y^{\mathrm{T}} + \\ & H^{\mathrm{T}}H - H^{\mathrm{T}}\overline{M}^{\mathrm{T}}Y^{\mathrm{T}} - Y\overline{M}H \end{aligned} \tag{7-171}$$

基于 Schur 补理论，式（7-171）相当于 $\Omega<0$，因此我们可以很容易得到 $\dot{V}(\bar{e})<0$，则干扰误差估计系统是渐近稳定的。

7.5.4　仿真研究

将此非线性干扰观测器嵌入到 7.4 节所设计的控制器中，可以得到自适应模糊漏斗慢子系统控制总设计为

$$\begin{cases} \alpha_1(Z_1) = -\dfrac{(F_\psi^2 - e_1^2)e_1}{F_\psi^2}\left[k_1 + \dfrac{1}{2} + \dfrac{1}{2a_1^2}\vartheta^* S_1^{\mathrm{T}}(Z_1)S_1(Z_1)\right] \\ \tau_s = -\left(k_2 + \dfrac{1}{2}\right)e_2 - \dfrac{1}{2a_2^2}e_2\vartheta^*\left(S_2^{\mathrm{T}}S_2 - \dfrac{1}{\vartheta^*}H^{\mathrm{T}}H\hat{a}_2^2\right) \\ \dot{\vartheta}^* = \dfrac{\Delta}{2a_1^2}\xi_1^2 S_1^{\mathrm{T}}S_1 + \dfrac{\Delta}{2a_2^2}e_2^2 S_2^{\mathrm{T}}S_2 - \lambda\vartheta^* \end{cases} \tag{7-172}$$

接下来将针对前文控制器中非线性干扰观测器的效果进行仿真。仿真研究对象的动力学模型参数同前文一致。

7.4 节中外源性未知干扰 ρ 及其估计如图 7-19 和图 7-20 所示。可以明显看出在 0.3s 内非线性干扰观测器就快速跟踪上未知干扰 ρ，并且在之后的时间内都稳定跟踪预设轨迹，最大跟踪误差小于 0.1rad，达到了本书预定的跟踪效果。这也从另一方面证明了本章控制器组合设计的优越性。图 7-21 和图 7-22 直观地表示了非线性干扰观测器的跟踪误差。跟踪误差在 1s 内快速收敛并衰减到零附近，并且在之后的时间内误差都在预期范围内波动，达到了理想的误差收敛效果。

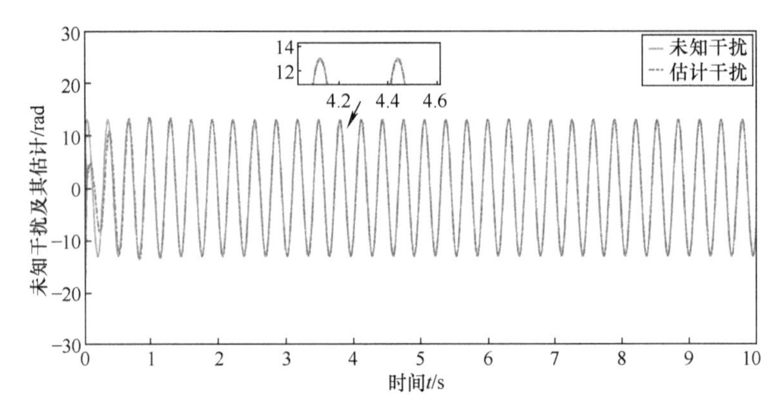

图 7-19　关节 1 外源性干扰及其估计图

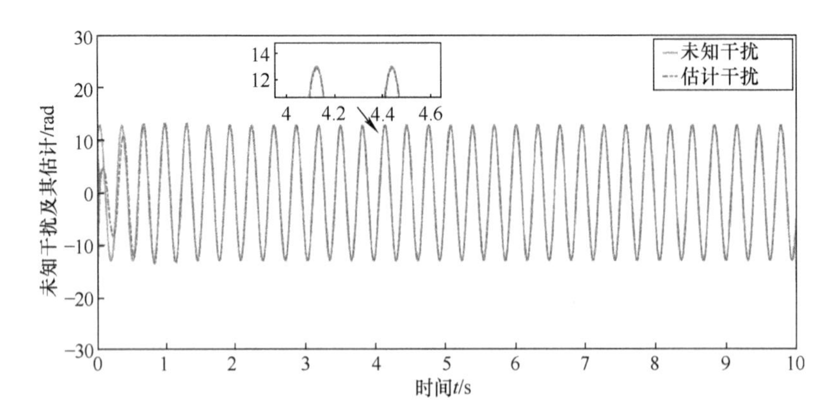

图 7-20　关节 2 外源性干扰及其估计图

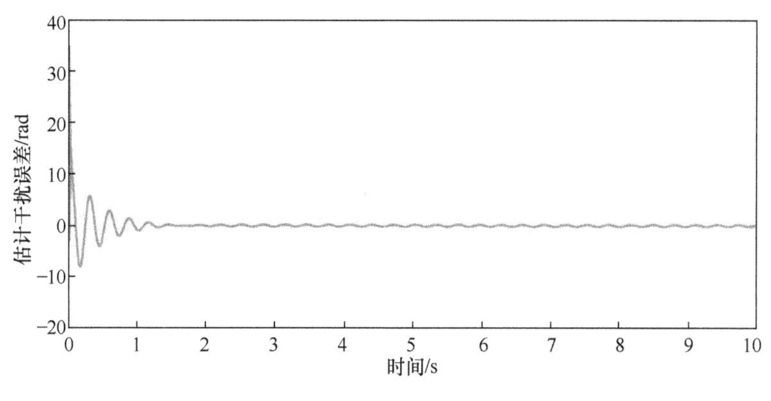

图 7-21　关节 1 干扰估计误差图

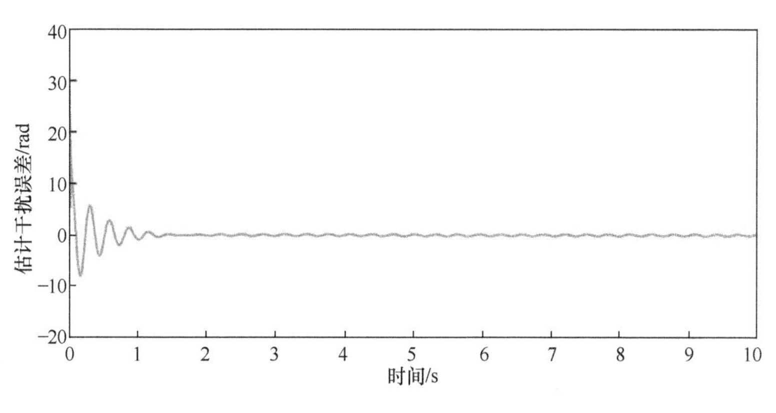

图 7-22　关节 2 干扰估计误差图

7.5.5　小结

本节针对存在外部未知干扰的柔性关节系统，设计了一个非线性干扰观测器的组合用来抵消外部扰动，以满足未知干扰的观测和补偿与轨迹的跟踪控制，将所设计的非线性干扰观测器嵌入到模糊自适应漏斗控制器中。然后以 2 自由度的外骨骼柔性关节为例进行了 Matlab 仿真，验证了该观测器组合的有效性与可行性。

7.6　本章总结

本章主要针对外骨骼柔性关节控制方法进行研究，首先针对外骨骼柔性关节建立了完整的动力学模型，其次针对柔性关节的振动抑制与干扰抵消的问题，设计了模糊自适应漏斗慢子控制器、非奇异终端震颤抑制滑模快子控制器、线性干扰观测器。最后理论研究部分都以 2 自由度的康复外骨骼柔性关节为模型进行了仿真实验。

参考文献

[1] Rosales-Luengas Y, Espinosa-Espejel K I, Lopéz-Gutiérrez R, et al. Lower limb exoskeleton for rehabilitation with flexible joints and movement routines commanded by electromyography and baropodometry sensors [J]. Sensors, 2023, 23 (11): 5252.

[2] Li J, He Y, Sun J, et al. A dual-drive four joint times-haring control walking power-assisted flexible exoskeleton robot system [J]. Robotica, 2023, 41 (3): 821-832.

[3] Liu B, Liu Y W, Zhou Z, et al. Control of flexible knee joint exoskeleton robot based on dynamic model [J]. Robotica, 2022, 40 (9): 2996-3012.

[4] Xue T, Wang Z, Zhang T, et al. Adaptive oscillator-based robust control for flexible hip assistive exoskeleton [J]. IEEE Robotics and Automation Letters, 2019, 4 (4): 3318-3323.

[5] He Y, Liu J, Li F, et al. Design and analysis of a lightweight lower extremity exoskeleton with novel compliant ankle joints [J]. Technology and Health Care, 2022, 30 (4): 881-894.

[6] 刘楚辉. 自适应控制的应用研究综述 [J]. 组合机床与自动化加工技术, 2007 (1): 1-4.

[7] 张恩勤, 施颂椒, 高卫华, 等. 模糊控制系统近年来的研究与发展 [J]. 控制理论与应用, 2001, (1): 7-11.

[8] Amir R. A fuzzy neural network-based fractional-order lyapunov-based robust control strategy for exoskeleton robots: Application in upper-limb rehabilitation [J]. Mathematics and Computers in Simulation, 2022, 193: 567-583.

[9] 席裕庚, 李德伟, 林姝. 模型预测控制—现状与挑战 [J]. 自动化学报, 2013, 39 (3): 222-236.

[10] BHATTI Mubashir M. 水弹性孤立波迎撞的奇异摄动解析研究 [D]. 上海: 上海大学, 2019.

[11] 刘华平, 孙富春, 何克忠, 等. 奇异摄动控制系统: 理论与应用 [J]. 控制理论与应用, 2003, (1): 1-7.

[12] 钱伟长, 陈山林. 合成展开法求解圆薄板大挠度问题 [J]. 应用数学和力学, 1985, (2): 103-119.

[13] 李琳, 胡锡钦, 邹焱飚. 针对机器人柔性负载振动控制的输入整形技术实现方法 [J]. 振动与冲击, 2019, 38 (20): 12-17.

[14] 李琳, 胡锡钦, 邹焱飚. 模态参数识别和输入整形相结合的抑振方法 [J]. 振动、测试与诊断, 2019, 39 (3). 03.016.

[15] 崔大文. 基于输入整形技术的柔性关节机械手控制研究 [J]. 机械设计与制造, 2011, (4): 124-126.

[16] 侯忠生. 无模型自适应控制的现状与展望 [J]. 控制理论与应用, 2006, (4): 586-592.

[17] 辛斌, 陈杰, 彭志红. 智能优化控制: 概述与展望 [J]. 自动化学报, 2013, 39 (11): 1831-1848.

[18] 刘笃信. 下肢外骨骼机器人多模融合控制策略研究 [D]. 深圳: 中国科学院大学 (中国科学院深圳先进技术研究院), 2018.

[19] 刘海涛. 工业机器人的高速高精度控制方法研究 [D]. 广州: 华南理工大学, 2012.

[20] Han S I, Lee J M. Fuzzy echo state neural networks and funnel dynamic surface control for prescribed performance of a nonlinear dynamic system [J]. IEEE Transactions on Industrial Electronics, 2013, 61 (2): 1099-1112.

[21] Jiang Z P, Praly L. Design of robust adaptive controllers for nonlinear systems with dynamic uncertainties [J]. Automatica, 1998, 4 (7): 825-840.

[22] Ge S S, Tee K P. Approximation-based control of nonlinear MIMO time-delay systems [J]. Automatica, 2007, 43 (1): 31-43.

[23] Polycarpou M M, Ioannou P A. A robust adaptive nonlinear control design [C]. //San Francisco: 1993 American Control Conference. IEEE, 1993: 1365-1369.

[24] Liu Y J, Wang W, Tong S C, et al. Robust adaptive tracking control for nonlinear systems based on bounds of fuzzy approximation parameters [J]. IEEE Transactions on Systems, Man, and Cybernetics-Part A: Systems and Humans, 2009 40 (1): 170-184.

[25] Spong M W, Khorasani K, Kokotovic P V. An integral manifold approach to the feedback control of flexible joint robots. [J] IEEE Robot. Autom. 1987, 3: 291-300.

[26] Fallaha C J, Saad M, Kanaan H Y, et al. Sliding-mode robot control with exponential reaching law [J]. IEEE Trans actions on Industrial. Electronics, 2011, 58: 600-610.

[27] Liu C S, Peng H. Disturbance observer based tracking control [J]. Journal of Dymamic System, 2000, 122 (2): 332-335.

[28] Zhong Y C, Fu C S, Jing C. Disturbance observer-based robust control of free-floating space manipulators [J]. IEEE Systems Journal, 2008, 2 (1): 114-119.

[29] Wei X, Guo L. Composite disturbance-observer-based control and H∞ control for complex continuous models [J]. International Journal of Robust and Nonlinear Control: IFAC-Affiliated Journal, 2010, 20 (1): 106-118.

[30] Wei X, Guo L. Composite disturbance-observer-based control and terminal sliding mode control for non-linear systems with disturbances [J]. International Journal of Control, 2009, 82 (6): 1082-1098.

[31] Guo L, Wen X Y. Hierarchical anti-disturbance adaptive control for non-linear systems with composite disturbances and applications to missile systems [J]. Transactions of the Institute of Measurement and Control, 2011, 33 (8): 942-956.

[32] Yao X, Guo L. Composite anti-disturbance control for Markovian jump nonlinear systems via disturbance observer [J]. Automatica, 2013, 49 (8): 2538-2545.

第8章 外骨骼系统实现与应用

在本章中，将重点讨论外骨骼系统在实际应用中所面临的关键问题，其中包括基于完整动力学的外骨骼自适应控制设计以及外骨骼系统混合控制设计与应用。通过对液压驱动外骨骼系统结构、外骨骼传感器配置、完整动力学模型、控制器设计以及实验研究等方面的深入研究，更加全面地了解外骨骼技术的应用。

8.1 引言

外骨骼作为完整的机电一体化系统，其控制系统也应当具有完整性，这就需要建立下肢外骨骼完整动力学模型，不仅要考虑外骨骼机械连杆机构动力学模型，还需要考虑液压驱动器动力学模型。

针对外骨骼设计的复杂问题，需要在机械结构、传感器系统、电子与控制系统、系统集成方面充分利用先进的技术手段实现目标。本章描述下肢外骨骼的系统整体设计，包含外骨骼机械系统结构、液压驱动器分析计算、传感器系统、电子控制系统设计。本章从下肢外骨骼对参考轨迹的跟踪控制入手，以重复学习为理论基础，结合李雅普诺夫方法，研究了下肢外骨骼控制问题。分别针对下肢外骨骼机械连杆系统、液压驱动系统，以及外骨骼整体系统进行了控制研究，开发了一套适用于下肢外骨骼系统完整控制方法与技术手段，达到了良好的控制效果。

首先，建立了一套下肢外骨骼样机 CASWELL（CAEP-SWJTU Lower Limb Exoskeleton)，并对 CASWELL 的完整动力学进行分析和建模。分析并计算了外骨骼液压驱动系统参数，配置了适用于下肢外骨骼传感器系统；设计了用于捕获传感器数据的人体步态数据采集系统、用于实现控制算法的下肢外骨骼电子控制系统。之后，基于反步法，提出了一种重复学习控制方案，用于解决外骨骼下肢的周期性跟踪控制问题，并在该方案中严格证明了系统闭环的学习收敛性。并在 CASWELL 上实现控制算法，来验证所提出控制器的性能。

最终实际测试效果表明，外骨骼样机能够实现基本助力功能，传感器与电子控制系统能准确采集外骨骼系统数据。

在 CASWELL 的基础上，进一步搭建了新颖的下肢外骨骼装置 CASWELL-II，将机械结构和嵌入式电子系统整合起来。为了降低腿部外骨骼的功耗，提高人体性能，设计了一种由单向伺服阀和电磁开关阀组成的新型混合液压系统，并对其节能控制进行了研究。受行走过程中人腿与地面接触力变化的启发，单向伺服阀和电磁开关阀分别只在支撑相和摆动相激活。在支撑相，提出了一种针对单向伺服阀的鲁棒重复学习方案，旨在跟踪人体腿部的周期性运动。在摆动相，提出了一种开关控制，通过电磁阀释放液压缸中的压力，使外骨骼腿被动地被人体腿部弯曲。在基于ARM的嵌入式微处理器上实现了所提出的控制策略，并在所研制的外骨骼机器人上进行了实验验证。实验结果表明，该系统的功耗比双向液压系统的功耗低近30%。

8.2节和8.3节都探讨了外骨骼技术的研究和应用，但侧重点不同。8.2节主要关注CASWELL外骨骼系统的开发，搭建实验平台，并采用重复学习控制设计用于解决下肢外骨骼的周期跟踪控制问题。而8.3节则在此基础上聚焦于混合液压系统在外骨骼腿部的节能控制设计来降低外骨骼系统的能耗。

本章将对CASWELL以及CASWELL-Ⅱ康复下肢外骨骼系统进行详细的介绍，首先分别介绍各自系统的框架及其各子系统，然后重点阐述在其控制器设计方面完成的工作，再将控制器运用到搭建的实验平台上，希望为外骨骼应用领域的发展提供一些研究思路。

8.2　基于完整动力学的外骨骼自适应控制设计与应用

在8.2.1节，首先对液压驱动的外骨骼系统结构进行了总体介绍。接着，在8.2.2节，开发了名为CASWELL的外骨骼实验平台，并阐述了它的机械构造和集成的嵌入式电子系统。在8.2.3节，建立了电液执行器驱动外骨骼的完整模型，将刚体动力学和执行器动力学结合在一起。在8.2.4节，借助所建立的动态模型，针对CASWELL的跟踪控制设计了RLC方案[1-5]，严格保证了学习收敛性。随后在8.2.5节，将设计的控制方案实施于嵌入式电子系统，并通过系列实验来检验整体系统性能。最后，在8.2.6节，对研究内容进行了总结归纳。

8.2.1　液压驱动外骨骼系统结构

下肢外骨骼液压驱动系统工作过程可表述为：控制系统控制液压阀电流，改变阀门开口大小，控制流入到液压缸内液压油的流量及方向，进一步控制液压杆的伸缩长度，从而带动外骨骼机械关节实现对参考轨迹的跟踪。

在电驱动刚体外骨骼中，执行器动力学通常是线性的，由于其时间常数极小。并且在许多情况下可以忽略[6]。然而，在电液驱动外骨骼中，执行器动力学则具有高度的非线性。因此，设计电液外骨骼的控制器时，将刚体与执行器的动力学融合至关重要。

本节开发的 CASWELL 的机械结构如图 8-1 所示。CASWELL 的每一条腿都具有 5 个自由度（DOF），即髋部屈伸（1DOF）、膝部屈伸（1DOF）和踝部背屈/跖屈（3DOF）。其驱动力来自于电液执行器，主要运用于髋关节与膝关节，而被动的踝关节无须动力输入。为了充分利用驱动系统的最大负载性能，将 CASWELL 的结构设计成模块化单元。这种设计将液压泵、阀及嵌入式电子系统独立放置，以减少外骨骼刚体的压力并提供更多安装空间。膝关节的液压缸沿垂直方向安装，它通过一个旋转副安装在外骨骼的大腿关节上，并可绕大腿旋转。活塞杆通过可绕小腿旋转的旋转副安装在小腿上。此外，大腿和小腿采用了长度调节机构，以适应不同的穿戴者。

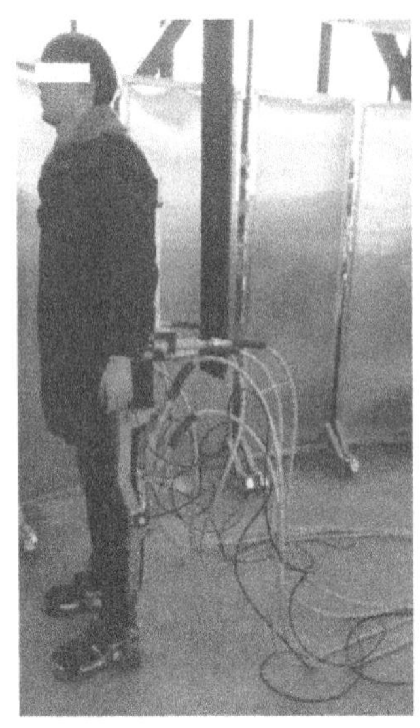
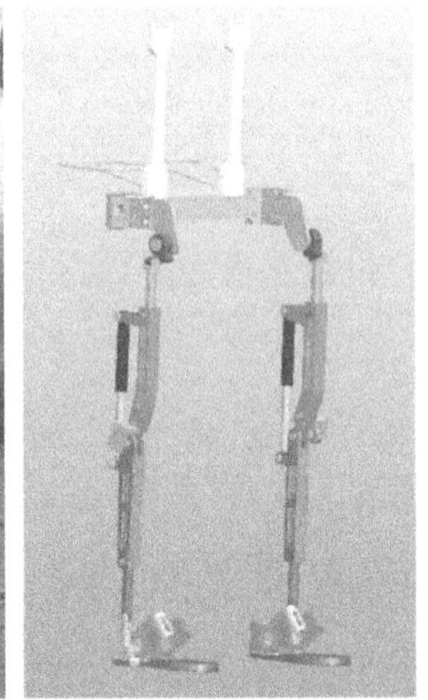

图 8-1　CASWELL

8.2.2　外骨骼传感器配置

电子系统是外骨骼的核心组件之一，主要负责数据收集与处理、步态预测、控制器实施以及电液执行器的驱动。在分布式设计的过程中，CASWELL 的电子系统被划分为两个部分：轨迹测量子系统和控制子系统。轨迹测量子系统的职责在于搜集传感器监测到的人体运动信息，并据此计算出人体的运动轨迹。而控制子系统的任务则是通过应用设计的控制器来操控电液执行器。这一子系统基于 32 位 ARM 微控制器构建，其构成包括输入通道、模/数转换器（ADC）、通信接口、数/模转换器（DAC）以及输出通道。其中输入通道负责接收并预处理来自外骨骼传感器的数据，而输出通道则负责将模拟电压转化为电流以驱动伺服阀。控制子系统的总体实现如图 8-2 所示。

CASWELL 控制所必不可少的附加设备包括传感器和阀门。例如，磁传感器安

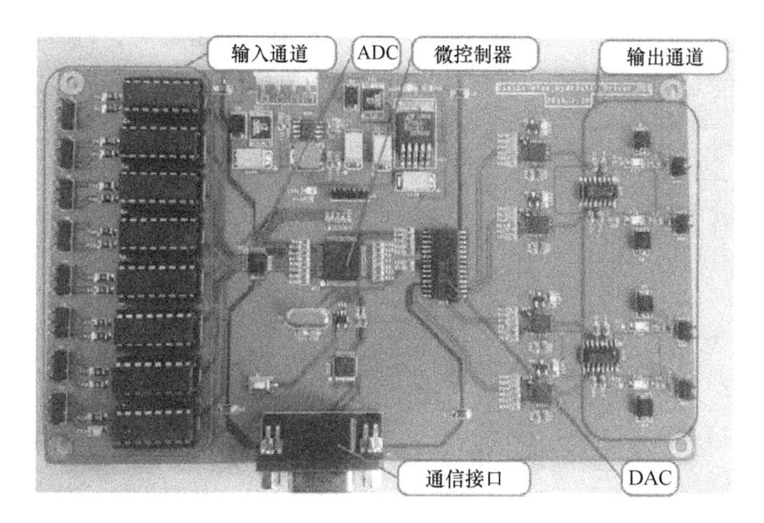

图8-2　控制子系统

装在CASWELL的髋部和膝部关节上，用于测量外骨骼关节的角度（见图8-3a）；线性传感器安装在电液执行器的平行位置上，用于测量活塞杆的位移情况，从而有助于控制器的实施（见图8-3b）。此外，带有模拟接口的流量控制阀（型号G761-3004B[6]）用于驱动液压缸（见图8-3c）。

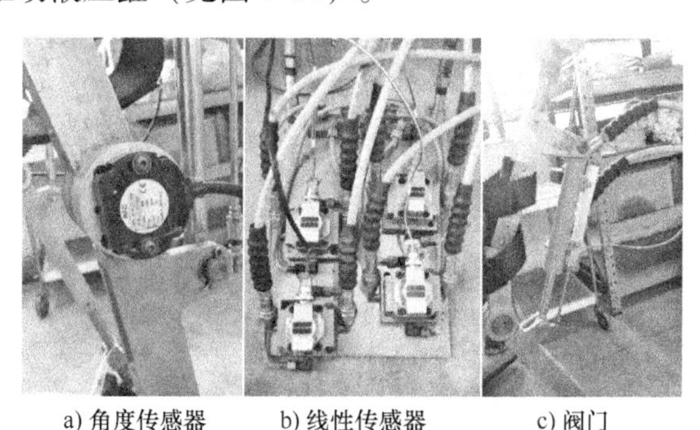

a) 角度传感器　　b) 线性传感器　　c) 阀门

图8-3　传感器和阀门

8.2.3　含液压动态的完整动力学模型

本节将分析并给出CASWELL的完整动力学模型，其中依次讨论刚体动力学和电液执行器的动力学特性。首先，由4个关节驱动的CASWELL刚体部分的动力学主要由一组二阶非线性微分方程所决定[8]。

$$M(\theta)\ddot{\theta}+C(\theta,\dot{\theta})\dot{\theta}+G(\theta)=\tau+\Delta(t) \tag{8-1}$$

式中，θ，$\dot{\theta}$ 和 $\ddot{\theta}\in\mathfrak{R}^{4\times4}$ 分别表示外骨骼关节的角位置、速度和加速度向量；$M(\theta)\in\mathfrak{R}^{4\times4}$是一个正定对称的惯性矩阵；$C(\theta,\dot{\theta})\in\mathfrak{R}^{4\times4}$与离心力和科里奥利力

相关，$G(\theta)\in\mathfrak{R}^{4\times4}$是重力项；$\Delta(t)$是时变的外部干扰，例如由外骨骼与用户交互所产生的扰动。在人体行走中，重复运动占主导地位时，可假设$\Delta(t)$是周期性的，其周期可能与穿戴者的运动周期相同[9]；$\tau\in\mathfrak{R}^4$是电液执行器产生的扭矩。

在实践中$M(\theta)$，$C(\theta,\dot{\theta})$和$G(\theta)$可能存在不确定性。但对于当前分析的外骨骼，以下性质始终成立[10]。

引理 8-1 惯性矩阵$M(\theta)$在以下意义上是有界的：

$$\lambda_1\|x\|^2<x^{\mathrm{T}}M(\theta)x<\lambda_2\|x\|^2\quad\forall x,\theta\in\mathfrak{R}^4\tag{8-2}$$

其中，$0<\lambda_1<\lambda_2$，$\|\cdot\|$表示向量的欧几里得范数。

引理 8-2 离心力和科里奥利矩阵$C(\theta,\dot{\theta})$和惯性矩阵$M(\theta)$的时间导数满足

$$x^{\mathrm{T}}[\dot{M}(\theta)-2C(\theta,\dot{\theta})]x=0\quad\forall x,\theta,\dot{\theta}\in\mathfrak{R}^4\tag{8-3}$$

接着，考虑CASWELL执行器的动态特性。图8-4展示了一个典型的电液执行器示意图。假设不存在气缸泄漏的情况下，执行器腔室的压力动态表达式如下[11]：

$$\begin{cases}\dot{P}_1=\dfrac{\beta_e}{V_{01}+A_1x_{\mathrm{p}}}(Q_1-A_1\dot{x}_{\mathrm{p}})\\[2ex]\dot{P}_2=\dfrac{\beta_e}{V_{02}-A_2x_{\mathrm{p}}}(-Q_2+A_2\dot{x}_{\mathrm{p}})\end{cases}\tag{8-4}$$

式中，$P_j,A_j,Q_j,(j=1,2)$分别是无杆腔和有杆腔的压力、活塞面积和流量；β_e是液压油的有效体积模量；V_{01}和V_{02}分别是非杆腔和杆腔的初始体积；x_{p}是液压执行器活塞的位移。根据图8-4，我们可以使用余弦定理计算x_{p}。

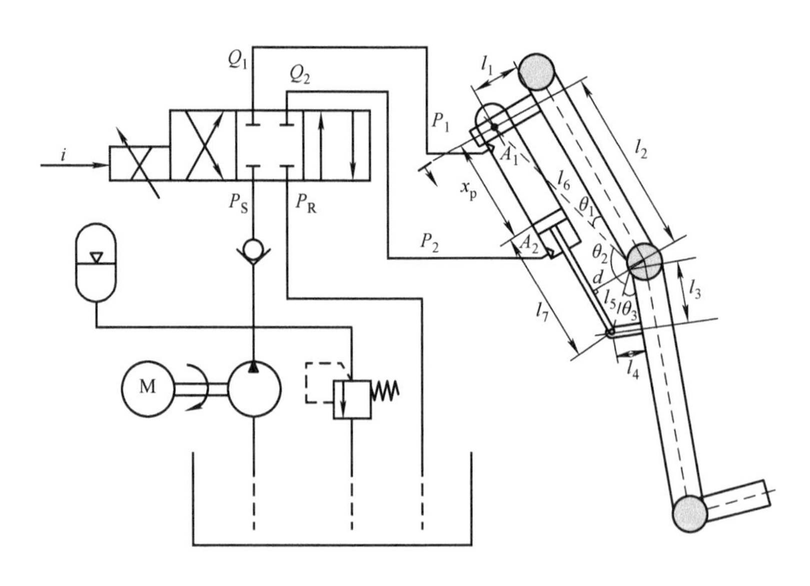

图8-4 电液执行器原理图

$$\theta_2 = \arccos \frac{l_5^2 + l_6^2 - (l_7 + x_p)^2}{2l_5 l_6} \tag{8-5}$$

其中，定义了 l_5，l_6 和 θ_2，而 l_7 是活塞杆的长度。实际上，θ_2 与关节角度 θ 相关且满足

$$\theta = \theta_1 + \theta_2 + \theta_3 \tag{8-6}$$

$\theta_1 = \arctan(l_1/l_2)$，$\theta_3 = \arctan(l_4/l_3)$。$x_p$ 推导通过式（8-5）和式（8-6）和 x_p 的正值性可知，活塞的位移 x_p 受关节角度 θ 唯一确定。

由于电液阀的带宽约为100Hz，远高于人行走的频率，因此可以在分析时忽略阀门动力学[12]。依据流量/信号特性曲线[13]，该阀门表现出线性流量增益特性。由此可知在模型（8-4）中，阀门的流量 Q_1 和 Q_2 与输入电流 i 之间存在线性映射[7]。

$$Q_1 = \begin{cases} Ki, \dot{x}_p > 0, \\ \gamma Ki, \dot{x}_p < 0, \end{cases} \quad Q_2 = \begin{cases} \dfrac{K}{\gamma} i, \dot{x}_p > 0 \\ Ki, \dot{x}_p < 0 \end{cases} \tag{8-7}$$

式中，K 是阀门的流量/信号增益；γ 是单杆缸的流量系数；它定义为两个腔的活塞面积之比，即 $\gamma \triangleq A_1/A_2$。

电液执行器产生的转矩可描述为

$$\tau = d(A_1 P_1 - A_2 P_2) \tag{8-8}$$

式中，$A_1 P_1 - A_2 P_2$ 是液压缸产生的力；d 是力臂，可以通过三角形的面积原理计算。

$$\frac{1}{2} d(x_p + l_7) = \frac{1}{2} l_5 l_6 \sin\theta_2 \tag{8-9}$$

接下来推导所开发外骨骼的完整动力学模型。为了简洁地表示当同时考虑4个电液执行器时的情况，引入以下符号：

$$\theta \triangleq [\theta_{lk}, \theta_{lh}, \theta_{rk}, \theta_{rh}]^{\mathrm{T}}, \tau \triangleq [\tau_{lk}, \tau_{lh}, \tau_{rk}, \tau_{rh}]^{\mathrm{T}}$$
$$d \triangleq \mathrm{diag}[d_{lk}, d_{lh}, d_{rk}, d_{rh}] P_1 \triangleq [P_{1lk} P_{1lh}, P_{1rk}, P_{1rh}]^{\mathrm{T}}$$
$$P_2 \triangleq [P_{2lk}, P_{2lh}, P_{2rk}, P_{2rh}]^{\mathrm{T}}$$
$$A_1 \triangleq \mathrm{diag}[A_{1lk}, A_{1lh}, A_{1rk}, A_{1rh}] A_2 \triangleq \mathrm{diag}[A_{2lk}, A_{2lh}, A_{2rk}, A_{2rh}]$$
$$x_p \triangleq [x_{plk}, x_{plh}, x_{prk}, x_{prh}]^{\mathrm{T}}$$

其中，下标 lk、lh、rk、rh 分别表示外骨骼的左膝、左髋、右膝和右髋。进一步定义状态变量为 $x_1 = \theta$，$x_2 = \dot{\theta}$，$x_3 = A_1 P_1 - A_2 P_2$。结合式（8-1）、式（8-2）、式（8-3），我们可以得到CASWELL的完整状态空间动力学模型如下：

$$\begin{cases} \dot{x}_1 = x_2 \\ \dot{x}_2 = M(x_1)^{-1} [dx_3 + \Delta(t) - C(x_1, \dot{x}_1) x_2 - G(x_1)] \\ \dot{x}_3 = -g_1(x_p) \dot{x}_p + g_2(x_p) u \end{cases} \tag{8-10}$$

其中：

$$g_m(x_p)=\mathrm{diag}[g_m(x_{plk}),g_m(x_{plh}),g_m(x_{prk}),g_m(x_{prh})],m=1,2 \tag{8-11}$$

$$g_1(x_{pj})=\frac{A_{1j}^2\beta_e}{V_{01j}+A_{1j}x_{pj}}+\frac{A_{2j}^2\beta_e}{V_{02j}-A_{2j}x_{pj}} \tag{8-12}$$

$$g_2(x_{pj})=\frac{A_{1j}\beta_e K}{V_{01j}+A_{1j}x_{pj}}+\frac{A_{2j}\beta_e K}{\gamma(V_{02j}-A_{2j}x_{pj})} \tag{8-13}$$

$$u=[u_{lk},u_{lh},u_{rk},u_{rh}]^{\mathrm{T}} \tag{8-14}$$

$$u_j=\begin{cases} i_j,\dot{x}_{pj}>0, \\ \gamma i_j,\dot{x}_{pj}<0, \end{cases} \quad j=lk,lh,rk,rh \tag{8-15}$$

式中，i_j 是与控制子系统相关输出通道的电流。

备注 8-1 当同时考虑所有 4 个关节时，与单一电液执行器情况类似，活塞的位移向量 x_p 和力臂 d 由 θ 唯一确定，即状态变量 x_1。因此，一旦测量了关节角度 θ，位移 x_p 和力臂 d 就可用于控制器设计。然而，为了降低微控制器中的计算负担，x_p 可通过线性传感器直接测量而得。对于 CASWELL 系统完整的动力学模型由式（8-10）描述，控制目标是设计适当的输入 u，使输出 $y \triangleq x_1$ 尽可能地跟踪所需的轨迹 θ_d。鉴于人类正常行走的情景通常具有周期性特征，假设跟踪参考 θ_d 在时间上是周期性的，则存在一个控制策略使得系统输出能够跟踪这一周期性参考轨迹。

当 $T>0$ 时：

$$\theta_d(t)=\theta_d(t-T),\dot{\theta}_d(t)=\dot{\theta}_d(t-T),\ddot{\theta}_d(t)=\ddot{\theta}_d(t-T) \tag{8-16}$$

8.2.4 控制器设计

本节基于反步法[14]，提出了一种 RLC 方案来解决 CASWELL 的周期跟踪控制问题，并用李雅普诺夫方法严格证明了闭环系统的学习收敛性。接下来，我们将遵循反步法的标准程序，为式（8-1）设计一个非线性 RLC 控制器，整个过程将分为 3 个步骤进行。

步骤 1 定义 3 个误差

$$z_1=x_1-x_{1d},z_2=x_2-a_1,z_3=x_3-a_2 \tag{8-17}$$

式中，x_{1d}是参考轨迹 θ_d；a_1 和 a_2 是两个虚拟控制输入。

设计虚拟控制输入 a_1 为

$$a_1=-k_1z_1+\dot{x}_{1d} \tag{8-18}$$

式中，$k_1>0$，是一个正的增益。然后，跟踪误差 z_1 的时间导数满足

$$\dot{z}_1=x_2-\dot{x}_{1d}=z_2+a_1-\dot{x}_{1d}=-k_1z_1+z_2 \tag{8-19}$$

步骤 2 代入全动态模型［见式（8-10）］，得到

$$
\begin{aligned}
\dot{z}_2 &= \dot{x}_2 - \dot{a}_1 \\
&= M(x_1)^{-1}[dx_3 + \Delta(t) - C(x_1, \dot{x}_1)x_2 - G(x_1)] - \dot{a}_1 \\
&= M(x_1)^{-1}[d(z_3 + a_2) + \Delta(t) - C(x_1, x_1)x_2 - G(x_1)] - \dot{a}_1
\end{aligned} \tag{8-20}
$$

设计虚拟控制输入 a_2 为

$$a_2 = a_{2a} + a_{2b} + a_{2c} \tag{8-21}$$

a_{2a}是直接反馈部分：

$$a_{2a} = d^{-1}[-z_1 - k_2 z_2] \tag{8-22}$$

其中，增益参数 $k_2 > 0$，力臂 d 可由式（8-9）直接得到。

a_{2b}是重复学习部分：

$$a_{2b} = -d^{-1}\hat{p}(t) \tag{8-23}$$

其中：

$$
\begin{cases}
\hat{p}(t) = \hat{p}(t-T) + k_3 z_2, \ k_3 > 0 \\
\hat{p}(t) = 0 \quad \forall t \in [-T, 0]
\end{cases} \tag{8-24}
$$

a_{2c}为鲁棒稳定部分：

$$a_{2c} = -d^{-1}k_4\mu^2(\|\gamma\|)z_2 \tag{8-25}$$

其中 γ 定义为

$$\gamma = [z_1^{\mathrm{T}}, \dot{z}_1^{\mathrm{T}}]^{\mathrm{T}} \tag{8-26}$$

其中 $k_4 > 0$ 是一个额外的控制增益。

步骤 3　对 z_3 求时间导数，得到

$$\dot{z}_3 = \dot{x}_3 - \dot{a}_2 = -g_1(x_{\mathrm{p}})\dot{x}_{\mathrm{p}} + g_2(x_{\mathrm{p}})u - \dot{a}_2 \tag{8-27}$$

将控制器设计为如下形式：

$$u = g_2(x_{\mathrm{p}})^{-1}[-\mathrm{d}z_2 + g_1(x_{\mathrm{p}})\dot{x}_{\mathrm{p}} + \dot{a}_2] \tag{8-28}$$

其中，$g_1(x_{\mathrm{p}})$和 $g_2(x_{\mathrm{p}})$如式（8-11）~式(8-13）所定义。x_{p} 可以按照式（8-5）计算或直接由线性传感器测量，此外电液执行器的系统参数如 β_e、A_1、A_2、V_{01}、V_{02}在 CASWELL 中是已知的，因此可以相应地获得 $g_1(x_{\mathrm{p}})$和 $g_2(x_{\mathrm{p}})$，通过式（8-27）和式（8-28）可得到

$$\dot{z}_3 = -\mathrm{d}z_2 \tag{8-29}$$

式（8-18）、式（8-21）~式(8-25)、式（8-28）等闭环系统的跟踪收敛性将在下面进行分析。

本节的主要结果概括为以下定理：

定理 8-1　对于系统［见式（8-10)］以及控制器［见式（8-18)、式（8-21）~式(8-25)、式（8-28)］，满足：

$$k_2 + \frac{1}{2k_3} - \frac{1}{4k_4} > 0 \tag{8-30}$$

闭环系统的输出跟踪误差将渐近地收敛到零，即随着时间的推移 $z_1 \to 0$，

$t\to\infty$，同时，在整个控制过程中涉及的所有信号均保持有界。

证明如下：

证明基于李雅普诺夫理论，并给出了相应的李雅普诺夫泛函：

$$V(t)=V_1(t)+V_2(t) \tag{8-31}$$

$$V_1(t)=\frac{1}{2}z_1^{\mathrm{T}}z_1+\frac{1}{2}z_2^{\mathrm{T}}M(x_1)z_2+\frac{1}{2}z_3^{\mathrm{T}}z_3 \tag{8-32}$$

$$V_2(t)=\frac{1}{2k_3}\int_{t-T}^{t}\widetilde{p}^{\mathrm{T}}(\varsigma)\widetilde{p}(\zeta)\mathrm{d}\varsigma \tag{8-33}$$

其中，$\widetilde{p}(t)\triangleq p(t)-\hat{p}(t)$，$\dot{V}(t)=\dot{V}_1(t)+\dot{V}_2(t)$。以下依次讨论 $i=1,2$ 时的$\dot{V}_i(t)$：

步骤 1

$$\dot{V}_1(t)=z_1^{\mathrm{T}}\dot{z}_1+z_2^{\mathrm{T}}M(x_1)\dot{z}_2+\frac{1}{2}z_2^{\mathrm{T}}\dot{M}(x_1)z_2+z_3^{\mathrm{T}}\dot{z}_3 \tag{8-34}$$

考虑式（8-19）、式（8-20）、式（8-29），可得到

$$\begin{aligned}\dot{V}_1(t)&=z_1^{\mathrm{T}}(-k_1z_1+z_2)+z_2^{\mathrm{T}}M(x_1)\dot{z}_2+\frac{1}{2}z_2^{\mathrm{T}}\dot{M}(x_1)z_2-z_3^{\mathrm{T}}\mathrm{d}z_2\\&=-k_1z_1^{\mathrm{T}}z_1+z_1^{\mathrm{T}}z_2+\frac{1}{2}z_2^{\mathrm{T}}\dot{M}(x_1)z_2-z_3^{\mathrm{T}}\mathrm{d}z_2+\\&\quad z_2^{\mathrm{T}}M(x_1)\{M(x_1)^{-1}[\mathrm{d}(z_3+a_2)+\Delta(t)-C(x_1,\dot{x}_1)x_2-G(x_1)]-\dot{a}_1\}\\&=-k_1z_1^{\mathrm{T}}z_1+z_1^{\mathrm{T}}z_2+\frac{1}{2}z_2^{\mathrm{T}}\dot{M}(x_1)z_2-z_3^{\mathrm{T}}\mathrm{d}z_2+\\&\quad z_2^{\mathrm{T}}[\mathrm{d}(z_3+a_2)+\Delta(t)-C(x_1,\dot{x}_1)(z_2+a_1)-G(x_1)-M(x_1)\dot{a}_1]\end{aligned} \tag{8-35}$$

通过引理 8-2 和式（8-18），有

$$\begin{aligned}\dot{V}_1(t)&=-k_1z_1^{\mathrm{T}}z_1+z_1^{\mathrm{T}}z_2-z_3^{\mathrm{T}}\mathrm{d}z_2+z_2^{\mathrm{T}}[\mathrm{d}(z_3+a_2)+\\&\quad\Delta(t)-G(x_1)-C(x_1,\dot{x}_1)a_1-M(x_1)\dot{a}_1]\\&=-k_1z_1^{\mathrm{T}}z_1+z_1^{\mathrm{T}}z_2-z_3^{\mathrm{T}}\mathrm{d}z_2+z_2^{\mathrm{T}}[\mathrm{d}(z_3+a_2)+\\&\quad\Delta(t)-G(x_1)-C(x_1,\dot{x}_1)(-k_1z_1+\dot{x}_{1d})-\\&\quad M(x_1)(-k_1\dot{z}_1+\ddot{x}_{1d})]\\&=-k_1z_1^{\mathrm{T}}z_1+z_1^{\mathrm{T}}z_2-z_3^{\mathrm{T}}\mathrm{d}z_2+z_2^{\mathrm{T}}[\mathrm{d}(z_3+a_2)+\\&\quad\Delta(t)-G(x_1)-C(x_1,\dot{x}_1)\dot{x}_{1d}-M(x_1)\ddot{x}_{1d}+\\&\quad k_1C(x_1,\dot{x}_1)z_1+k_1M(x_1)\dot{z}_1]\end{aligned} \tag{8-36}$$

令

$$\eta\triangleq-M(x_{1d})\ddot{x}_{1d}-C(x_{1d},\dot{x}_{1d})\dot{x}_{1d}-G(x_{1d}) \tag{8-37}$$

$$\zeta\triangleq-M(x_1)(\ddot{x}_{1d}-k_1\dot{z}_1)-C(x_1,\dot{x}_1)(\dot{x}_{1d}-k_1z_1)-G(x_1)-\eta \tag{8-38}$$

则式（8-36）可改写为

$$\dot{V}_1(t) = -k_1 z_1^{\mathrm{T}} z_1 + z_1^{\mathrm{T}} z_2 - z_3^{\mathrm{T}} \mathrm{d} z_2 + z_2^{\mathrm{T}} [\mathrm{d}(z_3 + a_2) + \Delta(t) + \eta + \zeta] \tag{8-39}$$

其中设 $\Delta(t)$ 是周期性的，由于 x_{1d} 的周期性，η 也是周期性的。令 $p(t) \triangleq \Delta(t) + \eta$，可得到

$$p(t) = p(t - T) \tag{8-40}$$

由式（8-39）可知：

$$\dot{V}_1(t) = -k_1 z_1^{\mathrm{T}} z_1 + z_1^{\mathrm{T}} z_2 - z_3^{\mathrm{T}} \mathrm{d} z_2 + z_2^{\mathrm{T}} [\mathrm{d}(z_3 + a_2) + p(t) + \zeta] \tag{8-41}$$

其中 ζ 被证明满足以下不等式：

$$\|\zeta\| \leqslant \mu(\|\gamma\|)\|\gamma\| \tag{8-42}$$

式（8-42）证明如下：

不等式（8-42）可以用类似本章参考文献［16］，引理 8-1 的证明方法得到，将式（8-38）改写为

$$\zeta = -(t_1 + t_2 + t_3) \tag{8-43}$$

其中：

$t_1 = M(x_1)(\ddot{x}_{1d} - k_1 \dot{z}_1) - M(x_{1d})\ddot{x}_{1d}$，$t_2 = C(x_1, \dot{x}_1)(\dot{x}_{1d} - k_1 z_1) - C(x_{1d}, \dot{x}_{1d})\dot{x}_{1d}$，$t_3 = G(x_1) - G(x_{1d})$。此外 $M(x_1)$，$C(x_1, x_1)$ 和 $G(x_1)$ 是 C^∞，并且这些函数对 x_1 的导数是一致有界的。

第一步：考虑 t_1。将中值定理应用于 $M(x_1)$，得到

$$t_1 = \left[\sum_{i=1}^{n} \int_0^1 \frac{\partial M}{\partial x_{1i}}(x_{1d} + \xi z_1)\mathrm{d}\xi z_{1i}\right]\ddot{x}_{1d} - M(x_1)k_1\dot{z}_1 \tag{8-44}$$

通过对式（8-44）两边取范数可得

$$|t_1| \leqslant k_1 \|M(x_1)\| |z_1| + b_{m1}(\ddot{x}_{1d})|z_1| \tag{8-45}$$

其中 $b_{m1}(\ddot{x}_{1d})$ 满足

$$\sup_{x_1}\left[\sum_{i=1}^{n}\left|\frac{\partial M}{\partial x_{1i}}\ddot{x}_{1d}\right|^2\right]^{1/2} \leqslant b_{m1}(\ddot{x}_{1d}) \tag{8-46}$$

第二步：对于 t_2 进行了讨论

$$t_2 = [C(x_1, \dot{x}_1) - C(x_{1d}, \dot{x}_1)]\dot{x}_{1d} - C(x_1, \dot{x}_1)k_1 z_1 + [C(x_{1d}, \dot{x}_1) - C(x_{1d}, \dot{x}_{1d})]\dot{x}_{1d} \tag{8-47}$$

应用均值定理

$$\begin{aligned} t_2 = &\left[\sum_{i=1}^{n}\int_0^1 \frac{\partial C(x_1, \dot{x}_1)}{\partial x_{1i}}(x_{1d} + \xi z_1)\mathrm{d}\xi z_i\right]\dot{x}_{1d} + \\ &\left[\sum_{i=1}^{n}\int_0^1 \frac{\partial C(x_{1d}, \dot{x}_1)}{\partial x_{1di}}(\dot{x}_{1d} + \xi \dot{z}_1)\mathrm{d}\xi \dot{z}_i\right]\dot{x}_{1d} - \\ &C(x_1, \dot{x}_1)k_1 z_1 \end{aligned} \tag{8-48}$$

通过对式（8-48）两边取范数可得

$$|t_2| \leqslant k_1 \|C(x_1,\dot{x}_1)\| |z_1| + b_{c1}(\dot{x}_{1d})|z_1| + b_{c2}(\dot{x}_{1d})|\dot{z}_1| \tag{8-49}$$

其中

$$\sup_{x_1}\left[\sum_{i=1}^{n}\left|\frac{\partial C(x_1,\dot{x}_1)}{\partial x_{1i}}\dot{x}_{1d}\right|^2\right]^{1/2} \leqslant b_{c1}(\dot{x}_{1d}) \tag{8-50}$$

$$\sup_{x_1}\left[\sum_{i=1}^{n}\left|\frac{\partial C(x_{1d},\dot{x}_1)}{\partial x_{1di}}\dot{x}_{1d}\right|^2\right]^{1/2} \leqslant b_{c2}(\dot{x}_{1d}) \tag{8-51}$$

第三步：与式（8-44）和式（8-48）相似

$$t_3 = \left[\int_0^1 \frac{\mathrm{d}G(x_1)}{\mathrm{d}x_1}(x_{1d} + \xi z_1)\mathrm{d}\xi\right] z_1 \tag{8-52}$$

在式（8-48）的两边取范数后可得

$$\begin{aligned}|\zeta| \leqslant & k_1\|M(x_1)\||z_1| + b_{m1}(\ddot{x}_{1d})|z_1| + \\ & k_1\|C(x_1,\dot{x}_1)\||z_1| + b_{c1}(\dot{x}_{1d})|z_1| + \\ & b_{c2}(\dot{x}_{1d})|\dot{z}_1| + b_{g1}|z_1|\end{aligned} \tag{8-53}$$

结合式（8-45）、式（8-49）和式（8-53）可得

$$\mu \triangleq \|[b_{m1}(\ddot{x}_{1d}) + k_1\|C(x_1,\dot{x}_1)\| + b_{c1}(\dot{x}_{1d}) + b_{g1}k_1\|M(x_1)\| + b_{c2}(\dot{x}_{1d})]\| \tag{8-54}$$

则式（8-42）得证。

将式（8-21）代入式（8-41）为

$$\dot{V}_1(t) = -k_1 z_1^{\mathrm{T}} z_1 - k_2 z_2^{\mathrm{T}} z_2 + z_2^{\mathrm{T}}\widetilde{p}(t) + z_2^{\mathrm{T}}\zeta - z_2^{\mathrm{T}} k_4 \mu^2(\|\gamma\|) z_2 \tag{8-55}$$

步骤 2　处理 $\dot{V}_2(t)$，根据式（8-33）

$$\dot{V}_2(t) = \frac{1}{2k_3}[\widetilde{p}^{\mathrm{T}}(t)\widetilde{p}(t) - \widetilde{p}^{\mathrm{T}}(t-T)\widetilde{p}(t-T)] \tag{8-56}$$

由本章参考文献［15］、引理 8-2、式（8-24）、式（8-40）可知

$$\dot{V}_2(t) = \frac{1}{2k_3}[-2k_3\widetilde{p}^{\mathrm{T}}(t)z_2 - k_3^2 z_2^{\mathrm{T}} z_2] = -\widetilde{p}^{\mathrm{T}}(t)z_2 - \frac{1}{2}k_3 z_2^{\mathrm{T}} z_2 \tag{8-57}$$

步骤 3　结合式（8-55）和式（8-57）得到

$$\begin{aligned}\dot{V}(t) &= \dot{V}_1(t) + \dot{V}_2(t) \\ &= -k_1 z_1^{\mathrm{T}} z_1 - k_2 z_2^{\mathrm{T}} z_2 z_3 + z_2^{\mathrm{T}}\widetilde{p}(t) + z_2^{\mathrm{T}}\zeta - \\ &\quad z_2^{\mathrm{T}} k_4 \mu^2(\|\gamma\|) z_2 - \widetilde{p}^{\mathrm{T}}(t) z_2 - \frac{1}{2}k_3 z_2^{\mathrm{T}} z_2 \\ &= -k_1 z_1^{\mathrm{T}} z_1 - k_2 z_2^{\mathrm{T}} z_2 - \frac{1}{2}k_3 z_2^{\mathrm{T}} z_2 + \\ &\quad z_2^{\mathrm{T}}\zeta - z_2^{\mathrm{T}} k_4 \mu^2(\|\gamma\|) z_2 \\ &\leqslant -k_1 z_1^{\mathrm{T}} z_1 - k_2 z_2^{\mathrm{T}} z_2 - \frac{1}{2}k_3 z_2^{\mathrm{T}} z_2\end{aligned} \tag{8-58}$$

其中

$$\left(\sqrt{k_4\mu^2(\|\gamma\|)}\|\gamma\| - \sqrt{\frac{1}{4k_2}}\|z_2\|\right)^2$$

$$= k_4\mu^2(\|\gamma\|)\|\gamma\|^2 - \mu(\|\gamma\|)\|\gamma\|\|z_2\| + \frac{1}{4k_4}\|z_2\|^2$$

由此得出

$$\mu(\|\gamma\|)\|\gamma\|\|z_2\| - k_4\mu^2(\|\gamma\|)\|z_2\|^2 \leqslant \frac{1}{4k_4}\|z_2\|^2 \tag{8-59}$$

将式（8-59）代入式（8-58）

$$\dot{V}(t) \leqslant -k_1 z_1^{\mathrm{T}} z_1 - k_2 z_2^{\mathrm{T}} z_2 - \frac{1}{2}k_3 z_2^{\mathrm{T}} z_2 + \frac{1}{4k_4}\|z_2\|^2$$

$$\leqslant -k_1 z_1^{\mathrm{T}} z_1 - \left(k_2 + \frac{1}{2k_3} - \frac{1}{4k_4}\right) z_2^{\mathrm{T}} z_2 \tag{8-60}$$

其中 $k_1 > 0$，且通过式（8-30）得出 $k_2 + \frac{1}{2k_3} - \frac{1}{4k_4} > 0$。因此，根据 Barbalat 引理，当 $t \to \infty$ 时，误差 z_1，$z_2 \to 0$。

至此，剩下的工作是分析所有涉及信号的有界性。根据式（8-60），$V(t)$在时间域中是非增的，这意味着 $z_j, j = 1, \cdots, 3$ 以及 $\hat{p}(t)$ 的有界性。此外，根据式（8-29），$\dot{z}_3$ 是有界的，因此 $\dot{a}_2$ 也是有界的。由于活塞 x_{p} 的位移有限，则控制输入轮廓 u 也有界。最后，由于外骨骼系统的被动性质，系统状态 $x_i, i = 1, \cdots, 3$ 的有界性也得到了保证。证明完成。

备注 8-2　值得强调的是，本节提出的控制策略能够确保 x_1、x_2 的收敛，但不保证 x_3 的收敛。从物理上讲，x_1、x_2 表示系统的输出及其导数，而 $x_3 = A_1 P_1 - A_2 P_2$ 是由液压缸产生的力，因此物理上它不一定会收敛，有界性就足够了。尽管可以通过在式（8-28）中添加一个额外的线性反馈项 z_3 来确保 x_3 的收敛，但在实施新的控制器时还需使用力传感器来测量它。

备注 8-3　从式（8-53）可以看出，边界函数 $\mu(\|\gamma\|)$ 在很大程度上依赖于系统的动态行为，具体而言，是受惯性矩阵 $M(\theta)$、离心力和科里奥利矩阵 $C(\theta, \dot{\theta})$，以及重力矢量 $G(\theta)$ 的影响。当系统模型存在不确定性时，通过式（8-54）推导 $\mu(\|\gamma\|)$ 将变得困难。需要注意，γ 是角跟踪误差及其导数的向量，因此，它的有界性是可以确保的。根据定理 8-1 的证明细节中［特别是从式（8-42）~式(8-59）的推导过程］，$\mu(\|\gamma\|)$ 被用来估计函数 ζ 的上界，而 ζ 本身是有界的。因此，在所提出的控制器［见式（8-28）］中，$\mu(\|\gamma\|)$ 可以被其任何上界替换。显而易见，如果采用一个常数上界，将简化控制器的结构，从而更易于在微控制器上实现。

8.2.5　实验研究

在本节中，测试了所提出的 RLC 方案，并在 CASWELL 上进行了实验。首先，搭建了实验平台。接着，在控制子系统的单片机中实现了控制器的设计，最后针对下肢外骨骼样机 CASWELL，通过实验的手段验证其控制效果并对实验现象进行分析。

如图 8-5 所示，实验装置包括：装有线性和角度传感器的外骨骼、4 个伺服阀、一台计算机、控制子系统、两个电源和一个液压泵。具体来说，4 个伺服阀驱动外骨骼的液压缸；计算机通过 Jlink 下载器编译代码，并将其下载到控制子系统中；直流稳压电源为线性和角度传感器提供 24V 直流电；而交直流开关电源模块则为控制子系统供应 ±15V 的直流电。最后，液压泵用于产生高压液压油通过液压伺服阀供给液压缸。

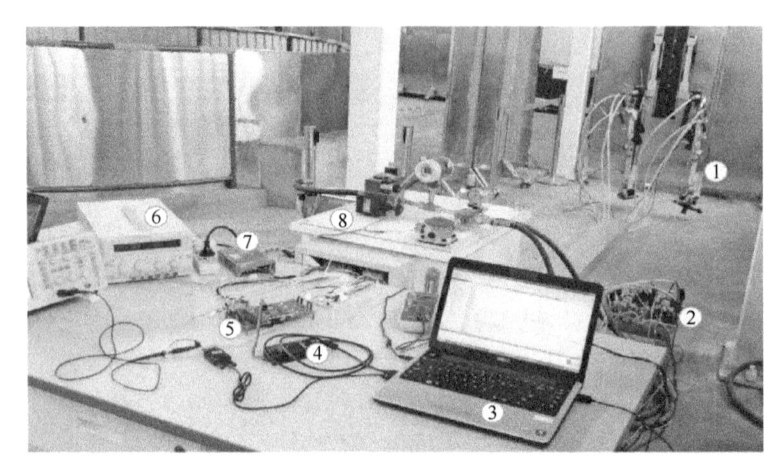

图 8-5　实验系统和环境（①下肢外骨骼样机；②伺服阀；③计算机；④程序下载调试器；⑤嵌入式控制子系统；⑥、⑦供电电源；⑧液压泵）

控制子系统是基于 32 位 ARM 微控制器（型号：STM32F405RGT6）开发的，最大频率为 168MHz，芯片上有 1MB Flash，192 + 4KB SRAM。在我们的实验中，微控制器工作在 100MHz 的频率下，没有使用额外的外部存储器。重点是所提出的控制器是在微控制器中实现的，而不是像往常一样在计算机中实现的。用于控制子系统的 ADC（型号：ADS7852）具有 8 通道，12 位并行输出接口，最大采样率为 500kHz。DAC（型号：DAC7725）具有 4 个输出通道和 12 位并行输入接口。另外，使用 8 个电流环路接收器（型号：RCV420）将传感器输出的电流信号转换为电压，使用 4 个模拟电流/电压输出驱动器（型号：XTR300）将 DAC 的电压信号转换为电流。

控制过程的示意图如图 8-6 所示。每个周期的参考轨迹由微控制器内的 128 点余弦表生成。定时器中断周期设为 10ms，用于运行包括参考轨迹生成、数据采样触发、控制器实施及数/模转换的程序。因此，参考轨迹的完整周期为 1.28s，占用了 2048 字节的内存空间（128 个点/通道 ×4 个通道 × 每个点 4 个字节），用于存储与 RLC 方案相关的数据。由于输出电流（即伺服阀的驱动电流）是由数/模转换器（DAC）和模拟电流/电压输出驱动器产生的，故存在以下关系：

$$V_{\mathrm{dac}}=5\frac{\mathrm{DAC}_{\mathrm{data}}}{2^{12}},i=20\frac{2V_{\mathrm{dac}}-5}{2.5} \tag{8-61}$$

式中，V_{dac}是 DAC 的输出电压；$\mathrm{DAC}_{\mathrm{data}}$是 DAC 的输入数据；$i$ 是驱动伺服阀的输出电流。由式（8-61）可以得到 DAC 输入数据与控制器输出电流的关系为

$$\mathrm{DAC}_{\mathrm{data}}=51.2i+2048 \tag{8-62}$$

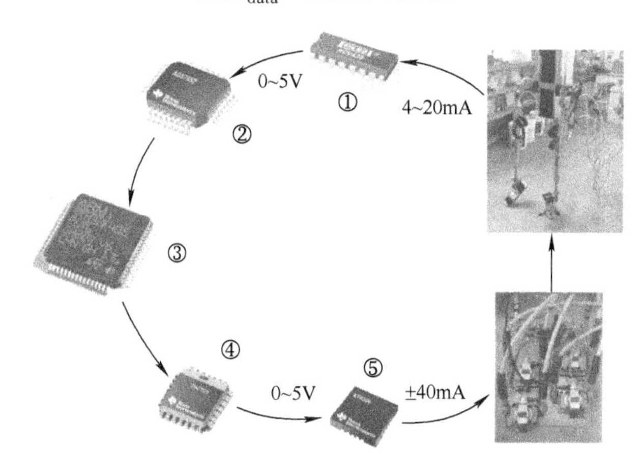

图 8-6　控制过程的示意图（①电流环路接收器；②模/数转换器（ADC）；③微控制器；④数/模转换器（DAC）；⑤模拟电流/电压输出驱动器）

外骨骼电液系统参数如表 8-1 所示

表 8-1　外骨骼电液系统参数

符号	类型	值
β_e	液压油的有效体积弹性模量	$1.2\times10^{9}\,\mathrm{N/m^2}$
A_1	无杆腔中的活塞区域	$7\times10^{-4}\,\mathrm{m^2}$
A_2	有杆腔中的活塞区域	$3\times10^{-4}\,\mathrm{m^2}$
γ	A_1 与 A_2 的面积比	A_1/A_2
V_{01}	无杆腔中的初始体积	$105\times10^{-6}\,\mathrm{m^3}$
V_{02}	有杆腔的初始体积	$5\times10^{-6}\,\mathrm{m^3}$
K	阀门的流速/信号增益	$0.95\mathrm{L/(min\cdot mA)}$

控制参数设为

$$k_1=300,k_2=100,k_3=100,k_4=50,\mu=25$$

实验结果及分析：为了测试所提出的 RLC 方案在 CASWELL 周期性跟踪控制中的效能，采用电液系统驱动 CASWELL 的 4 个关节。由于左关节（膝关节和髋关节）与右关节（膝关节和髋关节）结构相似，下文仅展示左膝关节和左髋关节的

实验结果。如图 8-7 ~ 图 8-12 所示，经过一到两个周期的学习后，每个关节的跟踪误差可显著地从超过 50°降低至 ±13°范围内。即使进行更多重复学习，跟踪误差也不会进一步减少。可能导致这种情况的原因如下，其中前 4 个因素涉及外骨骼硬件部分，最后两个则与系统建模有关。

1）外骨骼刚体存在机械间隙，使系统在每个跟踪周期的一定范围内处于欠驱动状态。

2）当液压油温度升高时，其有效体积模量和压力会发生变化。

3）线和角度传感器会带来测量噪声。

4）微控制器的实现误差，特别是用离散时间逼近控制器的导数部分时带来的误差。

5）电液系统参数估计的不准确性，例如，无杆腔和有杆腔的初始体积，V_{01} 和 V_{02}。

6）在建模系统的全动态时，未考虑非周期性的动态不确定性。

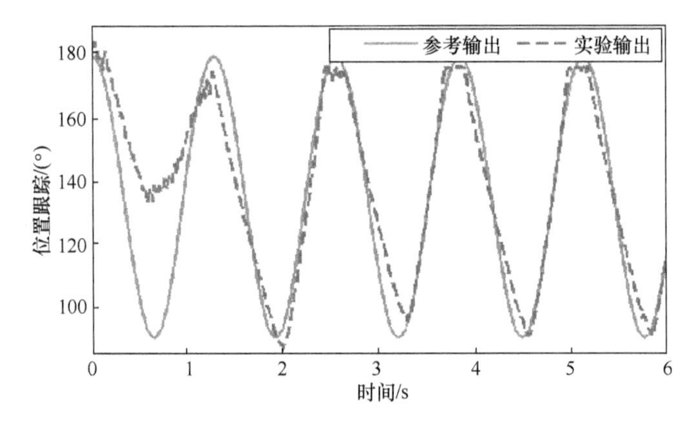

图 8-7　左膝跟踪轨迹

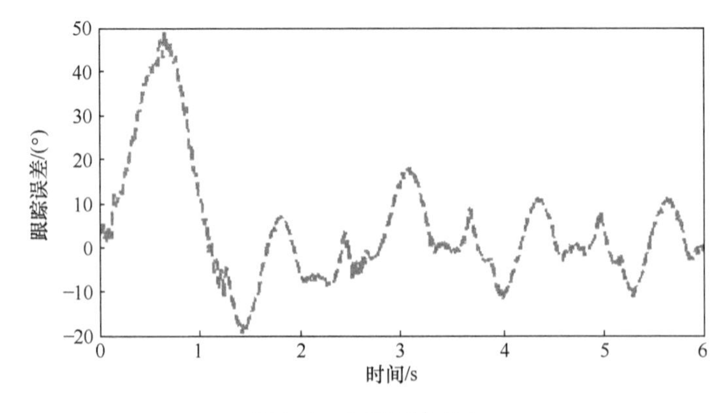

图 8-8　左膝跟踪误差

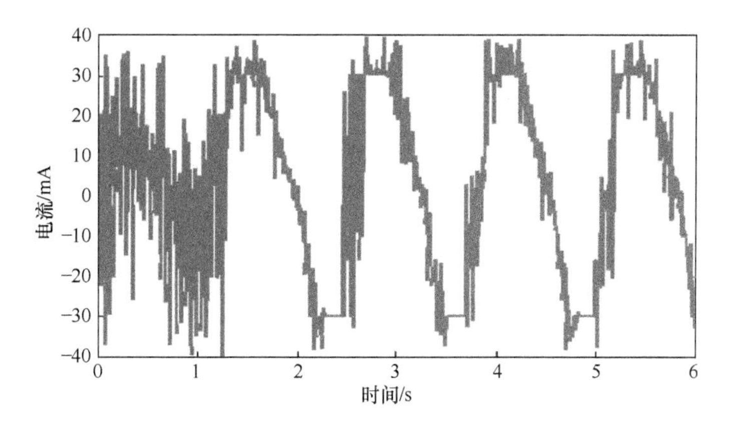

图8-9 左膝控制输入轨迹

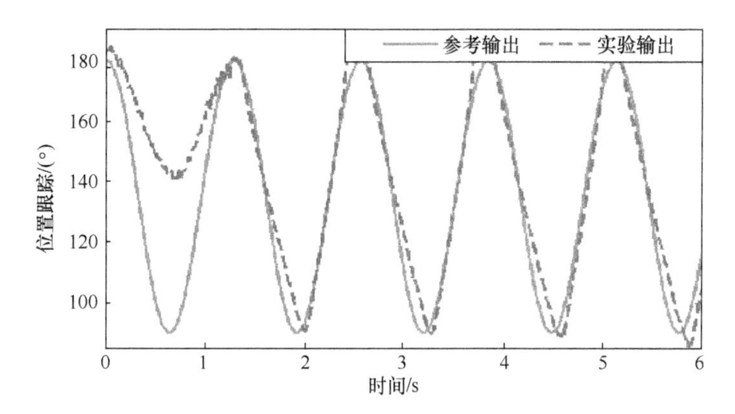

图8-10 左髋关节输出跟踪轨迹

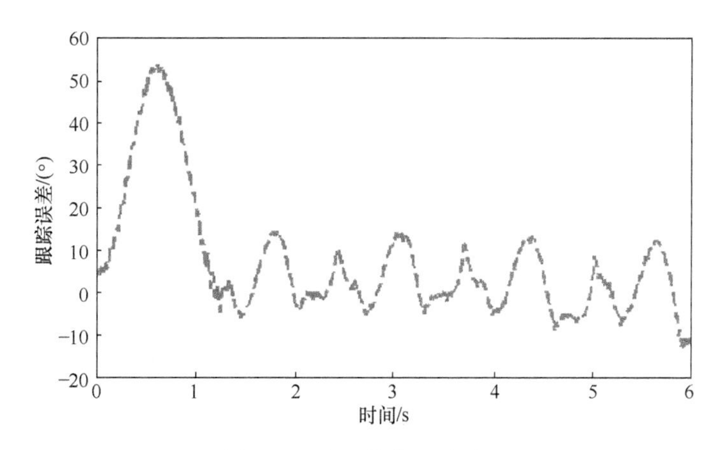

图8-11 左髋关节跟踪误差

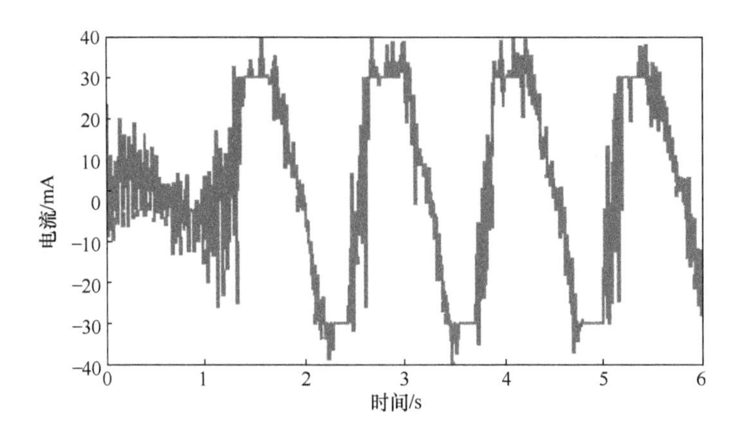

图 8-12　左髋关节控制输入轨迹

8.2.6　小结

本节提出了一种新型的电液驱动的下肢外骨骼系统 CASWELL。详细介绍了其机械结构和嵌入式电子系统的设计。在建立完整的刚体动力学和电液作动器动力学模型的基础上，提出了外骨骼周期性输出跟踪的 RLC 方案，用来实现外骨骼的周期性运动跟踪。通过实验验证了该控制器和外骨骼嵌入式电子系统的有效性。

8.3　外骨骼系统混合控制设计与应用

8.3.1　混合控制外骨骼系统结构

液压系统由高压液压油驱动。为了产生相同的功率，执行器系统的质量和体积比电机小，有利于减轻机器人的质量并便于安装。降低功耗对于下肢外骨骼来说是至关重要的，较低的功耗系统可以增加机器人和穿戴者的耐力。液压系统驱动的外骨骼系统已在 8.2 中进行了研究。作为补充，在本节中进一步考虑降低能耗。设计了一种包括单向伺服阀和电磁阀的新型混合液压系统（Hybrid Hydraulic System HHS）。同时，基于重复学习和开关控制的方案，开发了一种新型的由 HHS 驱动的腿部外骨骼。

到目前为止，已经有相当多的工作解决外骨骼控制，但大多数执行器都是电机。在液压系统中，执行机构的动力学具有高度的复杂性和非线性，这给控制器的设计带来了困难。下肢外骨骼的控制输入始终受到执行器物理约束的限制。饱和度作为控制设计的非线性约束之一，应该特别考虑解决它以增强闭环系统的稳定性和鲁棒性[17]。饱和度的控制器设计在许多领域都得到了广泛研究，如工业机器人操纵器[18]、水下机器人[19]、非线性不确定系统[20,21]和多输入多输出系统[22]。众所周知，只有少数论文考虑了带有输入饱和度的外骨骼跟踪控制[23-25]。

在穿戴者的正常行走过程中，外骨骼需要在一个设计好的控制系统下才能有效地进行跟随运动。通常情况下，穿戴者在正常行走时的动作呈现出重复的特征。因此理论上可以假设参考运动和局部动力学保持周期性特征。重复学习控制（RLC）是处理具有周期性特征的系统的合适控制方案[26,27]。它成功地用于处理本章参考文献［28］~［31］中的周期性跟踪任务，本章参考文献［32］、［33］中的未知周期性负荷扰动，以及本章参考文献［34］中的非参数不确定性。

1. HHS

如图 8-13 所示，人类的正常行走周期包括两个阶段：支撑相和摆动相。在支撑相，人的腿部承受体重；相反，在摆动相中，外骨骼的腿仅需配合人腿动作而不需承载重量。基于这一发现，可以选择在支撑相才激活外骨骼的驱动，与全周期激活阶段比，这样只需在支撑相使用高压液压油，有效降低了能耗。

图 8-14 显示了包括单向伺服阀和电磁阀的 HHS 示意图。其工作过程描述如下。在行走周期的支撑相中，电磁阀关闭，同时外骨骼由单向液压执行器驱动以跟踪人体的运动。在摆动相中，伺服阀关闭，电磁阀同时打开以迅速释放液压缸的压力，使外骨骼被人类腿弯曲。

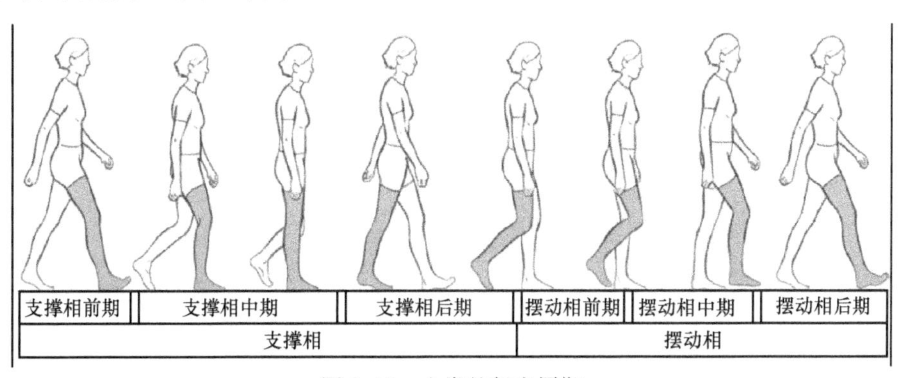

图 8-13　人类的行走周期

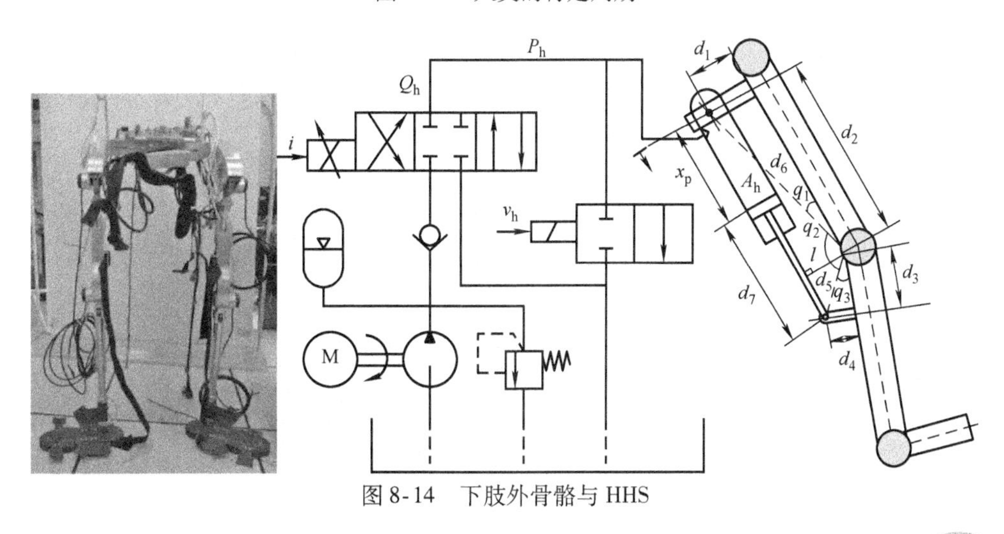

图 8-14　下肢外骨骼与 HHS

2. 机械结构

外骨骼的机械结构如图 8-14 所示，其中 HHS 集成在外骨骼主体的背部。在外骨骼的背面设计了一个内置空间用于安装锂电池（电压为 24V，容量为 40Ah），为整个外骨骼系统提供电源。每条外骨骼腿具有 5 个自由度（DOF），即髋关节的屈伸（1DOF）、膝关节的屈伸（1DOF）和踝关节的背屈/跖屈（3DOF），其中前两项由 HHS 驱动。髋关节和膝关节的液压执行器分别安装在水平方向和垂直方向。弹性绷带和塑料鞋设计用于在相关连接处将外骨骼与穿戴者绑在一起。

8.3.2 外骨骼传感器配置

作为用于增强人体动力的外骨骼的信息处理和控制中心，嵌入式电子系统至关重要。它负责收集传感器数据、实现控制器并驱动 HHS。外骨骼的嵌入式电子系统如图 8-15 所示，包括用于收集传感器数据的输入通道、用于将输入信号数字化的模/数转换器（ADC）、用于信息处理和控制的微处理器、数/模转换器（DAC）以及用于驱动 HHS 的输出通道。

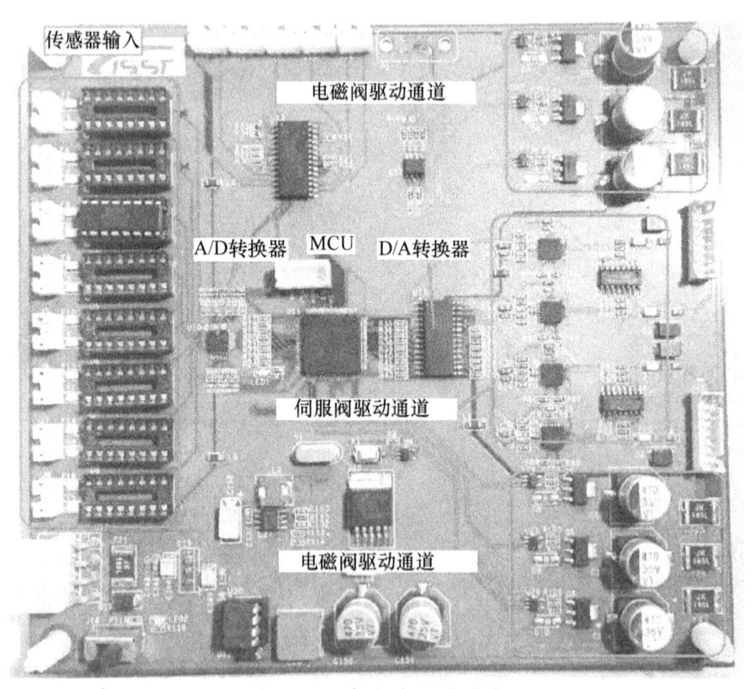

图 8-15　嵌入式电子系统

下肢外骨骼的数学模型包括刚体部分和混合液压系统（HHS）部分。通过使用拉格朗日动力学方法，腿部外骨骼的刚体模型可以简化如下[36]：

$$M(q)\ddot{q} + C(q,\dot{q})\dot{q} + G(q) = \tau + d(t) \tag{8-63}$$

式中，q，$\dot{q}$ 和 $\ddot{q} \in \Re^n$ 分别是关节角度、关节角速度和关节角加速度；$M(q) \in \Re^{n \times n}$，

$C(q,\dot{q}) \in \Re^{n\times n}$，以及 $G(q) \in \Re^{n}$ 分别是惯性矩阵、离心矩阵和重力作用力向量；$\tau \in \Re^{n}$ 表示 HHS 的关节扭矩；$d(t) \in \Re^{n}$ 表示腿部外骨骼和穿戴者之间的未知干扰。当穿戴者正常行走时且周期性运动占主导地位时，我们可以将未知干扰 $d(t)$ 视为周期性的，其周期等于穿戴者的行走步态的周期[35]。对于系统［见式（8-63）］，以下性质成立[36]。

性质 8-1 矩阵 $M(q)$ 是对称的且正定的。

性质 8-2 矩阵 $\dot{M}(q)-2C(q,\dot{q})$ 是反对称的。

由于作用在外骨骼关节上的扭矩是由 HHS 提供的，因此同时考虑了 HHS 的动力学。根据牛顿力学原理，扭矩可以描述如下：

$$\tau = (A_h P_h + f_c)l \tag{8-64}$$

式中，A_h 是液压缸的活塞面积；f_c 是作用在活塞杆上的等效力；P_h 是液压缸内的压力强度，满足以下动态方程

$$\dot{P}_h = \frac{\beta_e}{V_0 + A_h x_p}(Q_h - A_h \dot{x}_p) \tag{8-65}$$

式中，β_e 是高压液压油的恒定体积模量；Q_h 是单向伺服阀的流量；V_0 是液压缸腔的初始体积；x_p 是 HHS 的活塞杆位移，可以通过以下三角函数描述

$$x_p = \sqrt{d_5^2 + d_6^2 - 2d_5 d_6 \cos q_2} - d_7 \tag{8-66}$$

式中，d_5、d_6 和 d_7 是与机械结构相关的常数；q_2 是由 q 唯一确定的。

$$q_2 = q - q_1 - q_3 \tag{8-67}$$

式中，常数 $q_1 = \arctan(d_1/d_2)$，$q_3 = \arctan(d_4/d_3)$。由式（8-64）和式（8-65）可得，x_p 与关节角度 q 一一对应。l 是 HHS 提供的力臂，可以使用三角形的等面积原理得到。

$$d_5 d_6 \sin q_2 = l(x_p + d_7) \tag{8-68}$$

实质上，人类正常行走的频率远低于阀门的频率。因此，式（8-66）中单向伺服阀的流量 Q_h 与其电流 i 成正比关系[37]。

$$Q_h = \begin{cases} Ki, & \dot{x}_p \geqslant 0 \\ 0, & \dot{x}_p < 0 \end{cases} \tag{8-69}$$

式中，K 是一个常数增益。

$$i = S(u) = \begin{cases} I_{\max}, & u \geqslant I_{\max} \\ u, & 0 < u < I_{\max} \\ 0, & u \leqslant 0 \end{cases} \tag{8-70}$$

由于单向伺服阀在单一方向上存在物理约束，其输入电流 i 的幅值受到限制，可以不对称地表达。其中，i 和 $I_{\max}$ 分别表示单向伺服阀的有效电流和最大电流，u 是将要设计的实际控制器。伺服阀的有效输入电流 i 与控制器的实际输入 u 之间的差异，记为 Δ，可以写成

$$\Delta \triangleq i - \nu = S(u) - u \tag{8-71}$$

备注 8-4 由于穿戴者的正常步行具有重复性，因此可以合理假设在式（8-65）中的等效力 f_c 和式（8-72）中的差异 Δ 都具有一定的重复特性。与此同时，可能会存在具有上限的非重复性干扰或噪声，也可能会涉及 f_c 和 Δ。因此，等效力 f_c 和控制差异 Δ 都可以被视为周期分量（用 f_p 和 Δ_p 表示）和非周期分量（用 f_n 和 Δ_n 表示）的组合，这可以通过以下方式描述

$$\begin{cases} f_c = f_p + f_n, & \Delta = \Delta_p + \Delta_n \\ f_p(t) = f_p(t-N), & \Delta_p(t) = \Delta_p(t-N) \\ f_n \leqslant \overline{f}_n, & \Delta_n \leqslant \overline{\Delta}_n \end{cases} \tag{8-72}$$

式中，$N>0$，是一个常数周期。

现在，将刚体和 HHS 的动力学结合起来，考虑整个系统的动力学。让 $q \triangleq [q_j]^{\mathrm{T}}, \tau \triangleq [\tau_j]^{\mathrm{T}}, l \triangleq \mathrm{diag}[l_j], P_h \triangleq [P_j]^{\mathrm{T}}, f_c \triangleq [f_{cj}]^{\mathrm{T}}, A_h \triangleq \mathrm{diag}[A_{hj}], x_{\mathrm{p}} \triangleq [x_{\mathrm{p}j}]^{\mathrm{T}}$，$u = [u_j]^{\mathrm{T}}$，其中下标 $j=1,\cdots,4$ 代表 4 个被激活的关节，即左右腿的髋关节和膝关节。

设 $x_1 = q$，$x_2 = q$，$x_3 = A_h P_h$。通过将式（8-63）中的刚体动力学和式(8-64)、式（8-65）、式（8-69）和式（8-71）中的 HHS 动力学相结合，下肢外骨骼由 HHS 驱动的状态空间模型为

$$\begin{cases} \dot{x}_1 = x_2 \\ \dot{x}_2 = M(x_1)^{-1}[l(x_3 + f_p + f_n) + d(t) - C(x_1, \dot{x}_1)x_2 - G(x_1)] \\ \dot{x}_3 = -g_1(x_{\mathrm{p}})\dot{x}_{\mathrm{p}} + g_2(x_{\mathrm{p}})\Delta_p + g_2\Delta_n + g_2(x_{\mathrm{p}})u \end{cases} \tag{8-73}$$

其中

$$\begin{gathered} g_m(x_{\mathrm{p}}) = \mathrm{diag}_{\uparrow}[g_m(x_{\mathrm{p}j})], \quad m=1,2, j=1,\cdots,4 \\ g_1(x_{\mathrm{p}j}) = \frac{A_{hj}^2\beta_e}{V_{0j} + A_{hj}x_{\mathrm{p}j}}, \quad g_2(x_{\mathrm{p}j}) = \frac{A_{hj}\beta_e K}{V_{0j} + A_{hj}x_{\mathrm{p}j}} \end{gathered} \tag{8-74}$$

腿部外骨骼的控制目标是设计一个实际的控制输入 u，用于 HHS，以使腿部外骨骼的输出运动 $y = x_1$ 能够紧密跟踪穿戴者的运动 q_r。显然，当正常行走时，人类的运动通常会表现出重复的特性。因此，可以假设穿戴者的运动 q_r 是周期性的且满足

$$q_r(t) = q_r(t-N) \tag{8-75}$$

其中 $N>0$，是一个周期。当 q_r 可微时，它的一阶和二阶导数也是周期性的。

8.3.3 混合控制策略与控制器设计

本节将讨论下肢外骨骼的节能控制。由于下肢外骨骼在摆动相是由人腿被动弯曲的，因此控制器设计仅在支撑相进行。通过利用反步法进行鲁棒的 RLC 设计，利用李雅普诺夫方法分析了系统在支撑相的收敛性。在进行控制器设计之前，首先

将本章参考文献［38］中的引理8-2从标量扩展到向量情况，即可给出如下引理以便于控制器设计：

引理8-3　设$H(t)$、$\hat{H}(t)$、$\widetilde{H}(t)$和$s(t)\in\mathfrak{R}^n$，满足以下关系

$$\begin{aligned} H(t) &= H(t-N) \\ \widetilde{H}(t) &= H(t) - \hat{H}(t) \\ \hat{H}(t) &= \hat{H}(t-N) + s(t) \end{aligned} \tag{8-76}$$

$\int_{t-N}^{t}\widetilde{H}^{\mathrm{T}}(\mu)\widetilde{H}(\mu)\mathrm{d}\mu$ 的导数为 $-2\widetilde{H}^{\mathrm{T}}(t)s(t)-s^{\mathrm{T}}(t)s(t)$

控制器设计如下：

步骤1　定义误差

$$e_1 = x_1 - x_{1d},\ e_2 = x_2 - a_1, e_3 = x_3 - a_2 \tag{8-77}$$

其中x_{1d}是下肢外骨骼的期望运动，$x_{1d}\triangleq q_d$；a_1 和 a_2 是用于稳定系统的中间控制输入。e_1 的时间导数是

$$\dot{e}_1 = x_2 - x_{1d} = e_2 + a_1 - x_{1d} \tag{8-78}$$

设

$$a_1 = -k_1e_1 + \dot{x}_{1d}, k_1 > 0 \tag{8-79}$$

将以上两个方程结合如下

$$\dot{e}_1 = -k_1e_1 + e_2 \tag{8-80}$$

步骤2　代入式（8-73）得到e_2的时间导数为

$$\begin{aligned} \dot{e}_2 &= \dot{x}_2 - \dot{a}_1 \\ &= M(x_1)^{-1}[l(x_3+f_p+f_n)+d(t)-C(x_1,\dot{x}_1)x_2-G(x_1)]-\dot{a}_1 \\ &= M(x_1)^{-1}[l(e_3+a_2+f_p+f_n)+d(t)-C(x_1,\dot{x}_1)x_2-G(x_1)]-\dot{a}_1 \end{aligned}$$

进一步设a_2如式

$$a_2 = a_{2a} + a_{2b} + a_{2c} \tag{8-81}$$

a_{2a}为反馈控制部分

$$a_{2a} = l^{-1}[-k_2e_2 - k_f\overline{f}_n - e_1] \tag{8-82}$$

式中，k_2 和 k_f 是正增益，且l定义于式（8-68）。

a_{2b}为学习控制部分

$$a_{2b} = -l^{-1}\hat{p}_1(t) \tag{8-83}$$

其中

$$\hat{p}_1(t) = \begin{cases} \hat{p}_1(t-N) + k_3e_2, & k_3>0, t>N \\ 0, & t\in[0,N] \end{cases} \tag{8-84}$$

a_{2c}为鲁棒稳定部分

$$a_{2c} = -l^{-1}k_4\mu^2(\|\xi\|)e_2 \tag{8-85}$$

其中ξ为

$$\xi=[e_1^{\mathrm{T}},\dot{e}_1^{\mathrm{T}}]^{\mathrm{T}} \tag{8-86}$$

式中，$k_4>0$ 是恒定增益；$\mu(\cdot)$是正边界函数。

步骤 3 对 e_3 进行微分

$$\dot{e}_3=-g_1(x_{\mathrm{p}})\dot{x}_{\mathrm{p}}+g_2(x_{\mathrm{p}})\Delta_{\mathrm{p}}+g_2(x_{\mathrm{p}})\Delta_n+g_2(x_{\mathrm{p}})v-\dot{a}_2 \tag{8-87}$$

控制器设计为

$$u=g_2(x_{\mathrm{p}})^{-1}[-le_2+g_1(x_{\mathrm{p}})\dot{x}_{\mathrm{p}}-g_2(x_{\mathrm{p}})\hat{p}_2(t)-k_\Delta g_2(x_{\mathrm{p}})\overline{\Delta}_n+\dot{a}_2] \tag{8-88}$$

其中

$$\hat{p}_2(t)=\begin{cases}\hat{p}_2(t-N)+k_5e_3,k_5>0,t>N\\ 0,t\in[0,N].\end{cases} \tag{8-89}$$

在式（8-88）中，$\hat{p}_2(t)$用于处理式（8-72）中的周期差$p_2(t)=\Delta_p$。

由式（8-87）和式（8-88）可知

$$\dot{e}_3=\widetilde{p}_2(t)+g_2(x_{\mathrm{p}})\Delta_n-k_\Delta g_2(x_{\mathrm{p}})\overline{\Delta}_n(\nu)-le_2 \tag{8-90}$$

定理 8-2 式（8-73）中的 HHS 驱动的下肢外骨骼，在假设式（8-75）下，采用鲁棒 RLC［见式（8-88）］，设计参数 k_i，$i=1,\cdots,5,k_f$，k_Δ 满足

$$\begin{cases}k_2+\dfrac{1}{2k_3}-\dfrac{1}{4k_4}>0\\ k_f>\|l\|,k_\Delta>1\end{cases} \tag{8-91}$$

所有闭环系统的信号都是有界的，而下肢外骨骼在支撑相的跟踪误差将渐近地收敛到零。根据以下李雅普诺夫函数候选项并给出证明

$$\begin{cases}V(t)=V_1(t)+V_2(t)\\ V_1(t)=\dfrac{1}{2}e_1^{\mathrm{T}}e_1+\dfrac{1}{2}e_2^{\mathrm{T}}M(x_1)e_2+\dfrac{1}{2}e_3^{\mathrm{T}}e_3\\ V_2(t)=\dfrac{1}{2k_3}\displaystyle\int_{t-N}^{t}\widetilde{p}_1^{\mathrm{T}}(\varsigma_1)\widetilde{p}_1(\varsigma_1)\mathrm{d}\varsigma_1+\\ \qquad\dfrac{1}{2k_5}\displaystyle\int_{t-N}^{t}\widetilde{p}_2^{\mathrm{T}}(\varsigma_2)\widetilde{p}_2(\varsigma_2)\mathrm{d}\varsigma_2,\end{cases} \tag{8-92}$$

其中

$$\widetilde{p}_i(t)\triangleq p_i(t)-\hat{p}_i(t),i=1,2$$

第一步，对于时间对 $V_1(t)$进行微分如下

$$\dot{V}_1(t)=e_1^{\mathrm{T}}\dot{e}_1+e_2^{\mathrm{T}}M(x_1)\dot{e}_2+\frac{1}{2}e_2^{\mathrm{T}}\dot{M}(x_1)e_2+e_3^{\mathrm{T}}\dot{e}_3.$$

再根据式（8-80）、式（8-81）和式（8-90），可得

$$\begin{aligned}\dot{V}_1(t)&=e_1^{\mathrm{T}}(-k_1e_1+e_2)+e_2^{\mathrm{T}}M(x_1)\dot{e}_2+\frac{1}{2}e_2^{\mathrm{T}}\dot{M}(x_1)e_2+e_3^{\mathrm{T}}\dot{e}_3\\ &=-k_1e_1^{\mathrm{T}}e_1+e_1^{\mathrm{T}}e_2+\frac{1}{2}e_2^{\mathrm{T}}\dot{M}(x_1)e_2+e_3^{\mathrm{T}}\dot{e}_3+\end{aligned}$$

$$
\begin{aligned}
& e_2^{\mathrm{T}} M(x_1)[M(x_1)^{-1}[l(e_3+a_2+f_p+f_n)+ \\
& d(t)-C(x_1,\dot{x}_1)x_2-G(x_1)]-\dot{a}_1] \\
= & -k_1 e_1^{\mathrm{T}} e_1+e_1^{\mathrm{T}} e_2+\frac{1}{2} e_2^{\mathrm{T}} \dot{M}(x_1) e_2+e_3^{\mathrm{T}} \dot{e}_3+ \\
& e_2^{\mathrm{T}}[l(e_3+a_2+f_p+f_n)+d(t)- \\
& C(x_1,\dot{x}_1)(e_2+a_1)-G(x_1)-M(x_1)\dot{a}_1]
\end{aligned} \tag{8-93}
$$

将式（8-79）代入式（8-94）并应用性质 8-2 可得

$$
\begin{aligned}
\dot{V}_1(t)= & -k_1 e_1^{\mathrm{T}} e_1+e_1^{\mathrm{T}} e_2+e_3^{\mathrm{T}} \dot{e}_3+ \\
& e_2^{\mathrm{T}}[l(e_3+a_2+f_p+f_n)+ \\
& d(t)-C(x_1,\dot{x}_1)a_1-G(x_1)-M(x_1)\dot{a}_1] \\
= & -k_1 e_1^{\mathrm{T}} e_1+e_1^{\mathrm{T}} e_2+e_3^{\mathrm{T}} \dot{e}_3+e_2^{\mathrm{T}}[l(e_3+a_2+f_p+f_n)+ \\
& d(t)-C(x_1,\dot{x}_1)(-k_1 e_1+\dot{x}_{1d})-G(x_1)-M(x_1)(-k_1\dot{e}_1+\ddot{x}_{1d})] \\
= & -k_1 e_1^{\mathrm{T}} e_1+e_1^{\mathrm{T}} e_2+e_3^{\mathrm{T}} e_3+e_2^{\mathrm{T}}[l(e_3+a_2+f_p+f_n)+ \\
& d(t)-G(x_1)-C(x_1,\dot{x}_1)\dot{x}_{1d}-M(x_1)\ddot{x}_{1d}+ \\
& k_1 C(x_1,\dot{x}_1)\dot{e}_1+k_1 M(x_1)\dot{e}_1]-G(x_1)-\eta_1)
\end{aligned} \tag{8-94}
$$

规定：
$$
\begin{cases}
\eta \triangleq -M(x_{1d})\ddot{x}_{1d}-C(x_{1d},\dot{x}_{1d})\dot{x}_{1d}-G(x_{1d}), \\
\xi \triangleq -M(x_{1d})(\ddot{x}_{1d}-k_1\dot{e}_1)-C(x_1,\dot{x}_1)(\dot{x}_{1d}-k_1 e-G(x_1)-\eta_1)
\end{cases} \tag{8-95}
$$

然后，把式（8-95）代入式（8-94）就得到

$$
\dot{V}_1(t)=-k_1 e_1^{\mathrm{T}} e_1+e_1^{\mathrm{T}} e_2+e_3^{\mathrm{T}} \dot{e}_3+e_2^{\mathrm{T}}[l(e_3+a_2)+lf_n+lf_p+d(t)+\zeta+\eta] \tag{8-96}
$$

其中，假设未知扰动 $d(t)$ 和部分被等效力 f_p 假定为周期性的，而 η 也由于期望的运动 x_{1d} 而呈现周期性。令 $p_1(t) \triangleq lf_p+d(t)+\eta$，此时

$$
p_1(t)=p_1(t-N) \tag{8-97}
$$

把式（8-97）代入式（8-96）

$$
\dot{V}_1(t)=-k_1 e_1^{\mathrm{T}} e_1+e_1^{\mathrm{T}} e_2+e_3^{\mathrm{T}} \dot{e}_3+e_2^{\mathrm{T}}[l(e_3+a_2)+lf_n+p_1(t)+\zeta] \tag{8-98}
$$

其中 ζ 满足本章参考文献［30］中证明的不等式。

$$
\|\zeta\| \leqslant \mu(\|\xi\|)\|\xi\| \tag{8-99}
$$

根据式（8-81）、式（8-90）和式（8-98），可得

$$
\begin{aligned}
\dot{V}_1(t)= & -k_1 e_1^{\mathrm{T}} e_1-k_2 e_2^{\mathrm{T}} e_2+e_2^{\mathrm{T}} \widetilde{p}_1(t)+e_3^{\mathrm{T}} \widetilde{p}_2(t)+e_2^{\mathrm{T}} \zeta-e_2^{\mathrm{T}} k_4 \mu^2(\|\xi\|) e_2+ \\
& e_2^{\mathrm{T}}(-k_f \overline{f}_n+lf_n)+e_3^{\mathrm{T}}(g_2(x_{\mathrm{p}})\Delta_n-k_\Delta g_2(x_{\mathrm{p}})\overline{\Delta}_n)
\end{aligned} \tag{8-100}
$$

第二步，$V_2(t)$ 的时间导数为

$$\dot{V}_2(t)=\frac{1}{2k_3}[\tilde{p}_1^{\mathrm{T}}(t)\tilde{p}_1(t)-\tilde{p}_1^{\mathrm{T}}(t-N)\tilde{p}_1(t-N)]+\frac{1}{2k_5}[\tilde{p}_2^{\mathrm{T}}(t)\tilde{p}_2(t)-\tilde{p}_2^{\mathrm{T}}(t-N)\tilde{p}_2(t-N)] \tag{8-101}$$

根据引理8-1、式（8-84）和式（8-97）可得

$$\begin{aligned}\dot{V}_2(t)&=\frac{1}{2k_3}[-2k_3\tilde{p}_1^{\mathrm{T}}(t)e_2-k_3^2e_2^{\mathrm{T}}e_2]+\frac{1}{2k_5}[-2k_5\tilde{p}_2^{\mathrm{T}}(t)e_3-k_5^2e_3^{\mathrm{T}}e_3]\\&=-\tilde{p}_1^{\mathrm{T}}(t)e_2-\frac{1}{2}k_3e_2^{\mathrm{T}}e_2-\tilde{p}_2^{\mathrm{T}}(t)e_3-\frac{1}{2}k_5e_3^{\mathrm{T}}e_3\end{aligned} \tag{8-102}$$

第三步，结合式（8-100）和式（8-102）可得

$$\begin{aligned}\dot{V}(t)=&-k_1e_1^{\mathrm{T}}e_1-k_2e_2^{\mathrm{T}}e_2+e_2^{\mathrm{T}}\tilde{p}_1(t)+e_3^{\mathrm{T}}\tilde{p}_2(t)+\\&e_2^{\mathrm{T}}\zeta-e_2^{\mathrm{T}}k_4\mu^2(\|\xi\|)e_2+e_2^{\mathrm{T}}(-k_f\bar{f}_n+lf_n)-\tilde{p}_2^{\mathrm{T}}(t)e_3-\frac{1}{2}k_5e_3^{\mathrm{T}}e_3+\\&e_3^{\mathrm{T}}(g_2(x_{\mathrm{p}})\Delta_n-k_\Delta g_2(x_{\mathrm{p}})\bar{\Delta}_n)-\tilde{p}_1^{\mathrm{T}}(t)e_2-\frac{1}{2}k_3e_2^{\mathrm{T}}e_2\\=&-k_1e_1^{\mathrm{T}}e_1-k_2e_2^{\mathrm{T}}e_2-\frac{1}{2}k_3e_2^{\mathrm{T}}e_2-\frac{1}{2}k_5e_3^{\mathrm{T}}e_3+e_2^{\mathrm{T}}\zeta-e_2^{\mathrm{T}}k_4\mu^2(\|\xi\|)e_2+\\&e_2^{\mathrm{T}}(lf_n-k_f\bar{f}_n)+e_3^{\mathrm{T}}(g_2(x_{\mathrm{p}})\Delta_n-k_\Delta g_2(x_{\mathrm{p}})\bar{\Delta}_n)\\\leqslant&-k_1e_1^{\mathrm{T}}e_1-k_2e_2^{\mathrm{T}}e_2-\frac{1}{2}k_3e_2^{\mathrm{T}}e_2-\frac{1}{2}k_5e_3^{\mathrm{T}}e_3+\\&\mu(\|\xi\|)\|\xi\|\,|\,\|e_2\|-k_4\mu^2(\|\xi\|)\|e_2\|^2+\\&\|e_2\|(\|l\|\|\bar{f}_n\|-k_f\|\bar{f}_n\|)+\\&\|e_3\|(\|g_2(x_{\mathrm{p}})\|\,|\,\|\bar{\Delta}_n\|-k_\Delta\|g_2(x_{\mathrm{p}})\|\,|\,\|\bar{\Delta}_n\|)\end{aligned} \tag{8-103}$$

考虑到式（8-86）中 ξ 的定义，可以得出

$$\mu(\|\xi\|)\|\xi\|\|e_2\|-k_4\mu^2(\|\xi\|)\|e_2\|^2\leqslant\frac{1}{4k_4}\|e_2\|^2 \tag{8-104}$$

将式（8-104）代入式（8-103）为

$$\begin{aligned}\dot{V}(t)\leqslant&-k_1e_1^{\mathrm{T}}e_1-k_2e_2^{\mathrm{T}}e_2-\frac{1}{2}k_3e_2^{\mathrm{T}}e_2-\frac{1}{2}k_5e_3^{\mathrm{T}}e_3+\\&\frac{1}{4k_4}\|e_2\|^2+\|e_2\|\|f_n\|(\|l\|-k_f)+\\&\|e_3\|\,\big|\,\|g_2(x_{\mathrm{p}})\|\big|\|\Delta_n\|(1-k_\Delta)\end{aligned}$$

$$\leqslant -k_1 e_1^{\mathrm{T}} e_1 - \left(k_2 + \frac{1}{2}k_3 - \frac{1}{4k_4}\right) e_2^{\mathrm{T}} e_2 - \frac{1}{2}k_5 e_3^{\mathrm{T}} e_3 +$$
$$\|e_2\| \|f_n\| (\|l\| - k_f) +$$
$$\|e_3\| \|g_2(x_{\mathrm{p}})\| \|\|\overline{\Delta}_n\| (1 - k_\Delta) \tag{8-105}$$

利用式（8-91）中的参数约束，可以$\dot{V}(t) \leqslant 0$。通过采用 Barbalat 的引理[39]，e_1 将渐近地收敛到零。剩下的工作是分析涉及下肢外骨骼控制过程中所有信号的有界性。从式（8-105）中可以看出，$V(t)$在时间域内是非增的，这意味着 $e_i(i=1,2,3)$和 $p_i(i=1,2)$是有界的。注意到由式（8-70）确保的控制输入的有界性，以及外骨骼系统的被动性质，可以保证状态 $x_i(i=1,\cdots,3)$，的有界性。

8.3.4　实验研究

为了验证由 HHS 驱动的腿部外骨骼的控制性能，实施并验证了包括支撑相中的鲁棒 RLC 和摆动相中的开关控制的节能控制方案。首先介绍了实验装置的设置，然后给出了参数设置和控制器实现，最后进行了实验，并对实验结果进行了进一步讨论。

实验结构的示意图如图 8-16 所示。需要注意的是，在行走周期中，下肢外骨骼仅在支撑相中由单向伺服阀驱动。因此，在摆动相中，弯曲运动是由实验者所执行，来模拟人类腿部的运动。如前文所述，下肢外骨骼是一种用于增强人体动力的高密度机器人。外骨骼刚体、包括单向伺服阀和电磁阀在内的 HHS，以及液压泵均已集成。一块 24V/40Ah 的锂电池用于供应外骨骼系统，包括液压泵和嵌入式电子系统。在嵌入式电子系统中使用的芯片是一款基于 ARM 的 32 位微处理器 STM32F407，以 100MHz 频率工作。采用了一个 8 输入通道的 ADC 芯片 ADS7852Y，用于对传感器数据进行采样。采用了一个 4 输出通道的 DAC 芯片 DAC7725U，通过整合电流转换器芯片 XTR300AIRGW 来生成单向伺服阀的驱动电流。N 沟道 MOSFET IRFL014 及其驱动芯片 UCC27517 被设计用于控制 HHS 的电磁阀。

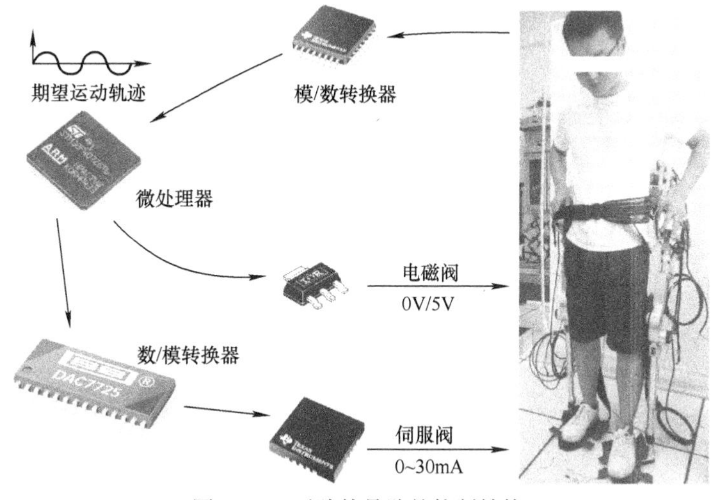

图 8-16　下肢外骨骼的控制结构

所提出的控制方案是用 C 语言在微处理器中实现的，C 语言是工业和工程应用中最广泛使用的语言。在行走周期中，控制器分为两个部分：

1）在支撑相中，外骨骼腿通过所提出的鲁棒 RLC 模型由单向伺服阀驱动。

2）在摆动相中，外骨骼由人类腿部驱动，通过打开电磁阀来实现。

为了在控制过程中方便计算，周期性参考轨迹被设定为正弦曲线，并通过 128 个元素的数组在微处理器中生成。HHS 的参数为 $\beta_e = 1.2 \times 10^9 \mathrm{N/m^2}$，$A_h = 6 \times 10^{-4} \mathrm{m^2}$，$V_0 = 80 \times 10^{-6} \mathrm{m^3}$ 和 $K = 0.95$。单向伺服阀的电流饱和度选为 30mA。此外，控制参数设置为 $k_1 = 28$，$k_2 = 35$，$k_3 = 17$，$k_4 = 30$，$k_5 = 20$，$k_f = 30$，$k_\Delta = 12$，$\mu = 45$ 满足了定理 8-2 中的所有要求。

实验结果及分析：

控制器对腿部外骨骼的所有 4 个驱动关节进行了测试，以验证开发的 HHS 和节能控制方案的性能。由于两条腿的运动相似，这里仅显示右侧腿部的轨迹。图 8-17和图 8-20 展示了右膝和右髋的位置跟踪，而图 8-18 和图 8-21 展示了相应

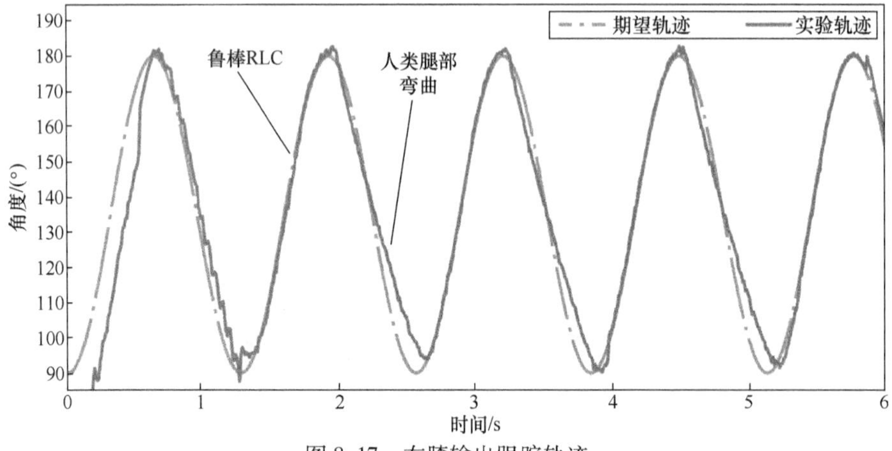

图 8-17　右膝输出跟踪轨迹

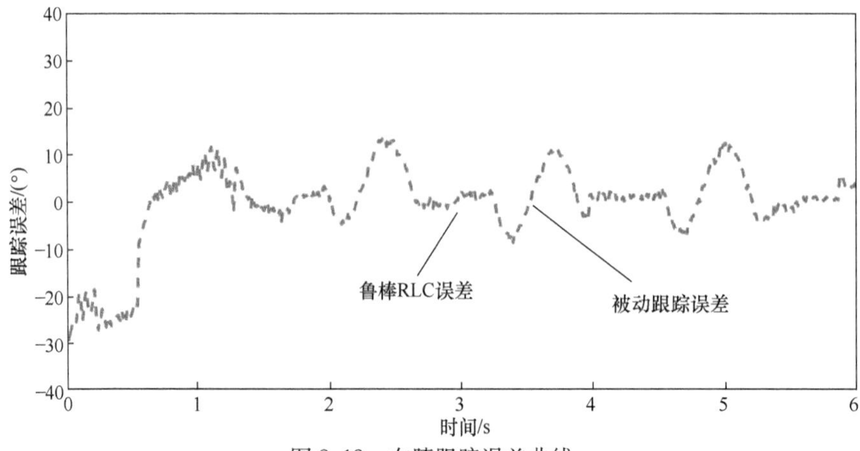

图 8-18　右膝跟踪误差曲线

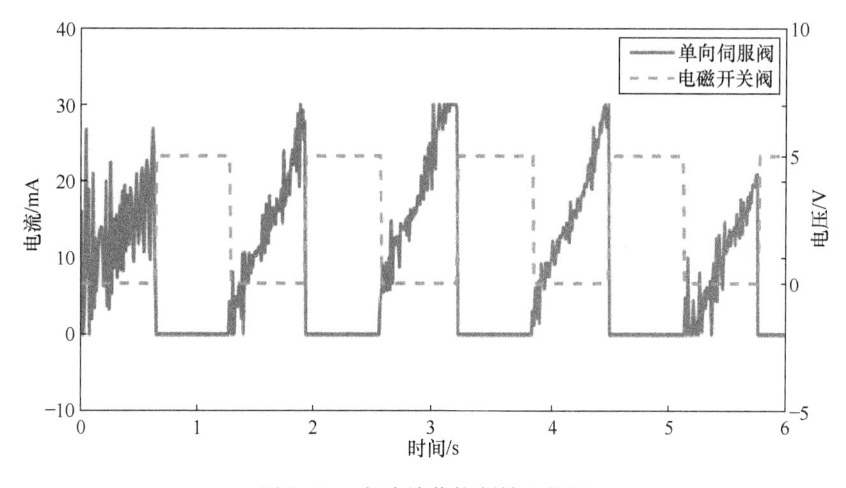

图 8-19　右膝关节控制输入轨迹

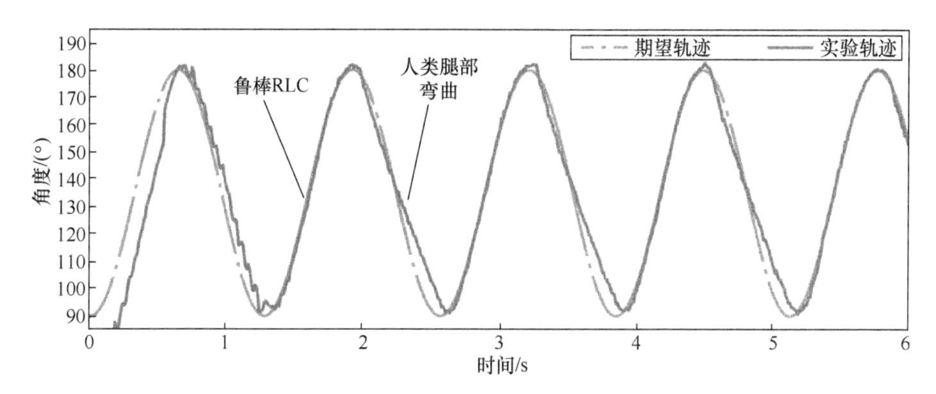

图 8-20　右髋关节输出跟踪轨迹

的跟踪误差。在跟踪曲线中，前半个周期代表支撑相中的运动，后半个周期代表摆动运动。换句话说，在支撑相中，外骨骼腿由 HHS 的单向伺服阀驱动，在摆动相中，外骨骼腿通过电磁阀释放以跟随穿戴者的运动。

从图 8-17 和图 8-20 可以看出，在支撑相中，外骨骼腿在第一次学习周期后成功地跟踪了穿戴者的运动，通过鲁棒的 RLC。随着外骨骼腿在摆动相中被人类腿弯曲，第二半周期的跟踪误差比第一半周期大。

外骨骼腿的控制输入显示在图 8-19 和图 8-22 中，可以看出控制器的输出电流很好地限制在 0 ~ 30mA 之间，单向缸仅在行走周期的一半中进行控制。此外，整个控制过程中的功耗如图 8-23 所示。与需要几乎 10A 的电流来驱动液压泵的全驱动液压系统相比，当采用所提出的混合液压系统时，仅需 7A 的电流即可使液压泵的压力稳定。也就是说，在实验中，能源消耗将减少 30%。

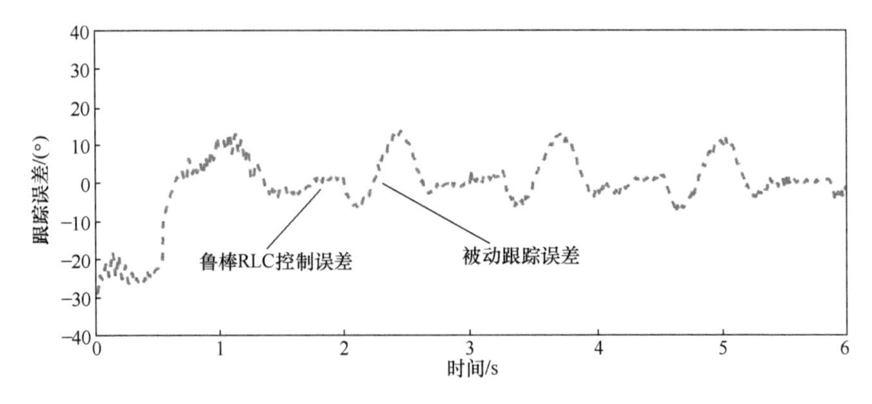

图 8-21　右髋关节跟踪误差曲线

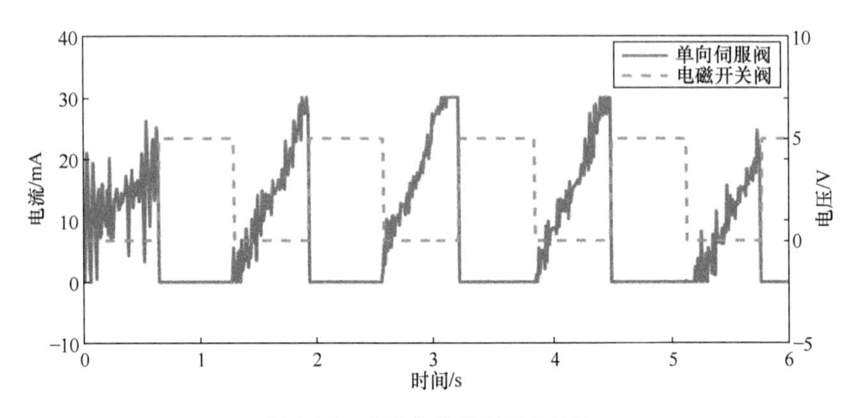

图 8-22　右髋关节控制输入轨迹

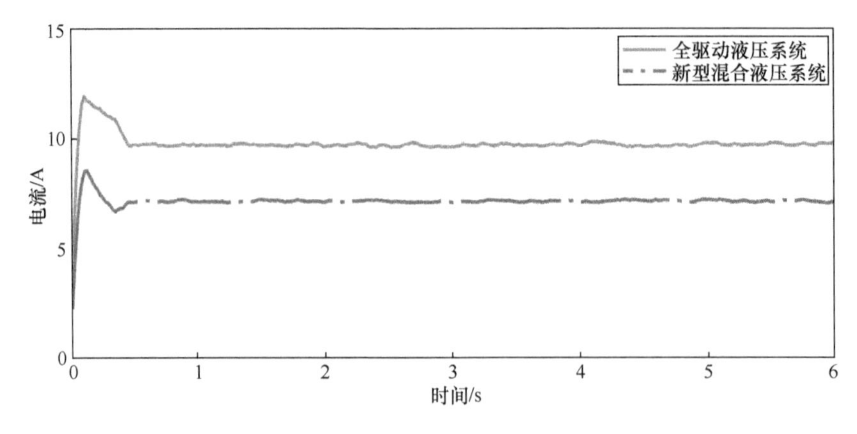

图 8-23　功耗（电流）的比较

8.3.5　小结

本节提出了一种新颖的控制方案，用于由混合液压系统驱动的腿部外骨骼，以实现精确跟踪和功耗降低。混合液压系统由单向伺服阀和电磁阀组成，单向伺服阀在支撑相控制中引入了假设周期参考运动下的鲁棒重复学习控制方案。在摆动相中，电磁阀被激活使外骨骼被动地跟随穿戴者的运动。借助于重复学习，腿部外骨骼在支撑相中的输出跟踪误差可以显著降低。此外，由混合液压系统驱动的腿部外骨骼的功耗几乎比双向液压系统少 30%。

8.4　本章总结

本章建立了两套不同的下肢外骨骼系统实验平台，首先研制了一种新型电液执行的下肢外骨骼系统 CASWELL，在建立完整的刚体动力学和电液执行器动力学模型的基础上，在设计的嵌入式电子系统运用 RLC 方案实现了外骨骼周期性输出跟踪实验。其次，针对精确跟踪和降低功耗，提出了一种基于混合液压驱动的腿部外骨骼控制方案 CASWELL-II，通过鲁棒重复学习，可以显著降低腿部外骨骼在站立阶段的输出跟踪误差。最后进行了混合液压系统驱动的腿部外骨骼的功耗比双向液压系统的功耗实验验证，实验结果表明，改进的混合液压系统驱动的腿部外骨骼系统的功耗比双向液压系统的功耗低近 30%。

参 考 文 献

[1] Fujimoto H, Takemura T. High-precision control of ball-screw-driven stage based on repetitive control using no-times learning filter [J]. IEEE Transactions on Industrial Electronics, 2013, 61 (7): 3694-3703.

[2] Zhou K, Wang D. Digital repetitive learning controller for three-phase CVCF PWM inverter [J]. IEEE Transactions on Industrial Electronics, 2001, 48 (4): 820-830.

[3] Verrelli C M, Pirozzi S, Tomei P, et al. Linear repetitive learning controls for robotic manipulators by Padé approximants [J]. IEEE Transactions on Control Systems Technology, 2015, 23 (5): 2063-2070.

[4] Scalzi S, Bifaretti S, Verrelli C M. Repetitive learning control design for LED light tracking [J]. IEEE Transactions on Control Systems Technology, 2014, 23 (3): 1139-1146.

[5] Huang D, Xu J X, Yang S, et al. Observer based repetitive learning control for a class of nonlinear systems with non-parametric uncertainties [J]. International Journal of Robust and Nonlinear Control, 2015, 25 (8): 1214-1229.

[6] Sirouspour M R, Salcudean S E. Nonlinear control of hydraulic robots [J]. IEEE Transactions on Robotics and Automation, 2001, 17 (2): 173-182.

[7] MOOG Company. Servo Valves, Pilot Operated Flow Control Valve With Analog Interface G761/

761 Series, Size 04 [R]. Buffalo, 2014.

[8] Saglam C O, Byl K. Stability and gait transition of the five-link biped on stochastically rough terrain using a discrete set of sliding mode controllers [C] //2013 IEEE International Conference on Robotics and Automation. IEEE, 2013: 5675-5682.

[9] Lu R, Li Z, Su C Y, et al. Development and learning control of a human limb with a rehabilitation exoskeleton [J]. IEEE Transactions on Industrial Electronics, 2013, 61 (7): 3776-3785.

[10] F L Lewis, C T Abadallah, D M Dawson. Control of Robot Manipulator [M]. New York: Macmillan, 1993.

[11] H E Merritt. Hydraulic Control Systems [M]. New York: Wiley, 1967.

[12] Nakkarat P, Kuntanapreeda S. Observer-based backstepping force control of an electrohydraulic actuator [J]. Control Engineering Practice, 2009, 17 (8): 895-902.

[13] Xu B, Shen J, Liu S, et al. Research and development of electro-hydraulic control valves oriented to industry 4.0: a review [J]. Chinese Journal of Mechanical Engineering, 2020, 33: 1-20.

[14] Marquez H J. Nonlinear control systems: analysis and design [M]. Hoboken: Wiley-Interscience, 2003.

[15] Xu J X, Yan R. Synchronization of chaotic systems via learning control [J]. International Journal of Bifurcation and Chaos, 2005, 15 (12): 4035-4041.

[16] Sadegh N, Horowitz R. Stability and robustness analysis of a class of adaptive controllers for robotic manipulators [J]. The International Journal of Robotics Research, 1990, 9 (3): 74-92.

[17] Chen M, Tao G, Jiang B. Dynamic surface control using neural networks for a class of uncertain nonlinear systems with input saturation [J]. IEEE Transactions on Neural Networks and Learning Systems, 2014, 26 (9): 2086-2097.

[18] Santibañez V, Camarillo K, Moreno-Valenzuela J, et al. A practical PID regulator with bounded torques for robot manipulators [J]. International Journal of Control, Automation and Systems, 2010, 8: 544-555.

[19] Chen M, Jiang B, Zou J, et al. Robust adaptive tracking control of the underwater robot with input nonlinearity using neural networks [J]. International Journal of Computational Intelligence Systems, 2010, 3 (5): 646-655.

[20] Xu J X, Tan Y, Lee T H. Iterative learning control design based on composite energy function with input saturation [J]. Automatica, 2004, 40 (8): 1371-1377.

[21] Wen C, Zhou J, Liu Z, et al. Robust adaptive control of uncertain nonlinear systems in the presence of input saturation and external disturbance [J]. IEEE Transactions on Automatic Control, 2011, 56 (7): 1672-1678.

[22] Chen M, Ge S S, Ren B. Adaptive tracking control of uncertain MIMO nonlinear systems with input constraints [J]. Automatica, 2011, 47 (3): 452-465.

[23] Chen Z, Li Z, Chen C L P. Disturbance observer-based fuzzy control of uncertain MIMO mechanical systems with input nonlinearities and its application to robotic exoskeleton [J]. IEEE Transactions on Cybernetics, 2016, 47 (4): 984-994.

[24] Li Z, Su C Y, Wang L, et al. Nonlinear disturbance observer-based control design for a robotic

exoskeleton incorporating fuzzy approximation [J]. IEEE Transactions on Industrial Electronics, 2015, 62 (9): 5763-5775.

[25] Asl H J, Narikiyo T, Kawanishi M. Neural network velocity field control of robotic exoskeletons with bounded input [C] //2017 IEEE International Conference on Advanced Intelligent Mechatronics (AIM) . IEEE, 2017: 1363-1368.

[26] Scalzi S, Bifaretti S, Verrelli C M. Repetitive learning control design for LED light tracking [J]. IEEE Transactions on Control Systems Technology, 2014, 23 (3): 1139-1146.

[27] Sun M, Ge S S, Mareels I M Y. Adaptive repetitive learning control of robotic manipulators without the requirement for initial repositioning [J]. IEEE Transactions on Robotics, 2006, 22 (3): 563-568.

[28] Xu J X, Yan R. On repetitive learning control for periodic tracking tasks [J]. IEEE Transactions on Automatic Control, 2006, 51 (11): 1842-1848.

[29] Verrelli C M, Pirozzi S, Tomei P, et al. Linear repetitive learning controls for robotic manipulators by Padé approximants [J]. IEEE Transactions on Control Systems Technology, 2015, 23 (5): 2063-2070.

[30] Yang Y, Ma L, Huang D. Development and repetitive learning control of lower limb exoskeleton driven by electrohydraulic actuators [J]. IEEE Transactions on Industrial Electronics, 2016, 64 (5): 4169-4178.

[31] Zhou K, Wang D. Digital repetitive learning controller for three-phase CVCF PWM inverter [J]. IEEE Transactions on Industrial Electronics, 2001, 48 (4): 820-830.

[32] Manayathara T J, Tsao T C, Bentsman J. Rejection of unknown periodic load disturbances in continuous steel casting process using learning repetitive control approach [J]. IEEE Transactions on Control Systems Technology, 1996, 4 (3): 259-265.

[33] Yang Y, Huang D, Dong X. Enhanced neural network control of lower limb rehabilitation exoskeleton by add-on repetitive learning [J]. Neurocomputing, 2019, 323: 256-264.

[34] Huang D, Xu J X, Yang S, et al. Observer based repetitive learning control for a class of nonlinear systems with non-parametric uncertainties [J]. International Journal of Robust and Nonlinear Control, 2015, 25 (8): 1214-1229.

[35] Lu R, Li Z, Su C Y, et al. Development and learning control of a human limb with a rehabilitation exoskeleton [J]. IEEE Transactions on Industrial Electronics, 2013, 61 (7): 3776-3785.

[36] ShuzhiS G, Hang C C, Woon L C. Adaptive neural network control of robot manipulators in task space [J]. IEEE Transactions on Industrial Electronics, 1997, 44 (6): 746-752.

[37] Won D, Kim W, Shin D, et al. High-gain disturbance observer-based backstepping control with output tracking error constraint for electro-hydraulic systems [J]. IEEE Transactions on Control Systems Technology, 2014, 23 (2): 787-795.

[38] Xu J X, Yan R. Synchronization of chaotic systems via learning control [J]. International Journal of Bifurcation and Chaos, 2005, 15 (12): 4035-4041.

[39] Lewis F, Abdallah C, Dawson D. Control of robot [J]. Manipulators, Editorial Maxwell McMillan, 1993: 25-36.

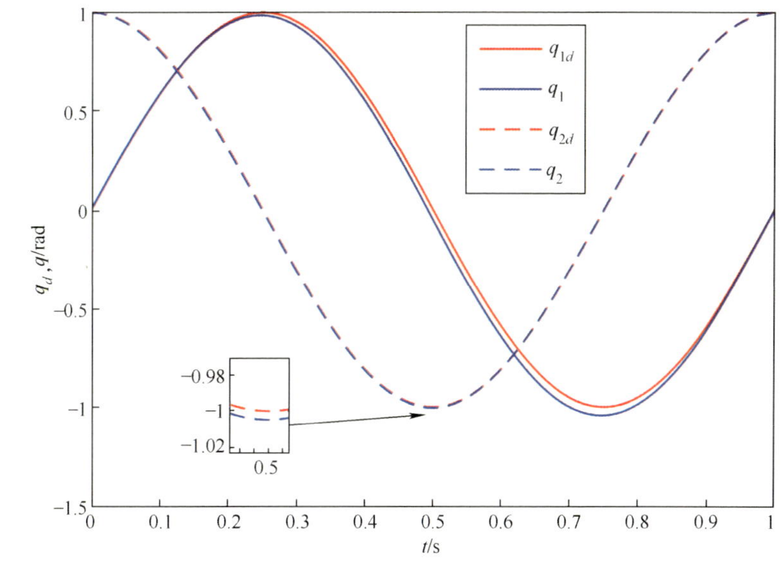

图 3-3　第 1 次迭代各关节轨迹跟踪图

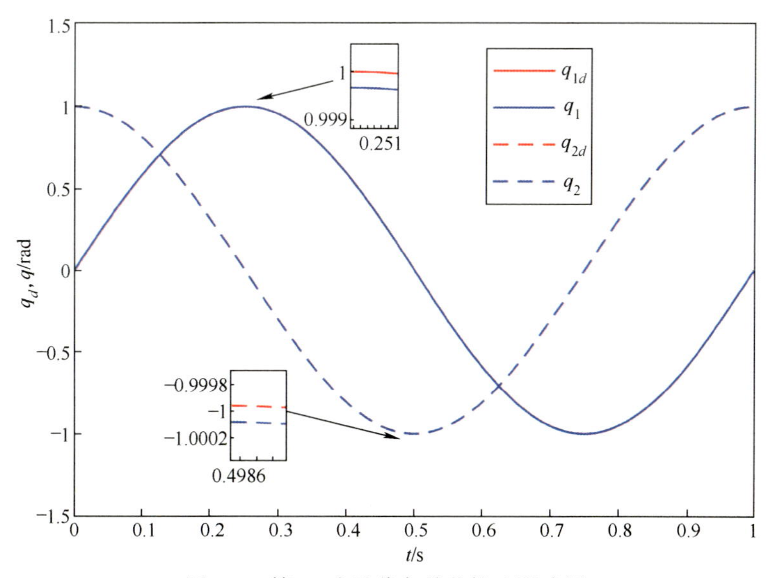

图 3-4　第 20 次迭代各关节轨迹跟踪图

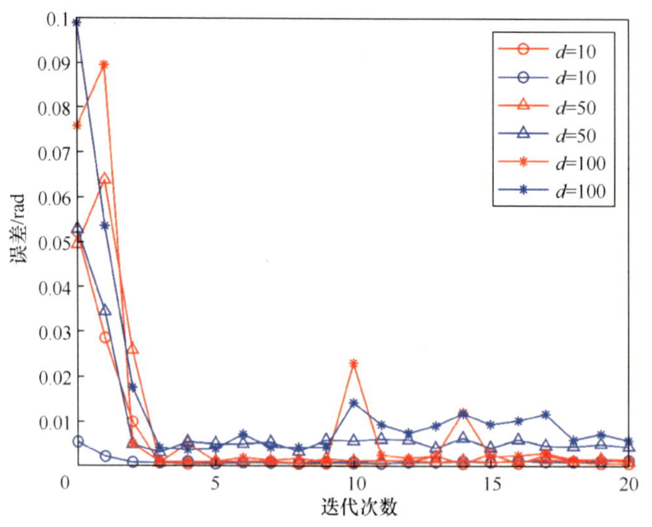

图 3-6　不同干扰下最大跟踪误差

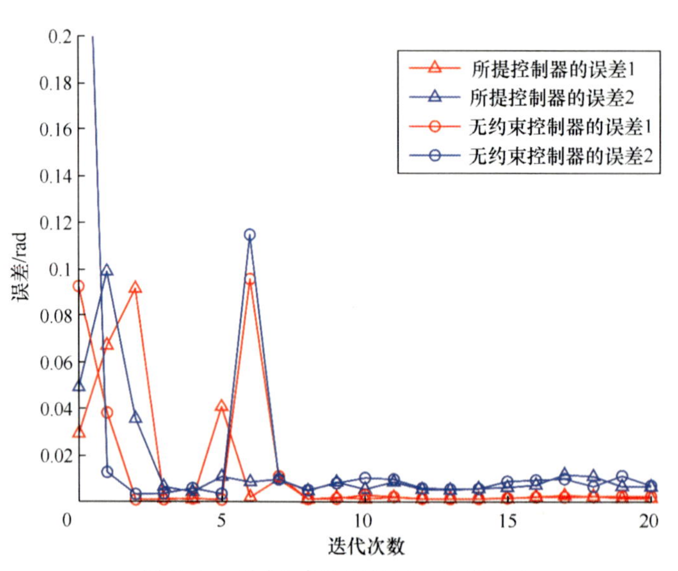

图 3-7　不同约束边界的最大跟踪误差

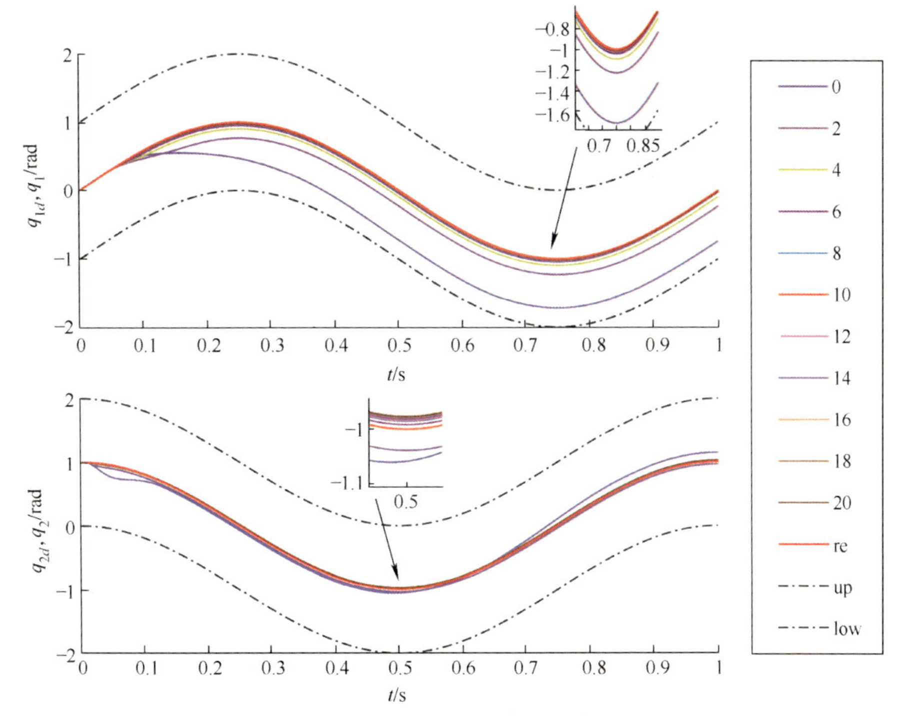

图 3-8　ESO_ILC 迭代收敛曲线

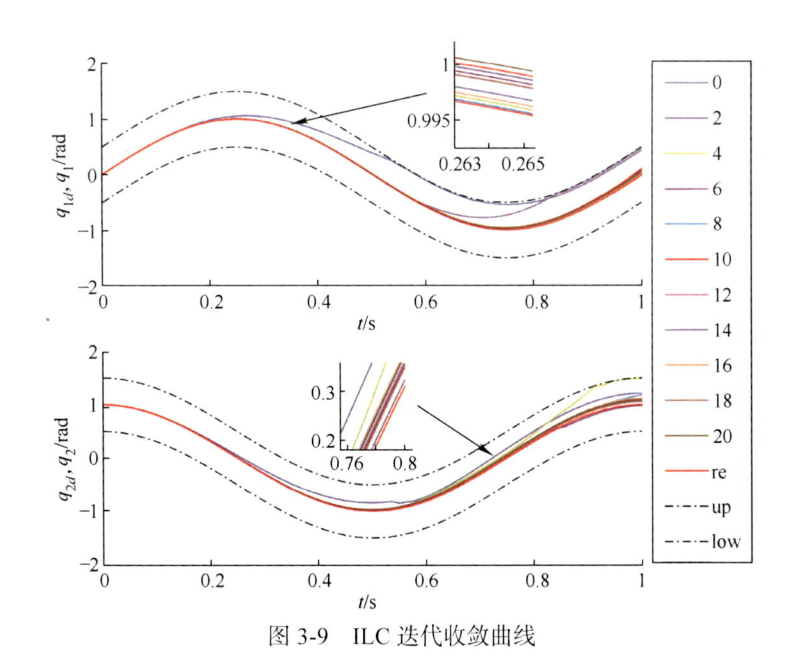

图 3-9　ILC 迭代收敛曲线

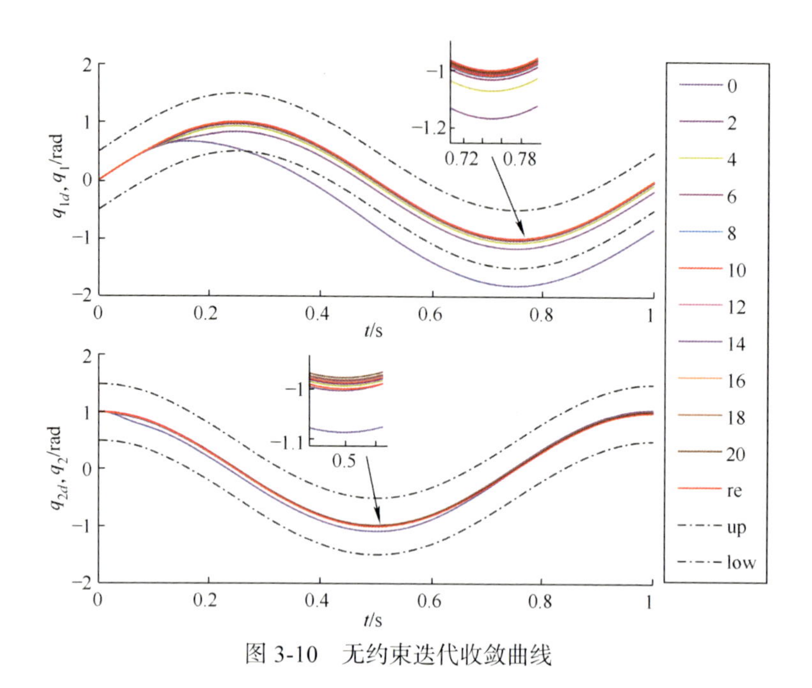

图 3-10　无约束迭代收敛曲线

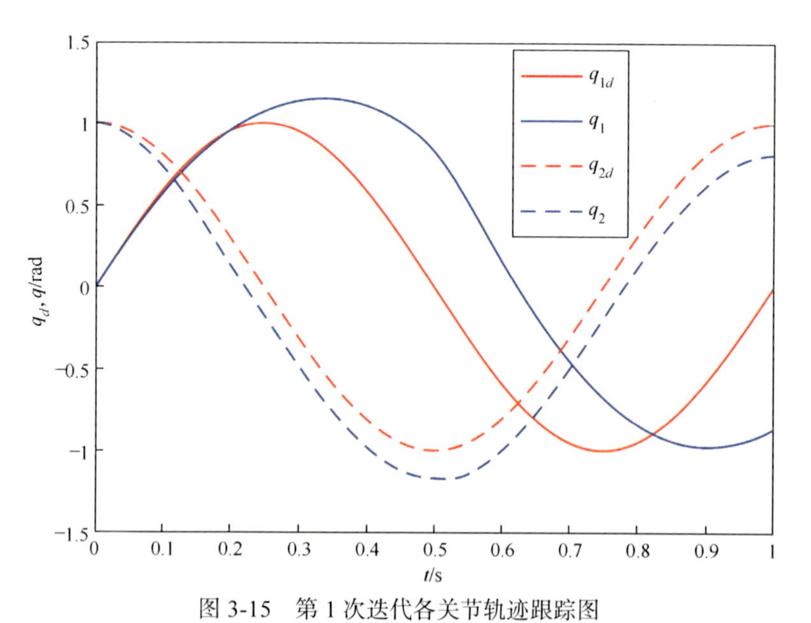

图 3-15　第 1 次迭代各关节轨迹跟踪图

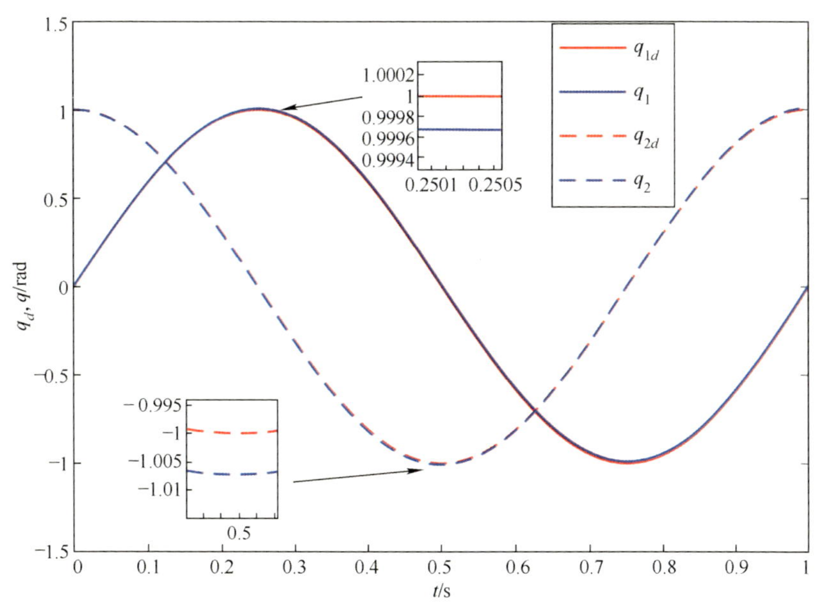

图 3-16　第 20 次迭代各关节跟踪轨迹图

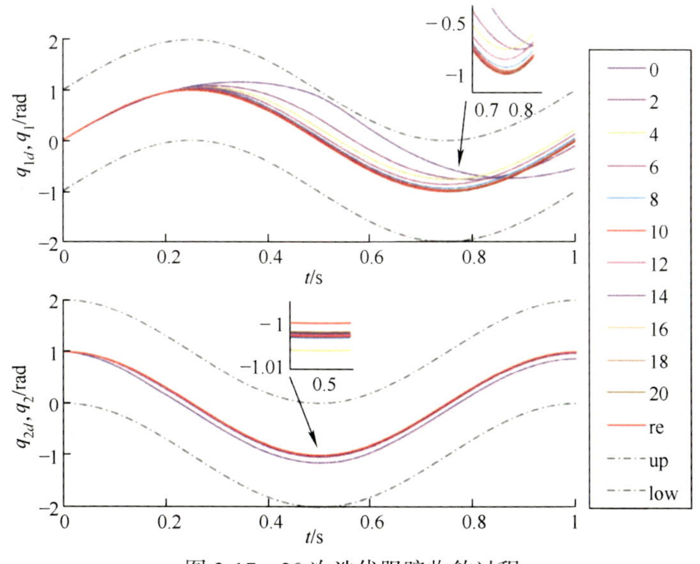

图 3-17　20 次迭代跟踪收敛过程

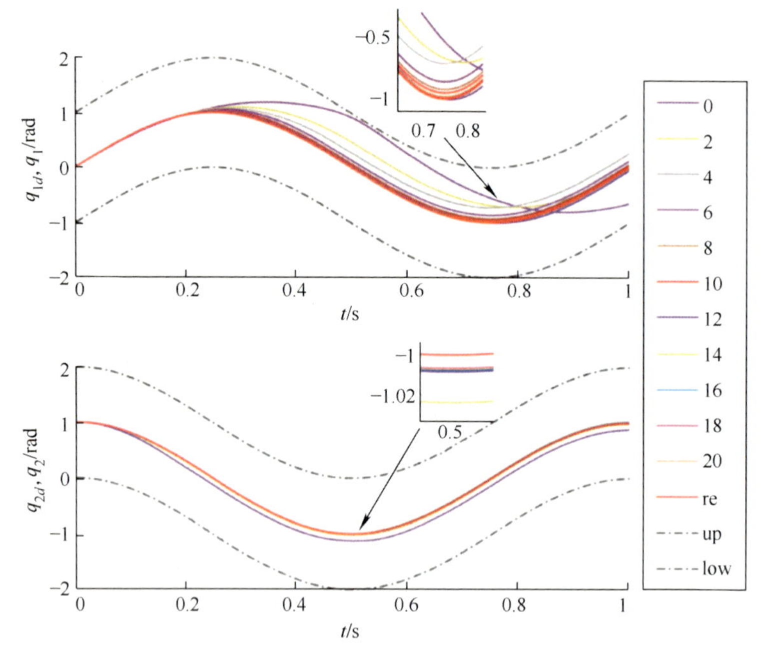

图 3-19　无 ESO 迭代跟踪收敛过程

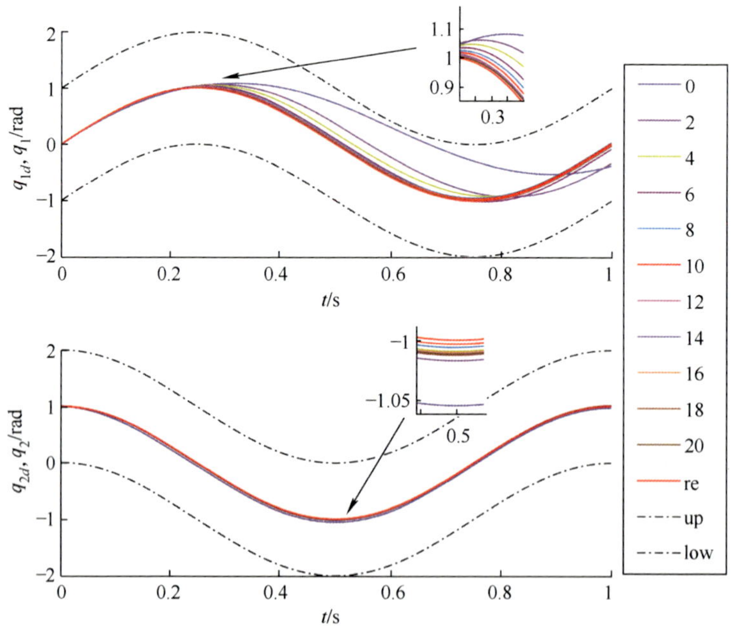

图 3-21　无 RBF 神经网络迭代跟踪收敛过程

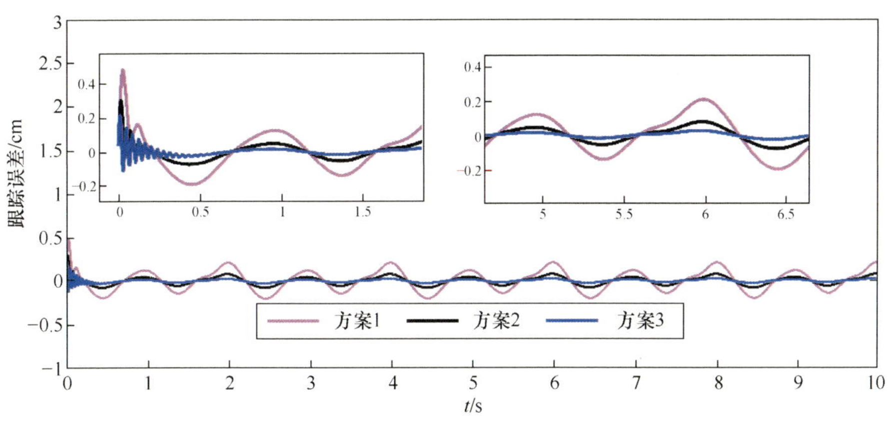

图 5-15　比较控制器的跟踪误差

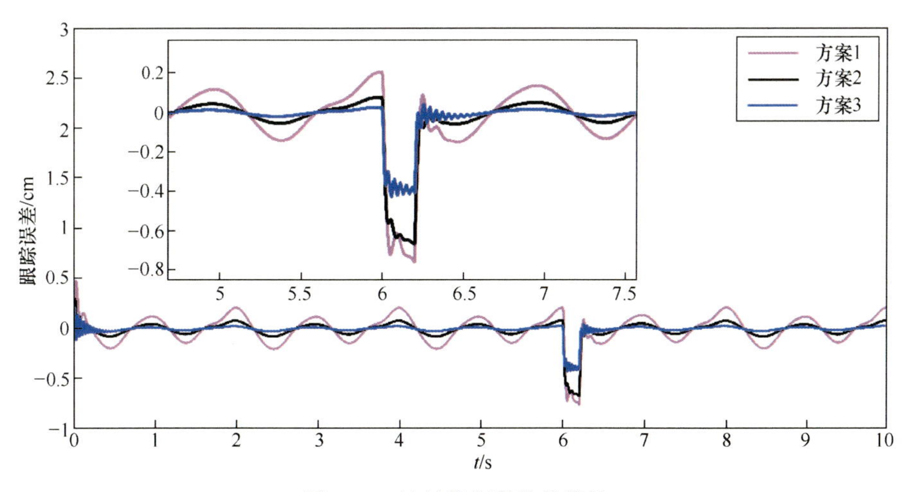

图 5-16　比较控制器的抗扰性

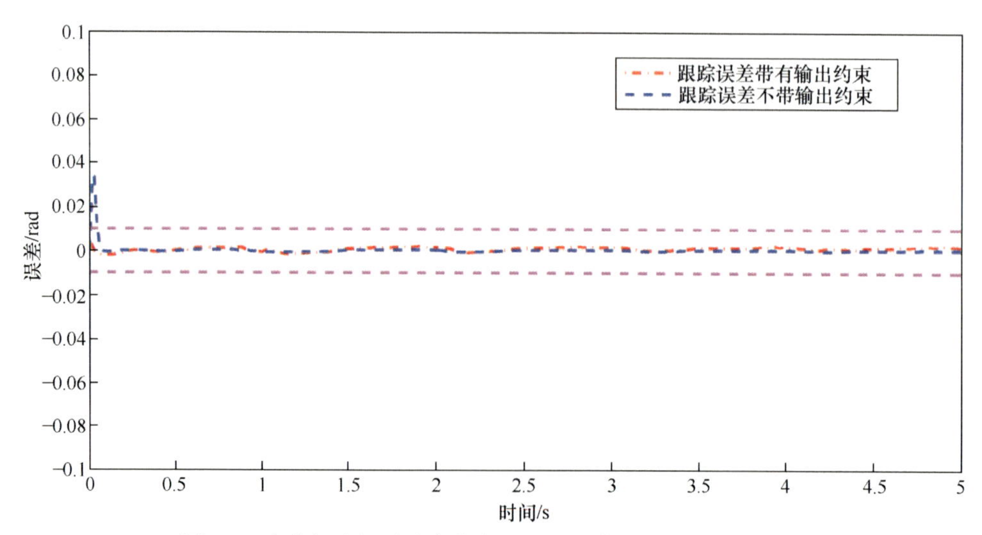

图 6-2　本节提出的受约束控制器和无约束控制器的跟踪误差